Krauss / Führer / Willems / Techen

Grundlagen der Tragwerklehre 2

Grundlagen der Tragwerklehre 2

7., überarbeitete Auflage
mit rund 800 Abbildungen und 40 Tabellen

Univ.-Prof. em. Dr.-Ing. Franz Krauss
Univ.-Prof. Dr.-Ing. Wilfried Führer
ehem. Inhaber des Lehrstuhls
für Tragkonstruktionen
RWTH Aachen

Prof. Dipl.-Ing. Claus-Christian Willems
Architekt
Professor für Ingenieurhochbau/Baukonstruktion
Hochschule Anhalt (FH), Dessau

Prof. Dr.-Ing. Holger Techen
Bauingenieur
Professor für Tragwerklehre/Baukonstruktion
FH Frankfurt/Main

Bibliografische Information der Deutschen Nationalbibliothek

Die Deutsche Nationalbibliothek verzeichnet diese Publikation in der Deutschen Nationalbibliografie; detaillierte bibliografische Daten sind im Internet über http://dnb.d-nb.de abrufbar.

7., überarbeitete Auflage 2011

© RM Rudolf Müller Medien GmbH & Co. KG., Köln 2024
Alle Rechte vorbehalten

Das Werk einschließlich seiner Bestandteile ist urheberrechtlich geschützt. Jede Verwertung außerhalb der engen Grenzen des Urheberrechtsgesetzes ist ohne die Zustimmung des Verlages unzulässig und strafbar. Dies gilt insbesondere für Vervielfältigungen, Bearbeitungen, Übersetzungen, Mikroverfilmungen und die Einspeicherung und Verarbeitung in elektronische Systeme.

Maßgebend für das Anwenden von Normen ist deren Fassung mit dem neuesten Ausgabedatum, die bei der Beuth Verlag GmbH, Burggrafenstraße 6, 10787 Berlin, erhältlich ist.
Maßgebend für das Anwenden von Regelwerken, Richtlinien, Merkblättern, Hinweisen, Verordnungen usw. ist deren Fassung mit dem neuesten Ausgabedatum, die bei der jeweiligen herausgebenden Institution erhältlich ist. Zitate aus Normen, Merkblättern usw. wurden, unabhängig von ihrem Ausgabedatum, in neuer deutscher Rechtschreibung abgedruckt.

Das vorliegende Werk wurde mit größter Sorgfalt erstellt. Verlag und Autoren können dennoch für die inhaltliche und technische Fehlerfreiheit, Aktualität und Vollständigkeit des Werks keine Haftung übernehmen.

Wir freuen uns, Ihre Meinung über dieses Fachbuch zu erfahren. Bitte teilen Sie uns Ihre Anregungen, Hinweise oder Fragen per E-Mail: fachmedien.architektur@rudolf-mueller.de oder Telefax: 02215497-6141 mit.

Umschlaggestaltung: Designbüro Lörzer, Köln
Satz: Beltz Bad Langensalza GmbH, Bad Langensalza
Druck und Bindearbeiten: Grafisches Centrum Cuno GmbH, Calbe
Printed in Germany

ISBN 978-3-481-02862-6

Vorwort zur 7. Auflage

Mit Holger Techen wurde der Kreis der Autoren auch von Band 2 um einen Ingenieur und Hochschullehrer der jüngeren Generation erweitert.

Der Inhalt des Buches wurde unter Berücksichtigung neuer Entwicklungen vollständig überarbeitet, einige Beispiele und Herleitungen wurden gekürzt oder gestrichen. Die Reihenfolge der Kapitel wurde geändert.

Wie schon in Band 1 wurden wieder die Bezeichnungen nach DIN übernommen – sie sind nunmehr denen von Eurocode (EC) angeglichen. Die vereinfachten Verfahren, die im Zusammenhang mit der Einführung von Eurocode an der RWTH Aachen entwickelt worden waren, bleiben Inhalt des Buches.

Neu aufgenommen wurden Kapitel 1 »Einordnung des Tragwerks«, Kapitel 13 »Räumliche Flächentragwerke« und Kapitel 14 »Optimierung von Tragwerken«.

Die Kapitel 1 und 14 wurden aus dem Buch »Der Entwurf von Tragwerken« von Führer, Ingendaaij, Stein übernommen, überarbeitet und zum Teil gekürzt. Die Inhalte des ersten Kapitels gehen auch auf Anregungen von Jochen Neukäter, Mitautor des ersten Bandes, zurück.

Die Verfasser danken Frau M. Sc. Jana Voigt für ihre Mitarbeit und ihre wichtigen Hinweise zu Fragen der Maßstäbe.

Aachen, September 2011

Vorwort zur 1. Auflage

Im vorliegenden zweiten Band zu Grundlagen der Tragwerklehre steht das Gebäude als Ganzes im Vordergrund. Ziel des Buches ist das Entwerfen tragender Konstruktionen. Hierzu muß der Architekt den Verlauf der Kräfte erkennen und verfolgen, ihre Auswirkungen vorhersehen können. Statische Berechnungen hingegen treten noch weiter zurück als im ersten Band. Sie bleiben auf die ergänzenden Zahlenbeispiele beschränkt.

Das Buch beginnt mit einem Kapitel über Windaussteifung. Es folgen Rahmen, Seile, Bogen und Dächer – auch Rahmen sind für den entwerfenden Architekten vorwiegend ein Mittel zur Aussteifung von Bauten, Seile und Bogen ihre engen Verwandten. Bewegungen und Verformungen müssen in der Gesamtplanung wie im Detail bedacht werden – ihnen ist ein Kapitel gewidmet. Durchlauf- und Gelenkträger, zweiachsig gespannte Platten, Bemessung für Längskraft + Biegung und Gründungen kommen hinzu.

Anstelle des im Vorwort zum ersten Band angekündigten Titels »Angewandte Tragwerklehre« tritt »Grundlagen der Tragwerklehre, Band 2«. Diese Bezeichnung verdeutlicht besser den Zusammenhang der beiden Teile. Die ebenfalls im Vorwort des ersten Bandes angekündigten Kapitel über Seilnetze und Schalen entfallen; sie würden den Umfang dieses Buches sprengen.

Die Verfasser danken für engagierte und sachkundige Mitarbeit Dipl.-Ing. Thomas Haven, Dipl.-Ing. Friedhelm Stein und den Studenten Hans-Willi Heyden, Regine Denkhaus und Joachim Schmitz. Besonderer Dank gilt Katleen Derveaux für ihren unermüdlichen Einsatz bei der Durchführung der Schreibarbeiten.

Franz Krauss
Claus-Christian Willems

Aachen, Mai 1985

Inhalt

		Übersicht der Bezeichnungen	13
	1	Einordnung des Tragwerks und seiner Elemente in das Gesamtbauwerk	17
	1.1	Zusammenhang zwischen Gestalt, Leistung und Aufbau	17
	1.2	Schema: Einteilung der Tragwerkselemente	26
	1.3	Erläuterungen zum Schema 1.2	28
	1.4	Bildbeispiele zum Schema 1.2	35
	2	Tragkonstruktion einer einfachen Halle	39
	2.1	Vertikale Lasten	41
	2.2	Wind und andere horizontale Lasten (Einwirkungen)	44
	2.3	Hallen *ohne* steife Dachscheibe	49
	2.3.1	Wind in Längsrichtung	50
	2.3.2	Wind in Querrichtung	52
	2.3.3	Wind in Längs- und Querrichtung	54
	2.4	Hallen *mit* steifer Dachscheibe	55
	2.5	Zusammenfassung: Windaussteifung	60
	3	Bewegungen und Verformungen	61
	3.1	Elastische Verformung	61
	3.2	Schwinden, Kriechen, Setzen	63
	3.3	Durchbiegung	67
	3.4	Wärmedehnung	74
	3.5	Konstruktive Maßnahmen	76
	4	Durchlaufträger	79
	4.1	Allgemeines	79
	4.2	Lastfälle	81
	4.3	Größe der Momente und Auflagerkräfte	84
	4.3.1	Zweifeldträger	87
	4.3.2	Mehrfeldträger	90
	4.3.3	Ungleiche Feldlängen	93
	4.3.4	Genaue Ermittlung der Momente	95
	4.4	Einfluss der Baumaterialien	96
	4.4.1	Holz	96
	4.4.2	Stahlbeton	99
	4.4.3	Stahl	100

4.5	Kragarme und günstiges Verhältnis der Spannweiten	104
4.5.1	Kragarme	105
4.5.2	Kürzere Endfelder	105
	Zahlenbeispiele – Durchlaufträger in Stahlbeton	106
5	Gelenkträger	119
5.1	Allgemeines	119
5.2	Lage der Gelenke, Momente	121
6	Zweiachsig gespannte Platten und Rippendecken	125
6.1	Allgemeines	125
6.2	Vierseitig gelagerte Platten	127
6.3	Andere Formen zweiachsig gespannter Platten	135
6.3.1	Dreiseitig gelagerte Platten	135
6.3.2	Zweiseitig übereck gelagerte Platten	136
6.3.3	Kreisrunde, sechs- und achteckige Platten	136
6.4	Bewehrung zweiachsig gespannter Platten	137
6.5	Kreuzweise gespannte Rippendecken	140
6.6	Kreuzweise gespannte Platten mit Stützen und Trägern	141
6.7	Flachdecken und Pilzdecken	143
	Zahlenbeispiel, Bewehrungsplan	145
7	Dächer	155
7.1	Allgemeines	155
7.1.1	Konstruktionssysteme	155
7.1.2	Aufbau des Daches	156
7.1.3	Lasten	157
7.2	Pfettendach	160
7.2.1	Sparren	162
7.2.2	Pfetten	167
7.2.3	Windaussteifung	169
7.3	Sparrendach	170
7.4	Kehlbalkendach	175
7.5	Eine Mischkonstruktion	177
	Zahlenbeispiel – Pfettendach	179
8	Seile	187
8.1	Allgemeines, Seillinie	187
8.2	Kräfte am Seil, Seillinie als Momentenlinie	189
8.2.1	Gleichmäßig verteilte Last	189
8.2.2	Seil unter Eigengewicht: die Kettenlinie	194
8.2.3	Seil unter unregelmäßigen Lasten	195

8.3	Stabilisierung von Seilen	198
8.3.1	Stabilisierung durch Last	199
8.3.2	Aussteifung durch biegesteife Bauteile	200
8.3.3	Stabilisierende Anordnung von Seilen	203
8.3.4	Gegenspannseile mit Vorspannung	204
8.4	Weiterleitung der Seilkräfte, Verankerung	206
8.5	Größe des Seildurchhangs	208
9	Bögen	209
9.1	Allgemeines, Stützlinie	209
9.2	Stabilisierung von Bögen	210
9.2.1	Dicke des Bogens	210
9.2.2	Biegesteifigkeit	211
9.2.3	Stabilisierung durch andere Bauteile	212
9.3	Dreigelenk-, Zweigelenkbogen und eingespannter Bogen	213
9.4	Kräfte und Momente	215
9.5	Konstruktion und Form	217
10	Rahmen	219
10.1	Allgemeines	219
10.2	Dreigelenkrahmen	222
10.2.1	Grafische Ermittlung der Auflagerreaktionen	223
10.2.2	Rechnerische Ermittlung der Auflagerreaktionen bei gleichmäßig verteilter Vertikallast	227
10.2.3	Einhüftige Dreigelenkrahmen	230
10.2.4	Form der Dreigelenkrahmen	232
10.3	Zweigelenkrahmen	233
10.3.1	Horizontale Einzelkraft	233
10.3.2	Wind – über die Stielhöhe gleichmäßig verteilt	237
10.3.3	Gleichmäßig verteilte vertikale Last	239
10.3.4	Form der Zweigelenkrahmen	244
10.4	Eingespannte Rahmen	245
10.5	Mehrstielige Rahmen	247
10.6	Stockwerkrahmen	248
10.7	Knickverhalten von Rahmen	249
10.7.1	Allgemeines	249
10.7.2	Riegel	249
10.7.3	Stiele	251
10.8	Bögen und Rahmen	254
10.9	Zusammenfassung: Seile, Bögen, Rahmen	257

11		**Bemessung: Längskraft + Biegung**	**261**
11.1		Allgemeines	261
		Längskraft + Biegung	261
11.2		Zug- und druckfeste Materialien	262
		Zusammenfassung der Verfahren für Stahl und Holz	266
11.3		Nur druckfeste Materialien	268
		Exzentrizität oder: Ausmitte	269
		Klaffende Fuge	273
11.4		Stahlbeton	275
		Zahlenbeispiele	281
11.5		Zusammenfassung	282
		Zahlenbeispiele zu Rahmen, konstruktiven Details	284
		Zahlenbeispiel – Sparrendach	301
12		**Gründungen**	**307**
12.1		Allgemeines	307
12.2		Einzelfundamente	312
12.2.1		Mittige Last	312
12.2.2		Ausmittige Last	315
12.3		Streifenfundamente	322
12.3.1		Mittige Last	322
12.3.2		Ausmittige Last	324
12.4		Plattenfundamente	327
13		**Räumliche Flächentragwerke: Seilnetze, Schalen**	**329**
13.1		Definition, Grundbegriffe	329
13.2		Formen	332
13.2.1		Krümmungsmaß	332
13.2.2		Art der Erzeugung von Flächen	334
		Übersichten: gekrümmte Flächen	338
13.2.3		Zur Geometrie des hyperbolischen Paraboloids	340
13.3		Seilnetze	343
13.3.1		Allgemeines	343
13.3.2		Form von Seilnetzen	343
13.3.3		Vorspannung	344
13.4		Schalen	347
13.4.1		Allgemeines	347
13.4.2		Zylinderschale = Tonnenschale	348
13.4.3		Kugelschalen	350
13.4.4		Hyperbolisch-paraboloide Schalen	353
		Affensattel	360

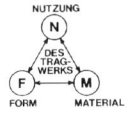

14	Optimierung von Tragwerken	363
14.1	Allgemeines	363
14.1.1	Analogie	363
14.1.2	Zum Begriff »Optimieren«	366
14.1.3	Optimierungsziele	367
14.1.4	Einflussgrößen der Optimierung	369
14.2	Optimierung des Kraftsystems	371
14.2.1	Größe der Belastung	371
14.2.2	Verteilung der Belastung	372
14.2.3	Stützweite	372
14.2.4	Trägeranordnung	373
14.2.5	Einfluss der Stützenstellung	374
14.3	Optimierung des Tragsystems	378
14.3.1	Linienförmige biegebeanspruchte Tragsysteme	378
14.3.2	Rahmen, Bogen, Sprengewerke, Stützlinie	380
14.3.3	Ideelle Stützweite	383
14.4	Optimierung des Querschnitts	395
14.5	Optimierung der Materialeigenschaften	399
14.6	Optimierung längs der Stabachse	408
14.7	Optimierung bei Normalkrafttragwerken	412
14.7.1	Optimierung des Kraftsystems	412
14.7.2	Optimierung des Tragsystems	413
14.7.3	Optimierung des Materials	416
14.7.4	Optimierung des Querschnitts	417
14.7.5	Optimierung längs der Stabachse	420

| 15 | Modelle und Maßstäbe | 421 |

| Literaturverzeichnis | 431 |

| Stichwortverzeichnis | 439 |

Übersicht der Bezeichnungen

A	Querschnittsfläche
A_S	Querschnittsfläche des Stahls
A_C	Querschnittsfläche des Betons
C	Betonfestigkeitsklasse, z. B. C 20/25
BSt	Betonstahlfestigkeitsklasse, z. B. BSt 500
d	Dicke eines Querschnitts, statische Nutzhöhe eines Betonquerschnitts
c_{nom}	Abstand der Bewehrung vom Rand
E	Elastizitäts-Modul
e	Exzentrizität, Ausmittigkeit
F	Last, Kraft (Force)
F_C	Betondruckkraft
F_S	Stahlzugkraft
F_H	Horizontalkraft
F_V	Vertikalkraft
σ_{cd}	Bemessungswert der Betondruckfestigkeit
f_{Yk}	Nennstreckgrenze Stahl, charakteristischer Wert
f_{Yd}	Rechenwert der Stahlfestigkeit, Bemessungswert = σ_{Rd} Grenzspannung
h	Höhe eines Betonquerschnitts
I	Trägheitsmoment = Flächenmoment zweiten Grades
i	Trägheitsradius $\sqrt{\dfrac{I}{A}}$
k	Abminderungsbeiwerte, Beiwerte der Stahlbetonbemessung
l	Stützweite
l_i	ideelle Stützweite = Entfernung der Momentennullpunkte
M	Biegemoment
N	Normalkraft, Längskraft } innere Schnittgrößen allgemein
V	Querkraft
g, G	ständige Last (ständige Einwirkung)
p, P	Verkehrslast (veränderliche Einwirkung)
q	Last allgemein
q, Q	veränderliche Last (Einwirkung) (DIN 1055, bisher p, P)
R_d	Widerstand eines Tragwerks oder Bauteils (Beanspruchbarkeit, resistance)
S_d	Einwirkungen auf ein Tragwerk oder Bauteil (Beanspruchung)
s	Index für Stahl
s	Systemlänge, auch Abstand zwischen zwei Bauteilen
s	Schneelast

s_0	Regelschneelast
S	statisches Moment
s_k	Knicklänge
w, W	Windlast
W	Widerstandsmoment
x y z	Koordinaten
z	Hebelarm der inneren Kräfte
x	Höhe der Betondruckzone
α	fester Winkel
β	Quotient $\dfrac{s_k}{s},\dfrac{l_i}{l}$
γ	Teilsicherheitsbeiwert (bisher Sicherheitsfaktor)
$\gamma_{G,\,Q} = \gamma_F$	Teilsicherheitsbeiwert Einwirkungen G, Q
γ_M	Teilsicherheitsbeiwert Material (allgemein)
γ_C	Teilsicherheitsbeiwert Beton
γ_s	Teilsicherheitsbeiwert Betonstahl
ε	Dehnung $= \dfrac{\Delta l}{l} = \dfrac{\sigma}{E}$
ε_C	Betondehnung
ε_S	Stahldehnung
δ	Durchbiegung
λ	Schlankheit $\dfrac{s_k}{i}$
μ	Reibungsbeiwert
ρ	Bewehrungsgrad (DIN 1045)
σ_{ki}	Knickspannung (allgemein)
σ_i	ideelle Spannung
σ_D	Druckspannung
σ_N	Normalspannung
σ_M	Biegespannung, auch σ_B
τ	Schubspannung

Übersicht der Bezeichnungen

Nebenzeichen

cal	rechnerisch (calculated)
crit	kritisch, auch kr
erf	erforderlich
max	maximal (Größt-)
min	minimal (Kleinst-, auch Größtwerte mit neg. Vorzeichen)
tot	gesamt (total)
vorh	vorhanden
zul	zulässig
bü	Bügel
nom	nominell

Indizes

k	charakteristische Größe
d	Bemessungsgröße
c	Beton (concrete)
s	Stahl
R	Widerstand
S	Einwirkung
M	Material
F	Last, Kraft
H	horizontal
V	vertikal

Koordinaten

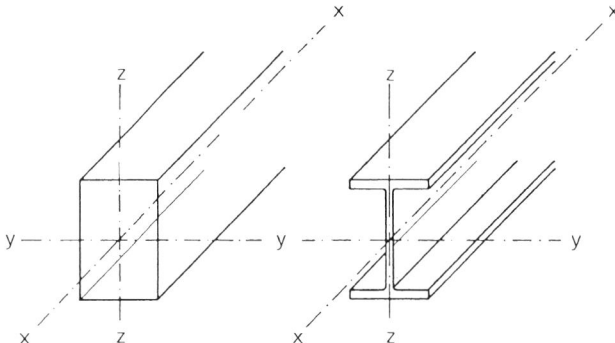

G   **Grundkenntnisse**

E   **Erweiterungskenntnisse** für besonders interessierte Leser – zum Verständnis der Grundkenntnisse nicht notwendig

H   **Herleitung** von Zusammenhängen und Formeln. Das Durcharbeiten dieser Herleitungen ist nicht unbedingt erforderlich, wird aber – vor allem mathematisch interessierten Lesern – das Verständnis vertiefen.

Z   **Zahlenbeispiel.** Der Stoff wird an praktischen Beispielen erläutert und vertieft.

Hinweise »Tabellenbuch« beziehen sich auf den Band »Tabellen zur Tragwerklehre«

1 Einordnung des Tragwerks und seiner Elemente in das Gesamtbauwerk

1.1 Zusammenhang zwischen Gestalt, Leistung und Aufbau

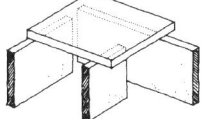

Entwerfende Architekten können aufgrund der Komplexität ihrer Arbeit nicht in jedem Teilbereich über vertieftes Wissen verfügen. Bei vertiefender Beschäftigung mit einem Teilbereich muss unbedingt dessen Platz im Gesamtgefüge ihrer Arbeit im Auge behalten werden.

Um einschätzen zu können, welchen Stellenwert diese Überlegungen für den Architekten haben, sollen einige allgemeinere, übergreifende Gedanken vorgestellt werden.

Wir wollen in diesem Kapitel erörtern, wie der Teilbereich **Tragwerk** in dieses Gesamtgefüge eingeordnet werden kann.

Das Tragwerk ist zunächst im Wesentlichen der lastabtragende Teil eines Bauwerks. Der Bereich des Tragwerks ist zwar nur ein Teilbereich wie viele andere; für das konkrete Bauwerk aber steht die Bestimmung des Tragwerks nicht am Ende des Entwurfsprozesses, sondern muss begleitend zum gesamten Entwurfsablauf erfolgen.

Es steht im direkten Zusammenhang zu Material, Nutzung und Form eines Bauwerks.

Die im nachfolgenden Schema 1.2 aufgeführten Elemente werden in [3] Abschnitt 4.5 im Einzelnen nach ihren konstruktiven Eigenschaften in Bezug auf das Tragwerk und nach ihren gestaltenden Eigenschaften betrachtet und sind dort nachzulesen.

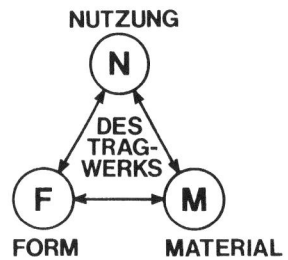

 Ein einziges Tragwerk kann nach seinen Komponenten **Form**, **Material** und **Nutzung** bestimmt werden.

Seine Struktur*) ergibt sich aus allen drei Komponenten.

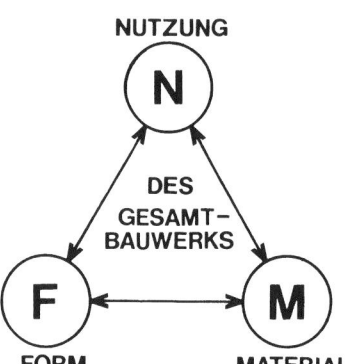

Ebenso wird die Struktur eines Gesamtbauwerks von den drei Komponenten **Nutzung**, **Form** und **Material** bestimmt; seine »innere Logik« ergibt sich aus der Art, wie diese drei Komponenten kombiniert sind.

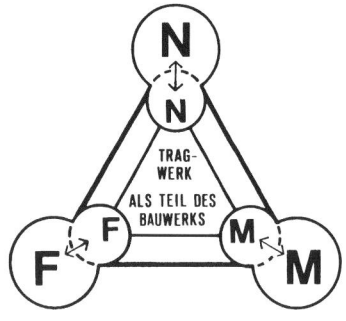

Prinzipiell hängen also die Struktur eines Tragwerks und die Struktur eines Gesamtbauwerks von denselben Faktoren ab. Das ist damit zu begründen, dass das Tragwerk nicht etwa ein zusätzlicher vierter Faktor im Gesamtbauwerk ist, sondern dass das Tragwerk in allen drei Punkten mit der Struktur des Bauwerks zusammenhängt.

Die Form des Tragwerks ist ein Teil der Form des Bauwerks, das Material ein Teil des Bauwerkmaterials und so fort.

Die drei Begriffe **Nutzung**, **Form** und **Material** beschreiben die Struktur eines Bauwerks, als dessen Teil das Tragwerk aufgefasst wird, aber nicht umfassend. Sie beschränken sich auf eine messbare Realität:

Der Begriff **Form** beschreibt ausschließlich die geometrischen Eigenschaften und Abmessungen des Baus, Bauteils oder Tragwerks.

---

*) Die Begriffserläuterung ist in [3] Abschnitt 3.2 nachzulesen.

1.1 Zusammenhang zwischen Gestalt, Leistung und Aufbau

 Auf die Frage: »Welche Form hat der Baukörper?« könnte zum Beispiel geantwortet werden: »Er setzt sich zusammen aus einem Würfel von 9 m Kantenlänge und einem Zylinder von 6,5 m Durchmesser und 7 m Höhe, der den Würfel in der Mitte durchdringt.« Es wird damit nicht beschrieben, welche Wirkung auf den Menschen mit dieser Form erzielt wird.

Der Begriff **Nutzung** umschreibt nur, welcher Art die Aktivitäten sind, die im Gebäude stattfinden sollen: Theaterspiel, Wohnen, Rathaus, Museum usw. Es wird nichts darüber ausgesagt, welche gesellschaftliche Bedeutung dieser Art der Nutzung zukommt.

Der Begriff **Material** stellt fest, aus welchem Stoff das Gebäude besteht: eine Mauer aus Ziegelsteinen, dazu ein Fachwerk aus Stahl usw. Der Begriff beinhaltet nicht, ob diese Kombination von Materialien einer bestimmten Bautradition entspricht und deshalb etwa einen bestimmten Inhalt nahelegt.

Die Begriffe beschreiben also nur prüfbare, vergleichbare, messbare Tatsachen. Sie schließen nicht die Wahrnehmung*) durch den Menschen ein, nicht die Wirkung des Bauwerks auf ihn, nicht die Bedeutung des Bauwerks, sondern sie sind nur eine Grundlage seiner Wahrnehmung.

Für den entwerfenden Architekten genügt es aber nicht, ausschließlich messbare Tatsachen in seinem Entwurf zu berücksichtigen. So wie die messbaren Tatsachen nur Grundlage der Wahrnehmung durch den Betrachter und Benutzer sind, so muss auch der Entwerfende über diese Grundlage hinausgehen, und zwar aus zwei Gründen: Zum einen ist er selbst ein Mensch mit persönlicher Wahrnehmung, persönlichen Vorstellungen und Fantasie, zum anderen ist er verpflichtet, verantwortlich für andere Menschen zu planen.

---

*) Die Begriffserläuterung ist in [3] Abschnitt 3.2 nachzulesen.

Jede Architektur ist der Ausdruck ihrer Zeit; sie muss die Notwendigkeiten ihrer Zeit mit den Mitteln der Zeit erfüllen. Jede Architektur ist dadurch auch Fortsetzung der Vergangenheit, der unmittelbaren Vergangenheit der geschichtlichen Ereignisse ebenso wie der dem Menschen gemäßen Archetypen*).

Architektur ist ein Zusammenspiel von Funktionen, Notwendigkeiten und emotionalen Anforderungen, und die großartigsten Bauwerke der Vergangenheit vereinen all das in Harmonie. Die moderne Architektur versuchte ihre Werke zu rationalisieren; jede Architektur, die nicht durch Logik erklärt werden konnte, wurde als bedeutungslos abgelehnt – ebenso abgelehnt wie eine emotionale, gefühlsmäßige Erfassung der Welt, sofern sie die »Erklärung« einer Architektur vorstellen sollte.

Kann denn eine Architektur, die sich auf eine ausschließlich rationale Basis beruft, eine dem Menschen gerechte Umwelt schaffen? Eine derart begrenzte Auffassung von Architektur setzt eine ebenso begrenzte Auffassung vom Menschen voraus.

Architektur wird durch den Menschen für den Menschen geschaffen; wie dürfte sie dann seine emotionalen Bedürfnisse vernachlässigen, die lebensnotwendig sind und die sein Leben entscheidend prägen? Eine Architektur, die »Behaglichkeit, Freude und Schönheit« (Vitruv) als emotionale Kategorie ausklammert, muss menschenfeindlich genannt werden. Sie würde sich als Einschränkung gegen die Menschen richten, für die sie geschaffen wird, aber genauso gegen die, welche sie schaffen.

---

*) Die Begriffserläuterung ist in [3] Abschnitt 3.2 nachzulesen.

1.1 Zusammenhang zwischen Gestalt, Leistung und Aufbau

Vom Spaß ...

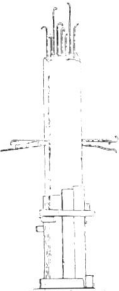

»La fin de l' architecture (le 6ème ordre)«

... über den Humor ...

Leon Krier:
»Monument avec cabines téléphoniques«

... zur Fragwürdigkeit?

Gilbert Busieau, Patrice Neirinck:
»Le Quartier Nord à Bruxelles«

 In einigen Bereichen, wie zum Beispiel der Frage der Kosten, der Wärmedämmung, der Entwässerung, ist es sinnvoll und notwendig, rational vorzugehen; in anderen Bereichen wäre ein Bemühen um einseitig rationales Vorgehen aber nicht nur verfehlt, sondern verhängnisvoll. Wer Irrationales*) – Kreatives aus dem Gefühl – ausschließlich will, distanziert sich von einem Teil seiner eigenen Erfahrungen, von seiner eigenen Fantasie, reduziert seine Persönlichkeit auf verstandesmäßig Nachweisbares, negiert Traum und Utopie und wird nichts Menschlich-Liebenswürdiges schaffen können.

Das daraus entstehende Bauwerk wird von Kälte geprägt sein, steril und unpersönlich wirken. Es wird nicht verstanden werden können. Es wird mit dem menschlichen Leben, das sich in ihm und um es herum abspielen sollte, nicht in Beziehung treten können, sondern bestenfalls eine ironische Delikatesse für intellektuelle Gedankenspiele bleiben, eine Delikatesse für die, welche Kunst mit Wissen über Kunstgeschichte verwechseln.

Symbole*), die nichts mit Archetypen*) zu tun haben, sondern in einer bestimmten Zeit unter bestimmten Verhältnissen Bedeutungsträger waren, können in einer anderen Zeit – obwohl formal exakt kopiert – höchstens *Zitate* sein, verständlich nur für die, denen historisches Wissen eine Einordnung ermöglicht.

Die Kunst aber besteht eben in der Schaffung der Harmonie, nicht in aufgesetzter Dekoration; die Kunst der Architektur wird deutlich in Bauwerken, die alle Wesenseigenschaften des Menschen integrieren und eine Ganzheit bilden.

---

*) Die Begriffserläuterung ist in [3] Abschnitt 3.2 nachzulesen.

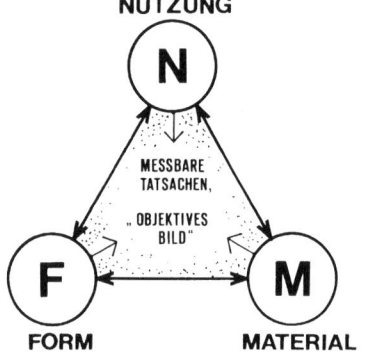

 Wie können nun die Ergänzungen beschrieben werden, deren die Begriffe Nutzung, Form und Material bedürfen?
Wenn wir von messbaren Tatsachen ausgehen – in der nebenstehenden Grafik als **objektives Bild** bezeichnet – und gleichzeitig festhalten, dass dieses objektive Bild Grundlage der Wahrnehmung durch den Menschen ist, so müssen wir uns fragen, durch welche Faktoren diese Wahrnehmung beeinflusst wird und wie sie das objektive Bild verändert.

Die Wahrnehmung des einzelnen Menschen ist zum Teil bewusst, zum – vermutlich größeren – Teil auch unbewusst. Sie wird beeinflusst durch Erfahrung und Gewohnheit (individuelle oder kollektive, eigene Erlebnisse oder tradierte Übereinkünfte einer Gruppe), durch Fantasie und Empfindung, durch Auswahl und persönliche Kombination von Signalen.

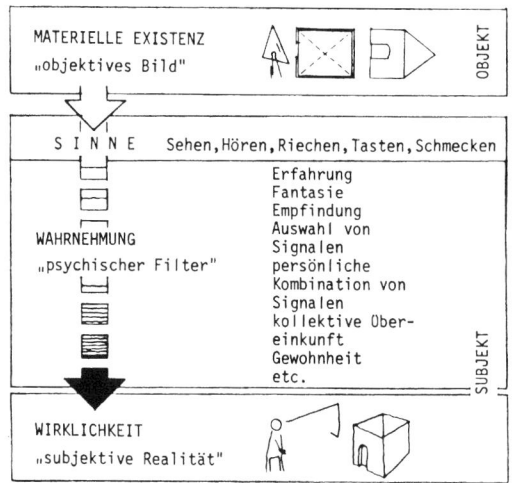

Jedes objektive Bild wird über die Sinne aufgenommen und von jedem Individuum unterschiedlich interpretiert; es geht durch den Filter der individuellen Wahrnehmung. Das sich daraus ergebende **subjektive Bild** stellt die Realität des einzelnen Menschen dar.

Daraus folgt, dass es viele Realitäten gibt, genauso viele, wie es Menschen gibt, und dass man allenfalls im Bereich einiger tradierter Übereinkünfte zusammenlebender Gruppen ähnliche Interpretationen erwarten darf.

Wollen wir daraufhin als Architekten über ein Gebäude sprechen, dürfen wir uns nicht darauf beschränken, zu sagen: »Es ist ein Theater, es ist aus Ziegelstein und Stahl, es hat eine Grundfläche von 120 m^2 ...« usw. Wir müssen darüber hinausgehen und in die Überlegungen mit einbeziehen, wie dieses Theater in das gesellschaftliche Leben seiner Umgebung eingreifen kann, welche Bedeutung es für die Schauspieler und die Zuschauer bekommen kann. Oder, mit welchen Materialien eine gewünschte Wirkung erzielt werden kann; auch, ob ein Raum quadratisch ist, weil er 8 m × 8 m misst, oder vielmehr quadratisch ist, weil er zwar 7 m × 8 m misst, aber durch Proportion und Perspektive quadratisch wirkt.

Wir müssen also notwendigerweise die Bezeichnungen **Nutzung**, **Form** und **Material** erweitern; wir führen dazu drei neue Begriffe ein:

L: **Leistung**
G: **Gestalt**
A: **Aufbau**

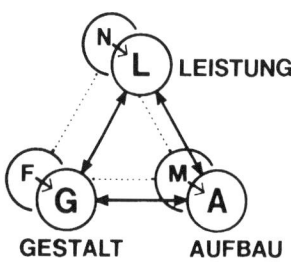

 Leistung tritt an die Stelle von **Nutzung**. Die **Leistung** eines Gebäudes bezeichnet nicht mehr nur die Tatsache einer Nutzung, sondern schließt außerdem seine gesellschaftliche, soziale und psychologische Bedeutung ein.

Gestalt tritt an die Stelle von **Form**; der Begriff bezeichnet nicht nur die geometrischen Abmessungen, sondern darüber hinaus die Wirkung dieser Form auf den einzelnen Menschen und die Gesellschaft; ebenso wie »**Aufbau**« an die Stelle von »**Material**« tritt und die Wirkung des Materials, die Bedeutung der Kombination von Materialien meint.

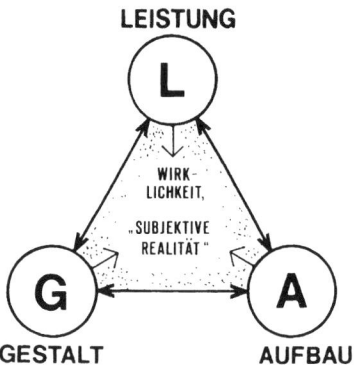

Die drei Begriffe **Leistung**, **Gestalt** und **Aufbau** sind Komponenten der Struktur des Bauwerks, wie sie für das Wahrnehmen des Menschen erscheint; sie beschreiben seine subjektive Realität.

Die drei Bereiche stehen in ständiger Wechselbeziehung zueinander; sie beeinflussen sich gegenseitig, weil sie Teile ein und derselben Struktur sind.

Diese Zusammenhänge gelten für das gesamte Bauwerk, aber auch für seine Teile, von denen jedes die Gesamterscheinung des Bauwerks mitbestimmt; so steht zum Beispiel das Material des Tragwerks in Wechselbeziehung zu seiner Gestalt und seiner Leistung; das Material des Tragwerks ist aber auch ein Bestandteil in der Kombination von Materialien des Gesamtbauwerks und beeinflusst damit seine Gestalt und seine Leistung.

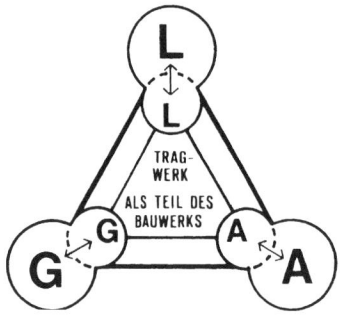

Will der Architekt seiner Verantwortung gegenüber den Menschen, für die er plant, gerecht werden, wird er sich mit dem auseinandersetzen müssen, was diese drei Begriffe beschreiben und mit ihrer Gesamtheit, der Struktur oder »inneren Logik«.

Er wird vom ausschließlichen Glauben an die Maßgeblichkeit objektiver Bilder abkommen müssen.

1.1 Zusammenhang zwischen Gestalt, Leistung und Aufbau

 Weder er selbst noch die Menschen, für die er plant, leben in objektiven Bildern; die Realität jedes Menschen ist eine subjektive. Er wird mehr darüber erfahren müssen, wie subjektive Bilder zustande kommen und – vor allem – wie sie mit harten Fakten (z. B. Kosten, Baurecht, oder Eigenschaften eines Tragsystems) so kombiniert werden können, dass ein sinnvolles, lebendiges Ganzes entsteht und nicht das eine am anderen erstickt.

Diese etwas theoretischen Überlegungen werden in [3] Abschnitt 4.5 anhand einzelner Elemente und im Kapitel 5 mithilfe eines Entwurfsbeispiels weiterverfolgt sowie konkretisiert und sind dort nachzulesen.

26 1 Einordnung des Tragwerks und seiner Elemente in das Gesamtbauwerk

1.2 Schema: Einteilung der Tragwerkselemente

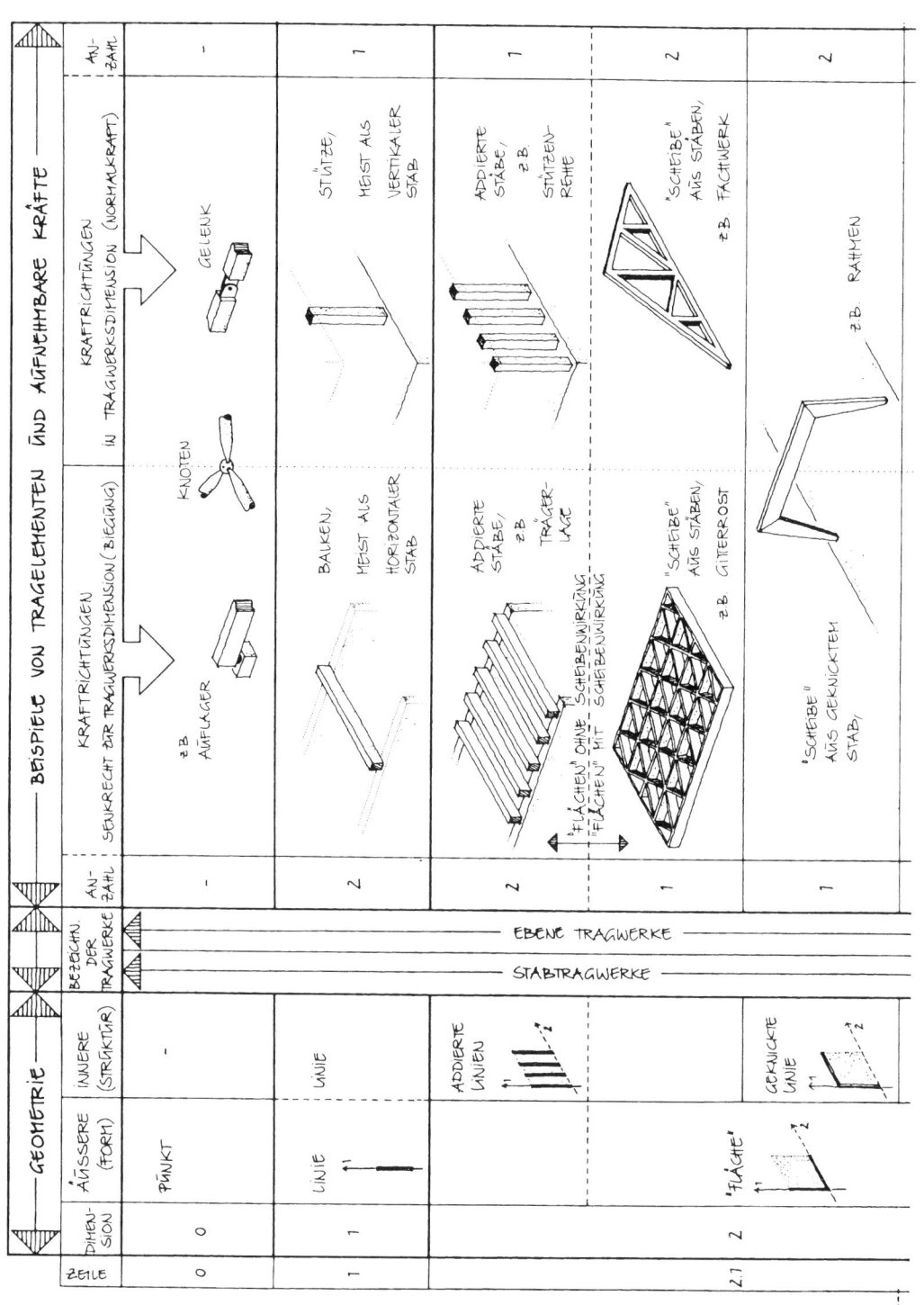

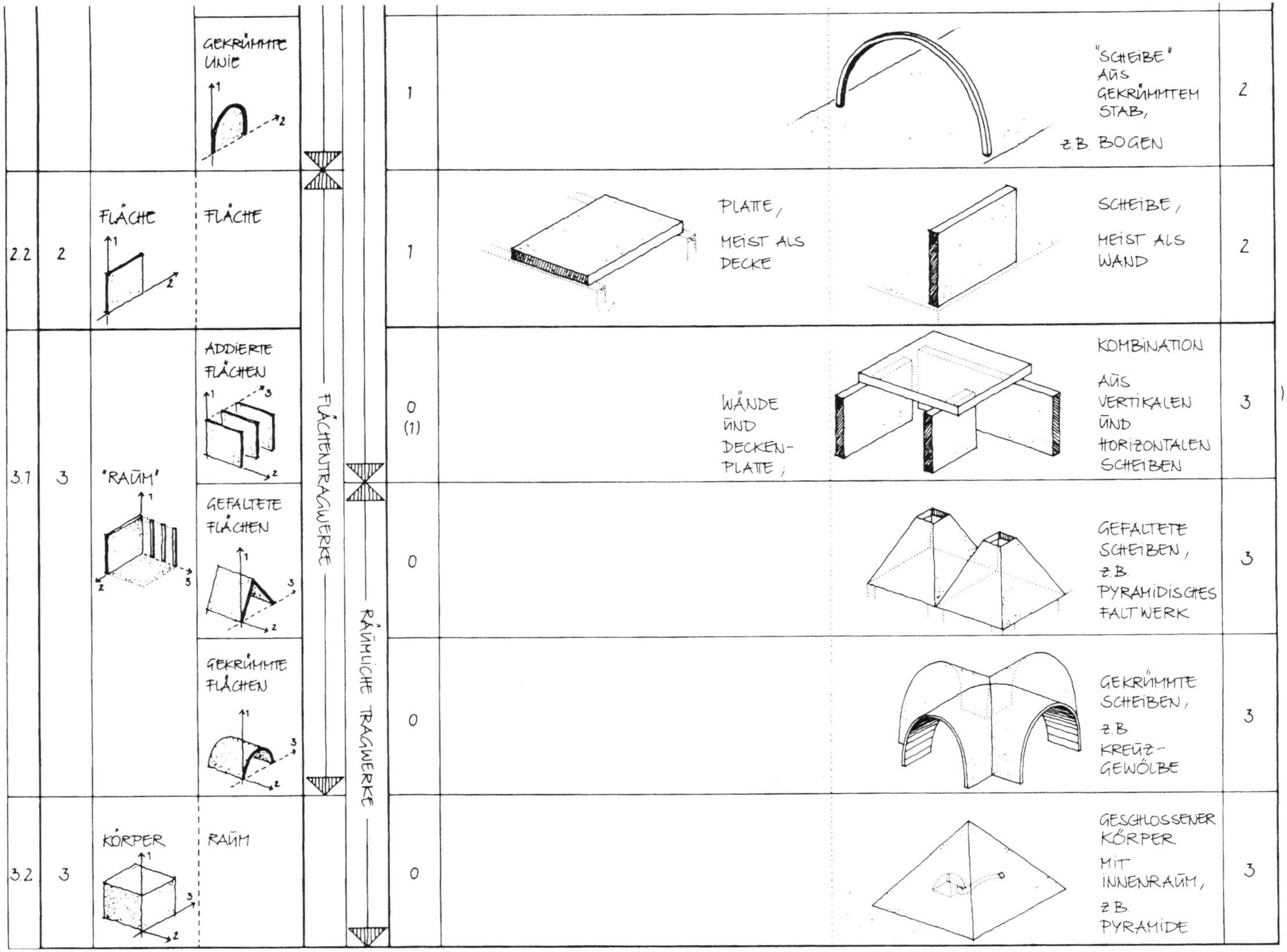

1.2 Schema: Einteilung der Tragwerkselemente

2	2	3	3	3	3
"SCHEIBE" AUS GEKRÜMMTEM STAB, z.B. BOGEN	SCHEIBE, MEIST ALS WAND	KOMBINATION AUS VERTIKALEN UND HORIZONTALEN SCHEIBEN	GEFALTETE SCHEIBEN, z.B. PYRAMIDISCHES FALTWERK	GEKRÜMMTE SCHEIBEN, z.B. KREUZ-GEWÖLBE	GESCHLOSSENER KÖRPER MIT INNENRAUM, z.B. PYRAMIDE
	PLATTE, MEIST ALS DECKE	WÄNDE UND DECKEN-PLATTE			
1	1	0 (1)	0	0	0

RÄUMLICHE TRAGWERKE

FLÄCHENTRAGWERKE

GEKRÜMMTE LINIE	FLÄCHE	ADDIERTE FLÄCHEN	GEFALTETE FLÄCHEN	GEKRÜMMTE FLÄCHEN	RAUM
	FLÄCHE	"RAUM"			KÖRPER
	2	3			3
	2.2	3.1			3.2

1.3 Erläuterungen zum Schema 1.2

Im vorstehenden Schema unterscheiden wir die Tragelemente nach verschiedenen Gesichtspunkten:

① nach der **äußeren Geometrie**, der **Form**, und der **inneren Geometrie**, der **Struktur**

② nach den **Beanspruchungen**, die sie aufnehmen können

Zu ①

Form, äußere Geometrie

Jeder Körper, also auch jedes Tragwerk, hat drei Dimensionen. Oft sind dabei ein oder zwei Dimensionen verschieden in der Ausdehnung von denen in den anderen Richtungen. Zum Beispiel ist bei einem stabförmigen Tragwerk (Zeile 1) die Länge erheblich größer als Höhe und Breite (l > h, b).

Zeile 1

Tragwerksdimensionen

Man vernachlässigt dann im Tragsystem die beiden kleinen Dimensionen (h und b) und bezeichnet einen solchen Stab als **linienförmiges** oder **eindimensionales Tragelement**. Diese Vereinfachung bedeutet eine Abstrahierung der gegenständlichen Bauelemente zu rein geometrischen Formelementen.

Trag-element	Dimension	geometrisches Element
Gelenk	0	Punkt
Stab	1	Linie
Scheibe	2	Fläche
Zelle	3	Körper

Die Unterscheidung nach der *Form* oder *äußeren Geometrie* führt im Schema zur Einteilung in:

– punktförmige,   z. B. (Mauersteine)
– linienförmige,   (Stahlträger)
– flächenförmige und   (Stb-Platte)
– raumförmige Trag-   (Container)
   systeme.

1.3 Erläuterungen zum Schema 1.2

Struktur, innere Geometrie

 Außerdem lassen sich Tragwerke und Tragwerkselemente nach ihrer **Struktur**, der **inneren Geometrie**, unterscheiden:

Aus dem geometrischen Element **Punkt** kann durch Addition eine **Linie** gebildet werden (Mauerwerkspfeiler), also ein Element der nächsthöheren Dimension.

Durch Addition von **Linien** entsteht eine **Fläche** (z. B. Holzbalkenlage), aus mehreren **Flächen** entsteht ein **Raum**.

Dieser Vorgang hat Zwischenstufen. Die Addition von Linien gibt z. B. eine zweite Dimension an, schon lange **bevor** die Linien so dicht zusammenliegen, dass eine homogene Fläche entstanden ist. Die addierten Linien spannen eine Fläche auf, die wir »**simulierte Fläche**« nennen.

Addition führt zur Erhöhung der Dimension. (Je dichter die addierten Elemente liegen, desto sichtbarer wird dieser Vorgang.)

PUNKT	simulierte "LINIE"	LINIE
DIMENSION 0	EINZELELEMENT: DIM.0, GES. ANORDNUNG: 1	DIM. 1
LINIE	simulierte "FLÄCHE"	FLÄCHE
DIM. 1	EINZELELEMENT: DIM.1, GES. ANORDNUNG: 2	DIM. 2
FLÄCHE	simulierter "RAUM"	KÖRPER
DIM. 2	EINZELELEMENT: DIM. 2, GES. ANORDNUNG: 3	DIM. 3

Der **äußeren Geometrie** nach hat die »**simulierte Fläche**« zwei Dimensionen und ist damit eine Fläche; der **inneren Geometrie** nach aber besteht sie aus einzelnen Linien, die als solche auch erkennbar bleiben (z. B. Holzbalkenlage): Form und Struktur unterscheiden sich. Diese »**Flächen**« sind deshalb mit Anführungszeichen gekennzeichnet im Gegensatz zu echten Flächen (z. B. Stb-Platten). Entsprechend wird unterschieden zwischen »**Raum**« und »**Körper**« (Zeile 3).

Erhöhung der Dimension durch:
Knicken   oder Krümmen

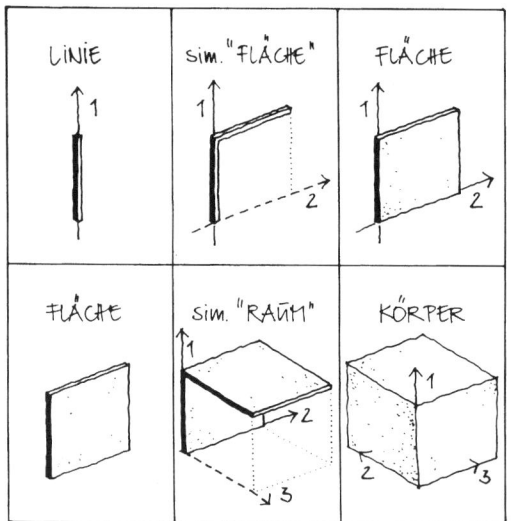
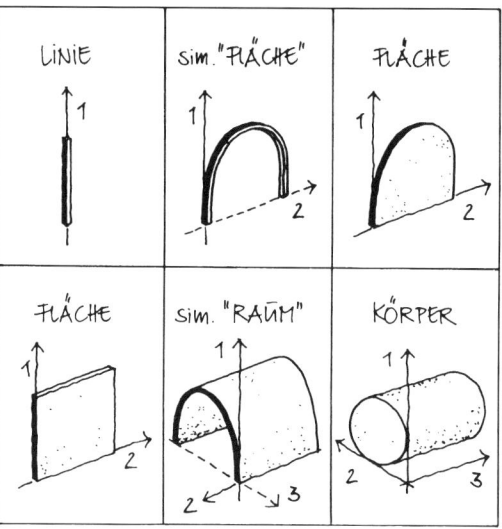

»**Flächen**« (oder »**Räume**«) können nicht nur durch Addition von Linien (oder Flächen) gebildet werden, sondern auch durch Abknicken und Krümmen.

1.3 Erläuterungen zum Schema 1.2

Biegung, Normalkraft, Kraftrichtung

 Zu ②

Die wichtigsten Beanspruchungen für Tragwerke sind Biegung und Längskraft.

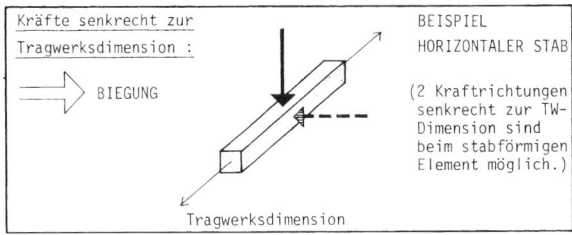

Biegung entsteht, wenn Kräfte senkrecht zur Tragdimension angreifen.

Die Beispiele in der linken Spalte des Schemas sind hauptsächlich auf Biegung beansprucht (z. B. Balken, Platte).

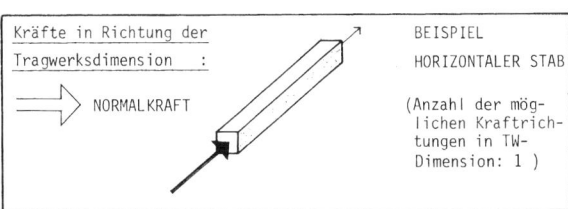

Längskraft (Normalkraft) entsteht, wenn die Kräfte in Richtung der großen Tragwerksdimension(en) verlaufen.

Beispiele hierfür sind in der rechten Spalte des Schemas dargestellt (z. B. Stütze, Wand).

Vergleich: Lastabtragung über Normalkraft oder Biegung

Ganz allgemein kann man feststellen, dass die Lastabtragung über Normalkraft wesentlich günstiger ist als über Biegung.*) Normalkraftbeanspruchte Tragwerke wie Bögen und Seilkonstruktionen sind massesparender als biegebeanspruchte Tragwerke wie Balken und Platten.

Mit zunehmender Dimension werden die Tragwerke komplexer und ihre Berechnung wird schwieriger; ihr Tragverhalten aber ist meist günstiger, weil ein Großteil der Kräfte jetzt **in** Richtung der Tragwerksdimension abgetragen wird und nicht mehr senkrecht dazu.

---

*) Die Herleitung des exakten Vergleichs und der grafischen Darstellung ist in [3] Kapitel 4.2 nachzulesen.

**Anzahl der
Kraftrichtungen**

 Die Anzahl der Kraftrichtungen, die ein Tragelement aufnehmen kann, ist im Schema rechts und links neben den dargestellten Elementen eingetragen.

Zeile 1

Das stabförmige Element (Dimension 1) hat z. B. eine Kraftrichtung **in** Tragwerksdimension – **Normalkraft** – und zwei Kraftrichtungen **senkrecht** zur Tragwerksdimension – **Doppelbiegung**.

Zeile 2

Dementsprechend haben die Flächen zwei Kraftrichtungen **in** Tragwerksdimension und eine **senkrecht** dazu.

Die Summe der Kraftrichtungen ist immer 3.

**Zusammenhang:
Form (äußere Geometrie
und Kraftrichtungen)**

Die Anzahl der Kraftrichtungen **in** Tragwerksdimensionen (im Schema rechte Spalte) entspricht der Dimension der äußeren Geometrie.

Dies gilt so eindeutig für alle echten Linien, Flächen und Körper, also für die Elemente, bei denen äußere und innere Geometrie übereinstimmen.

Die simulierten Elemente müssen differenzierter betrachtet werden.

Zeile 2.1 über gestrichelter Linie

»Flächen« ohne Scheibenwirkung

Es gibt beispielsweise »**Flächen**«, die durch Aneinanderreihen von Linien entstanden sind (Balkenlage, Stützenreihe); dadurch ergibt sich eine zweite Dimension, die auch optisch wahrnehmbar ist.

Addition

Die »Fläche« aus addierten Stäben hat aber statisch nicht die Wirkung einer steifen Scheibe. Nach wie vor hat jedes einzelne der gereihten Elemente zwei mögliche Kraftrichtungen senkrecht zur Tragwerksdimension und nur eine in Tragwerksdimension.

1.3 Erläuterungen zum Schema 1.2

Zeile 2.1 unter gestrichelter Linie

»Flächen« mit Scheibenwirkung

Kombination,
Knicken,
Krümmen

Im Gegensatz dazu sind »**Flächen**« zu sehen, die aus anderen Kombinationen von Linien (Dreiecksbildung) und geknickten oder gekrümmten Linien entstehen (Gitterrost, Fachwerk, Rahmen oder Bogen).

Bei ihnen beträgt die Anzahl der Kraftrichtungen **in** Tragwerksdimension 2, das heißt, sie wirken statisch wie ein zweidimensionales Element. Sie können deshalb als »**Scheiben**« bezeichnet werden. Wegen des Unterschiedes zwischen äußerer und innerer Geometrie werden sie (analog zur »**Fläche**«) mit Anführungszeichen versehen.

Im Schema ist die Unterscheidung zwischen Elementen mit und ohne Scheibenwirkung durch die gestrichelte Linie in Zeile 2.1 dargestellt.

Zeile 2.2

Flächen

Platte, Scheibe

Zu den echten Flächen gehören alle homogenen Platten und Scheiben (z. B. Stahlbeton). In Zeile 2.2 werden dabei die üblichen Benennungen verwendet: Die überwiegend auf Biegung beanspruchte **Fläche** (2.2 links) wird als **Platte** bezeichnet, während man unter **Scheibe** meist das überwiegend auf Längskraft beanspruchte Element (2.2 rechts) versteht.

Zeile 3.1

»Räume«

gekrümmte Flächen
gefaltete Flächen

Werden mehrere Flächen zusammengesetzt, so entstehen »**Räume**«. Diese Platten, Scheiben, gekrümmten oder gefalteten Flächen können auch (analog zu Zeile 2.1) durch Stabtragwerke simuliert werden (z. B. Gitterschalen, die räumlich gekrümmte »**Flächen**« sind).

Addition

Die in Zeile 3.1 oben dargestellte Addition von Flächen (in der Spalte innere Geometrie) bewirkt zwar eine dritte Dimension; die Flächen sind aber nicht so kombiniert, dass sie sich gegenseitig aussteifen könnten.
Hier müssen zusätzliche aussteifende Maßnahmen hinzukommen.

Kombination	Ⓖ	Dagegen zeigt die Anordnung in derselben Zeile rechts eine Kombination aus vertikalen und horizontalen Scheiben, die eine räumliche Aussteifung bewirkt. Dadurch können in drei Richtungen Normalkräfte aufgenommen werden.
Faltung		Durch Faltung einer Fläche entsteht ein Faltwerk. Von einem prismatischen Faltwerk spricht man, wenn die Faltung nur in einer Richtung erfolgt, von einem pyramidischen Faltwerk, wenn die Faltung in zwei Richtungen erfolgt.
Krümmung		Durch die Krümmung einer Fläche kann ein Gewölbe oder eine Schale entstehen.
		Diese Flächentragwerke schließen durch ihre räumliche Kombination, Faltung oder Krümmung einen »**Raum**« ein. Die Anführungszeichen sollen ausdrücken, dass hier nur der äußeren Geometrie nach ein Raum gebildet wird; der inneren Geometrie nach bleiben die Elemente zweidimensional.
Zeile 3.2 **Körper, Raum**		Der echte Raum entsteht bei dieser Systematisierung der Elemente nur durch Hohlräume innerhalb eines massiven Körpers (z. B. Höhle, Tunnel, Pyramide; Innenraum und Außenkörper müssen einander nicht ähnlich sein).
Bezeichnung der Tragwerke		Je nachdem, ob die innere oder die äußere Geometrie als Unterscheidungsmerkmal verwandt wird, erfolgt in der Literatur eine unterschiedliche Einteilung der Tragwerke.
Stabtragwerke, Flächentragwerke		Manche Verfasser unterscheiden in **Stabtragwerke** und **Flächentragwerke** aufgrund der inneren Geometrie.
ebene Tragwerke, räumliche Tragwerke		Andere differenzieren in **ebene** und **räumliche Tragwerke**. Das maßgebende Kriterium ist dabei die äußere Geometrie. Diese Einteilung bezieht sich auf die Möglichkeit, die Kräfte eines Tragsystems in der Ebene oder

nicht mehr in einer Ebene darzustellen und rechnerisch oder zeichnerisch zu behandeln (s. Spalte 5 im Schema 1.2).

Tragwerkselemente und Art der Belastung

Auf die Tragwerkselemente wirken Kräfte ein, und zwar auf:

- punktförmige
  Tragwerke: Punktlasten

- linienförmige   Linienlasten und
  Tragwerke: eventuell Punktlasten

- flächenförmige   Flächenlasten
  Tragwerke: und eventuell
                            Linienlasten
                            und Punktlasten

Weil die natürlich vorkommenden Lasten (Eigengewicht, Schnee, Wind) Flächenlasten sind, ergeben sich Punkt- und Linienlasten nur durch ein- oder mehrmaliges Weiterleiten der Kräfte.

Im Allgemeinen stützt sich die Fläche (z. B. Platte) auf die Linie (z. B. Balken) und die Linie auf den Punkt (z. B. Stütze) ab.

1.4 Bildbeispiele zum Schema 1.2

Beispiele zu den Tragelementen

In der folgenden Tabelle werden die bisher im Schema abstrakt dargestellten Tragelemente noch einmal im Zusammenhang eines Bauwerks gezeigt.

Dazu sind auf dem Grundmuster des vorangegangenen Schemas die einzelnen Elemente jeweils gegen entsprechende Bildbeispiele ausgetauscht worden.

1.4 Schema: Bildbeispiele zum Schema: 1.2

1.4 Bildbeispiele zum Schema 1.2

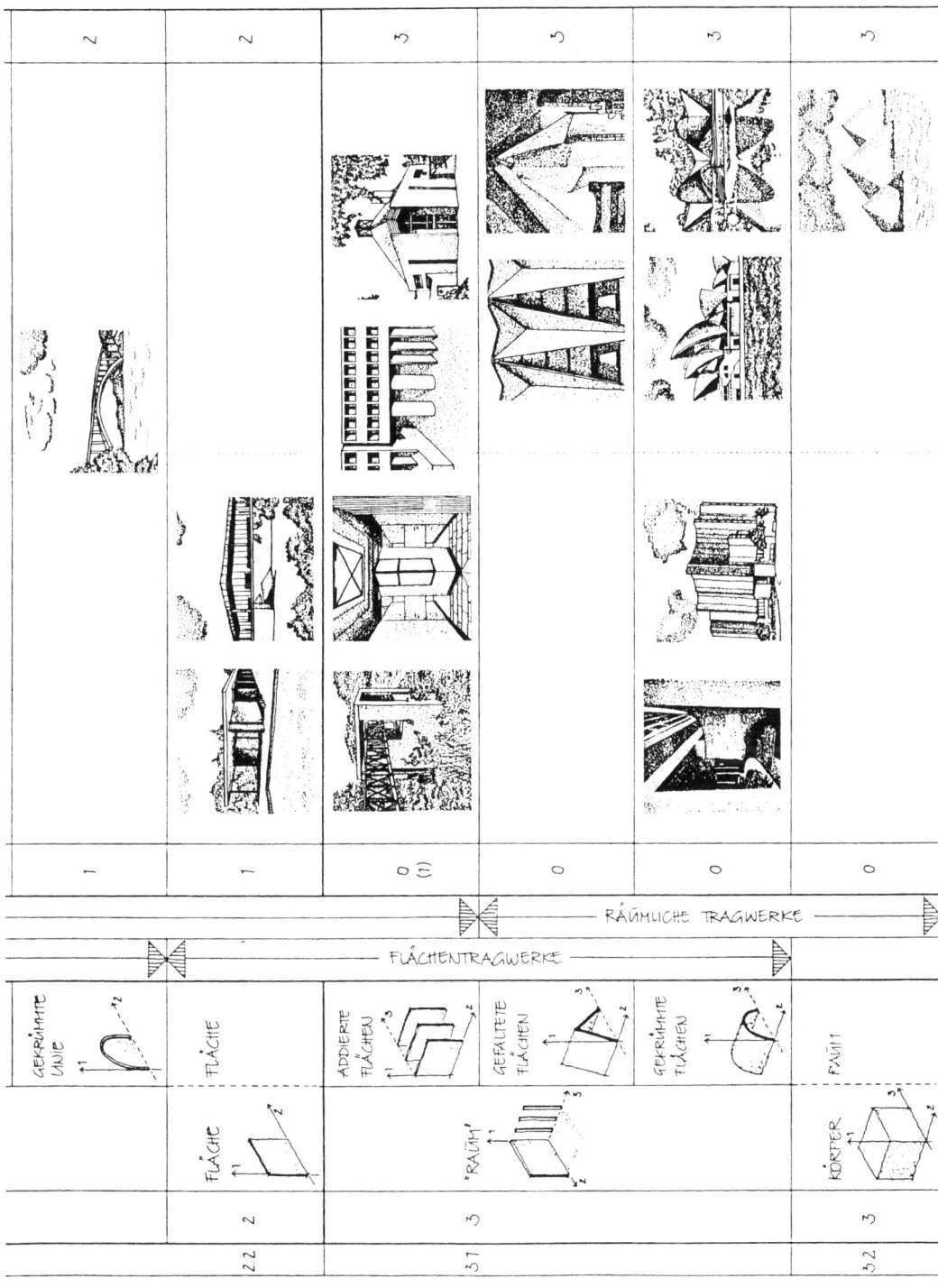

2 Tragkonstruktion einer einfachen Halle

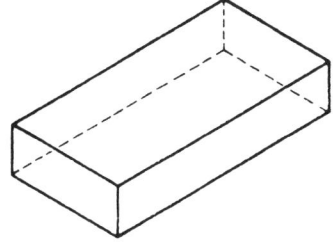

 Am Beispiel einer einfachen Halle sollen verschiedene Konstruktionen erläutert werden. In den weiteren Kapiteln werden diese Konstruktionen eingehender besprochen.

Die tragende Konstruktion der Halle soll aus Platten und Scheiben, Balken bzw. Trägern und Stützen bestehen. Diese Elemente können miteinander zu neuen Elementen verbunden werden. So werden z. B. Träger und Stützen durch biegesteife Verbindung zu Rahmen.

Die Aufgabe der tragenden Konstruktion ist, Lasten abzutragen.

Auf den Bau wirken:

- vertikale Lasten
  (Eigengewichte, Nutzlasten, Schnee)

- horizontale Lasten
  (Wind, Bremskräfte, Anprallasten)

- Lasten durch Dehnung, z. B. Wärme

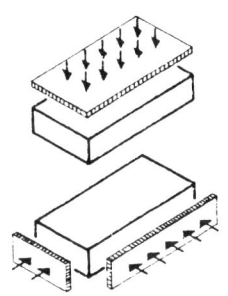

Diesen Lasten, vergrößert um die entsprechenden Sicherheitsfaktoren, müssen sowohl die einzelnen Bauelemente standhalten als auch der Bau in seiner Gesamtheit.

Wir werden zunächst die Aufnahme der **vertikalen**, dann die der **horizontalen Lasten** besprechen. Vor allem aber soll hier die Stabilisierung des gesamten Gebäudes gegen horizontale Kräfte – kurz als *Windaussteifung* bezeichnet – behandelt werden.

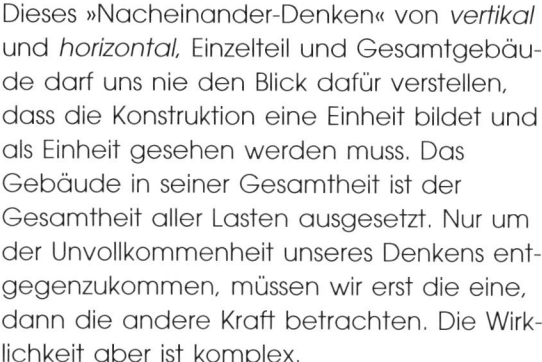

 Dieses »Nacheinander-Denken« von *vertikal* und *horizontal*, Einzelteil und Gesamtgebäude darf uns nie den Blick dafür verstellen, dass die Konstruktion eine Einheit bildet und als Einheit gesehen werden muss. Das Gebäude in seiner Gesamtheit ist der Gesamtheit aller Lasten ausgesetzt. Nur um der Unvollkommenheit unseres Denkens entgegenzukommen, müssen wir erst die eine, dann die andere Kraft betrachten. Die Wirklichkeit aber ist komplex.

Die Halle, die wir als Beispiel entwerfen wollen, habe einen rechteckigen Grundriss von:

15 m · 30 m.

Die Höhe des Gebäudes sei:

6 m.

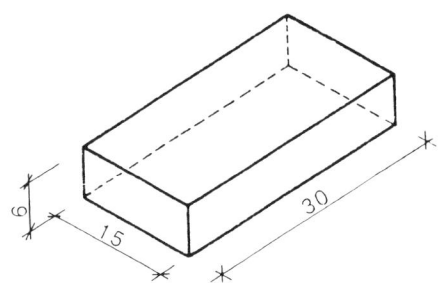

Der Grundriss soll stützenfrei, das heißt ohne innere Stützen, überspannt werden. Das Dach sei flach oder nur wenig geneigt. Als Material für die Tragkonstruktion kommt Stahl, Stahlbeton oder Holz infrage, eventuell in Verbindung mit Mauerwerk.

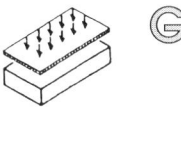

2.1 Vertikale Lasten

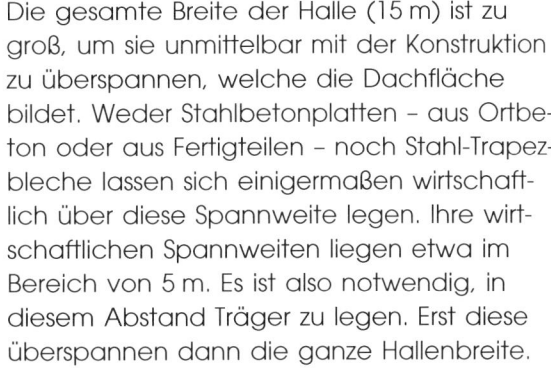

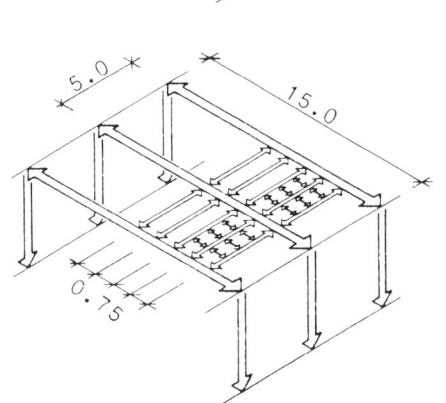

Die gesamte Breite der Halle (15 m) ist zu groß, um sie unmittelbar mit der Konstruktion zu überspannen, welche die Dachfläche bildet. Weder Stahlbetonplatten – aus Ortbeton oder aus Fertigteilen – noch Stahl-Trapezbleche lassen sich einigermaßen wirtschaftlich über diese Spannweite legen. Ihre wirtschaftlichen Spannweiten liegen etwa im Bereich von 5 m. Es ist also notwendig, in diesem Abstand Träger zu legen. Erst diese überspannen dann die ganze Hallenbreite.

Für unsere Halle nehmen wir einen Trägerabstand von 5 m an.

Wird die Deckenplatte aus Brettern oder Spanplatten gebildet, so wird eine weitere Lage von Tragelementen erforderlich. Bretter oder Spanplatten können wirtschaftlich nur ca. 0,6 m bis 0,8 m überspannen. In diesem Abstand – wir nehmen ihn hier mit 0,75 m an – liegen Balken; erst diese spannen von Träger zu Träger. Eine neuere Entwicklung, die größere Spannweiten von Holzwerkstoffen zulässt, wird in Kapitel 4 »Durchlaufträger« besprochen.

Zur genaueren Ermittlung der wirtschaftlichen Spannweiten-Verhältnisse von Balken zu Trägern sei auf Untersuchungen verwiesen, die in Kapitel 14.2 »Optimierung des Kraftsystems« näher beschrieben werden. Danach ist ein Verhältnis von ca. 1:4 von der oberen zur jeweils unteren Lage sinnvoll. Falls wir eine Holzkonstruktion wählen, wäre es danach noch günstiger, die Träger im Abstand von nur ca. 3,4 m zu legen; es ist dann:

0,75 : 3,4 = 1 : 4,5   und
3,4 : 15 = 1 : 4,4

Walzprofile   Fachwerkträger

 Die Träger können hergestellt werden aus:

Stahl
- Walzprofile
- Fachwerkträger
- Wabenträger

Wabenträger

 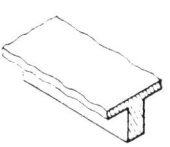

Fertigteilträger   Ortbetonträger
(hier als Plattenbalken)

Stahlbeton
- Fertigteilträger
- Ortbeton

Brettschichtträger   Fachwerkträger

Holz
- Brettschichtträger
- Fachwerkträger

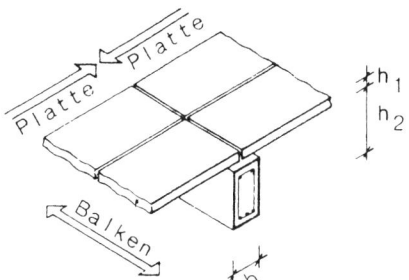

Zu Stahlbeton erinnern wir uns (Band 1, Kapitel 14 »Decken und Träger aus Stahlbeton«): Liegen vorgefertigte Stahlbetonplattenteile auf Stahlbetonträgern, trägt jedes dieser Teile allein für sich. Ihre Dicken bzw. ihre statischen Höhen sind unabhängig voneinander; die Höhe der Platte kommt zu der des Balkens hinzu.

2.1 Vertikale Lasten

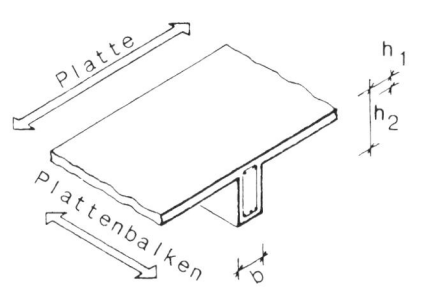

 Werden hingegen Platte und Balken zusammen in einem Stück betoniert, bestehen sie also »aus einem Guss«, erfüllt die Platte zwei Aufgaben:

1. Sie spannt als Platte über ihre Spannweite – in unserem Fall über 5 m.

2. Sie dient dem Balken als Druckzone. Dieser wird so zum *Plattenbalken*. Die Dicke des Balkens kann von seiner Unterseite bis zur Oberkante der Platte gerechnet werden.

Stahlbetonplatten sind schwer im Verhältnis zu der Last, die sie tragen sollen: Eine 14-cm-Stahlbetonplatte wiegt 3,5 kN/m²; zu tragen ist meist nur die Dachabdichtung und der Schnee mit insgesamt 1,5 kN/m² – ein ungünstiges Verhältnis.

Unsere Halle soll keine inneren Stützen haben, die Querträger spannen deshalb von Außenstütze zu Außenstütze.

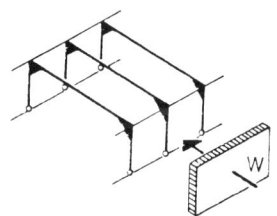

Die Träger können mit den Stützen über biegesteife Ecken zu *Rahmen* verbunden werden. Rahmen können Windkräfte und andere horizontale Kräfte aufnehmen, sie können daher Elemente der Windaussteifung sein (siehe Kapitel 10 »Rahmen«).

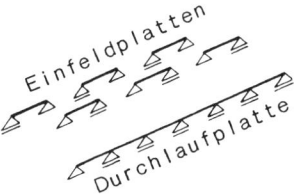

Die Deckenplatte kann entweder aus Einfeldplatten bestehen oder aus einer Durchlaufplatte über alle Felder. In Holz können Koppelpfetten die Durchlaufwirkung erzeugen (siehe Kapitel 4 »Durchlaufträger«).

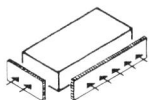

2.2 Wind und andere horizontale Lasten (Einwirkungen)

Hier müssen wir unterscheiden:
- **Konstruktion der Wand**
- Weiterleitung der Windkräfte in der Decke und **Gesamtaussteifung** des Gebäudes durch Scheiben

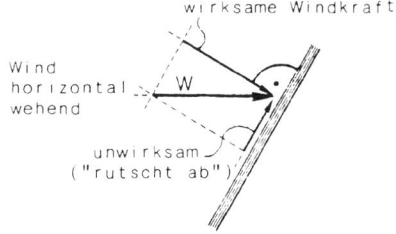

Wind weht weitgehend waagerecht. Zumindest nach DIN. Wirksam ist jedoch nur die Komponente im rechten Winkel zur Angriffsfläche. Die andere, parallel wirkende Komponente findet keinen Widerstand, sie »rutscht ab« und bleibt ohne Bedeutung.

Konstruktion der Wand

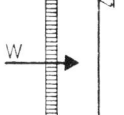

Der Wind – horizontal wirkend – belastet die Außenwände in ähnlicher Weise wie vertikale Lasten die Decken. Deshalb müssen auch diese Wände biegesteif ausgebildet werden.

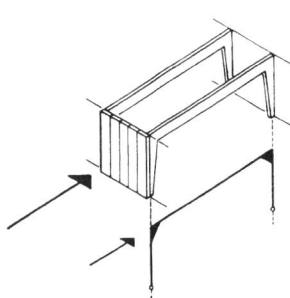

Meist finden senkrecht stehende Wandteile oder Fenster ihre horizontalen Auflager unten an der Bodenplatte und oben an der Decke. Die Decke überträgt dann die Windlast als Einzellast auf Stützen, aussteifende Wände oder andere aussteifende Bauteile (z. B. Rahmen).

Die Außenwand kann aber auch aus waagerecht liegenden Teilen aufgebaut sein, die die Windlast unmittelbar auf die Stützen übertragen.

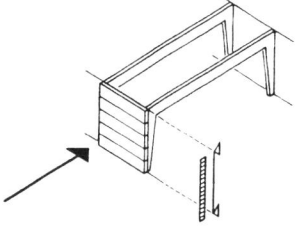

Die Wand- bzw. Fensterelemente (Platten, Sprossen etc.) sind so zu bemessen, dass sie als Biegeträger die Windlasten nach oben und unten bzw. seitwärts zu den Stützen abtragen können. Die Lastübertragung von kleineren auf größere Elemente erfolgt dabei

2.2 Wind und andere horizontale Lasten (Einwirkungen)

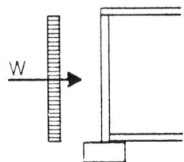

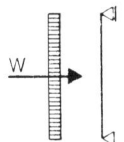

 im Prinzip ähnlich wie der Aufbau einer Decke, jedoch in einer vertikalen Ebene mit horizontaler Last.

Die Stützen können – neben ihrer Aufgabe, die vertikalen Deckenlasten abzutragen – gegen den Wind als Biegeträger wirken. Die Stützenhöhe wird hierbei zur Spannweite für die Abtragung der Windkräfte.

Gesamtaussteifung

Die Halle wird durch Scheiben ausgesteift, durch vertikale Scheiben (z. B. Wände) und gegebenenfalls auch durch eine horizontale Dachscheibe. Diese Scheiben nehmen die Windkräfte und andere Horizontalkräfte auf.

In Wohnbauten sind in der Regel reichlich Wandscheiben und meist auch Deckenscheiben vorhanden, die das Gebäude gegen Wind aussteifen.

Bei unserer Halle jedoch – wie auch bei vielen anderen Gebäuden – sind nur wenige oder keine aussteifenden Wände vorhanden. Wir müssen überlegen, wie die Windaussteifung trotzdem gewährleistet werden kann.

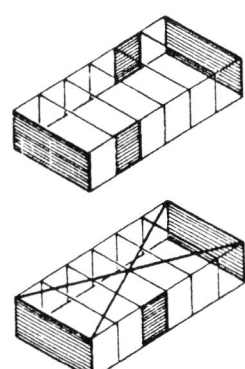

Wir unterscheiden zwischen Hallenkonstruktionen

ohne Scheibenwirkung der Dachdecke
und solchen
mit Scheibenwirkung der Dachdecke.

Wir werden sehen, dass Hallen *ohne* steife Dachscheibe mindestens *vier* vertikale Scheiben zur Windaussteifung brauchen, diejenigen *mit* steifer Dachscheibe hingegen nur *drei* vertikale Scheiben.

Was ist eine *Scheibe*?

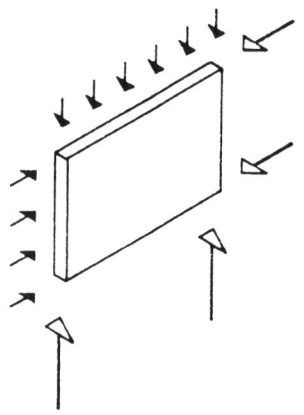

Eine Scheibe ist ein ebenes Element, das in zwei Richtungen groß und in einer Richtung klein ist und das Kräfte, deren Wirkungslinien in der Scheibenebene liegen, aufzunehmen und in dieser Ebene umzulenken vermag.

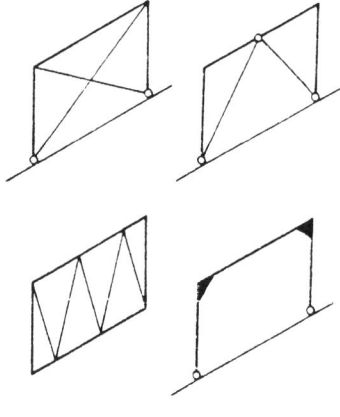

Eine Wand ist fast immer auch eine Scheibe. Die hier dargestellten Systeme sind *Scheiben* – vorausgesetzt natürlich, daß sie aus hinreichend festen Materialien und Verbindungen bestehen. Auch Fachwerkträger und Rahmen sind Scheiben.

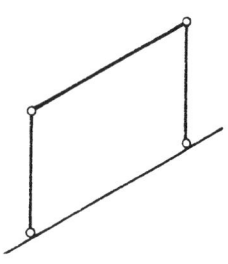

keine Scheibe!

Dieses Gebilde mit vier Gelenken kann nicht aussteifen. Es ist *keine* Scheibe!

Diese Scheiben bestehen aus geschlossenen Dreiecken.

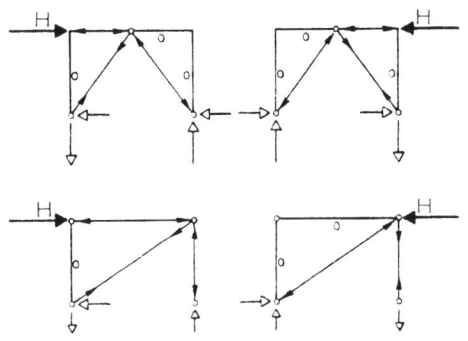

Die Horizontalkraft H erzeugt in den Stäben nur Längskräfte, keine Biegemomente.
Die Stäbe können entsprechend schlank bemessen werden.

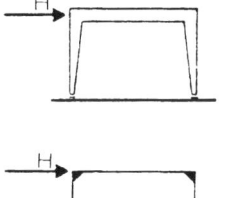

Jeder *Rahmen* ist eine *Scheibe*.

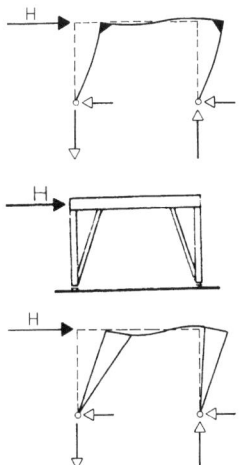

In Rahmen oder rahmenähnlichen Systemen erzeugen die Horizontalkräfte im Allgemeinen auch Biegemomente in den Stäben. Diese müssen entsprechend stärker bemessen werden (siehe Kapitel 10 »Rahmen«, und Tabellenbuch TS 1.4).

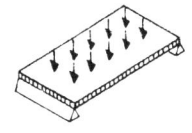

Platte

 Eine Platte ist zwar auch ein ebenes Element, das in zwei Richtungen groß und in einer Richtung klein ist, die Platte aber kann Kräfte (Druck-, Zug- und Schubkräfte) in Richtung ihrer *kleinen* Abmessung aufnehmen, also *quer* zu ihrer Ebene. Sie ist biegesteif. Platten können zugleich Scheiben sein.

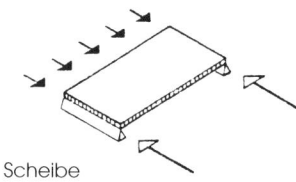

Scheibe

Eine Stahlbeton*platte* in Ortbeton ist immer auch eine *Scheibe*, eine Stahlbeton*scheibe* immer auch eine *Platte*.

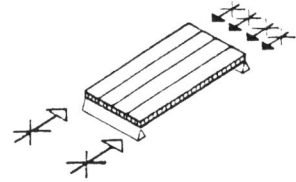

keine Scheibe!

Diese Decke aus Fertigteilen hingegen wirkt nur als *Platte*, nicht als Scheibe. Die hier skizzierten und wieder durchgestrichenen Kräfte können nicht aufgenommen werden, sie würden die Einzelteile gegeneinander verschieben. Erst wenn die Teile durch besondere Maßnahmen *schubfest* miteinander verbunden sind, bilden sie gemeinsam eine *Scheibe*.

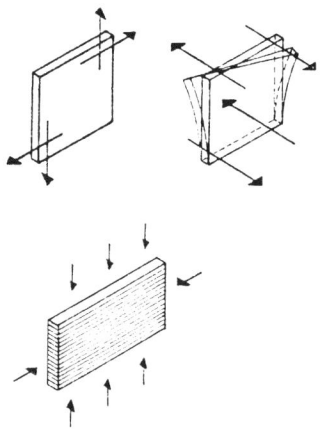

Mauer = Scheibe

Eine Wandscheibe kann meist nur Kräften, die in Richtung ihrer Ebene wirken, Widerstand entgegensetzen. Quer zu ihrer Ebene ist diese Scheibe weich, sodass die geringe Festigkeit für die Gebäudeaussteifung zu vernachlässigen ist.

So wirkt auch eine *Mauer* nur als *Scheibe*. Senkrecht zur Wandfläche vermag sie nur kleine Kräfte aufzunehmen, sie wirkt also nicht (oder nur wenig) als Platte.

2.3 Hallen *ohne* steife Dachscheibe

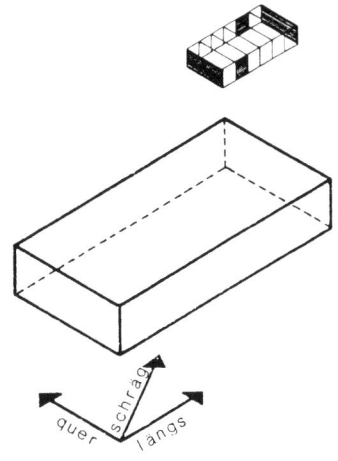

Wind kann in jeder waagerechten Richtung wehen, in Hallen-Längs- oder -Querrichtung oder schräg.

Wind aus schrägen Richtungen denken wir uns zerlegt in Längs- und Querkomponenten. Die Halle muss sowohl in Längs- als auch in Querrichtung hinreichend ausgesteift sein.

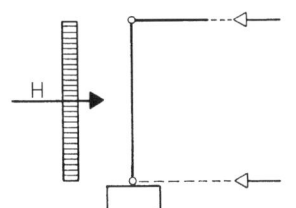

Die Wand- bzw. Fassadenkonstruktion überträgt etwa die Hälfte der Windkraft nach oben in die Dachfläche. Sie kann dort durch liegende Träger aufgenommen und zu den Scheiben weitergeleitet werden.

Die andere Hälfte wird nach unten übertragen, unmittelbar in die Fundamente, die Bodenplatte oder in das untere Geschoss.

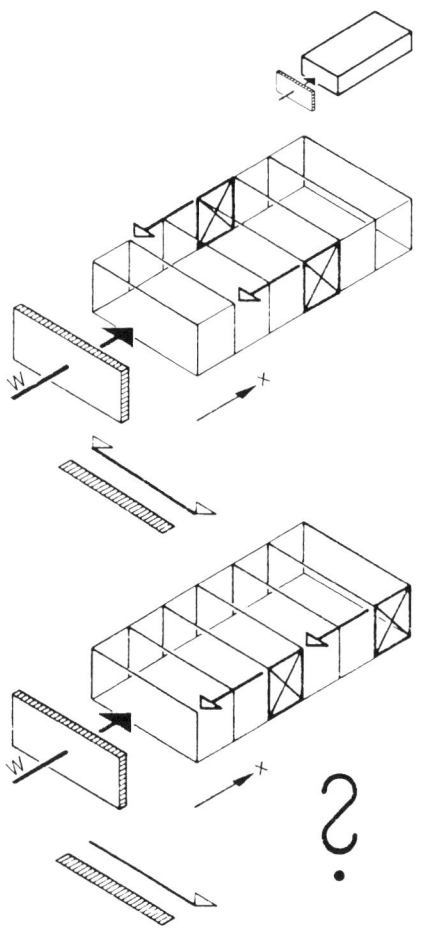

2.3.1 Wind in Längsrichtung

Dem Wind in Längsrichtung müssen sich zwei Scheiben in Längsrichtung entgegenstellen. Sie wirken gleichsam als horizontale Auflager, verhindern das Umkippen des Gebäudes und leiten Windkräfte in den Baugrund weiter.

Selbstverständlich genügt es nicht, diese Scheiben in einer Reihe anzuordnen – ihre Kräfte würden dann auf derselben Wirkungslinie liegen und nur **ein** Auflager gegen den Wind bilden. Die Scheiben müssen auf **zwei** Wirkungslinien stehen.

2.3 Hallen *ohne* steife Dachscheibe

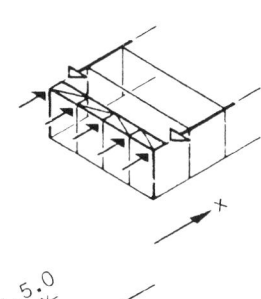

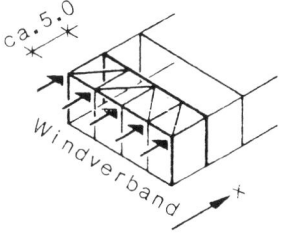

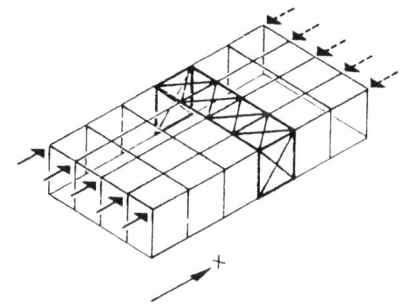

 Auf welchem Wege laufen die Windkräfte zu den Scheiben?

Wenn die Dachfläche keine Scheibe ist, so muss ein horizontaler Träger – ein Windverband – die Horizontalkräfte weiterleiten. Das kann z. B. ein liegender Fachwerkträger sein.

Übernimmt ein liegender Fachwerkträger den Wind, der auf die Schmalseiten der Halle – also in Längsrichtung – wirkt, so liegt nahe, den ersten und zweiten Querträger der Halle auch als »Ober«- und »Unter«gurt dieses Fachwerkträgers zu verwenden. Damit ergibt sich eine »Höhe« des liegenden Trägers von ca. 5 m. Wegen dieser großen »Höhe« sind die Kräfte in den Stäben klein.

Es bietet sich aber auch die Möglichkeit an, nicht an jeder Schmalseite einen Windverband anzuordnen, sondern nur einen, der die Windkräfte von der einen wie von der anderen Schmalseite aufnehmen kann. Die Bauteile der Decke (z. B. Trapezbleche oder Fertigteilplatten) können, wenn sie kraftschlüssig mit den Querträgern verbunden sind, die Windkräfte zu diesem Windverband übertragen. Wenn die Diagonalstäbe dieses Windverbandes jeweils kreuzweise angeordnet werden, stehen bei jeder Windrichtung immer Stäbe in Zugrichtung zur Verfügung – sie können schwächer dimensioniert werden als knickgefährdete Druckstäbe.

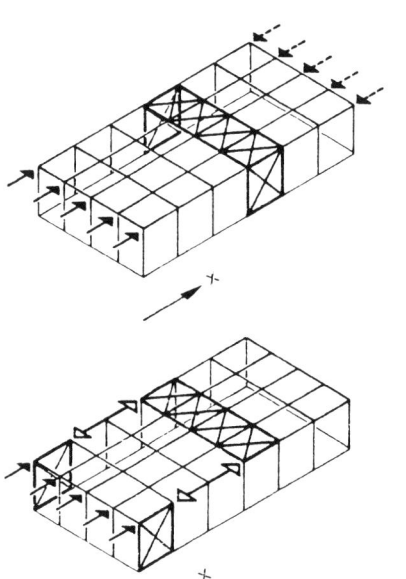

 Der liegende Träger leitet die Windkräfte auf zwei vertikale Scheiben ab. Diese Scheiben können unmittelbar unter dem Windverband angeordnet sein – notwendig ist dies jedoch nicht. Die Windkräfte können auch zu Wandscheiben in anderen Feldern übertragen werden.

2.3.2 Wind in Querrichtung

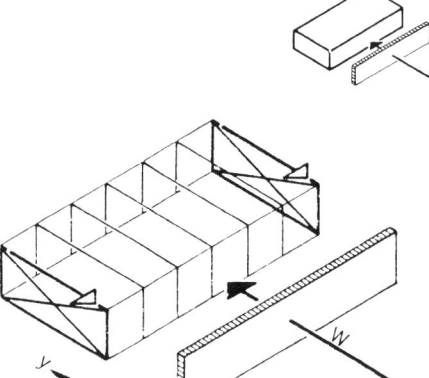

Auch dem Wind in Querrichtung müssen sich zwei Scheiben in Querrichtung – gleichsam als horizontale Auflager – entgegenstellen.

2.3 Hallen *ohne* steife Dachscheibe

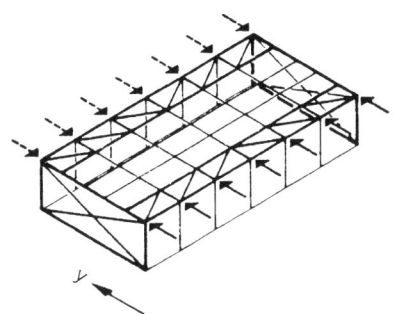

 Es ist möglich, entweder *zwei* liegende Träger anzuordnen – auf jeder Längsseite einen – oder nur *einen*, der die Windkräfte aus beiden y-Richtungen aufnimmt. Die steifen Scheiben in Querrichtung (y-Richtung) können in den Stirnwänden liegen.

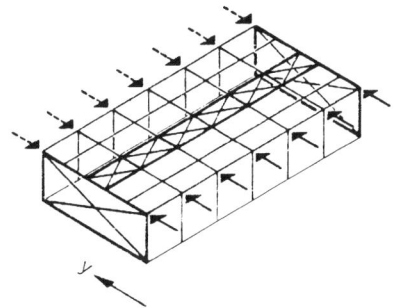

Rahmen

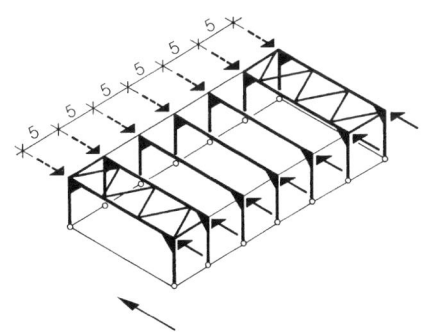

Für Wind auf die Längsseiten ergibt sich aber auch eine andere Möglichkeit: Jeder der Querträger kann zusammen mit den Stützen als Rahmen ausgebildet sein und so als Scheibe wirken. In diesem Fall können die Stirnseiten offen bleiben. Ein liegender Träger in Längsrichtung ist nicht erforderlich – die Kräfte werden in kleinen Abständen (in unserem Beispiel 5 m) von den Rahmen aufgenommen.

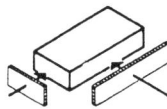

2.3.3 Wind in Längs- und Querrichtung

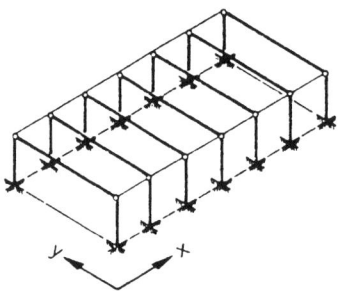

Eingespannte Stützen

Stützen können ins Fundament eingespannt werden. In diesem Fall werden meist alle Stützen eingespannt, auf die einzelne Stütze entfällt ein dem entsprechend kleiner Teil der Windlast.

Eingespannte Stützen können Wind in **Längs- und Querrichtung** aufnehmen. Sie übertragen die H-Last über Biegung in die Fundamente.

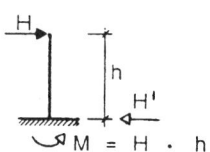

In eingespannten Stützen entstehen Biegemomente. Die Fundamente müssen größer bemessen werden als unter gleich belasteten Pendelstützen, damit sie das Kippen der Stützen verhindern und die erforderliche Standsicherheit gewährleisten (siehe Kapitel 12 »Gründungen«). Wie bei der Aussteifung durch Rahmen bleiben die Zwischenräume frei. Hindernde Auskreuzungen oder Mauerscheiben sind nicht notwendig.

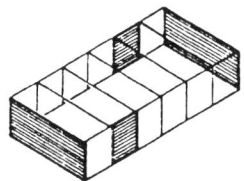

Zusammenfassung 2.3

Hallen *ohne steife Dachscheibe* müssen in **jede Richtung** durch mindestens **zwei** vertikale Scheiben (bzw. entsprechend eingespannte Stützen) ausgesteift werden.

2.4 Hallen *mit* steifer Dachscheibe

Hallen, deren Dachflächen als steife Scheiben ausgebildet sind, benötigen zur Windaussteifung nur **drei** vertikale Scheiben.

Wieso nur *drei*?

Müssen es denn nicht auch hier in jeder Richtung mindestens zwei sein?

Dass im hier skizzierten Beispiel der Wind in Querrichtung (W_y) von zwei vertikalen Scheiben aufgenommen wird, ist leicht zu sehen.

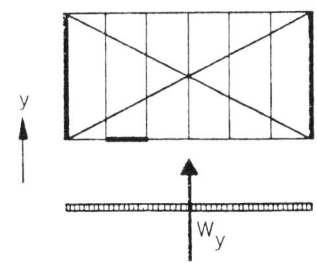

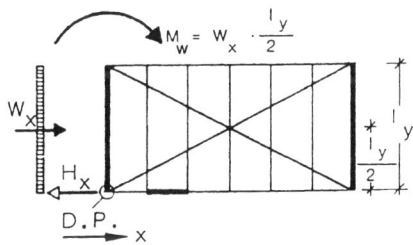

Dem Wind aus Längsrichtung (W_x) steht hier nur *eine* vertikale Scheibe entgegen, und die steht noch dazu exzentrisch. Die Resultierende aus der gleichmäßig angreifenden Windkraft ist gegen die Reaktionkraft in der Wandscheibe um $\frac{l_y}{2}$ versetzt.

Das führt zum Drehmoment:

$$M_W = W_x \cdot \frac{l_y}{2},$$

das die ganze Halle zu verdrehen und so zum Einsturz zu bringen droht!

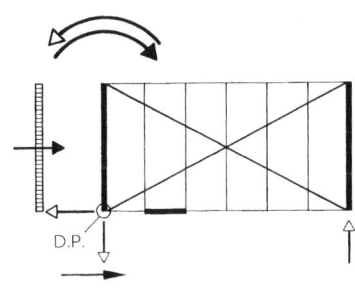

Die steife Dachscheibe jedoch überträgt dieses Drehmoment auch auf die Querscheiben. In diesen werden Reaktionskräfte aktiviert, die in Hallen-Querrichtung wirken, also quer zur Windrichtung. Diese Kräfte erzeugen ein Reaktionsmoment, das ein Verdrehen der Halle verhindert.

Somit genügen die *drei vertikalen Scheiben* zur Windaussteifung.

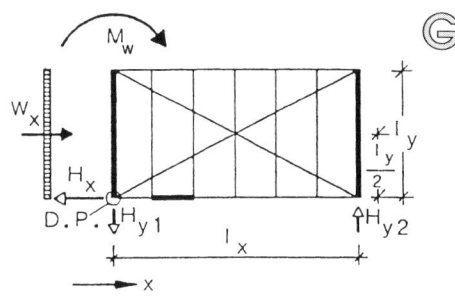

Ⓖ Diese beiden Kräfte H_{y1} und H_{y2} müssen – bei Wind nur aus x-Richtung – gleich groß, aber entgegengesetzt gerichtet sein, damit sie sich aufheben und in y-Richtung Gleichgewicht herrscht:

$$H_{y2} \cdot l_x - M_w = 0 \qquad M_w = W_x \cdot \frac{l_y}{2}$$

$$\Rightarrow H_{y2} = \frac{W_x \cdot l_y}{2 \cdot l_x}$$

$H_{y1} = H_{y2}$ \qquad (entgegengesetzt gerichtet)

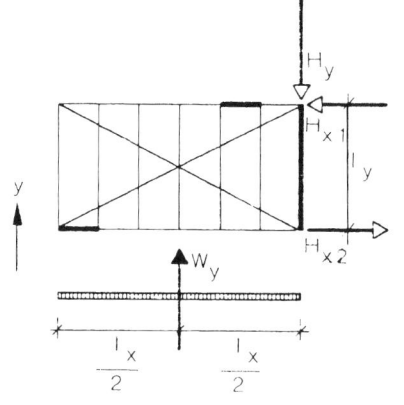

Auch diese Halle mit drei Wandscheiben ist ausgesteift, wenn die Dachdecke eine steife Scheibe bildet:

$$H_{x1} = H_{x2} = \frac{W_y \cdot l_x}{2 \cdot l_y}$$

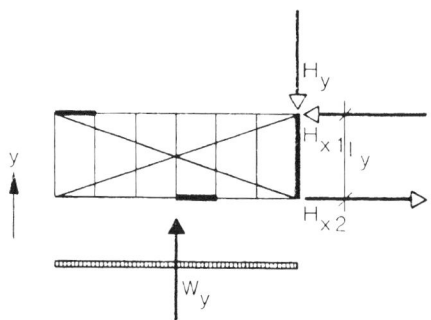

Bei einer solchen Form einer Halle – lang und schmal – und einer solchen Anordnung der Wandscheiben werden die Kräfte H_{x1} und H_{x2} sehr groß, wie sowohl die Anschauung als auch die Formel (siehe oben) leicht erkennen lassen. Auch die Verformungen drohen groß zu werden – also Vorsicht, genaue Untersuchungen auch der Verformungen sind notwendig.

2.4 Hallen *mit* steifer Dachscheibe

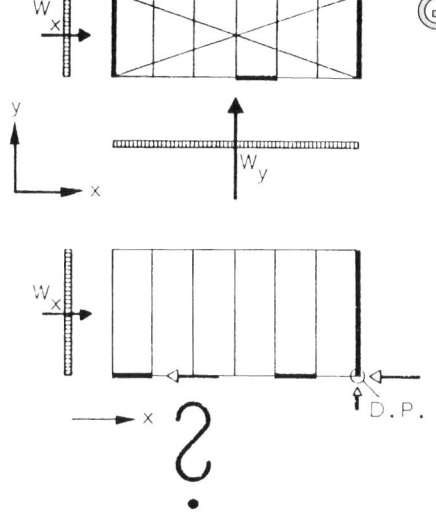

Ⓖ Bei dieser Anordnung der Wandscheiben bleiben die Reaktionskräfte bei jeder Windrichtung wesentlich kleiner.

Diese Anordnung der Wandscheiben genügt nicht! Die beiden Wände in einer Achse können nur Reaktionskräfte in einer Wirkungslinie erzeugen. Kräfte in derselben Wirkungslinie lassen sich verschieben, addieren, subtrahieren – sie wirken wie nur eine Kraft. Diese Halle könnte sich um den Punkt D drehen, denn alle Wandscheiben sind auf diesen Punkt gerichtet. Keine dieser Kräfte könnte ein Reaktionsmoment um diesen Punkt erzeugen und so dem Drehen des Windes Widerstand leisten.

Deckenscheibe

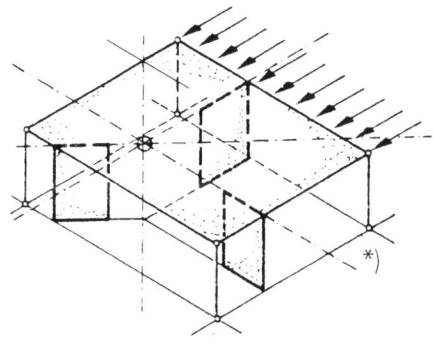

Auch diese Anordnung der Wandscheiben führt nicht zur Standfestigkeit. Da sich die drei Scheiben (bzw. ihre Wirkungslinien) in einem Punkt schneiden, kann keine der Scheibenkräfte um diesen Schnittpunkt ein Reaktionsmoment erzeugen; der Wind kann das Gebäude um diesen Punkt drehen und zum Einsturz bringen.

Deckenscheibe

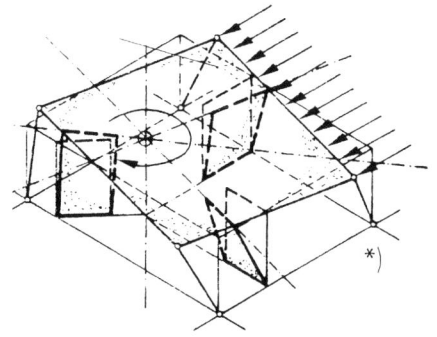

---

*) Zeichnungen nach Rudolf Seegy [23]

Wie wird die Dachfläche zur steifen Scheibe?

Eine massive **Stahlbetonplatte** ist eine steife Scheibe, allein durch ihre Schubfestigkeit und die ohnehin vorhandene Plattenbewehrung – ohne zusätzliche Maßnahmen.

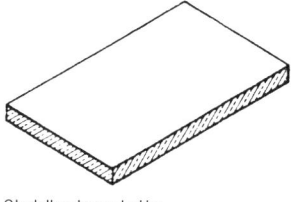
Stahlbetonplatte

Ein Decke aus **Stahlbeton-Fertigteilen** wirkt nicht ohne Weiteres als Scheibe. Durch zusätzliche Maßnahmen kann sie aber zur Scheibe ausgebildet werden. Solche Maßnahmen müssen die einzelnen Fertigteile zug-, druck- und schubfest miteinander verbinden.

Stahlbeton-Fertigteile

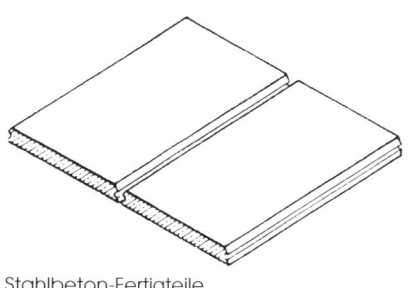

Bewehrungseisen, die aus den Fertigteilen in die Fugen ragen und dort miteinander durch Ortbeton vergossen werden, sind hier geeignet.

Auch eine auf die Fertigteile aufbetonierte Ortbetonschicht kann die Decke zur Scheibe verstärken, ausreichende Dicke und Bewehrung vorausgesetzt.

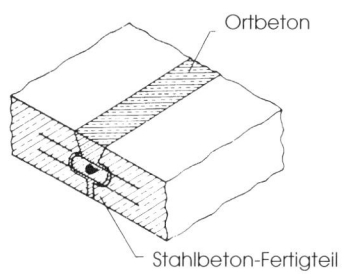

Trapezbleche bilden ohne weitere Maßnahmen keine Scheibe. Sie würden sich wie eine Ziehharmonika verformen lassen. Durch das Aufbringen einer Ortbetonschicht oder die Verschraubung jeder Sicke auf der Unterkonstruktion lässt sich aber auch eine solche Decke als Scheibe ausbilden.

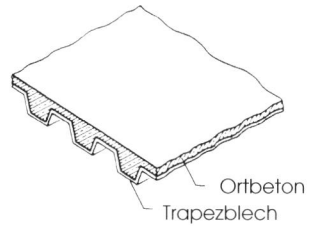

2.4 Hallen *mit* steifer Dachscheibe

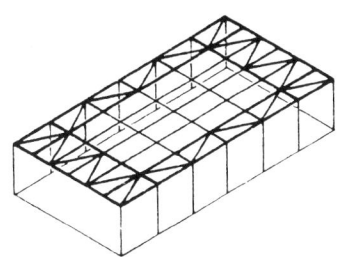

 Die liegenden **Fachwerkträger** in dieser Dachfläche bilden zusammen einen biegesteifen, horizontal liegenden Rahmen und wirken so als Scheibe.

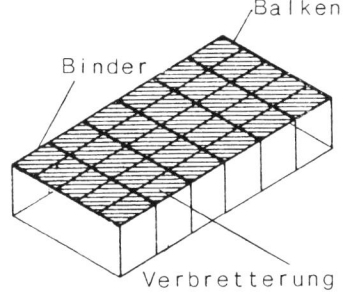

Eine **Holzdecke** wird durch eine diagonale Verbretterung zur Scheibe, eventuell auch durch ausreichend feste Span- oder Sperrholzplatten.

Bei jeder Anordnung von Diagonalen ist es wichtig, dass Dreiecke durch Elemente in drei Richtungen gebildet werden, also z. B. Binder – Balken – Diagonalverbretterung.

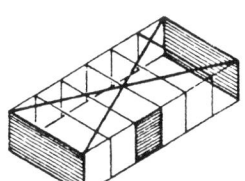

Zusammenfassung 2.4

Eine Halle *mit steifer Dachscheibe* kann mit **drei vertikalen** Scheiben ausgesteift werden, wenn sie (bzw. ihre Wirkungslinien) sich **nicht in einem Punkt schneiden**.

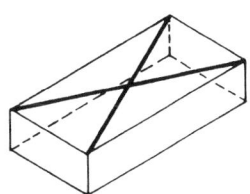

Anmerkung:
Eine solche Darstellung in den Skizzen ist nur ein Symbol. Sie bedeutet nicht, dass diese zwei Diagonalstäbe zur Scheibenbildung ausreichen. Vielmehr sind in der Ausführung wesentlich kleinteiligere Auskreuzungen oder andere Maßnahmen erforderlich.

2.5 Zusammenfassung Windausteifung:

Die Halle wird durch Scheiben gegen Wind ausgesteift.

Hallen *ohne* steife Dachscheibe benötigen mindestens *vier* vertikale Scheiben, je ein Scheibenpaar in Längs- und in Querrichtung.

Hallen *mit* steifer Dachscheibe benötigen nur *drei* vertikale Scheiben, deren Wirkungslinien sich **nicht** in einem Punkt schneiden dürfen.

Anders formuliert: Zur Windausteifung sind mindestens vier Scheiben erforderlich; eine von ihnen darf in der Deckenebene liegen.

Vertikale Scheiben können sein:

– Wände
– Rahmen
– Auskreuzungen bzw. Diagonalen
  in Verbindung mit Stützen und Balken
– eingespannte Stützen

Deckenscheiben können sein:

– Ortbetondecken
– Stahlbeton-Fertigdecken, wenn die Teile
  schubfest miteinander verbunden sind
– Decken aus Stahl- oder Holzteilen mit
  diagonalen Elementen
– liegende rahmenartige Konstruktionen

3 Bewegungen und Verformungen

 Jeder Bau bewegt sich: wenig, unmerklich meist – aber er bewegt sich. Bewegungen infolge *elastischer Verformungen, Wärmedehnung, Schwinden, Kriechen* und *Setzen* sind naturgesetzlich bedingt und unvermeidlich, ja zum Teil notwendig.

Der Planende muss diese Gesetze kennen und Maßnahmen ergreifen, um Schäden zu vermeiden.

 ## 3.1 Elastische Verformung

Jedes Material verformt sich unter Einwirkung einer Kraft. Es dehnt sich. Unter **Dehnen** verstehen wir hier – anders als im allgemeinen Sprachgebrauch – sowohl *Längen* infolge Zugspannung als auch *Kürzen* infolge Druckspannung.

Erst durch die Dehnung entwickelt ein Material die innere Widerstandskraft, die es befähigt, den von außen einwirkenden Kräften innere Kräfte entgegenzustellen.

Im elastischen Bereich wird die Dehnung bei Stahl und Holz proportional zur Spannung angenommen (Hookesches Gesetz, siehe Band 1, Kapitel 7 »Festigkeit von Baumaterialien«).

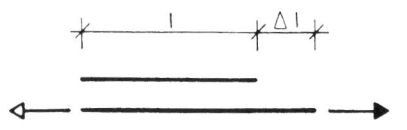

 Ist die Länge eines Bauteils l und die elastische Längenänderung Δl, so nennen wir:

$$\frac{\Delta l}{l} = \varepsilon \quad \bigg| \quad \Delta l = \varepsilon \cdot l$$

Nach Hooke ist der Elastizitätsmodul:

$$E = \frac{\sigma}{\varepsilon} \quad \bigg| \quad \varepsilon = \frac{\sigma}{E}$$

Somit ist:

$$\Delta l = \frac{\sigma \cdot l}{E} \quad \bigg| \quad \sigma = \Delta l \frac{E}{l}$$

Beispiel:

Für Stahl ist:

E = 21 000 kN/cm²

Unter einer Spannung von σ = 21,8 kN/cm² (der zulässigen Grenzspannung σ_{RD} für S 235 unter Biegung, Druck und Zug) ist die Dehnung eines 1000 mm langen Stabes:

$$\Delta l = \frac{21{,}8 \text{ kN/cm}^2 \cdot 1000 \text{ mm}}{21\,000 \text{ kN/cm}^2} = 1{,}04 \text{ mm}$$

Immerhin eine sichtbare Strecke!

3.2 Schwinden, Kriechen, Setzen

Schwinden

Zum Thema Holz seien hier zwei Absätze aus Band 1, Kapitel 7.4 »Besonderheiten der Baumaterialien« wiederholt:

»Holz ist ein Röhrenbündel.« Mit diesem Satz erklärte Otto Graf*), Nestor der Baumaterialforschung, in seinen Vorlesungen wichtige Eigenschaften des Holzes.

Der Aufbau als Röhrenbündel bewirkt, dass Holz in Faserrichtung hohe Druck- und Zugfestigkeiten aufweist, quer zur Faser hingegen nur einen Bruchteil der Druck- und fast keine Zugfestigkeit. Er bewirkt auch die geringe Schubfestigkeit, das heißt, die Fasern (»Röhren«) scheren leicht gegeneinander ab. Er bewirkt schließlich, dass die Röhren, die ja zunächst die Säfte des Baums geführt haben, vor der Verwendung als Bauholz austrocknen müssen und dabei schwinden – vorwiegend quer zur Faserrichtung –, später aber durch ihre Kapillarwirkung auch wieder Feuchtigkeit aufnehmen und dabei quellen können, wenn auch bei trockener Lagerung in weit geringerem Maße als vor der Trocknung. Holz arbeitet, deutlich stärker in Quer- als in Längsrichtung. Dies muss beim Konstruieren mit Holz immer bedacht werden.

---

*) Graf, Otto, 1881 bis 1956

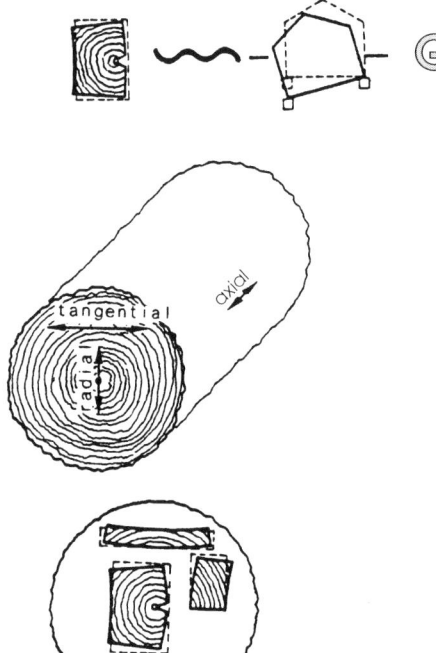

Holz schwindet, wenn es trocknet, und es quillt, wenn es wieder feuchter wird. So verringert es sein Volumen nicht nur während des Trocknens vor dem Einbau, sondern es ist auch später laufenden Änderungen mit der wechselnden Luftfeuchtigkeit unterworfen.
Holz arbeitet. Es schwindet und quillt in tangentialer Richtung etwa doppelt so viel (6 bis 10%) wie in radialer Richtung (3 bis 5%). Daraus ergeben sich Verformungen an Balken und Brettern. Liegt die Stammachse im Balken, so treten Risse auf – insbesondere bei schnellem Trocknen, z. B. in Trockenkammern.

In axialer Richtung ist das Schwind- bzw. Quellmaß gering (ca. 0,1%).

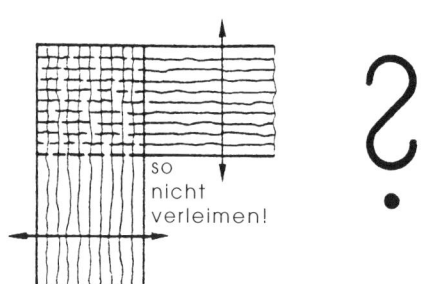

Wegen des unterschiedlichen Arbeitens in Quer- und Längsrichtung sollten Bretter nur verleimt werden, wenn ihre Fasern etwa in gleicher Richtung verlaufen.

Tabellenbuch H 3

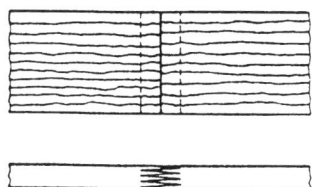

Bei dieser verleimten Keilzinkenverbindung zweier Bretter verlaufen die Fasern in gleicher Richtung.

3.2 Schwinden, Kriechen, Setzen

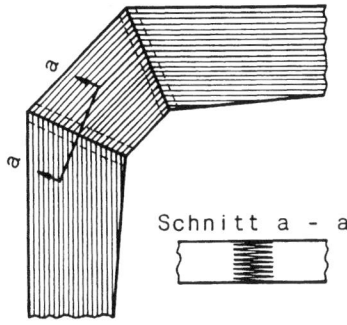

 Bei dieser keilverzinkten Rahmenecke wird die Richtungsänderung auf zwei Stöße verteilt, um in jedem Stoß die Winkeländerung klein zu halten.

Auch Beton und Mauerwerk schwinden! Das Schwindmaß hängt von mehreren Einflüssen ab, vor allem von der Feuchtigkeit der umgebenden Luft, der Zusammensetzung des Betons und den Abmessungen des Bauteils. Der Vorgang des Schwindens erstreckt sich über mehrere Jahre, verläuft jedoch in den ersten Wochen am schnellsten und nimmt dann allmählich ab.

Das Schwindmaß von Beton kann im Allgemeinen im Freien näherungsweise mit:

$10 \cdot 10^{-5} \cdot l$

und in Innenräumen mit:

$15 \cdot 10^{-5} \cdot l$

angenommen werden.

Stahl schwindet nicht.

Kriechen

Wird ein Brett belastet, biegt es sich elastisch. Bleibt die Belastung lange Zeit bestehen, wird die Durchbiegung größer. Diese allmähliche Verformung unter lang andauernder Spannung heißt *Kriechen*.

Während die elastische Verformung sofort nach Entlastung voll zurückgeht, bleibt die Verformung durch Kriechen bestehen.

Auch *Beton und Mauerwerk* kriechen unter lang andauernder Spannung. Wie das Schwinden ist auch das Kriechen abhängig von der Feuchtigkeit der umgebenden Luft, der Beton-Zusammensetzung und den Abmessungen des Bauteils.

In besonders hohem Maße kriechen Kunststoffe und Holzwerkstoffe (Spanplatten).

Stahl kriecht nicht.

Kriechen darf nicht verwechselt werden mit der plastischen Verformung durch Überschreiten der Elastizitätsgrenze. Diese plastische Verformung geschieht sofort im Augenblick der Überlastung, Kriechen hingegen allmählich und auch bei Spannungen unterhalb der Elastizitätsgrenze.

Setzen

Das Erdreich unter Fundamenten wird durch die Auflast zusammengedrückt und es entstehen Setzungen des Bauwerks. Ungleiche Setzungen können auftreten, wenn Fundamente mit unterschiedlichen Gebäudelasten auf das Erdreich wirken oder unter einem Gebäude verschiedene Bodenarten mit unterschiedlichen Tragfähigkeiten vorhanden sind.

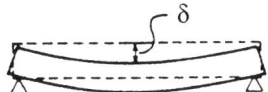

 ## 3.3 Durchbiegung

In einem gebogenen Bauteil wirken auf einer Seite Druck-, auf der anderen Seite Zugspannungen; das Bauteil wird also auf einer Seite verkürzt, auf der anderen gelängt. Dies führt zur Durchbiegung δ. Hier ist neben dem Elastizitätsmodul E auch das Trägheitsmoment I (nach DIN heißt es »Flächenmoment zweiten Grades«) von Bedeutung.

Wir erinnern uns:

$$I = \int_{z_u}^{z_o} \cdot z^2 \cdot dA$$

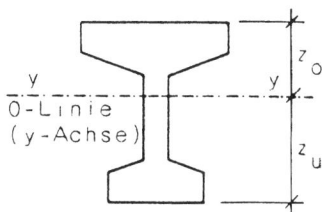

Das heißt: Das Trägheitsmoment wird gebildet durch die Summe aller Flächenteilchen mal dem Quadrat ihres Abstandes von der Null-Linie (siehe Band 1, Kapitel 8.1.4 »Allgemeine Ermittlung von Trägheitsmoment und Widerstandsmomente«).

Je weiter ein Flächenteilchen des Querschnitts von der spannungsfreien Null-Linie entfernt ist, umso stärker behindert es die Durchbiegung bzw. umso weniger bewirkt seine Längung oder Kürzung eine Biegung des Bauteils.

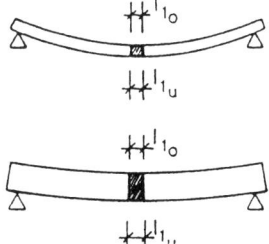

Wenn in den beiden hier skizzierten Trägern gleiche maximale Spannungen herrschen, werden jeweils die oberen Querschnittsteilchen beider Träger gleich verkürzt, die unteren gleich gelängt. Die daraus resultierende Durchbiegung ist aber bei dem dünneren Träger mit kleinem I größer als bei dem dickeren mit großem I.

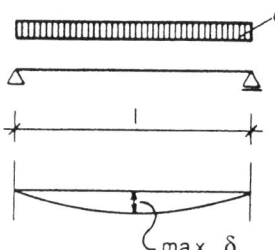

 Für den Träger auf zwei Stützen unter gleichmäßig verteilter Last ist die größte Durchbiegung:

$$\max \delta = \frac{5 \cdot q \cdot l^4}{384 \cdot E \cdot I}$$

(Auf eine Herleitung dieser Formel wird hier verzichtet.)

Zur Ermittlung der Durchbiegung sind keine Sicherheits-Beiwerte erforderlich. Deshalb werden die charakteristischen Lasten bzw. die Basisschnittgrößen eingesetzt.

Der Nachweis der Durchbiegung ist ein »Gebrauchsfähigkeitsnachweis«.

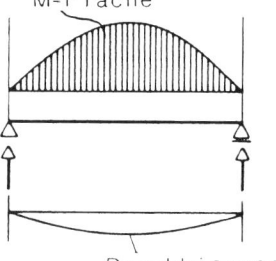

E   Zum Hintergrund dieser Formel:

Man erhält die Durchbiegung δ, wenn man die M-Fläche als neue Last einsetzt, daraus wiederum das Maximal-Moment bildet und dieses durch $E \cdot I$ teilt.

Die Auflagerdrücke aus der M-Fläche als Last, geteilt durch $E \cdot I$, ergeben die Verdrehungswinkel an den Auflagern.

Die Durchbiegung wächst bei Streckenlasten mit der vierten Potenz der Spannweite, also l^4, bei Einzellasten mit der dritten Potenz der Spannweite, also l^3. Die höhere Potenz bei Streckenlasten ergibt sich daraus, dass hier die Gesamtlast $q \cdot l$ beträgt, also l in der Last nochmals enthalten ist, während Einzellasten durch die Länge nicht verändert werden.

3.3 Durchbiegung

Tabellenbuch H 1.3 und St 1.2

 Die zulässigen bzw. empfohlenen Durchbiegungen unter Gebrauchslasten (= charakteristische Lasten) sind durch die DIN-Vorschriften begrenzt (siehe dazu Tabellenbuch H 1.3 und St 1.2). So soll z. B. die Durchbiegung von hölzernen Sparren oder Pfetten im Endstadium

$$\text{tot } \delta_{fin} \leq \frac{l}{200}$$

nicht überschreiten, die von Deckenträgern aus Stahl oder Holz nicht

$$\max \delta \leq \frac{l}{300}$$

Die DIN gibt zwar nur »empfohlene« Höchstwerte für die Durchbiegung an, doch sei angeraten, diese Werte nicht wesentlich zu überschreiten – zur Vermeidung späteren Ärgers.

Wenn die Durchbiegung zu Schäden führen könnte – etwa ein Balken über einem Fenster –, sind eventuell kleinere Werte einzuhalten.

Bei der Bemessung eines Trägers oder Balkens ist deshalb zusätzlich zu dem Biegespannungsnachweis (siehe Band 1, Kapitel 8 »Bemessung von Biegeträgern in Stahl und Holz«) auch der Durchbiegungsnachweis (Nachweis der Gebrauchstauglichkeit) zu führen, das heißt, es ist nachzuweisen, dass die Durchbiegung nicht größer ist als nach DIN zugelassen bzw. empfohlen.

Wir schlagen ein vereinfachtes Verfahren vor, das brauchbare Näherungswerte liefert. Hierbei ermitteln wir das erforderliche Trägheitsmoment I, für einen Einfeldträger mit:

Tabellenbuch TS 1.6

$$\text{erf } I = k_0 \cdot M_0 \cdot l$$

3 Bewegungen und Verformungen

Z Beispiel für Stahl:

Tabellenbuch St 1.1

Material: Stahl S 235

$\sigma_{Rd} = 21{,}8$ kN/cm²

Tabellenbuch St 1.2

empfohlene maximale Durchbiegung:

max $\delta = l/300$

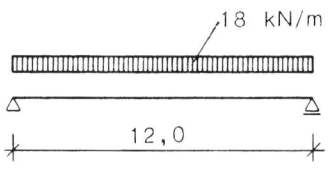

Basisschnittgrößen:

$$A = B = \frac{18 \cdot 12}{2} = 108 \text{ kN}$$

$$\max M = \frac{18 \cdot 12^2}{8} = 324 \text{ kNm}$$

Bemessungsmoment:

$\max M_d = 324 \cdot 1{,}4 = \underline{453{,}6 \text{ kNm}}$

Tragfähigkeitsnachweis:

$$\text{erf } W = \frac{453{,}6 \cdot 100}{21{,}8} = 2081 \text{ cm}^3$$

Gebrauchsfähigkeitsnachweis (Durchbiegung):

Tabellenbuch St 1.6

$\text{erf } I = 15 \cdot 324 \cdot 12 = 58320 \text{ cm}^4$
$\quad\quad\quad (k_0) \ (M) \ (m)$

Tabellenbuch St 2.1

gewählt:

| IPE 550 |

$W_y = 2440 >$ erf W
$I_y = 67120 >$ erf I

Tabellenbuch St 2.3

oder, falls Höhe gespart werden soll:

| HE-B 400 (IPB 400) |

$W_y = 2880 >$ erf W
$I_y = 57680 \approx$ erf I

(Die Unterschreitung von erf I um ca. 1 % ist unbedeutend.)

Vergleichen wir die beiden in diesem Zahlenbeispiel gewählten Träger: IPE 550 und HE-B 400 (IPB 400).

Für den 550 mm hohen Träger IPE – das Verhältnis Spannweite zu Höhe ist hier $12000/550 \approx 22$ – ist das Widerstandsmoment W und damit die Spannung σ maßgebend. Das vorhandene Trägheitsmoment I liegt weit über dem erforderlichen Wert, das heißt, die zulässige Durchbiegung δ ist bei Weitem nicht erreicht.

Anders der gedrungene Träger HE-B 400. Das Verhältnis Spannweite zu Höhe ist hier $12000/400 = 30$. Das Trägheitsmoment I reicht knapp, das heißt, die Durchbiegung δ ist schon geringfügig überschritten. (Wir sind nicht kleinlich und nehmen das hin.) Das Widerstandsmoment W ist hingegen reichlich, die Spannung $σ_{Rd}$ wird bei Weitem nicht erreicht.

Das ist typisch: Die Durchbiegung wird meist dort kritisch, wo große Spannweiten mit relativ kleinen Trägerhöhen überspannt werden.

Hinzu kommt, dass der IPE 550 nur 106 kg/m wiegt, der HE-B 400 hingegen 155 kg/m, also fast um die Hälfte mehr. Der schlankere Träger ist also wirtschaftlicher, er schafft es mit weniger Material (hier wird die *Masse* angegeben, daher *kg*).

Als Architekt gilt es nun zu überprüfen, ob der höhere IPE-Träger mit dem Entwurfskonzept vereinbar ist – z. B. die lichte Raumhöhe dadurch nicht beeinträchtigt wird.

Holz

Die Durchbiegung von Holz vergrößert sich im Laufe der Zeit durch Kriechen. Deshalb sind zu unterscheiden:
- die Anfangsdurchbiegung δ_{inst}. Sie ist eine elastische Verformung und geht bei Entlastung wieder zurück;
- die Enddurchbiegung tot δ_{fin}, die sich zusammensetzt aus der genannten Anfangsdurchbiegung und der zusätzlichen Verformung durch Kriechen.

Kriechen ist eine bleibende Verformung, die sich erst allmählich durch lang wirkende Belastung aufbaut. Deshalb wird nach DIN unterschieden zwischen ständig, lang, mittel, kurz und sehr kurz (stoßartig) wirkenden Lasten. Feuchtes Holz verformt sich besonders stark durch Kriechen.

Tabellenbuch H 1.4

Holzart, Dauer der Belastung und Feuchte des Holzes werden berücksichtigt in den Tabellenwerten k_{mod} (Modifikationsfaktor) und k_{def} (Deformationsfaktor) (vgl. Tabellenbuch H 1.4).

Die Summe der Verformungen aus diesen verschiedenen Einwirkungen ergibt:

tot $\delta_{fin} = \delta_1 + \delta_2 + \delta_3 \ldots$

Es lässt sich leicht vorstellen, dass diese Berechnung aufwendig ist. Doch wird weit einfacher eine brauchbare Näherung bei Verwendung trockenen Holzes erreicht mit der schon bekannten Formel:

erf $I = k_0 \cdot M \cdot l$,

wenn k_0 für den strengeren Wert 1/300 der empfohlenen Enddurchbiegung tot δ_{fin} gewählt wird.

3.3 Durchbiegung

Tabellenbuch TS 1.6

 So ist z. B. für Sparren und Balken die empfohlene Enddurchbiegung tot δ_{fin} = l/200. Wir wählen den strengeren k_0-Wert für l/300. Dieser Wert ist für Einfeldträger k_0 = 312 (Tabellenbuch TS 1.6).

Somit ist:

erf I = 312 · M · l

Träger aus Brettschichtholz können mit Überhöhung hergestellt werden. Die Durchbiegung verringert sich dann um diese Überhöhung; das erforderliche I kann entsprechend verringert werden.

Der Einbau **trockenen** Holzes sollte sorgsam beachtet und überprüft werden – nicht nur wegen der Verformungen!

Stahlbeton

Für Stahlbeton ist die Durchbiegung schwerer zu ermitteln, weil zwei Materialien zusammenwirken und weil der Elastizitätsmodul E für Beton veränderlich ist. Hier gehen DIN und Eurocode einen anderen Weg: Die Schlankheit der Platten wird begrenzt (siehe dazu Band 1, Kapitel 14.3 »Optimierung des Tragsystems« und Kapitel 6 »Zweiachsig gespannte Platten und Rippendecken« in diesem Band).

Stahlbetonbalken sind fast nie so schlank, dass die Durchbiegung maßgebend wird.

3.4 Wärmedehnung

Temperaturänderungen von Baustoffen können zu erheblichen Verformungen und Spannungen führen.

Bei Extremtemperaturen von 35 °C im Sommer und −15 °C im Winter und einer Durchschnittstemperatur von 10 °C während der Bauzeit ergibt sich eine Temperaturdifferenz von ±25 °C. In vielen Gegenden Mitteleuropas sind noch größere Temperaturunterschiede zu erwarten. Von der Sonne beschienene Bauteile können auch in unseren Breiten noch wesentlich heißer werden als 35 °C.

Doch auch für den Innenraum darf man keine gleichmäßigen Temperaturen erwarten – die Heizung kann einmal versagen oder abgestellt werden.

Die Dehnung infolge Temperaturänderung beträgt:

$\Delta l = \alpha_T \cdot l \cdot \Delta T$

Hierbei ist α_T die materialspezifische Wärmedehnzahl, l die Länge vor der Dehnung und ΔT die Temperaturdifferenz in °C.

Die Wärmedehnzahl α_T beträgt:

für Stahl $1{,}2 \cdot 10^{-5}$

für Beton $1 \cdot 10^{-5}$ (im Mittel).

Nur durch diese wenig unterschiedliche Wärmedehnzahl wird das Zusammenwirken von Stahl und Beton im Stahlbeton möglich.

3.4 Konstruktive Maßnahmen

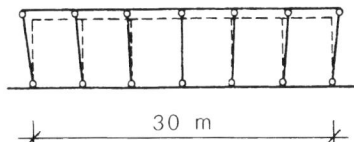

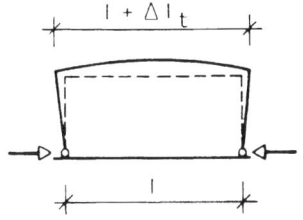

 Beispiele:

Die Halle ist aus Stahl konstruiert. Sie ist 30 m lang. Bei einer Temperaturänderung von ±25 °C beträgt die Längenänderung:

$$\Delta l = \pm 25° \cdot 30\,000 \cdot 1{,}2 \cdot 10^{-5} = \pm 9 \text{ mm}$$

Dieses Maß muss konstruktiv berücksichtigt werden, um Zwängungen und die daraus hervorgehenden Zwängungsspannungen auszuschließen oder in der Bemessung für die Bauteile zu erfassen.

Über die Breite von 15 m beträgt die Längenänderung der Halle:

$$\Delta l = \pm 25° \cdot 15\,000 \cdot 1{,}2 \cdot 10^{-5} = \pm 4{,}5 \text{ mm}$$

Wenn die Breite der Halle durch Zweigelenkrahmen oder eingespannte Rahmen überspannt wird, bewirkt die Temperaturänderung im Rahmen zusätzliche Horizontalkräfte in den Auflagern. Diese wiederum führen zu zusätzlichen Momenten und Längskräften.

Die Wärmedehnung von Holz ist weit geringer als die für Holz sehr wichtigen Verformungen durch Schwinden.

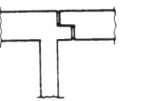

3.5 Konstruktive Maßnahmen

Wegen des »Arbeitens« der Bauteile und wegen der Gefahr unterschiedlichen Setzens gilt als grobe Regel, dass ein Gebäudeteil ohne Fuge nicht länger als 25 m ... 40 m sein sollte. Diese Regel bedarf aber näheren Betrachtens:

Dieses Gebäude wird durch Wandscheiben in den Endfeldern ausgesteift. Horizontale Bauteile, die unverschieblich zwischen den Scheiben liegen, werden in ihrer Ausdehnung behindert. Es entstehen Zwängungen und zusätzliche Kräfte, die zu Schäden führen können.

Wie groß die Spannungen und Kräfte aus Temperatur werden können, sei an einem Beispiel gezeigt: Ein Stahlträger mit einer Querschnittsfläche von 26 cm² (z. B. ein Walzprofil HE-B 100) werde um $\Delta_T = 25\,°C$ erwärmt, jedoch an der Änderung seiner Länge durch unverschiebliche Auflager gehindert.

$\alpha_T = 1{,}2 \cdot 10^{-5}$
$E = 21000\,kN/cm^2$
$\sigma = 25 \cdot 1{,}2 \cdot 10^{-5} \cdot 21000\,kN/cm^2$
$ = 6{,}3\,kN/cm^2$

Damit würde fast ein Drittel der Grenzspannung σ_{RD} von S 235 aufgezehrt!

Bei einer Querschnittsfläche von

$A = 26\,cm^2$, also z. B. HE-B 100 (IPB 100),

wäre die daraus entstehende Kraft $F = A \cdot \sigma$:

$F = 26\,cm^2 \cdot 6{,}3\,kN/cm^2 = 164\,kN$ (!)

Zerstörungen am Auflager, Ausknicken des Stahlteils etc. wären die Folge. Mit diesen Zahlen sei noch einmal auf die Notwendigkeit hingewiesen, Bewegungsmöglichkeiten, also verschiebliche Auflager bzw. Pendelstützen, vorzusehen.

3.5 Konstruktive Maßnahmen

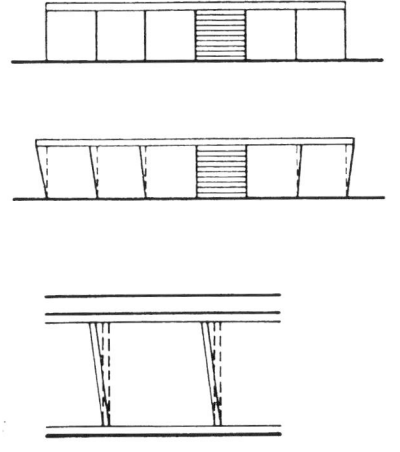

 Dieser Bau ist nur im mittleren Bereich ausgesteift, während er zu beiden Seiten hin »atmen«, das heißt sich frei ausdehnen oder verkürzen kann. Sind die Stützen pendelnd, also oben und unten gelenkig gelagert, entstehen keine Zwängungen. Bei geringen Verformungen genügt oft die elastische Nachgiebigkeit der Stützen, um die Zwängungen klein zu halten. Der Länge eines solchen Gebäudes sind aber durch konstruktive Details Grenzen gesetzt. So dürfen z. B. die Verformungen der Felder zwischen den Stützen nicht größer sein, als der Spielraum in den Fensterfugen auszugleichen vermag, denn sonst könnten Fensterscheiben und andere Bauteile beschädigt werden.

Dieser Zweigelenkrahmen wird durch Temperaturänderungen verformt; in seinen Auflagern entstehen zusätzliche Kräfte.

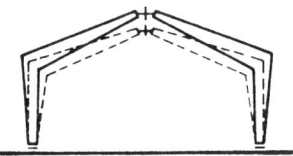

Dieser Dreigelenkrahmen ist statisch bestimmt, er kann sich Wärmedehnungen anpassen. Es entstehen keine Kräfte aus Temperaturänderungen.

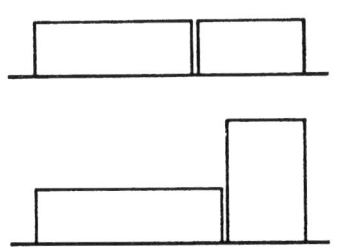

Bauten mit größerer Längen- oder Breitenausdehnung müssen durch *Fugen* in Abschnitte getrennt werden. Bauteile von unterschiedlicher Höhe und Last können sich unterschiedlich setzen. Auch sie sollten deshalb durch Fugen getrennt werden. Entsprechendes gilt, wenn wegen unterschiedlicher Bodenverhältnisse unterschiedliche Setzungen zu erwarten sind.

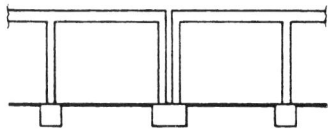

 Diese Fuge liegt zwischen zwei Stützen oder Wänden, die nur das Fundament gemeinsam haben. Die tragenden Bauteile sind völlig getrennt (ausgenommen Fundamente). Jeder Gebäudeabschnitt ist statisch gesehen ein selbstständiger Bau mit eigener Windaussteifung.

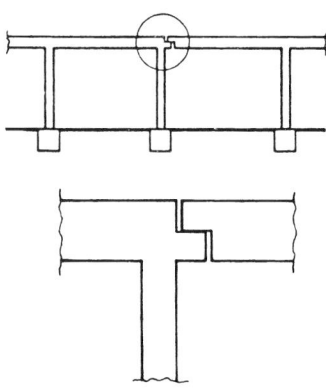

Selbstverständlich müssen die Bewegungen an der Fuge auch bei der Planung des Ausbaus bedacht werden. Über die Fuge durchgehende Putzflächen und Fußböden würden reißen. Vor allem ist dafür zu sorgen, dass Installationen den Bewegungen folgen können!

Diese Fuge erlaubt horizontale Verschiebungen, bleibt jedoch gegen unterschiedliche Setzungen wirkungslos. Sie entspricht einem verschieblichen Auflager. (Auch ist zu bedenken, dass die Schubspannungen in einer solchen Konsole groß werden können!)

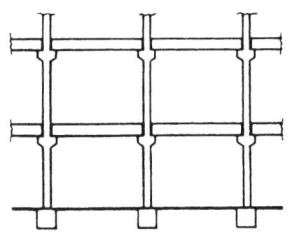

Hier besteht zwischen Fertigteilstützen und -trägern zwar nur eine geringe Verschieblichkeit, die Summe der kleinen Verschiebungen reicht aber aus, um auf Trennfugen verzichten zu können – falls nicht durch Vergießen der Fugen völlig starre Verbindungen hergestellt wurden.

Auch in Holzbauten reichen die Bewegungsmöglichkeiten zwischen den Hölzern aus, um Trennfugen zu ersetzen.

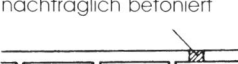
nachträglich betoniert

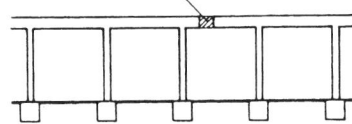

Um bei Ortbeton-Bauteilen großer Länge (z. B. Decken oder Durchlaufträger) die Schwindspannungen zu verringern, kann beim Betonieren zunächst ein Stück ausgelassen werden. Erst wenn nach mehreren Wochen die übrige Konstruktion schon teilweise geschwunden ist, wird auch dieses Stück zubetoniert.

4 Durchlaufträger

 ## 4.1 Allgemeines

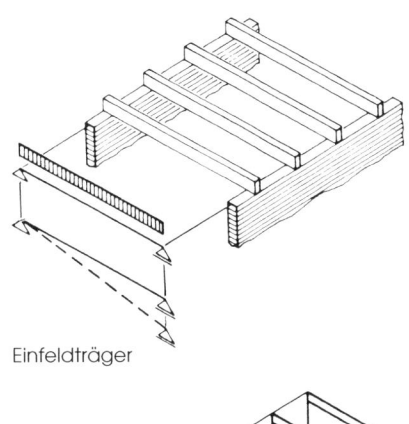

Einfeldträger

Jeder dieser Balken ist ein Träger auf zwei Stützen, auch *Einfeldträger* genannt. Er ist statisch bestimmt gelagert. Wir erkennen das, wenn wir uns vorstellen, ein Auflager würde sich senken oder der Träger würde sich erwärmen: Der Träger könnte dem ohne Weiteres nachgeben, weder Senkung der Auflager noch Erwärmung des Trägers hätten innere Spannungen zur Folge. Das Maximalmoment unter gleichmäßig verteilter Last ist:

$$\max M = \frac{q \cdot l^2}{8}$$

Auch in unserer Halle (siehe Kapitel 2 »Tragkonstruktion einer einfachen Halle«) spannen im einfachsten Fall Träger auf zwei Stützen über die ganze Hallenbreite.

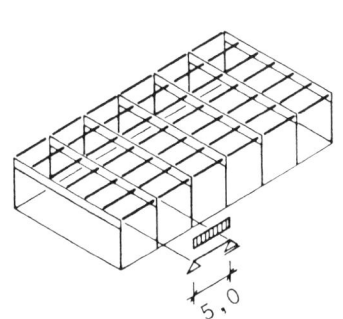

Spannen bei dieser Halle die Pfetten, Platten o. Ä. nur von einem Träger zum anderen, sind sie also jeweils nur so lang wie ein Trägerabstand, sind auch sie Einfeldpfetten oder Einfeldplatten.

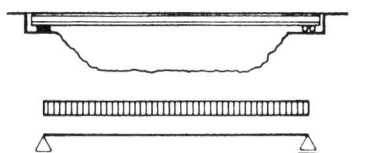 Auch dieser Brückenträger ist ein Einfeldträger.

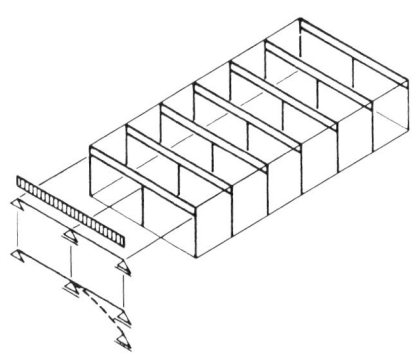 In dieser Halle steht eine mittlere Stützenreihe. Die Träger spannen über zwei Felder, das heißt über drei Stützen. Es sind *Zweifeldträger.* Jeder Träger, der über zwei oder mehr Felder in einem Stück durchläuft, ist ein *Durchlaufträger.* Er ist statisch unbestimmt. Das erkennen wir, wenn wir uns vorstellen, ein Auflager senke oder hebe sich. Der Träger würde dadurch innerlich gezwängt.

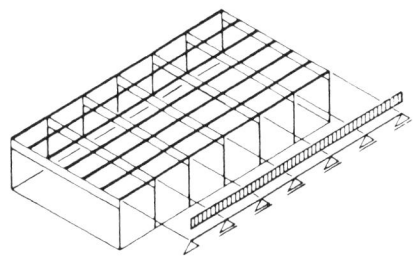 In dieser Halle sind die Pfetten durchlaufend ausgebildet. Sie bilden Durchlaufträger über sechs Felder bzw. sieben Stützen und werden deshalb auch als *Sechsfeldträger* bezeichnet.

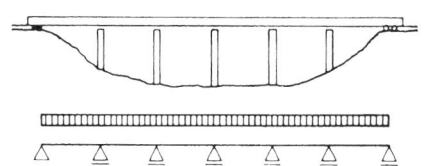 Die Träger dieser Brücke sind Durchlaufträger über sechs Felder bzw. sieben Auflager. Sie sind ebenfalls *Sechsfeldträger.*

Für Durchlaufträger eignen sich vor allem Stahl und am Ort gegossener Stahlbeton (Ortbeton).

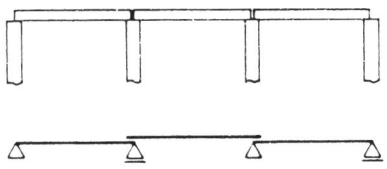

Die Reihung mehrerer Einfeldträger ist kein Durchlaufträger.

 Balken aus Massivholz kommen wegen ihrer begrenzten Länge kaum als Durchlaufträger infrage. Brettschichtträger lassen sich zwar in größerer Länge herstellen, doch wird der Transport schwierig. Deshalb wird auch hier meist der Reihung mehrerer Einfeldträger oder der Ausbildung als Gelenkträger bzw. als Koppelpfetten der Vorzug gegeben.

Ähnlich ist es mit Beton-Fertigteilen: Der Transport mehrerer kurzer Träger ist einfacher als der eines langen Trägers. Deshalb finden wir als Beton-Fertigteile fast nur Einfeldträger.

Auch Stahlträger werden in kürzeren Einzelstücken transportiert, können aber auf der Baustelle zu Durchlaufträgern verschraubt oder verschweißt werden.

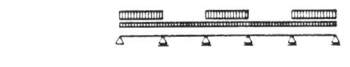

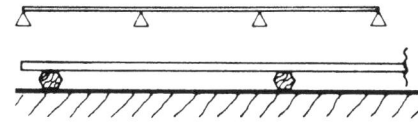

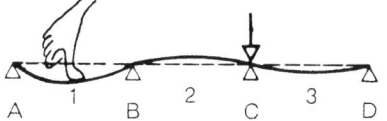

4.2 Lastfälle

Bauen wir uns ein Modell eines Durchlaufträgers! Es bestehe aus einer dünnen Latte und einigen gleich hohen Klötzchen, die als Auflager dienen. Länge und Dicke sollten so aufeinander abgestimmt sein, dass ein leichter Fingerdruck deutliche Durchbiegung bewirkt.

Wir bilden mit diesem Modell einen Träger über drei Felder und belasten das erste Feld (dabei erweist es sich als notwendig, das Auflager C gegen Abheben festzuhalten). Wie zu erwarten war, biegt sich das erste Feld nach unten durch. Infolge der Durchlaufwirkung wird das zweite Feld nach oben gebogen – diese Durchbiegung nach oben ist allerdings schwächer als die des ersten Feldes nach unten. Auch das dritte Feld wird noch beeinfusst; die Durchbiegung des zweiten nach oben leitet hier wieder zu einer Durchbiegung nach unten über. So entsteht eine Wellenform von abwechselnd abwärts und aufwärts gerichteten Durchbiegungen, am stärksten im belasteten Feld, dann von Feld zu Feld schwächer werdend.

Tritt an die Stelle der Einzellast eine gleichmäßig verteilte Belastung – in der Praxis der häufigste Fall –, verläuft zwar die Biegelinie des belasteten Feldes ein wenig anders, die wellenförmige Übertragung von Feld zu Feld bleibt aber gleich. Doch in unserem Modellversuch ist es einfacher, Einzellasten in Form von Fingerdrücken oder Gewichten anzubringen; wir können von diesen Einzellasten ohne Weiteres auf die Verformung unter gleichmäßig verteilter Last schließen.

Ist sowohl das erste als auch das dritte Feld belastet, verstärken sich die Durchbiegungen gegenseitig – die Last im ersten Feld biegt ja auch das dritte Feld nach unten und die Last im dritten Feld auch das erste. Unter diesem Lastfall tritt also die größte Durchbiegung im ersten und im dritten Feld auf – größer noch als unter Last nur in einem Feld.

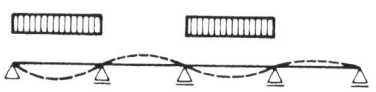

Auch an einem Träger mit vier, fünf oder mehr Feldern treten die größte Durchbiegung und auch das größte Moment auf, wenn abwechselnd nur jedes zweite Feld belastet wird.

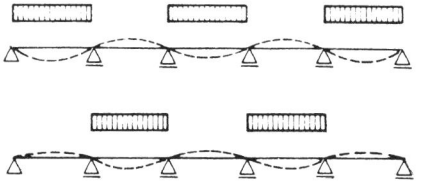

Der Lastfall, der die größte Durchbiegung in einem Feld bewirkt, führt dort auch zum größten Feldmoment. Trotzdem dürfen Durchbiegung und Moment nicht verwechselt werden. Sie stehen zwar in enger Beziehung, sind aber nicht das Gleiche.

4.2 Lastfälle

Eine Belastung zweier benachbarter Felder verursacht nirgends eine maximale Durchbiegung, hingegen ein großes Biegemoment über der von zwei Seiten belasteten Stütze. Eine Belastung des übernächsten Feldes verstärkt noch dieses Stützenmoment zum Maximalwert. (Wegen des negativen Vorzeichens bezeichnen wir diesen Größtwert als min M.)

Welche Lastfälle führen zu den für die Bemessung maßgebenden maximalen (bzw. minimalen) Feld- und Stützenmomenten und Auflagerreaktionen?

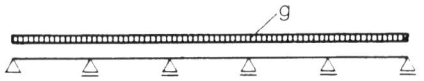

Die ständige Last g ist immer und in jedem Feld vorhanden, meist gleichmäßig verteilt. Hinzu kommen die veränderliche Last p und gegebenenfalls veränderliche Einzellasten P, jeweils in der ungünstigsten Verteilung. Ähnlich wie bei einem Träger mit Kragarmen (siehe Band 1, Kapitel 6 »Lastfälle«) müssen wir auch am Durchlaufträger verschiedene Lastfälle untersuchen.

Die oben beschriebenen einfachen Biegeversuche helfen uns, den jeweils maßgebenden Lastfall festzustellen (weitere Beispiele siehe Tabellenbuch TS 1.3).

Wichtig für die Tabellenwerte n ist das Verhältnis von veränderlicher zu ständiger Last p:g. Es bleibt gleich, egal ob charakteristische Lasten oder Bemessungslasten eingesetzt werden.

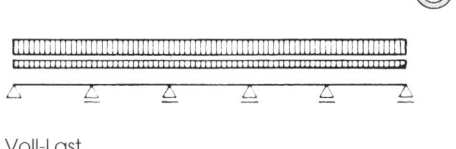

Voll-Last

Ⓖ Der Lastfall, in dem nicht nur die ständige Last g, sondern auch die veränderliche Last p gleichmäßig auf allen Feldern verteilt ist, heißt Voll-Last (»volle Last«). Für die Untersuchung der Querkraft genügt meist dieser Lastfall. Dieser Lastfall ergibt **keine** Maximal-Momente.

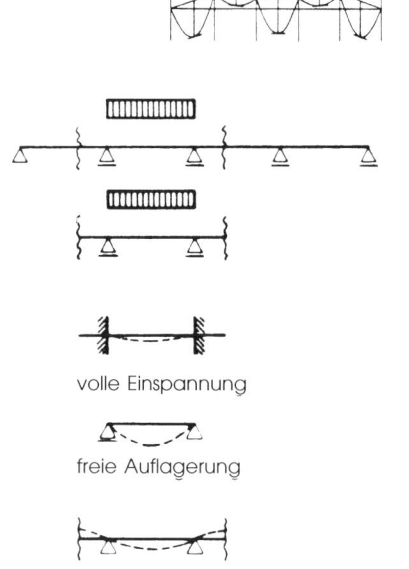

volle Einspannung

freie Auflagerung

teilweise Einspannung

4.3 Größe der Momente und Auflagerkräfte

Betrachten wir ein einzelnes Feld eines Durchlaufträgers. Dieses Feld ist links und rechts in die benachbarten Felder eingespannt – allerdings nicht voll eingespannt, als wäre der Träger dort fest im Felsen einbetoniert, sodass er sich in den Auflagern nicht verdrehen könnte, sondern nur teilweise eingespannt ist, das heißt, die Verdrehung wird nur behindert.

Im Gegensatz dazu ist dieser Träger auf zwei Stützen an den Auflagern frei drehbar.

Die teilweise Einspannung des Durchlaufträger-Feldes liegt also zwischen der vollen Einspannung und der freien Auflagerung.

4.3 Größe der Momente und Auflagerkräfte

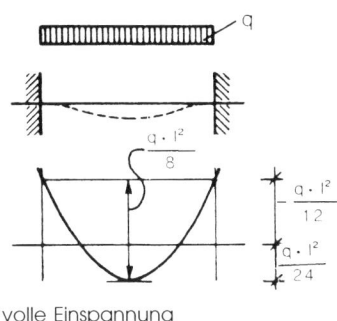

volle Einspannung

 Zum Vergleich sei ein eingespannter Träger betrachtet.

Ein beidseitig voll eingespannter Träger hat unter gleichmäßig verteilter Last die Einspannmomente:

$$M_E = -\frac{q \cdot l^2}{12}$$

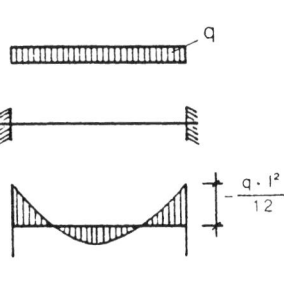

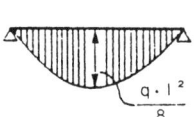

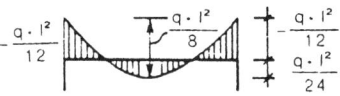

(Auf eine Herleitung dieser Formel wird hier verzichtet – sie würde die Grenzen dieses Buches sprengen. Interessierte Leser seien auf die weiterführende Literatur verwiesen.)

Das Feldmoment ergibt sich, wenn $\frac{q \cdot l^2}{8}$ an diese Einspannmomente angetragen wird.

Damit wird das Feldmoment:

$$M_F = \frac{q \cdot l^2}{8} - \frac{q \cdot l^2}{12} = \frac{q \cdot l^2}{24}$$

Da aber ein Innenfeld eines Durchlaufträgers an seinen Enden nicht voll, sondern nur teilweise eingespannt ist, sind die Stützenmomente etwas kleiner (absolut genommen) und die Feldmomente größer als am eingespannten Träger.

Um max M der Endfelder zu finden, betrachten wir zunächst einen einseitig eingespannten Träger. An ihm ist das Einspannmoment:

$$\boxed{M_E = -\frac{q \cdot l^2}{8}}$$

(Die Herleitung dieser Formel würde über die Zielsetzung dieses Buches hinausgehen.)

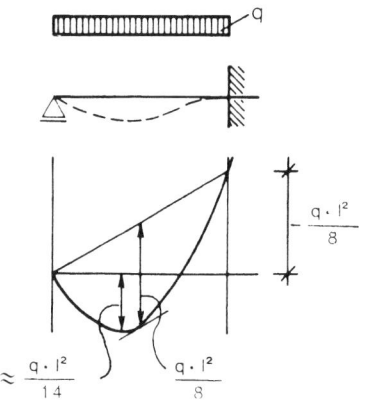

Auch hier wird zwischen die beiden Auflagermomente – das am freien Auflager ist gleich null – die Parabel mit dem Größtwert $\frac{q \cdot l^2}{8}$ angetragen.

Als maximales Feldmoment ergibt sich naturgemäß ein größerer Wert als bei der beiderseitigen Einspannung. Es beträgt:

$$\boxed{\max M = \frac{9 \cdot q \cdot l^2}{128} \approx \frac{q \cdot l^2}{14}}$$

(Erinnern wir uns noch an die Parabelkonstruktion?
Siehe Band 1, *Beispiel 5.3.3*)

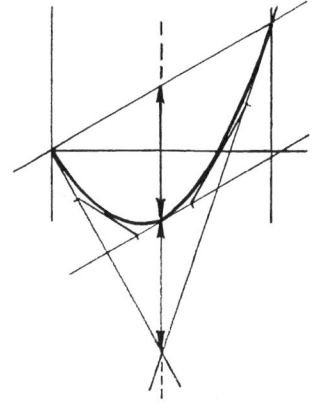

4.3 Größe der Momente und Auflagerkräfte

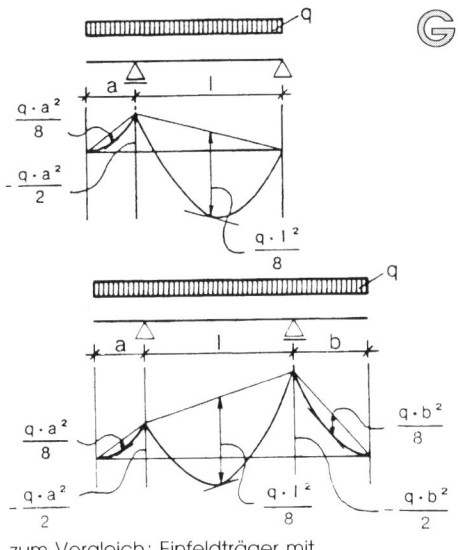

zum Vergleich: Einfeldträger mit ein und zwei Kragarmen

Sind die Stützenmomente bekannt, kann immer so verfahren werden wie bei einem Träger auf zwei Stützen mit ein oder zwei Kragarmen.

Die Parabel mit $M_0 = \dfrac{q \cdot l^2}{8}$ wird an die Verbindungslinie (Schlusslinie) zwischen diesen Stützenmomenten angetragen.

Auch zur Erinnerung: Auf einem Kragarm kann nie – **nie** – ein positives Moment entstehen.

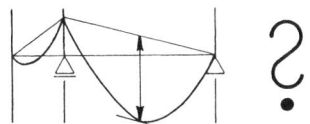

4.3.1 Zweifeldträger

Dieser Zweifeldträger mit gleichen Feldern sei mit Voll-Last, das heißt mit voller, gleichmäßig verteilter Last auf beiden Feldern, belastet. Wegen der Symmetrie des Systems und der Last verläuft die Biegelinie in der Mitte, das heißt über dem Auflager B *horizontal*. Damit verläuft der Träger für jedes Feld so, als wäre er am Auflager B voll eingespannt. Auch diese volle Einspannung würde dort einen horizontalen Verlauf erzwingen.

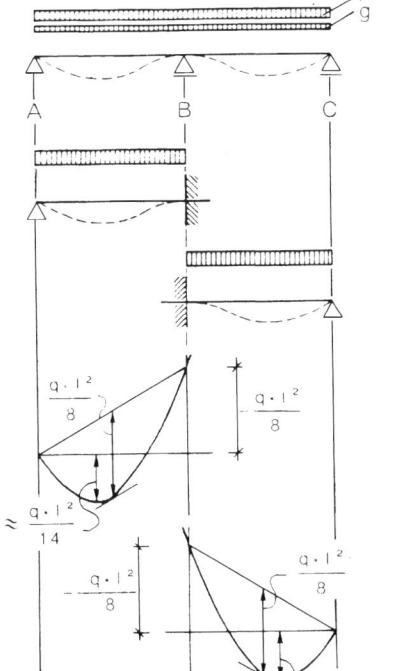

Lastfall 1 »Voll-Last«

Momente

Deshalb sind auch die Momente für den Lastfall Voll-Last die gleichen wie am eingespannten Träger:

$$M_B = -\dfrac{q \cdot l^2}{8} \qquad M_{Feld} \approx \dfrac{q \cdot l^2}{14}$$

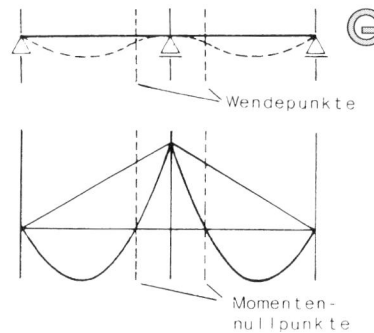

Die Feldmomente ergeben sich durch Antragen der Parabeln. Momentennullpunkte liegen dort, wo die Biegelinie ihre Wendepunkte hat, denn: Im Bereich positiver Momente ist oben Druck, unten Zug. Der Träger verläuft nach unten konvex. Im Bereich negativer Momente ist oben Zug und unten Druck. Der Träger verläuft nach unten konkav. Der Übergang vom positiven zum negativen Moment – also der Momentennullpunkt – bedeutet für die Biegelinie den Übergang von konvex zu konkav, das heißt einen Wendepunkt.

Das größte Feldmoment ergibt der Lastfall, der zur größten Durchbiegung in einem Feld führt, das heißt die nicht ständige Last p nur auf *einem* Feld (Lastfall 2 oder 3).

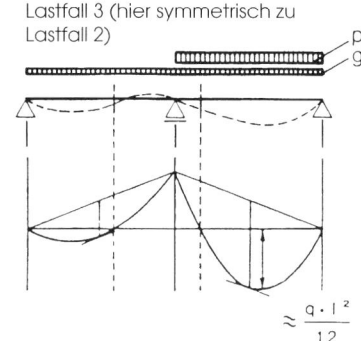

Das Stützenmoment M_B ist hier kleiner als unter Voll-Last. Das Feldmoment im Feld mit p wird entsprechend größer.

Für die Lastfälle 2 und 3 ist:

$$\max M_1 \approx \frac{q \cdot l^2}{12} \quad \text{bzw.}$$

$$\max M_2 \approx \frac{q \cdot l^2}{12}$$

eine brauchbare Näherung.

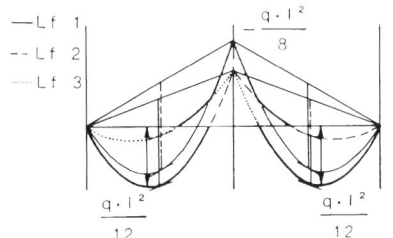

Die Momentenlinie *aller* möglichen Lastfälle zusammengezeichnet ergeben die *Hüllkurve*. Sie entspricht den Hüllkurven, die wir von Einfeldträgern mit Kragarmen kennen (siehe Band 1, Kapitel 6 »Lastfälle«, und Tabellenbuch TS 1.3).

Tabellenbuch TS 1.3

4.3 Größe der Momente und Auflagerkräfte

  Auflagerkräfte

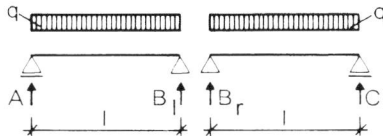

Betrachten wir zunächst zwei Einfeldträger. Für jeden von ihnen sind die beiden Auflager gleich groß:

$$A = B_l = \frac{q \cdot l}{2}$$

$$B_r = C = \frac{q \cdot l}{2}$$

insgesamt: $B = B_l + B_r = q \cdot l$

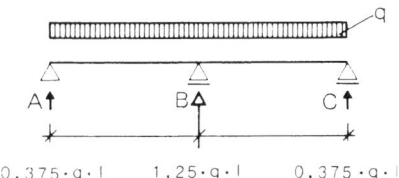

Bei einem Durchlaufträger aber zieht ein Stützenmoment Auflagerkräfte an die eigene Stütze und entlastet dafür die benachbarten Stützen. Ähnliches kennen wir vom Einfeldträger mit Kragarmen (siehe Band 1, Kapitel 3 »Auflager« und 6 »Lastfälle«).

Dies bewirkt eine Vergrößerung der Auflagerkraft B und eine entsprechende Verringerung der Auflagerkräfte A und C. Bei Voll-Last ist am Zweifeldträger:

$B = 1{,}25 \cdot q \cdot l$

$A = C = 0{,}375 \cdot q \cdot l$

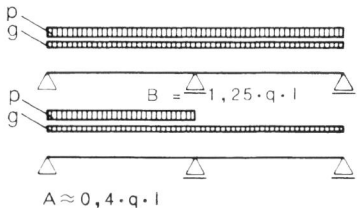

Die maßgebenden Lastfälle aus $q = g + p$ ergeben für A und C etwas höhere Werte. Überschläglich kann angenommen werden:

$A = C \oplus 0{,}4 \, q \cdot l$

(siehe Tabellenbuch TS 1.3)

Bemessung

Für die Abmessungen eines Zweifeldträgers mit gleichen Feldlängen ist das Stützenmoment maßgebend. Es ist:

$$\min M_B = -\frac{q \cdot l^2}{8}$$

und damit so groß wie das Maximal-Moment eines Einfeldträgers, jedoch mit umgekehrtem Vorzeichen. Das bedeutet zunächst, dass die Hauptabmessungen des Zweifeldträgers gleich denen entsprechender Einfeldträger sind. Dass es trotzdem Möglichkeiten gibt, Zweifeldträger kleiner zu bemessen, wird in Abschnitt 4.4 »Einfluss der Baumaterialien« besprochen.

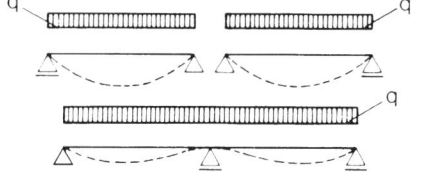

Die Durchbiegung des Durchlaufträgers ist immer wesentlich kleiner als die eines Einfeldträgers gleicher Feldlänge und -last, denn über einer Innenstütze ist die Verdrehung immer behindert.

4.3.2 Mehrfeldträger

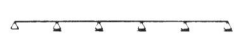

In diesem Durchlaufträger über fünf Felder (Fünffeldträger) treten die größten Durchbiegungen und Momente im ersten, dritten und fünften Feld unter dieser Belastung auf; abwechselnd ist jedes zweite Feld durch die nicht ständige Last p belastet. Dieser Lastfall führt auch zu den größten Auflagerkräften in den Endauflagern A und F.

4.3 Größe der Momente und Auflagerkräfte

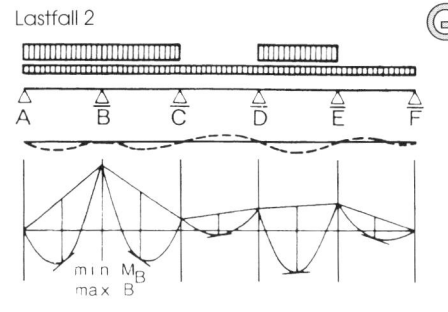

Lastfall 2

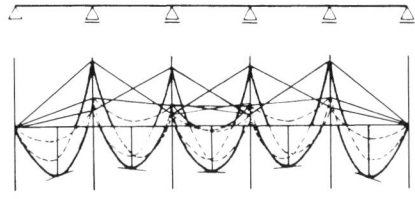

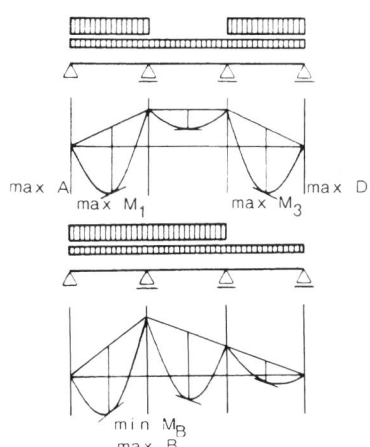

Das größte Stützenmoment entsteht über der ersten Innenstütze unter größter Belastung der an diese Stütze angrenzenden Felder, wenn gleichzeitig auch das vierte Feld belastet ist. Unter diesem Lastfall erreicht auch die Auflagerkraft B ein Maximum.

Selbstverständlich gilt im spiegelbildlichen Lastfall Entsprechendes für M_E und E.

Weitere Lastfälle: siehe Abschnitt 4.2 »Lastfälle«

Zusammenzeichnen der Momentenlinien aus allen möglichen Lastfällen führt auch hier zur Hüllkurve.

Maximale Durchbiegung und maximales Feldmoment sind in den Randfeldern (auch Endfelder genannt) größer als in den Innenfeldern (gleiche Last und Spannweite vorausgesetzt), denn ein Randfeld ist nur von einer Seite eingespannt, ein Innenfeld hingegen von beiden.

Die Momente über der ersten und der letzten Innenstütze sind größer als die über den übrigen Innenstützen.

Die jeweils größten Stützenmomente werden wegen des negativen Vorzeichens mit min M (z. B. min M_B) bezeichnet – wie wir das schon vom Träger mit Kragarmen kennen.

Ähnlich wie bei dem besprochenen Fünffeldträger ergeben sich die größten Feld- und Stützenmomente und die größten Auflagerkräfte aus den entsprechenden Lastfällen von Drei-, Vier- und anderen Mehrfeldträgern (siehe Tabellenbuch TS 1.3).

Wichtiger als diese Zahlenwerte sind aber Vorstellungsvermögen, gesunder Menschenverstand und eventuell das schon erwähnte einfache Modell.

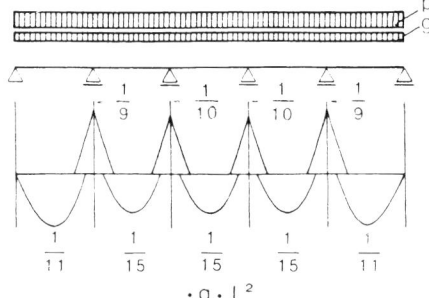

$A \cong 0{,}4\,q \cdot l$
$B \cong 1{,}1\,q \cdot l$
$C \cong D \cong q \cdot l$

gilt auch für Träger
über drei, vier und mehr Felder

 Überschlagswerte

Die größten Stützenmomente (absolut genommen) liegen über der ersten und letzten Innenstütze. Sie sind kleiner als bei voller einseitiger Einspannung, denn wegen der Drehbarkeit liegt ja nur eine teilweise Einspannung vor. Näherungsweise kann angesetzt werden:

$$\min M_B \cong -\frac{q \cdot l^2}{9}$$

Die Feldmomente der Randfelder sind größer, als sie bei voller Einspannung wären:

$$\max M_1 \cong \frac{q \cdot l^2}{11}$$

Entsprechend gilt für die Innenstützen:

$$\min M_C \cong -\frac{q \cdot l^2}{10}$$

und für die Innenfelder (von beiden Seiten teilweise eingespannt):

$$\max M_2 \cong \frac{q \cdot l^2}{15}$$

Für Innenfelder ergibt die exakte Untersuchung oft wesentlich kleinere Werte.

Überschlagswerte für die Auflagerkräfte sind:

Außenstütze: $A = 0{,}4\,q \cdot l$
erste Innenstütze: $B = 1{,}1\,q \cdot l$
weitere Innenstützen: $C = D = q \cdot l$

Tabellenbuch TS 1.3 und 1.5

(genaue Werte: Tabellenbuch TS 1.3 und 1.5)

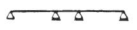

4.3.3 Ungleiche Feldlängen

Die angegebenen Überschlagswerte gelten auch für annähernd gleiche Stützweiten, wenn min l ≧ 0,8 max l. Für die Stützenmomente ist der Mittelwert der angrenzenden Spannweiten anzusetzen.

 Bei starker Ungleichheit der Felder gilt, dass der Träger bei gleichem Querschnitt in einem kürzeren Feld steifer, in einem längeren Feld weicher ist. Das weichere Trägerfeld ist in das steifere stärker eingespannt.

Insgesamt werden die Verhältnisse hier etwas komplizierter, sodass mit Schätzwerten Vorsicht geboten ist.

Doch sei zum Trost erwähnt, dass auch hier für das Stützenmoment der Wert:

$$\min M = -\frac{q \cdot l^2}{8}$$

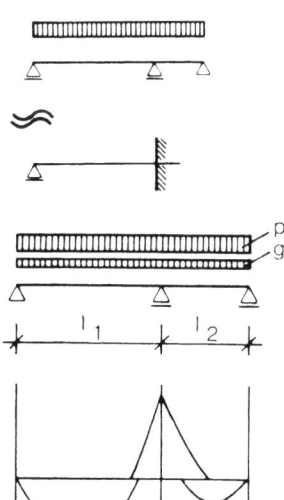

mit l des längeren Feldes unter gleichmäßig verteilter Last nie überschritten werden kann.

Denn bei einem sehr kurzen und damit steifen Feld nähern sich die Verhältnisse der Volleinspannung des längeren Feldes. Das lange und weiche Feld kann im steiferen Feld höchstens voll eingespannt sein.

Bei sehr ungleichen Spannweiten eines Zweifeldträgers wird das Stützenmoment M_B kleiner als das Feldmoment eines Einfeldträgers über das größere Feld.

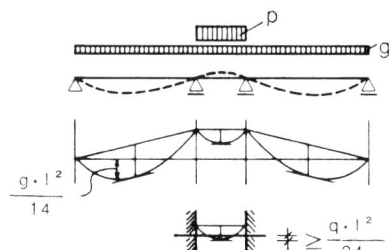

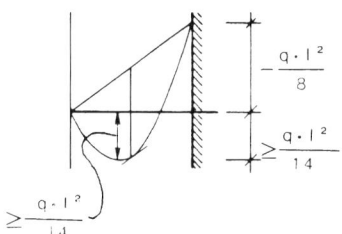

In solchen Fällen sind die Momente in den kurzen Feldern sehr klein, manchmal bleiben sie im negativen Bereich. Aus Sicherheitsgründen sollten aber Innenfelder mindestens für:

$$M = \frac{q \cdot l^2}{24}$$

bemessen werden, das heißt wie für das Feldmoment bei beidseitig voller Einspannung.

Entsprechend sind Endfelder mindestens für:

$$M = \frac{q \cdot l^2}{14}$$

zu bemessen, also wie für Feldmomente bei einseitig voller Einspannung.

Somit sind unter gleichmäßig verteilter Last die Feldmomente immer:

$$\frac{q \cdot l^2}{14} \leq \max M \leq \frac{q \cdot l^2}{8} \quad \text{in Endfeldern}$$

$$\frac{q \cdot l^2}{24} \leq \max M \leq \frac{q \cdot l^2}{8} \quad \text{in Innenfeldern}$$

und die Stützenmomente:

$$-M_{St} \leq \frac{q \cdot l^2}{8}$$

4.3.4 Genaue Ermittlung der Momente

Für die genaue Ermittlung der Momente von Trägern mit gleichen Spannweiten stehen die Tabellen und Tafeln unter TS 1.3 und 1.5 in dem Band »*Tabellen* zur Tragwerklehre« zur Verfügung. Sie gelten auch für ungleiche Spannweiten, wenn min l $\geqq$ 0,8 max l. In diesem Fall sind Stützenmomente zwischen ungleichen Feldern aus dem Mittelwert der Spannweiten zu ermitteln.

Für das Feldmoment gilt die Spannweite l des untersuchten Feldes.

Ein Beispiel bei Tabellenbuch TS 1.3 und das Zahlenbeispiel dieses Kapitels erläutern das Verfahren.

Stärkere Ungleichheiten der Spannweiten überlassen wir den Ingenieuren mit ihren weiterführenden Tabellen und Computerprogrammen.

4.4 Einfluss der Baumaterialien

 ### 4.4.1 Holz

Wie schon erwähnt, kommen Durchlaufträger im Holzbau wenig vor, weil die verfügbaren Hölzer zu kurz sind. Meist reichen die vorhandenen Längen von Vollhölzern oder leicht transportablen Brettschichtträgern nur für Ein- und Zweifeldträger. Für längere Träger sind Koppelträger (siehe unten) oder Gelenkträger (Kapitel 5 »Gelenkträger«) vorteilhafter.

Zweifeldträger in Holz

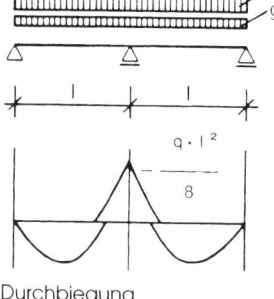

Durchbiegung

Zweifeldträger

Einfeldträger

Der aufmerksame Leser wird einwenden: »Im Zweifeldträger ist doch das Stützenmoment $M_B = -\dfrac{q \cdot l^2}{8}$ so groß wie das Feldmoment eines Einfeldträgers, also bringt der Zweifeldträger keinen Vorteil.« So weit richtig. Trotzdem kann er zu Einsparungen führen:

Nach DIN 1052 darf bei hölzernen Durchlaufträgern für Stützenmomente die Grenzspannung um 10 % erhöht werden.
Bei jedem Material gilt: Die Durchbiegungen von Durchlaufträgern sind wesentlich kleiner als die entsprechender Einfeldträger.

4.4 Einfluss der Baumaterialien

Koppelträger

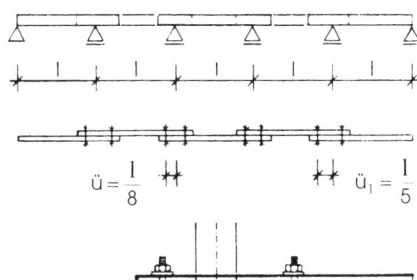

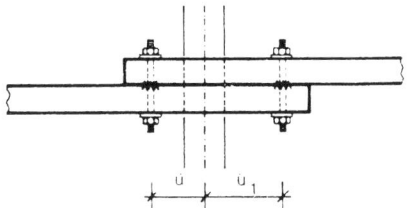

Eine einfache und sinnvolle Konstruktion im Holzbau ist der Koppelträger bzw. die Koppelpfette.

Der Koppelträger besteht aus einer Reihe von Trägern, von dem jeder ca. $^1/_3$ länger ist als das einzelne Feld. Über den Innenstützen liegen diese Einzelträger nebeneinander und sind durch Dübel kraftschlüssig miteinander verbunden. So steht für die Stützenmomente – die bei etwa gleichen Spannweiten ja immer größer sind als die Feldmomente – der doppelte Querschnitt zur Verfügung. Zudem tritt durch die Verdoppelung der Träger-Steifigkeit über den Stützen eine Momenten-Verlagerung ein: Die steiferen Teile ziehen gleichsam die Momente an; die Stützenmomente werden größer, die Feldmomente kleiner.

Deshalb können

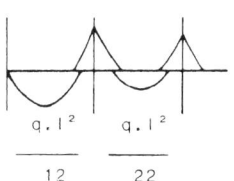

die Endfelder nach $\quad M = \dfrac{q \cdot l^2}{12}$

die Innenfelder nach $\quad M = \dfrac{q \cdot l^2}{22}$

bemessen werden.

Über den Stützen ist die so gewählte Bemessung reichlich wegen der Verdopplung der Querschnitte.

Tabellenbuch TS 1.2

(Näheres siehe Tabellenbuch TS 1.2.)

Am Lehrstuhl für Tragkonstruktion an der RWTH Aachen wurde 1996 bis 1998 das Dach eines Experimentiergebäudes nach dem Prinzip des Koppelträgers gebaut.

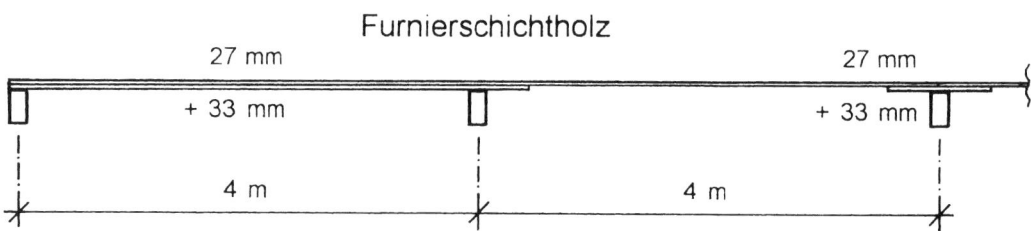

Als Material wurde ein Holzwerkstoff, hier Furnierschichtholz mit 27 und 33 mm Dicke, verwendet. Zur Aufnahme der großen Stützenmomente wurden örtlich zwei Platten (27 + 33 mm) aufeinandergelegt und verschraubt. Die untere Platte hatte dabei praktisch die Funktion einer Voute, zog das Stützenmoment an sich, nahm es auch mit auf und entlastete das Feldmoment. Lediglich das erste Feld wurde durch ein großes Feldmoment beansprucht. Hier wurde die untere Platte bis zur Außenstütze durchgezogen. Auf diese Weise war es möglich, die vielen Innenfelder bei 4 m Stützweite mit der äußerst geringen Dicke von nur 27 mm zu überspannen. Durch diese Anordnung der Platten wurde auch der unterstützende Balkenquerschnitt verstärkt: Er wurde ähnlich einem Plattenbalken zu einem T-Querschnitt.

4.4.2 Stahlbeton

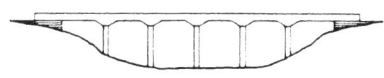

Diese Durchlaufträger einer Brücke und eines Lagergebäudes sind über den Innenstützen durch *Vouten* verstärkt. Durch diese Vouten wird die Höhe des Trägers dort vergrößert, wo die größten Momente – die Stützenmomente – auftreten; eine richtige und Material sparende Konstruktion.

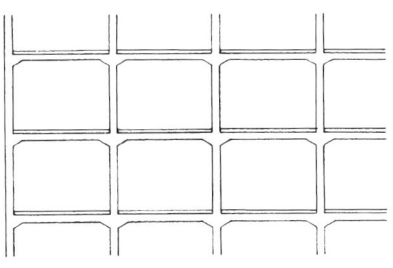

Doch das Schalen dieser Vouten ist arbeitsaufwendig und daher teuer. An die Vouten angeschlossene Fenster müssen ihnen angepasst werden. Dies führt dazu, dass Vouten heute kaum mehr gebaut werden. Sie sind fast nur an alten Stahlbetonbauten zu finden.

maßgebendes Moment

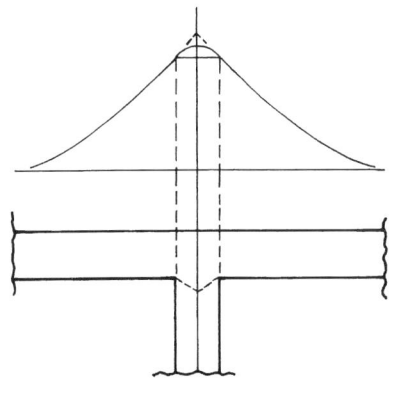

Wenn Träger und Stütze monolithisch miteinander verbunden sind, das heißt ein Stück bilden, breitet sich der Biegedruck aus dem Stützenmoment des Trägers auch innerhalb der angrenzenden Stütze aus; es entsteht gleichsam eine kleine unsichtbare Voute innerhalb der Stütze.

Der Größtwert des Stützenmomentes liegt in dieser Voute und wird dort unschwer aufgenommen. Deshalb genügt es, den Träger nach dem Moment am Rande der Stütze zu bemessen. Es ist meist um ca. 10 ... 15% kleiner als der Spitzenwert des Stützenmomentes.

Diese Verringerung des Stützenmomentes führt dazu, dass *Träger* über drei und mehr gleiche oder etwa gleiche Felder, die biegefest mit den Stützen verbunden sind, für ihre Außenabmessungen h und b überschläglich mit

$$M_d \cong -\frac{\gamma_F{}^* \cdot q \cdot l^2}{10}$$

bemessen werden können.

Für die Dicke durchlaufender *Platten* gilt als Überschlagswert:

$$d \geq \frac{l_i}{35} \quad \text{bzw.} \quad d \geq \frac{l_i^2}{150}$$

Dabei ist für Endfelder: $l_i = 0{,}8\,l$
und für Innenfelder: $l_i = 0{,}6\,l$

Tabellenbuch StB 3.1.4

Hieraus ergibt sich die Gesamtdicke n unabhängig von Last und Moment, allein aus der ideellen Stützweite.

4.4.3 Stahl

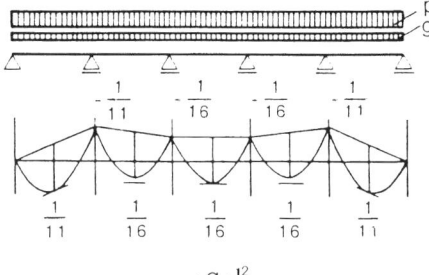

Die Momente eines Durchlaufträgers aus Stahl mit gleichen Stützweiten dürfen für gleichmäßig verteilte Last wie folgt ermittelt werden:

Endfeld und erste Innenstütze:

$$M_d = \pm \frac{\gamma_F{}^* \cdot q \cdot l^2}{11}$$

Innenfelder und übrige Innenstützen:

$$M_d = \pm \frac{\gamma_F{}^* \cdot q \cdot l^2}{16}$$

Dies gilt auch für ungleiche Stützweiten, wenn $\min l \geq 0{,}8 \max l$.

Tabellenbuch TS 1.5

(Näheres siehe Tabellenbuch TS 1.5.)

---

* $\gamma_F = 1{,}4$

4.4 Einfluss der Baumaterialien

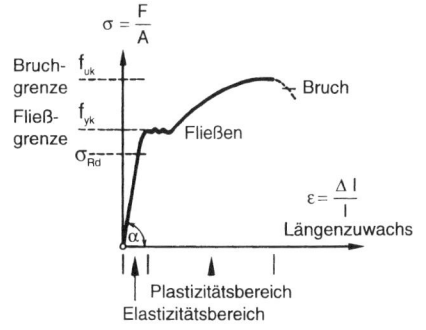

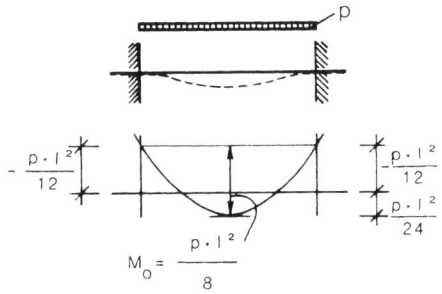

Warum diese Vereinfachung bei Stahl? Hier liegt eine andere Überlegung zugrunde als bei Holz oder Stahlbeton: Diese Momentenermittlung basiert auf einem *Traglastverfahren*.

Stellen wir uns vor: Wie verhält sich der Träger unmittelbar vor dem Bruch? Und hier ist eine Eigenart des Materials Stahl von Bedeutung: das *Fließen* (siehe Band 1, Kapitel 7 »Festigkeit von Baumaterialien«). Überschreitet die Spannung σ die Fließgrenze, nimmt die Dehnung ε stark zu, während die Spannung σ gleich bleibt. Diese Verformung geht nach Entlastung nicht mehr elastisch zurück.

Wir betrachten einen beidseitig voll eingespannten Stahlträger: Die gleichmäßig verteilte Belastung dieses Trägers sei p. Die Einspannmomente sind:

$$M_A = M_B = -\frac{p \cdot l^2}{12}$$

das Feldmoment:

$$\max M = \frac{p \cdot l^2}{24}$$

Diese Momente entstehen, wenn sich der Träger elastisch verhält, das heißt, wenn die Momente nur so groß sind, dass daraus die Spannungen unterhalb der Fließgrenze bleiben.

Stellen wir uns weiter vor, was geschieht, wenn wir in einem Versuch eine Last p allmählich immer weiter erhöhen, bis die Fließgrenze im Träger stellenweise erreicht wird.

Da die Momente an den *Einspannstellen* am größten sind, stoßen wir dort zuerst an die Fließgrenze. Damit werden dort die größten aufnehmbaren Momente erreicht.

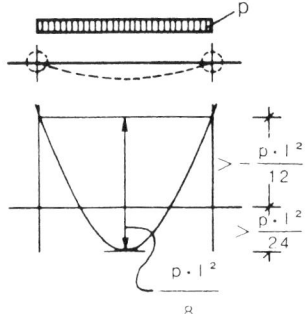

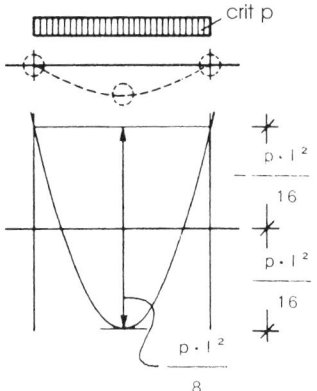

Wenn wir aber die Last p noch erhöhen, so können ihr diese *Einspannstellen* keinen weiter wachsenden Widerstand entgegensetzen; sie biegen sich, ohne Erhöhung der Spannung, weiter; die dort aufgenommenen Momente aber nehmen dabei nicht weiter zu, sie bleiben gleich, weil oberhalb der Fließgrenze die Spannung σ nicht mehr zunimmt. Für den dort nicht mehr aufgenommenen Teil der Last verhalten sich also die Einspannstellen gelenkig; es bilden sich »Fließgelenke«.

Doch der Träger bricht noch nicht zusammen, das *Feld* trägt ja noch. Die weiter erhöhte Last findet aber nur noch im Feld Widerstand, sie erhöht nur noch das Feldmoment.

Erst eine noch weitere Erhöhung der Last p führt schließlich dazu, dass auch in der *Feldmitte* die Fließgrenze erreicht wird – damit entsteht auch hier ein *Fließgelenk*. Diese Dreigelenk-Kette ist nicht mehr tragfähig, der Träger versagt.

Die Last, die gerade noch getragen werden kann, heißt *Traglast*, wir können sie mit crit p bezeichnen. Unter ihr sind Einspannmomente und Feldmomente gleich groß:

$$M_A = M_B = \max M = \pm \frac{\text{crit } p \cdot l^2}{16}$$

4.4 Einfluss der Baumaterialien

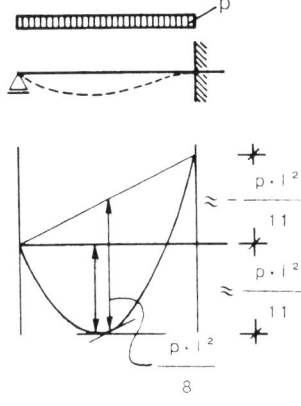

In einem einseitig eingespannten Träger sind diese Werte unter Traglast größer. Sie liegen etwa bei:

$$M_B = \max M \approx \pm \frac{\text{crit } p \cdot l^2}{11}$$

Wir haben das Verhalten unter Traglast betrachtet, das heißt unmittelbar bevor der Träger versagt. Zu diesem Zustand ist aber der vorgeschriebene Sicherheitsfaktor einzuhalten. Zudem darf im praktischen Gebrauch der Träger an keiner Stelle die Fließgrenze überschreiten, weil er dort sonst bleibende Verformungen erleiden würde. Die Gebrauchslast muss also wesentlich kleiner sein als die Traglast.

In der Praxis wird dies einerseits durch Bemessen mit σ_{Rd} gewährleistet. In diesem Wert ist ein Sicherheitsfaktor γ_n zur Fließgrenze eingearbeitet.

Durch γ_F andererseits wurden schon die Lasten bzw. die Schnittgrößen erhöht. Insgesamt wird so dafür gesorgt, dass die tatsächlich erreichte Spannung in beruhigendem Abstand unter der Fließgrenze bleibt.

Wir können also mit der Last $q \cdot 1{,}4$ die Momente M_d ermitteln und den Träger mit

$$\text{erf } W = \frac{M_d}{\sigma_{Rd}} \quad \text{bemessen.}$$

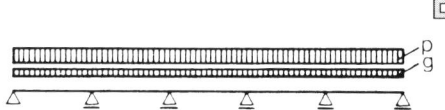

In unserem Durchlaufträger verhalten sich unter Traglast alle *Innenfelder* wie der beidseitig eingespannte Träger. Hier gilt für Feld- und Stützenmomente:

$$\substack{max\\min} M = \pm \frac{q \cdot l^2}{16}$$

Im *ersten* bzw. *letzten Feld* und über der *ersten* bzw. *letzten Innenstütze* gelten die Werte des einseitig eingespannten Trägers:

$$\substack{max\\min} M \approx \pm \frac{q \cdot l^2}{11}$$

4.5 Kragarme und günstiges Verhältnis der Spannweiten

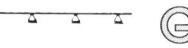

Im ersten Feld und über der ersten Innenstütze eines Durchlaufträgers mit gleichen Spannweiten sind die Momente größer als die übrigen Feld- und Stützenmomente. Nach dem ersten (bzw. letzten) Stützenmoment werden deshalb die äußeren Abmessungen des Trägers bestimmt und meist über die ganze Länge des Trägers durchgeführt. Es ist aber wenig wirtschaftlich, nach einer Spitzenbeanspruchung, die nur an zwei Punkten auftritt, den ganzen Träger zu bemessen.

Wie lässt sich eine gleichmäßigere Beanspruchung erzielen? Zwei Möglichkeiten bieten sich an:

1. Kragarme,
2. kürzere Endfelder.

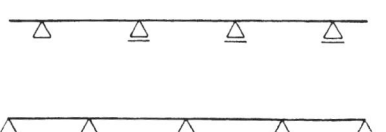

4.5 Kragarme und günstiges Verhältnis der Spannweiten

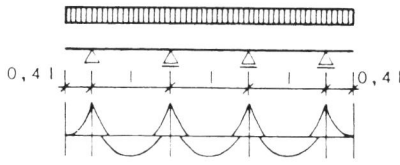

$M_A \cong M_B \cong M_C \cong M_D \cong -\dfrac{q \cdot l^2}{10}$

$M_1 = M_2 = M_3 \cong \dfrac{q \cdot l^2}{15}$

4.5.1 Kragarme

Durch Kragarme entstehen auch über den Außenstützen Momente. Diese verringern die Momente im ersten Feld und über der ersten Innenstütze. Im günstigsten Fall sind alle Stützenmomente gleich und alle Feldmomente gleich.

Dieser günstige Fall wird erreicht, wenn die Kraglänge

$l_k \approx 0{,}4\,l$ ist.

Wird die Spitze des Kragarmes durch eine Wand belastet, muss die Kraglänge entsprechend kürzer sein.

Falsch wäre es, die Kraglänge gleich der halben Feldlänge oder gar noch größer zu wählen. Die Kragmomente würden dann größer als jedes andere Stützenmoment.

4.5.2 Kürzere Endfelder

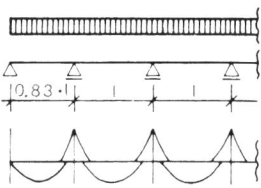

Eine Angleichung der Momente lässt sich auch durch Verkürzung der Endfelder erzielen. Die beste Angleichung der Momente wird erreicht wenn für das Endfeld gilt:

$l_E \approx 0{,}8\,l \ldots 0{,}85\,l$

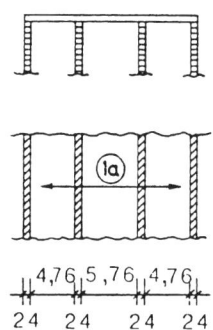

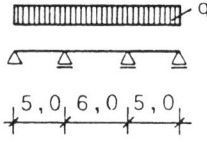

Tabellenbuch 3.1.1

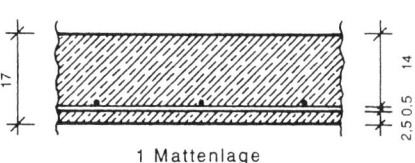

1 Mattenlage

2 Mattenlagen

Z Zahlenbeispiele – Durchlaufträger in Stahlbeton

Position 1a: Durchlaufdecke über drei Felder
Stahlbetonplatte auf Wänden aufgelagert

Dicke der Platte

$l_{i1} = 0{,}8 \cdot 5{,}00 = 4{,}00$ m
$l_{i2} = 0{,}6 \cdot 6{,}00 = 3{,}60$ m

maßgebend: $d \geq \dfrac{400}{35} = 11{,}5$ cm
$\Rightarrow h = 17{,}0$ cm

Die erforderliche Mindestbetondeckung ist für die vorhandene Expositionsklasse nach Tabellenbuch 3.1.1 nom c > 2 cm. Für voraussichtlich zwei Mattenlagen wird die Plattendicke mit h = 17 cm gewählt.

Anmerkungen:

Für den Entwurf des Architekten genügt es meist, die **Deckendicke** zu kennen.

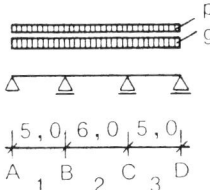

Bemessungslasten

Wir ermitteln hier unmittelbar die Bemessungslasten, daraus die Bemessungsschnittgrößen, das heißt, wir arbeiten von Anfang an auf *Bemessungsniveau*. Aus folgendem Grund:

Anstelle eines Durchbiegungsnachweises wie bei Holz und Stahl – er wurde dort mit dem Basismoment durchgeführt – tritt bei Stahlbeton die Mindestdicke. Basisschnittgrößen werden deshalb nicht gebraucht. (Das Bemessungsniveau wird schon bei den Lasten durch den Index d [für design] gekennzeichnet.)

Eigengewicht:
$$0{,}17 \text{ m} \cdot 25 \text{ kN/m}^3 \cdot 1{,}4 = 5{,}95 \text{ kN/m}^2$$
Belag und Putz:
$$1{,}20 \text{ kN/m}^2 \cdot 1{,}4 \quad = 1{,}68 \text{ kN/m}^2$$
$$\overline{g}_d = 7{,}63 \text{ kN/m}^2$$

Nutzlast (z. B. für Büroräume):
$$2{,}0 \text{ kN/m}^2 \cdot 1{,}4 = p_{1d} = 2{,}80 \text{ kN/m}^2$$
Zuschlag leichte Trennwände:
$$1{,}25 \text{ kN/m}^2 \cdot 1{,}4 = \overline{p}_2 = 1{,}75 \text{ kN/m}^2$$
$$\overline{p}_d = 4{,}55 \text{ kN/m}^2$$
$$\overline{q}_d = \overline{g}_d + \overline{p}_d = 12{,}18 \text{ kN/m}^2$$

Bemessungsschnittgrößen je 1 m breite Streifen

Tabellenbuch TS 1.3

Auflagerkräfte

$$A_{gd} = D_{gd} = 0{,}4 \cdot 7{,}63 \text{ kN/m}^2 \cdot 5{,}0 \text{ m} = 15{,}26 \text{ kN/m}$$
$$A_{pd} = D_{pd} = 0{,}4 \cdot 4{,}55 \text{ kN/m}^2 \cdot 5{,}0 \text{ m} = 9{,}10 \text{ kN/m}$$
$$A_d = D_d = 24{,}36 \text{ kN/m}$$

$$B_{gd} = C_{gd} = 0{,}6 \cdot 7{,}63 \text{ kN/m}^2 \cdot 5{,}0 \text{ m}$$
$$+ 0{,}5 \cdot 7{,}63 \text{ kN/m}^2 \cdot 6{,}0 \text{ m} = 45{,}78 \text{ kN/m}$$

$$B_{pd} = C_{pd} = 0{,}6 \cdot 4{,}55 \text{ kN/m}^2 \cdot 5{,}0 \text{ m}$$
$$+ 0{,}5 \cdot 4{,}55 \text{ kN/m}^2 \cdot 6{,}0 \text{ m} = 27{,}30 \text{ kN/m}$$
$$B_d = C_d = 73{,}08 \text{ kN/m}$$

Z *Momente*

Tabellenbuch TS 1.3

Nach Tabellenbuch TS 1.3 sind die Momente für die maßgebenden Lastfälle:

$$M = \frac{q \cdot l^2}{n}$$

Der Wert n ist abhängig vom Verhältnis p : g. In unserem Fall ist:

p : g = 4,55 : 7,63 = 0,6.

Im Folgenden wird zwischen den Tabellenwerten für p : g = 1,0 und p : g = 0,5 interpoliert:

$$M_{Bd} = M_{Cd} = -\frac{12{,}18 \cdot 5{,}5^2}{9{,}4} = \underline{\underline{-39{,}20 \text{ kNm/m}}}$$

$$M_{1d} = M_{3d} = \frac{12{,}18 \cdot 5{,}0^2}{11{,}4} = \underline{\underline{27{,}90 \text{ kNm/m}}}$$

$$M_{2d} = \frac{12{,}18 \cdot 6{,}0^2}{23{,}2} = \underline{\underline{23{,}00 \text{ kNm/m}}}$$

$l_{mittel} = \frac{5+6}{2} = 5{,}5 \text{ m}$

Es wäre zulässig, hier die Momente mit vereinfachten Quotienten n zu ermitteln:

$$M_{Bd} = M_{Cd} = -\frac{12{,}18 \cdot 5{,}5^2}{9} = \underline{\underline{-40{,}93 \text{ kNm/m}}}$$

$$M_{1d} = M_{3d} = \frac{12{,}18 \cdot 5{,}0^2}{11} = \underline{\underline{27{,}68 \text{ kNm/m}}}$$

$$M_{2d} = \frac{12{,}18 \cdot 6{,}0^2}{15} = \underline{\underline{29{,}23 \text{ kNm/m}}}$$

Eine nennenswerte Abweichung dieser vereinfacht ermittelten Momente von den nach Tabellenbuch TS 1.3 errechneten liegt nur für das Innenfeld M_{2d} vor.

Zahlenbeispiele – Durchlaufträger in Stahlbeton

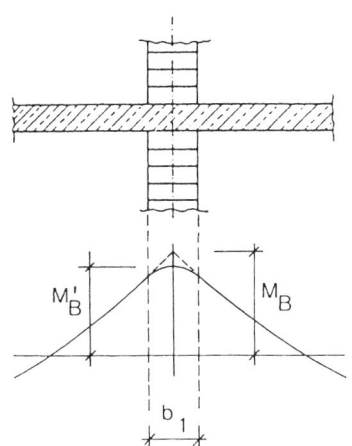

Z Nach DIN 1045 darf für die Stützenmomente von Platten und Trägern, die auf Mauern aufliegen, eine parabelförmige Ausrundung angenommen werden. Das ist eine sinnvolle Korrektur, weil ja die Platten oder Träger nicht wirklich auf schneidenförmigen Auflagern ruhen, wie wir zunächst vereinfachend angenommen hatten, sondern auf Mauern mit der Breite b. Die Spitzen der Momentenlinien werden durch diese Breite abgemindert. Das abgeminderte Moment beträgt:

$$M'_B = M_B + \frac{B \cdot b_1}{8}$$

in unserem Beispiel je m Breite:

$$M'_{Bd} = -40{,}90 \text{ kN m} + \frac{73{,}08 \text{ kN} \cdot 0{,}24 \text{ m}}{8}$$
$$= -38{,}3 \text{ kN m}$$

Das entspricht einer Abminderung von ca. 5 %.

Tabellenbuch StB 3.1.2

Bemessung

Die Ermittlung der erforderlichen Stahlquerschnitte kann entweder nach dem k_d-Verfahren

$$k_d = \frac{d \text{ (cm)}}{\sqrt{M \text{ (KNm)}}} \qquad A_s = k_s \cdot \frac{M}{d}$$

$h = 17$ cm
$d_1 = 13{,}5$ cm
$d_2 = 14{,}0$ cm
C 30/37
BSt 500 M
(= BSt IV)
Baustahlmatten

Tabellenbuch StB 3.1.6c)

oder – einfacher – nach der Tabelle für Mattentragmomente erfolgen; Letztere umfasst allerdings nur kleinere Momente, die von nur *einer* Mattenlage aufgenommen werden können.

Der Zusatz M bei der Bezeichnung der Stahlqualität bedeutet: Matten. Entsprechend bedeutet S: Stabstähle.

Z Wir wählen für die Stützenmomente das k_d-Verfahren (weil hier zwei Mattenlagen erforderlich sind), für die Feldmomente die Tabelle für Mattentragmomente.

Stützenmomente

Tabellenbuch StB 3.1.2

$M'_{Bd} = M'_{Cd} = -38,30 \text{ kNm}$

$k_d = \dfrac{13,5}{\sqrt{38,3}} = 2,18 \Rightarrow k_s = 2,47$

$A_s = 2,47 \cdot \dfrac{38,3}{13,5} = 7,00 \text{ cm}^2$

2 Mattenlagen
$\Rightarrow d = 13,5 \text{ cm}$

gew: R 424 A + R 335 A

vorh $A_s = 7,59 \text{ cm}^2 >$ erf A_s

Alle weiteren Bemessungen für Felder und Stützen erfolgen in Tabellenform.

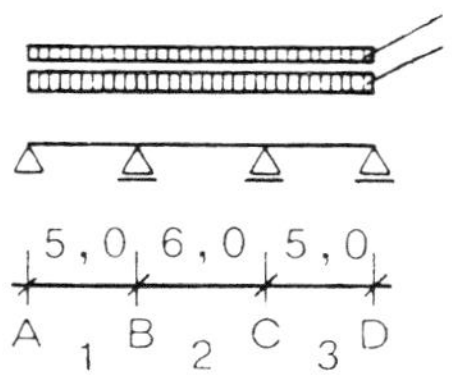

Zahlenbeispiele – Durchlaufträger in Stahlbeton   111

$\overline{p} = 3{,}25$ kN/m²
$\overline{g} = 5{,}45$ kN/m²
$\overline{q} = 8{,}70$ kN/m²
$\gamma_F = 1{,}4$

Auflager: $B_d = C_d = 73{,}08$ kN
$b_1 = 24$ cm

C 30/37
BSt 500 M
h = 17 cm

Bemessungs-Momente

	l	n	M_d	M'_d
	[m]		[kN m]	[kN m]
$M_{Bd} = M_{Cd}$	$\dfrac{5{,}0 + 6{,}0}{2}$	9,1	−40,9	−38,3
$M_{1d} = M_{3d}$	5,0	10,9	−27,9	−
M_{2d}	6,0	19,1	23,0	−
			$\dfrac{q \cdot l^2}{n}$	$M + \dfrac{B_d \cdot b_1}{8}$

Bemessung

d	k_d	k_s	A_s	gew: Matte
[cm]			[cm²]	
13,5	2,18	2,4	7,00	R 424 A / R 335 A
14,0	−	−	−	R 524 A
14,0	−	−	−	−
	$\dfrac{d}{\sqrt{M_d}}$	Tab	$k_s \cdot \dfrac{M_d}{d}$	

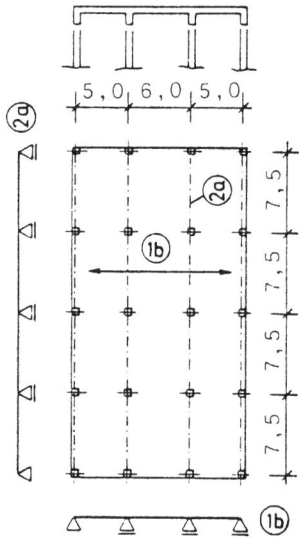

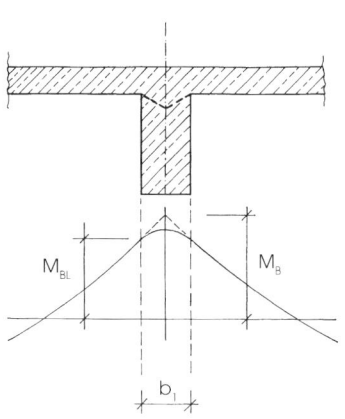

 Position 1b: Durchlaufdecke
als Alternative
auf Stahlbetonbalken
aufgelagert

Wie Position 1a, jedoch zwischen Stahlbetonbalken, mit diesen zusammen betoniert. Lasten, Auflager, Momente – wie Position 1a, jedoch:

Da diese Platte mit den Stahlbetonbalken biegesteif verbunden ist, dürfen die Stützenmomente noch stärker abgemindert werden als bei Position 1a.

Bemessungs-Moment (vgl. Pos. 1a)

Hier genügt die Bemessung nach dem Moment am Rande des Balkens. Dieses ist:

$$M_{Bl} \approx M_{Br} \approx M_B + \frac{B \cdot b_1}{4} \quad \text{(abgemindertes Moment)}$$

In unserem Beispiel:

$$M_{Bld} \approx -40{,}90 \text{ kN m} + \frac{73{,}08 \text{ kN} \cdot 0{,}25 \text{ m}}{4}$$
$$= -35{,}90 \text{ kN m}$$

(Das entspricht einer Abminderung von ≈11%, vgl. Abschnitt 4.4.2.)

Bemessung für Stützenmomente | C 30/37
| h = 17 cm
| 2 Matten-
$k_d = \dfrac{13{,}5}{\sqrt{35{,}9}} = 2{,}25 \Rightarrow k_s = 2{,}45$ | lagen
| d = 13,5 cm
$A_s = 2{,}45 \cdot \dfrac{35{,}9}{13{,}5} = 6{,}51 \text{ cm}^2$

gew: $\boxed{2 \text{ R } 335 \text{ A}}$ $A_s = 6{,}70 \text{ cm}^2$

Bemessung in den Feldern wie Position 1a

Position 2a: Stahlbetonträger über vier Felder
Plattenbalken

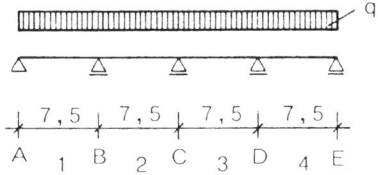

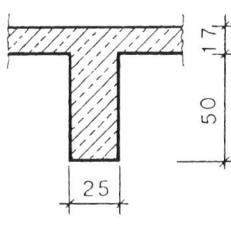

geschätzter Querschnitt

Tabellenbuch TS 1.3

Bemessungslasten

aus Decke Position 1a,
Auflager B, g: $\qquad g_{1d} = 45{,}78$ kN/m
Eigengewicht Träger:
$0{,}5$ m $\cdot$ $0{,}25$ m $\cdot$ 25 kN/m³ $\cdot$ $1{,}4$ $\quad = 4{,}34$ kN/m
$\qquad\qquad\qquad\qquad\qquad g_d = 50{,}12$ kN/m

aus Decke Position 1a,
Auflager B, p: $\qquad p_d = 27{,}30$ kN/m
$\qquad\qquad\qquad\qquad\qquad q_d = 77{,}43$ kN/m

Bemessungsschnittgrößen

Auflagerkräfte

$A_d = E_d = \quad 0{,}4 \cdot 77{,}43$ kN/m $\cdot 7{,}5$ m
$\qquad\qquad\qquad\qquad = 232{,}3$ kN

$B_d = D_d = (0{,}6 + 0{,}5) \cdot 77{,}43$ kN/m $\cdot 7{,}5$ m
$\qquad\qquad\qquad\qquad = 638{,}8$ kN

$C_d = \qquad\qquad 77{,}43$ kN/m $\cdot 7{,}5$ m
$\qquad\qquad\qquad\qquad = 580{,}7$ kN

Momente und Bemessung

Die Ermittlung erfolgt in einer Tabelle (vgl. Position 1a).

Bei der statischen Höhe d für die negativen Momente über den Stützen ist zu bedenken, dass über den oben liegenden Stählen des Trägers noch die Matten der Decke liegen. Ihretwegen kommen die oberen Träger-Stähle ca. 2 cm tiefer zu liegen, d wird um 2 cm verringert.

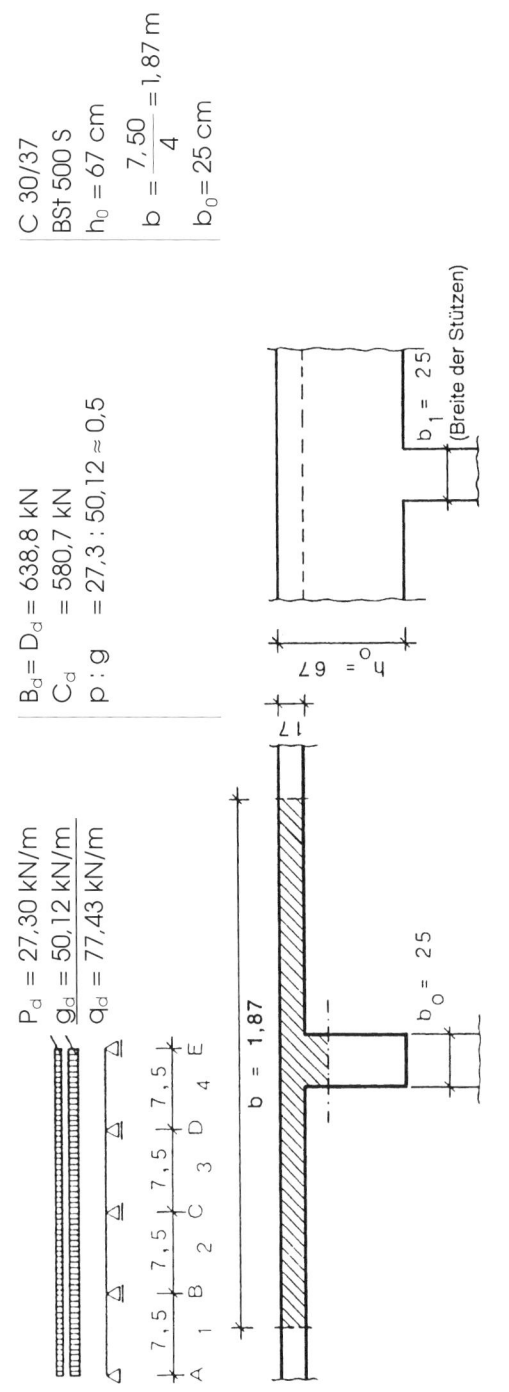

$P_d = 27{,}30$ kN/m
$g_d = 50{,}12$ kN/m
$q_d = 77{,}43$ kN/m

$B_d = D_d = 638{,}8$ kN
$C_d = 580{,}7$ kN
$p : g = 27{,}3 : 50{,}12 \approx 0{,}5$

C 30/37
BSt 500 S
$h_0 = 67$ cm
$b = \dfrac{7{,}50}{4} = 1{,}87$ m
$b_0 = 25$ cm

Bemessungs-Momente

	l	n	M_d	M_{Bld}
	[m]		[kN m]	[kN m]
$M_B = M_D$	7,5	−9,0	−484	−444
M_C	7,5	−12,0	−363	−327
$M_1 = M_4$	7,5	11,9	366	−
$M_2 = M_3$	7,5	19,6	222	−
		Tab.-buch TS 1.3	$\dfrac{q \cdot l^2}{n}$	$M + \dfrac{B \cdot b_1}{4}$

Bemessung

d	b; b_0	k_d	k_s	A_s	gew ∅	vorh A_s
[cm]	[m]			[cm²]	[mm]	[cm²]
60	0,25	1,41	2,83	21,5	6 ∅ 20 + 3 ∅ 12	22,3
60	0,25	1,60	2,67	15,7	5 ∅ 20 + 2 ∅ 12	18,0
62	1,87	4,32	2,35	14,6	5 ∅ 20	15,7
62	1,87	5,25	2,34	9,8	4 ∅ 20	12,6
		$\dfrac{d}{\sqrt{M/b}}$	Tab.-buch Stb 3.1.2	$\dfrac{k_s \cdot M}{d}$		

Schub

Die Schubspannung ermitteln wir vereinfacht nach:

$$\tau_0 = \frac{\max V}{b_0 \cdot z} \quad \Big| \quad z \approx 0{,}85\, d$$

(Vgl. Band 1, Kapitel 14.2.3 »Stützweiten«.)

Die größte Querkraft V finden wir am Auflager B, links:

$V_{Bld} = 0{,}6 \cdot 77{,}43$ kN/m $\cdot 7{,}5$ m $= 348{,}3$ kN

$$\tau_0 = \frac{348{,}3}{25 \cdot 51} = 0{,}27 \text{ kN}/\text{cm}^2 \quad \Big| \begin{array}{l} b = 25 \text{ cm} \\ z = 0{,}85 \cdot 60 = 51 \text{ cm} \end{array}$$

Tabellenbuch Stb 1.1

Nach Tabellenbuch Stb 1.1 ist der Grenzwert der Schubspannung für C 30/37:

$$\tau_{Rd2} = 0{,}68 \text{ kN}/\text{cm}^2$$

Wir liegen hier also weit unter diesem Grenzwert:

$$\tau_0 < \tau_{Rd2}$$

jedoch über dem Grenzwert ohne Schubbewehrung. Daher müssen Bügel angeordnet werden.

Z In einem Träger wie diesem, nur mit einer normalen Decke belastet und weiter gespannt als diese Decke, wird der Schub fast nie kritisch, das heißt, er beeinflusst fast nie die für den Entwurf wichtigen Außenabmessungen des Trägers. Sie werden durch die Momente bestimmt. Der Ingenieur wird die zur Aufnahme der Schubkraft erforderliche Bewehrung ermitteln; sie passt immer in den Träger.

Allerdings sollten Durchbrüche in Nähe der Auflager möglichst vermieden werden. Sie schwächen den Träger an einer besonders sensiblen Stelle: im Bereich der größten Schubkräfte und bei Innenstützen auch der größten Stützenmomente. Sind solche Durchbrüche nicht zu vermeiden, sollte der Tragwerk-Ingenieur unbedingt rechtzeitig befragt werden.

Bei kurzen, hoch belasteten Trägern oder bei hohen Einzellasten, also immer dann, wenn hohe Querkräfte, nicht aber entsprechend große Biegemomente auftreten, muss mit der Möglichkeit gerechnet werden, dass die Außenabmessungen nicht nur durch die Momente, sondern auch durch die Schubkraft bestimmt werden. In unserem Beispiel ist dies nicht der Fall.

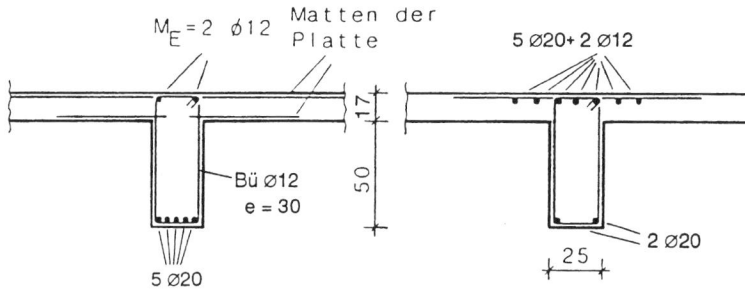

Schnitt Feld 1   Schnitt links von Stütze C

Position 2b: Stahlträger über vier Felder

Anstelle des Plattenbalkens Position 2a soll ein Stahl-Walzprofil treten.

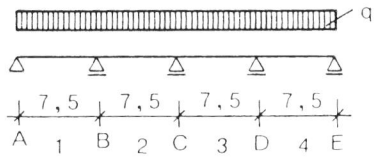

Bemessungslasten
(Vgl. Position 2a.)

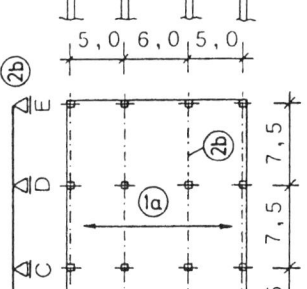

aus Decke Position 1a, Auflager B, g	g_{1d} = 45,78 kN/m
Eigengewicht Träger, geschätzt: 1,5 · 1,4	2,10 kN/m
	g_d = 47,88 kN/m

aus Decke Position 1a, Auflager B, p	p_d = 27,30 kN/m
	q_d = 75,18 kN/m

Bemessungsschnittgrößen

Auflagerkräfte

$A_d = E_d = \quad\quad 0{,}4 \cdot 75{,}18 \cdot 7{,}5\,\text{m} = 225{,}4\,\text{kN}$
$B_d = D_d = (0{,}6 + 0{,}5) \cdot 75{,}18 \cdot 7{,}5\,\text{m} = 620{,}2\,\text{kN}$
$C_d = \quad\quad\quad\quad\quad 75{,}18 \cdot 7{,}5\,\text{m} = 563{,}1\,\text{kN}$

Z Momente

Bemessungs-Momente (Tragfähigkeitsnachweis)

$$M_{Bd} = M_{Dd} = -\frac{75{,}18 \cdot 7{,}5^2}{11} = -384{,}4 \text{ kN m}$$

$$M_{Cd} = -\frac{75{,}18 \cdot 7{,}5^2}{16} = -264{,}3 \text{ kN m}$$

$M_{1d} = M_{4d} = -M_{Bd} \qquad = 384{,}4 \text{ kN m}$

$M_{2d} = M_{3d} = -M_{Cd} \qquad = 264{,}3 \text{ kN m}$

Basismomente für Durchbiegung (Gebrauchsfähigkeitsnachweis)

Da wir bisher Bemessungsgrößen ermittelt haben, müssen wir jetzt auf Basisgrößen zurückrechnen, das heißt durch $\gamma_F = 1{,}4$ teilen (zurück auf *Basisniveau!*).

$M_B = M_1 = 384{,}4 \text{ kNm} : 1{,}4 = -274{,}6 \text{ kN m}$

$$M_0 = \frac{75{,}18 \cdot 7{,}5^2}{8 \cdot 1{,}4} = 377{,}6 \text{ kN m}$$

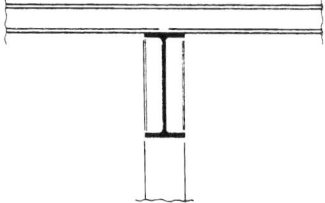

Bemessung \qquad S 235

$\sigma_{Rd} = 21{,}8 \text{ kN/cm}^2$

Tragfähigkeitsnachweis:

$$\text{erf } W = \frac{384{,}4 \cdot 100}{21{,}8} = 1763 \text{ cm}^3$$

Gebrauchsfähigkeitsnachweis:
für Durchbiegung $\leq l/300$

Tabellenbuch TS 1.6

$\text{erf } I = k_0 \cdot M_0 \cdot l - k_m \cdot M_m \cdot l$
$= 15 \cdot 377{,}6 \cdot 7{,}5 - 18 \cdot \frac{274{,}6}{2} \cdot 7{,}5$
$= 23\,945 \text{ cm}^4$

Tabellenbuch St 2.1

gew: IPE 500 \qquad $W_y = 1930 \text{ cm}^3$
$I_y = 48\,200 \text{ cm}^4$

Tabellenbuch St 2.2

oder HE-A 360 (IPBl 360) \qquad $W_y = 1890 \text{ cm}^3$
$I_y = 33\,090 \text{ cm}^4$

5 Gelenkträger

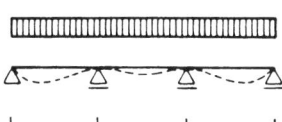

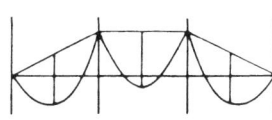

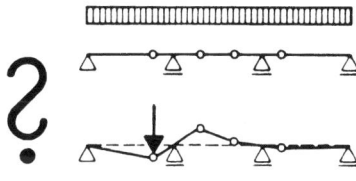

nicht stabil

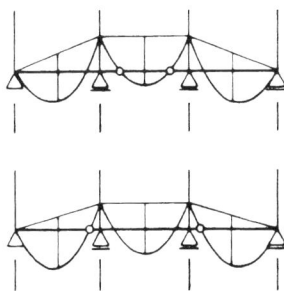

stabile Systeme

5.1 Allgemeines

Im Durchlaufträger liegen zwischen positivem Feldmoment und negativem Stützenmoment die Momentennullpunkte. In diesen Punkten ist kein Biegemoment vorhanden, es entsteht keine Zug- oder Druckspannung aus Biegung.

Hätte der Träger an diesen Punkten Gelenke, es würde sich – auf den ersten Blick – nichts ändern. Aber dieses System wäre labil – eine kleine Umlagerung der Last, ein anderer Lastfall, würde diese Gelenk-Kette zum Einsturz bringen.

Doch es kann sinnvoll sein, an **einem Teil der Momentennullpunkte** Gelenke anzuordnen, sodass jeweils ein Trägerteil mit Kragarmen auf zwei Stützen aufliegt und zwischen solchen Kragarmen kurze Trägerteile liegen. Die hier dargestellten Systeme sind stabil. Ein solcher Gelenkträger – auch »Gerber-Träger« genannt*) – kann die Vorteile des Durchlaufträgers mit denen des Einfeldträgers verbinden:

- kleinere Momente und
- kurze Einzelteile.

Die kurzen Einzelteile erlauben den Bau von Gelenkträgern aus Holz oder aus Beton-Fertigteilen. Die Gelenke bedeuten einen zusätzlichen Aufwand.

---

*) nach seinem Erfinder Heinrich Gerber, 1832 bis 1912, Ingenieur, Brückenbauer

In Ortbeton würde ein Gelenkträger meist keine Vorteile bringen. Das Bewehren und Betonieren eines Durchlaufträgers ist einfacher als das Einbauen von Gelenken. Auch in Stahl lassen sich die einzelnen Trägerstücke leicht durch Schweißen oder Schrauben zu Durchlaufträgern verbinden.

Wenn starke unregelmäßige Stützensenkungen zu erwarten sind, kann sich der Gelenkträger besser anpassen. Er ist statisch bestimmt – weder Temperaturänderungen noch Stützensenkungen führen zu inneren Spannungen.

5.2 Lage der Gelenke, Momente

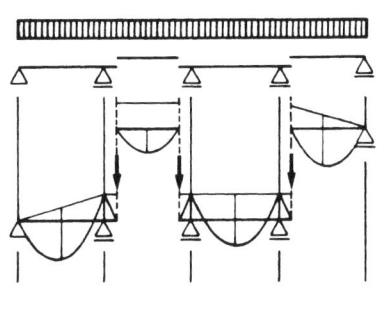

Träger mit Kragarm(en) wechseln mit Einfeldträgern, die auf Kragarmenden aufliegen. Man stelle sich den Vorgang der Montage vor: Zuerst werden die Träger montiert, die jeweils auf zwei Stützen aufliegen. Sie haben Kragarme – Endfeldträger einen, Innenfeldträger zwei. Diese Träger sind für sich allein im Gleichgewicht.

Als Nächstes werden die Zwischenträger aufgesetzt bzw. eingehängt. Ihre Auflager finden Sie auf den Kragarmenden der zuerst montierten Träger.

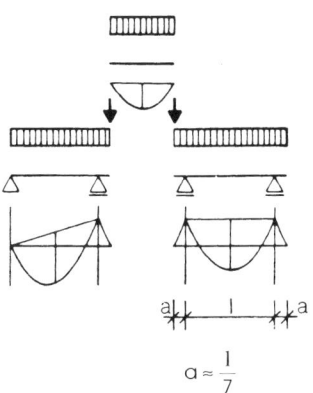

Jeder dieser Teilträger ist statisch bestimmt, die Momente und Auflagerkräfte lassen sich leicht ermitteln. Es sind Einfeldträger ohne Kragarme oder mit Kragarmen. Die Auflagerkraft des Zwischenträgers belastet die Enden der Kragarme als Einzellast. Die Kragarmlängen sollten so gewählt werden, dass Stütz- und Feldmomente annähernd gleich sind. Merken wir uns als ersten Überschlagswert für günstige Kragarmlängen: $a \approx \dfrac{l}{7}$

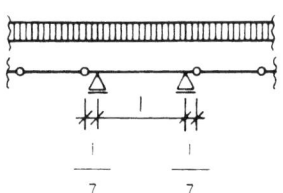

Bei genauerer Betrachtung müssen wir zwischen Kragarmlängen der Innenfelder und denen der Randfelder unterscheiden. Bei den Innenfeldern können wir den Überschlagswert $a \approx \dfrac{l}{7}$ beibehalten. Krag- und Feldmomente der Innenfelder sind dann unter Voll-Last q:

$$M \cong \pm \frac{q \cdot l^2}{16}$$

Unter anderen Lastfällen können die Momente größer werden.

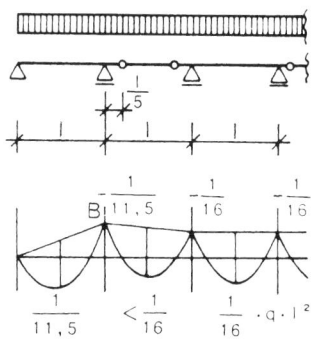

 Für diesen Randträger ist eine Kraglänge von $a \approx \dfrac{l}{5}$ günstig. Momente im Randfeld und über der ersten Innenstütze sind dann etwa:

$$\pm \dfrac{q \cdot l^2}{11,5}$$

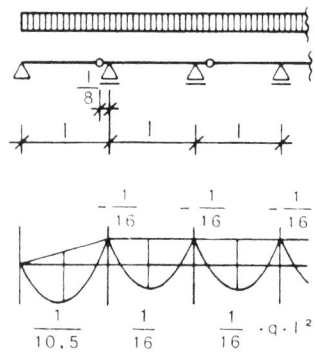

Hingegen sollte für diese Endfeld-Anordnung die Kraglänge nur $a \approx \dfrac{l}{8}$ betragen, damit nur der kurze Träger des Randfeldes mit

$$\max M = \dfrac{q \cdot \left(\dfrac{7}{8} l\right)^2}{8} \approx M = \dfrac{q \cdot l^2}{10,5}$$

stärker bemessen werden muss, die Kragmomente aber etwa gleich denen der Innenfelder bleiben.

$$\left(\text{unter Voll-Last} \pm \dfrac{q \cdot l^2}{16}\right)$$

(Genaue Werte siehe Tabellenbuch TS 1.2.)

Tabellenbuch TS 1.2

5.2 Lage der Gelenke, Momente

E Wieso sind die Stützenmomente eines Gelenkträgers kleiner als die eines Durchlaufträgers? Weil wir hier die Lage der Gelenke frei wählen können und dies so tun, dass die Momente möglichst gleich sind. Im Durchlaufträger hingegen stellen sich die Momentennullpunkte von selbst ein, zum Teil an weniger günstigen Stellen.

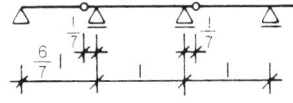

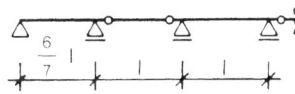

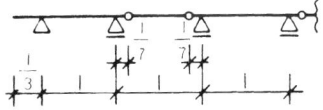

G Wie bei Durchlaufträgern ist auch bei Gelenkträgern eine Verkürzung des Endfeldes auf $l_1 \approx 0{,}85\, l$ günstig. Sie führt überall zu etwa gleichen Feld- und Stützenmomenten mit:

$$M \cong \pm \frac{q \cdot l^2}{16}$$

Eine ähnliche Wirkung lässt sich durch End-Auskragungen von ca. $\frac{l}{3}$ erzielen. Das größere Kragmaß ergibt sich hier, weil die Spitze dieses Kragarmes nicht wie in den Innenfeldern durch ein Trägerstück belastet ist.

6 Zweiachsig gespannte Platten und Rippendecken

6.1 Allgemeines

Wir erinnern uns:

Platten sind ebene, flächenartige Tragwerke, die über ihre kleinste Abmessung auf Biegung beansprucht werden. Die Dicke h und mit ihr die statische Höhe d sind wesentlich kleiner als die Breite b und die Spannweite l (Band 1, Kapitel 14.3 »Stahlbetonplatten«).

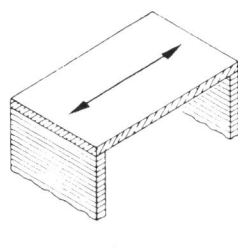

Wir kennen bisher einachsig gespannte Platten, jene also, die nur auf zwei gegenüberliegenden Wänden oder Trägern aufliegen.

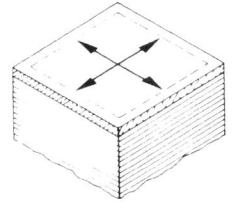

Im Folgenden werden wir Platten betrachten, die allseitig, also auf vier Wänden oder Trägern, gelagert sind, ferner dreiseitig oder zweiseitig übereck gelagerte Platten. Sie alle zählen zu den zweiachsig gespannten Platten, auch »kreuzweise bewehrte Platten« oder kurz »kreuzweise Platten« genannt, weil ihre Hauptbewehrungen in zwei sich kreuzende Richtungen verlaufen.

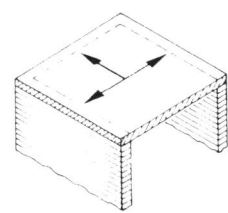

Tabellenbuch StB 3.1.7 und 3.1.10

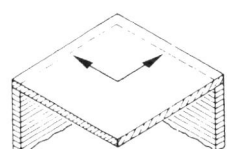

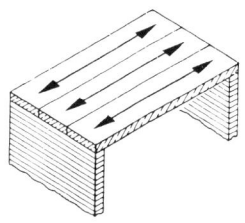

 Die einachsig gespannte Platte kann man in Streifen schneiden bzw. aus einer Reihe schmaler streifenartiger Einzelteile zusammensetzen, ohne das Tragverhalten grundlegend zu verändern.

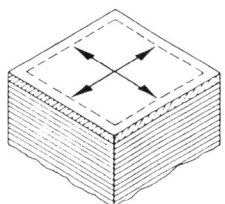

Nicht so die zweiachsig gespannte Platte: Sie bildet ein geschlossenes Ganzes. Sie in Streifen zu teilen würde bedeuten, ihr Tragverhalten grundlegend zu verändern und ihre Tragfähigkeit wesentlich zu verringern.

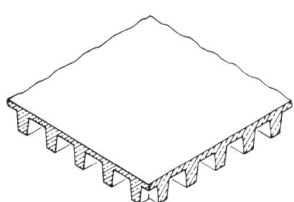

Entsprechendes gilt für zweiachsig gespannte Rippendecken (Kassettendecken).

6.2 Vierseitig gelagerte Platten

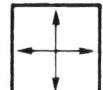

Vorüberlegungen

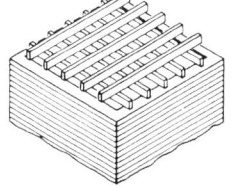

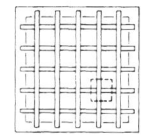

1. Über diesem quadratischen, allseitig von Mauern begrenzten Raum liegen zwei sich kreuzende Balkenlagen – in jedem Kreuzungspunkt miteinander verbunden. Eine gleichmäßig verteilte Last wird von ihnen – gleiche Abmessungen der beiden Lagen vorausgesetzt – zu gleichen Teilen abgetragen, das heißt je zur Hälfte.

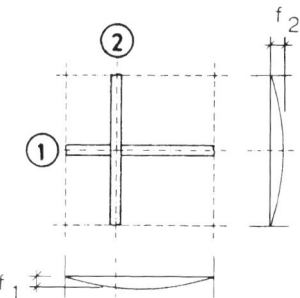

2. An den Kreuzungspunkten be- und entlasten sich die Balken gegenseitig. So wäre z. B. bei dem Kreuzungspunkt dieser beiden Balken, wären sie nicht verbunden, aber gleich belastet, die Durchbiegung f_1 des Balkens ① kleiner als die Durchbiegung f_2 des Balkens ②. Die Verbindung erzwingt aber ein gleiches Durchbiegungsmaß: Balken ② drückt den Balken ① tiefer, belastet ihn damit und wird selbst gleichzeitig entlastet. An den meisten Kreuzungspunkten finden solche Lastumlagerungen statt.

Es bleibt zwar dabei, dass jede Balkenlage insgesamt die halbe Last trägt, aber innerhalb jeder Lage werden die einzelnen Balken durch die Lastumlagerungen verschieden beansprucht.

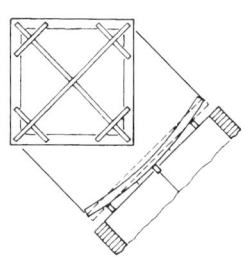

3. Lägen Balken in Diagonalrichtung, würden die langen Balken über die Diagonalen auf den kurzen Eckbalken aufliegen, diese belasten und ihre eigenen Enden auskragend emporheben.

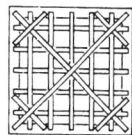

 4. In einem System aller vier Balkenlagen würden diese verschiedenen Tragweisen zusammenwirken.

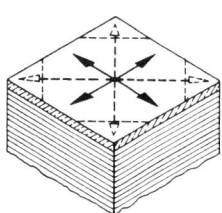

So weit die Vorüberlegungen.

In einer vierseitig gelagerten Stahlbetonplatte über diesem Raum kommen all diese Wirkungen zum Tragen (wörtlich: »*zum Tragen*«).

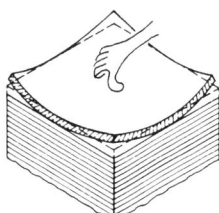

Die Last wird je zur Hälfte in beide Hauptrichtungen aufgeteilt. Die Plattenbereiche beeinflussen sich gegenseitig.

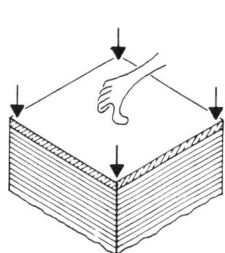

Die Ecken möchten abheben; um dieses Abheben zu verhindern, müssen sie belastet oder befestigt werden. So entstehen im Eckbereich »Drillmomente«, die wesentlich zur Gesamtfestigkeit beitragen. Mit einem einfachen Modell aus einem Stück Pappe, auf vier Leisten aufgelegt, kann man sich das deutlich vor Augen führen.

Dieses Tragverhalten ist sehr komplex. Mit den einfachen uns bekannten Mitteln können wir die Größe der Kräfte nicht herleiten. Auch der Ingenieur, der solche Platten bearbeitet, wird meist auf Tabellen zurückgreifen, die in verschiedenen Handbüchern zu finden sind. In den Tabellen zur Tragwerklehre ist ein einfaches Verfahren angegeben, das aus dem Verfahren von Pieper/Martens [95] entwickelt wurde.

6.2 Vierseitig gelagerte Platten

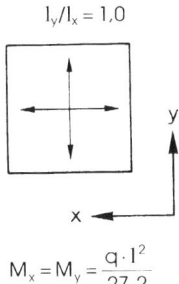

$M_x = M_y = \dfrac{q \cdot l^2}{27,2}$

Tabellenbuch StB 3.1.7

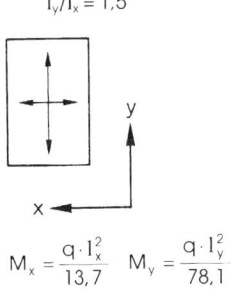

$M_x = \dfrac{q \cdot l_x^2}{13,7} \quad M_y = \dfrac{q \cdot l_y^2}{78,1}$

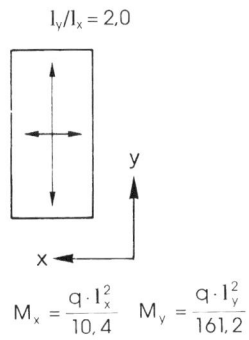

$M_x = \dfrac{q \cdot l_x^2}{10,4} \quad M_y = \dfrac{q \cdot l_y^2}{161,2}$

 Hier seien nur einige Richtwerte angegeben.

In der quadratischen Platte, allseitig frei aufliegend, betragen die maximalen Feldmomente in jeder Richtung:

$$\max M_x = \max M_y = \dfrac{q \cdot l^2}{27,2}$$

Dies ist weit weniger als nur das Moment aus einer Lasthälfte in jeder Richtung (siehe Tabellenbuch StB 3.1.7).

Die Drillmomente im Eckbereich liegen etwa in der Größenordnung der maximalen Feldmomente.

Bei Rechteckplatten ist das Verhältnis der Spannweiten von wesentlicher Bedeutung. Die Platte ist über die kurze Spannweite steifer als über die lange und infolge der inneren Schlauheit der Konstruktion zieht die größere Biegesteifigkeit den größeren Anteil der Last an. So trägt die Platte vorwiegend über die kleinere Spannweite. Deshalb ist das Moment über die kurze Spannweite größer als über die lange! Die **kürzere Spannweite** wird deshalb auch als **Hauptspannrichtung** bezeichnet.

Das Verhältnis der Spannweiten wirkt sich so stark aus, dass es höchstens bis zu einem Seitenverhältnis von 2:1 sinnvoll ist, die Platte als vierseitig gelagert zu betrachten – bei noch größerem Seitenverhältnis trägt die Platte fast nur noch über die kurze Spannweite, das heißt nahezu wie einachsig gespannt.

Stützung

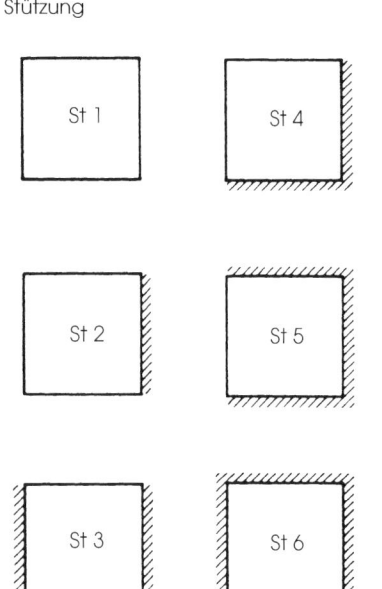

 Einspannungen der Ränder verringern nicht nur die Feldmomente, sondern sie verändern auch zusätzlich die Steifigkeitsverhältnisse.

Die hier skizzierten Einspann-Möglichkeiten werden als »Stützungen« bezeichnet. In der Praxis sind Decken meist infolge Durchlaufwirkung eingespannt. Die Durchlaufwirkung führt aber nicht zu voller Einspannung, das heißt nicht zu völlig starren, unverdrehbaren Auflagern, sondern nur zu teilweiser Einspannung, die leichtes Verdrehen am Auflager noch zulässt. Dies ist in den genannten Tabellenwerten bereits näherungsweise berücksichtigt.

6.2 Vierseitig gelagerte Platten

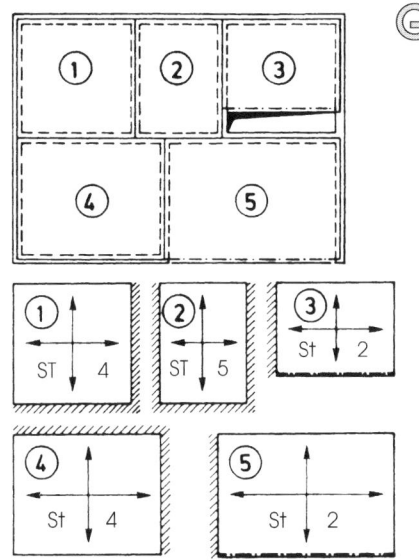

Die hier skizzierte Decke kann als eine Reihe von zweiachsig gespannten, zum Teil gegenseitig ineinander eingespannten Platten betrachtet werden. Geringfügige Vereinfachungen sind notwendig und zulässig; so in unserem Beispiel im Bereich des Treppenlochs, wo für eine kurze Strecke die Einspannung für das Feld ② fehlt. Der erfahrene Ingenieur wird an solchen Stellen die Schwächung durch geeignete Zulage-Bewehrung ausgleichen. Andererseits ist Feld ⑤ über eine kurze Strecke mit Feld ② verbunden und so eingespannt. Auch dies wird rechnerisch vernachlässigt, jedoch konstruktiv berücksichtigt.

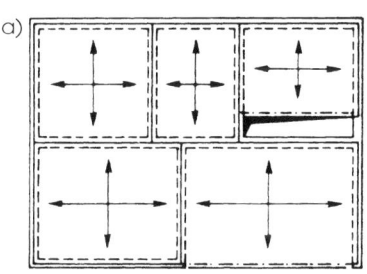

An diesem Beispiel lässt sich erkennen, wie unterschiedlich eine solche Konstruktion statisch »aufgefasst« werden kann:

a) als zweiachsig gespannte Platten – wie beschrieben
Ergebnis: geringste Bewehrung, Plattendicke wie b);
hier tragen alle Wände;

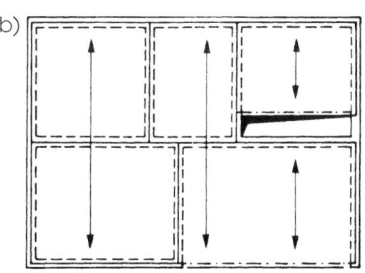

b) als einachsig in Querrichtung gespannte Platten
Ergebnis: Plattendicke wie a),
kleiner als c);
hier tragen nur die Wände orthogonal zur Spannrichtung;

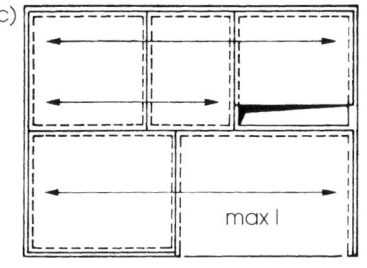

c) als einachsig in Längsrichtung gespannte Platten.
Ergebnis: größte Plattendicke,
größer als bei a) und b),
mehr Bewehrung als bei a) und b);
hier tragen nur die Wände orthogonal zur Spannrichtung.

Welche dieser drei Auffassungen ist denn nun die richtige?

Jedes dieser drei statischen Systeme ist nur eine Näherung an die komplexe Wirklichkeit. Bei der Berechnung der vierseitig gelagerten Platten werden die Durchlaufwirkungen nur in grober Näherung berücksichtigt, bei der Berechnung einachsig gespannter Platten wird die allseitige Lagerung bzw. die Trag- und Durchlaufwirkung in der jeweils anderen Richtung vernachlässigt.

Die Wirklichkeit liegt zwischen diesen drei Auffassungen. Eine genaue rechnerische Erfassung aller Einflüsse und ihres Zusammenwirkens ist über die gebräuchlichen Tabellenwerke nicht erfassbar. Wir sind auf Vereinfachungen angewiesen. Diese sind auch bei der »exakten« Berechnung des Ingenieurs gebräuchlich.

Welches System der Wirklichkeit am nächsten kommt, hängt nicht nur von den jeweiligen Raum-Maßen ab, sondern auch von der Art der Wände (ob sie tragen können), von Deckendurchbrüchen, die vielleicht die Durchlaufwirkungen unterbrechen, und von Maueröffnungen, ihren Längen und der Art ihrer Überbrückung.

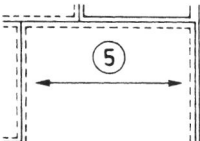

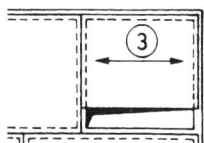

Vor allem aber lässt sich durch die Wahl des statischen Systems die Belastung der Wände (Unterzüge etc.) in einem gewünschten Sinne beeinflussen. So wird z. B. der lange Fenstersturz am Feld ⑤ wenig oder nicht durch die Decke belastet, wenn diese parallel zu ihm gespannt ist. Er kann dann, falls keine Randlinienlast – Mauern etc. –, auf ihm lasten deckengleich ausgebildet werden. Die Decke wird so gespannt dicker als in den beiden anderen Fällen. Entsprechendes gilt für den Sturz am Treppenloch.

6.2 Vierseitig gelagerte Platten

 Der Ingenieur muss entscheiden, welche der Auffassungen der Wirklichkeit am nächsten liegt, welche den Entwurfsvorstellungen des Architekten am weitesten entgegenkommt (z. B. deckengleiche Unterzüge ermöglicht) und welche zu der wirtschaftlichsten Lösung führt. Vergleichsrechnungen sind hilfreich, wenn auch aufwendig. Der Ingenieur muss aber auch im Auge behalten, dass allseitige Lagerung, Durchlaufwirkung und Einspannung zum Teil auch dann wirken, wenn sie rechnerisch vernachlässigt werden. Er muss dies durch zusätzliche Bewehrung und andere Maßnahmen berücksichtigen, um Risse und andere Schäden abzuwenden.

Es gibt aufwendige Computerprogramme, die das Zusammenwirken der drei »Auffassungen« exakt erfassen. Doch auch in diesem Fall kann der entwerfende Architekt durch seine Vorgaben – z. B. an Feld 5 Fenstersturz oder deckengleicher Unterzug – das Ergebnis in seinem Sinne beeinflussen.

Dicke der Platten

Tabellenbuch StB 3.1.4

Für die Dicke der Deckenplatten gibt die DIN 1045 Mindestmaße an. Wie für einachsig gespannte Platten gilt auch für zweiachsig gespannte:

$$d \geq \frac{l_i}{35}$$

$l_i = l$

der kürzeren Spannweite oder, wenn die Decke leichte Trennwände trägt:

$$d \geq \frac{l_i^2}{150}$$

$l_i = 0{,}8 \cdot l \quad l_i = 0{,}6 \cdot l \quad l_i = 0{,}8 \cdot l$

Hinzu kommt die Betondeckung.

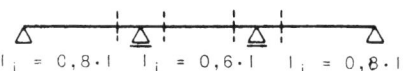

 In welcher Richtung ist l_i zu messen?

Auch bei zweiachsig gespannten Durchlaufplatten ist l_i (der Abstand der Momentennullpunkte) für die Plattendicke maßgebend. Dabei ist – wie bei einachsig gespannten Durchlaufplatten – bei Endfeldern $l_i = 0,8\, l$, bei Innenfeldern $l_i = 0,6\, l$. Dabei gilt End- bzw. Innenfeld für die jeweils betrachtete Spannrichtung. Die Werte 0,6 l und 0,8 l sind Überschlagswerte, aber für die Bestimmung der Deckendicke ausreichend genau. Bei kreuzweise gespannten Platten ist immer das *kleinere* l_i die Hauptspannrichtung und damit für die Plattendicke maßgebend (siehe Tabellenbuch StB 3.1.7).

Tabellenbuch StB 3.1.7

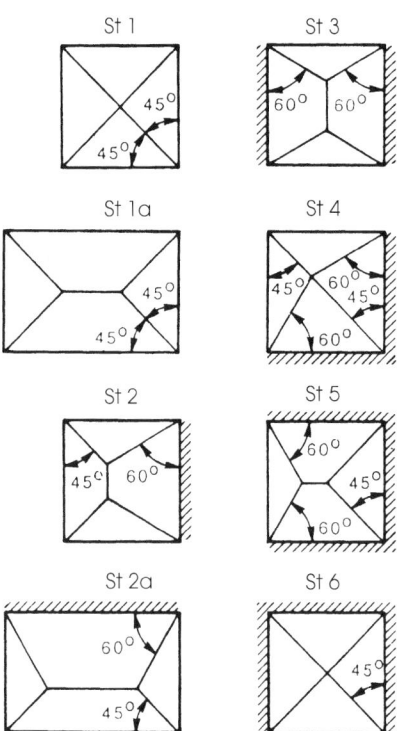

Verteilung der Last auf die Auflager

Die Belastung der Auflager kreuzweiser Platten darf überschläglich nach den hier skizzierten Mustern ermittelt werden:

– gleiche Auflager 45°–45°
– ungleiche Auflager 30°–60°

Diese verringerte Auflagerlast bei kreuzweisen Platten kann zu einer Verringerung der Wandstärken führen.

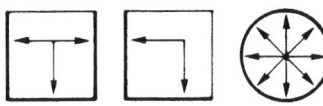

6.3 Andere Formen zweiachsig gespannter Platten

6.3.1 Dreiseitig gelagerte Platten

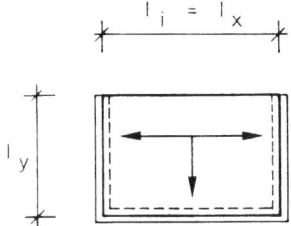

Auch Platten, die nur auf drei Seiten gelagert sind, wirken zweiachsig gespannt. Die Lagerung auf der dritten Seite und die Drillmomente an den beiden inneren Ecken verringern die Feldmomente gegenüber der nur einachsig gespannten Platte. Häufig kommen dreiseitig gelagerte Platten mit Auskragung und/oder eingespannten Rändern vor.

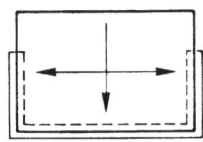

Tabellen für die Berechnung dieser Platten sind im Betonkalender (nicht in jedem Jahrgang), den Bautabellen von Schneider [46], Wendehorst [47] und anderen Tabellenwerken zu finden. Die erforderliche Deckendicke ergibt sich auch hier aus:

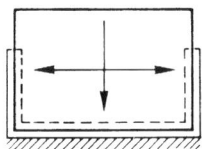

$$d \geq \frac{l_i}{35} \quad \text{bzw.} \quad d \geq \frac{l_i^2}{150}$$

wobei $l_i = l_x$ oder bei Durchlaufwirkung $l_i = 0{,}8\, l_x$ bzw. $0{,}6\, l_x$ ist.

Auskragungen aus der dreiseitig gelagerten Platte können zu größeren Dicken führen.

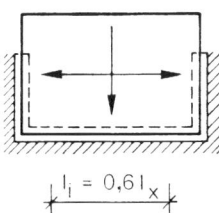

Die Drillmomente und die abhebenden Kräfte an den Ecken können bei diesen Platten sehr groß werden!

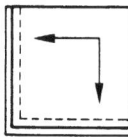

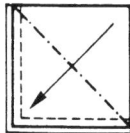

6.3.2 Zweiseitig übereck gelagerte Platten

Diese Platte lässt sich näherungsweise erfassen als ein übereck gespannter deckengleicher Unterzug mit einer darüber auskragenden Platte. Wie wichtig hier die Belastung der inneren Ecke ist, lässt sich auch ohne Berechnung erkennen.

6.3.3 Kreisrunde, sechs- und achteckige Platten

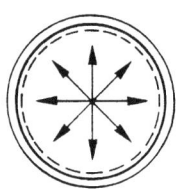

Die günstigste Form für eine allseitig gelagerte Platte ist die über einem Kreisring. In jede Richtung wirkt das gleiche Moment. Abhebende Ecken gibt es nicht. Die Feldmomente in jeder Richtung sind:

$$\max M = \frac{q \cdot l^2}{32}$$

(Der Hinweis auf das günstige Verhalten dieser Form sollte aber nicht als Plädoyer für den Bau kreisrunder Räume aufgefasst werden.)

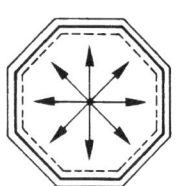

Platten über acht- oder über sechseckigen Räumen liegen in ihrem Tragverhalten zwischen kreisrunden und quadratischen Platten.

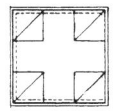 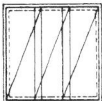

 ## 6.4 Bewehrung zweiachsig gespannter Platten

Die Zugspannungen in kreuzweise bewehrten Platten verlaufen nicht geradlinig, sondern in gekrümmten Linien. Ihnen mit den Bewehrungseinlagen zu folgen wäre sehr aufwendig.

Doch ist dies nicht notwendig – auch eine kreuzweise verlegte Bewehrung kann diese Zugkräfte aufnehmen.

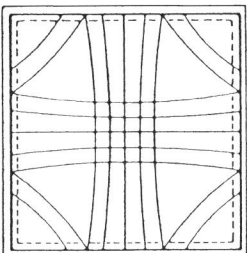

Verlauf der wichtigsten Zugspannungen an der Unterseite

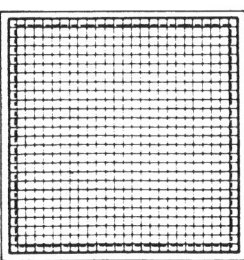

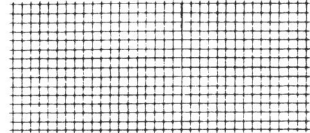

Q-Matte

In der Praxis werden fast immer Baustahlmatten verwendet. Hier kommen vor allem die »Q-Matten« infrage, deren Stahlquerschnitte in beiden Richtungen gleich sind, also quadratische Maschen bilden (daher »Q« wie Quadrat).

Listenmatten erlauben unterschiedliche oder gleiche Stahlquerschnitte in Längs- und in Querrichtung. Sie lassen sich den jeweiligen Erfordernissen anpassen.

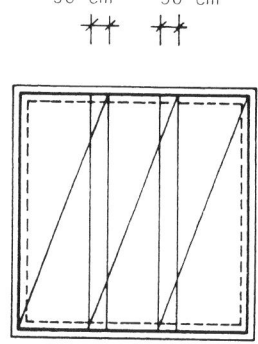

untere Mattenlage

Die Breite der Baustahlmatten beträgt höchstens 2,50 m, bei den gebräuchlichen »Lagermatten« nur 2,15 m. Die Spannweite ist fast immer größer – die Matten müssen gestoßen werden. Damit die Stähle über die Stöße hinweg tragen, ist eine Überdeckung von mindestens 50 cm erforderlich.

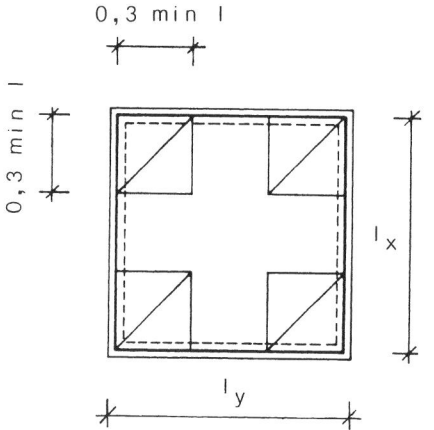

obere Mattenlage

Für die Drillmomente sind als obere Bewehrung – also für negative Momente – Matten in den Ecken anzuordnen, und zwar meist in gleicher Stärke wie die untere Bewehrung.

(Bei dreiseitig und zweiseitig übereck gelagerten Platten kann die Drillbewehrung größer werden als die untere Feldbewehrung.)

Bei eingespannten bzw. durchlaufenden Platten kann die Bewehrung für die Einspann- bzw. Stützenmomente auch die Drillmomente aufnehmen. Eine zusätzliche Drillbewehrung ist deshalb nicht erforderlich.

6.4 Bewehrung zweiachsig gespannter Platten

Bei der Ermittlung der erforderlichen Bewehrung A_s gehen wir so vor wie bei einachsig gespannten Platten:

Wir betrachten einen Streifen von 1 m Breite, dies aber zunächst in der einen, dann in der anderen Richtung. Es wird also ermittelt:

für die x-Richtung:

$$k_d = \frac{d_x}{\sqrt{M_{xd}}} \Rightarrow k_s \qquad A_{sx} = k_s \cdot \frac{M_{xd}}{d_x}$$

und für die y-Richtung:

$$k_d = \frac{d_y}{\sqrt{M_{yd}}} \Rightarrow k_s \qquad A_{sy} = k_s \cdot \frac{M_{yd}}{d_y}$$

Dabei muss bedacht werden, dass die Höhe der Längs- und der Querstäbe um deren Durchmesser unterschiedlich ist – dies führt zu unterschiedlichem d für die x- und die y-Richtung.

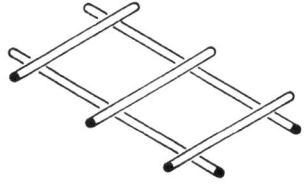

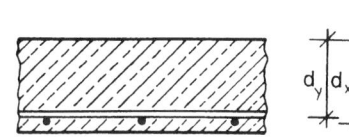

Tabellenbuch StB 3.1.4

Der Bewehrung für die Hauptspannrichtung und damit für das größere Moment wird die größere Höhe, hier d_x, zugeordnet.

(Näheres zur Bemessung siehe Tabellenbuch StB 3.1.4 und Zahlenbeispiele.)

Anmerkung:

M_{xd} heißt: das Bemessungsmoment (deshalb der Index d) in x-Richtung (deshalb der Index x). Hingegen bedeutet d_x die statische Höhe d für die Bewehrung in x-Richtung.

6.5 Kreuzweise gespannte Rippendecken

Sind die Spannweiten für Platten zu groß, würden also Platten zu dick, ist es sinnvoll, Rippendecken anzuordnen. Auch sie lassen sich kreuzweise spannen.

Kreuzweise Rippendecken werden auch als »Kassettendecken« bezeichnet. Sie erfordern geeignete quadratische oder nahezu quadratische Hohlkörper.

Kreuzweise Rippendecken können in den Ecken keine Drillmomente aufnehmen. Die Feld- und gegebenenfalls Einspannmomente sind deshalb größer als bei drillsteifen Platten. Sie betragen z. B. bei quadratischen, nicht eingespannten Rippendecken:

$$M_x = M_y \approx \frac{q \cdot l^2}{20}$$

Zum Vergleich: Bei der drillsteifen Platte ist:

$$M_x = M_y = \frac{q \cdot l^2}{27{,}2}$$

In dreiseitig und kreuzweise übereck gelagerten Decken sind die Drillmomente sehr hoch und sehr wichtig. Für sie eignen sich kreuzweise Rippendecken nicht.

Auch für kreuzweise Rippendecken gilt:

$$d \geqq \frac{l_i}{35} \quad \text{bzw.} \quad d \geqq \frac{l_i^2}{150}$$

Das kleinere l_i ist maßgebend. Im Übrigen gilt das über Rippendecken (Band 1, Kapitel 14.5 »Rippendecke und deckengleiche Träger«) und hier über kreuzweise Platten Gesagte.

In Sonderfällen sind andere Kreuzungswinkel der Rippen als 90° möglich. So können z. B. über Grundrissen, die auf dem Sechseck aufbauen, zwei oder drei Rippen-Scharen unter 60° kreuzen. Die hierfür notwendigen Sonderanfertigungen der Hohlkörper und der Bewehrungsführung lassen solche Konstruktionen teuer werden.

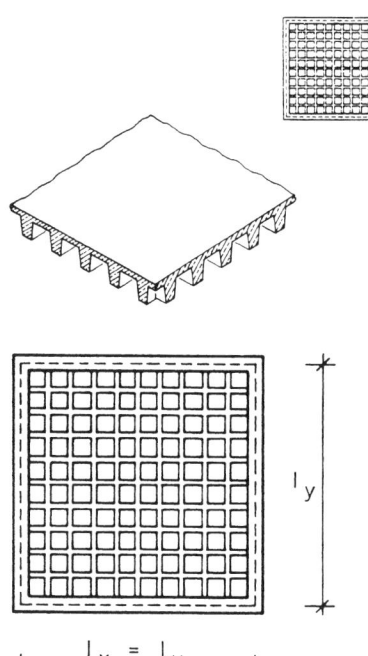

Untersicht der Rippendecke

$$M_x = M_y \approx \frac{q \cdot l^2}{20}$$

Tabellenbuch StB 3.1.4

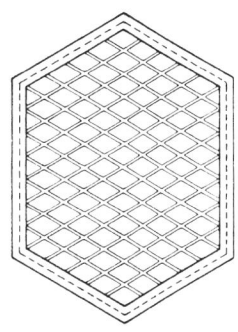

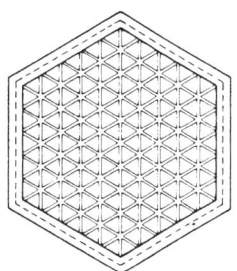

Untersicht

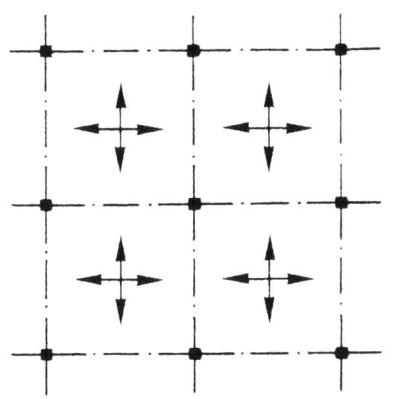

 ## 6.6 Kreuzweise gespannte Platten mit Stützen und Trägern

Liegen kreuzweise gespannte Platten nicht auf Wänden auf, sondern werden sie von Stützen getragen, sind zwischen diesen Stützen Träger bzw. Unterzüge erforderlich.

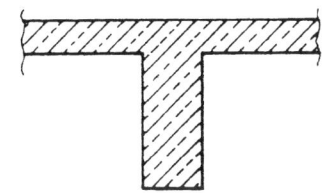

Da kreuzweise gespannte Platten ihre Lasten in beide Richtungen abtragen, müssen auch die Träger in beiden Richtungen liegen. Sie können als Plattenbalken ausgebildet werden.

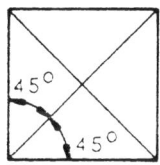 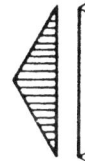

Wegen der dreieckförmigen oder trapezförmigen Verteilung der Flächenlast von der Platte auf die Auflager verteilt sich die Last auf die Unterzüge ebenfalls dreieck- oder trapezförmig. Nur das Eigengewicht des Trägers selbst ergibt eine gleichmäßig verteilte Last.

Die Momente für Dreieckslasten können dem Tabellenbuch TS 1.1 entnommen werden. Die Momente für trapezförmige Lasten sind komplizierter und deshalb in diesen Tabellen nicht aufgeführt. Sie liegen zwischen den Werten für Dreieckslast und denen für gleichmäßig verteilte Last. Bei kleinem Anteil der oberen horizontalen Begrenzung des Trapezes genügt die näherungsweise Ermittlung der Schnittkräfte wie mit einer Dreieckslast gleicher Gesamtgröße (gute Näherung auf der sicheren Seite).

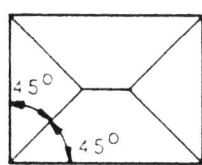 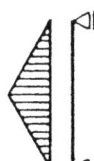

Als erster Richtwert für die Gesamthöhe h_0 des Trägers kann $1/15$ seiner Spannweite angenommen werden.

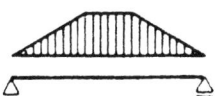

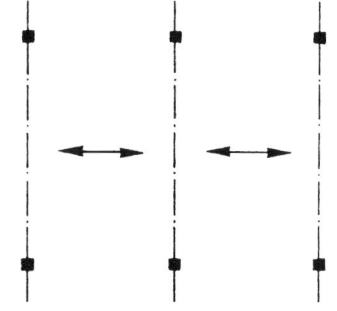

Platte mit Plattenbalken

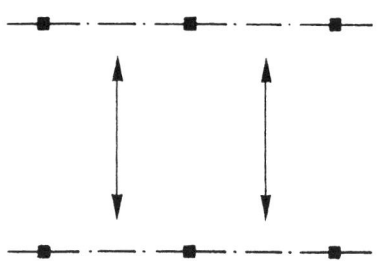

Rippendecke mit
deckengleichen Trägern

 Wie schon beschrieben sind bei kreuzweise gespannten Platten Träger in beide Richtungen anzuordnen, also doppelt so viele wie bei einachsig gespannten Platten. Zwar ist die Belastung jedes einzelnen Trägers kleiner, aber der Arbeits- und Materialaufwand für Schalung und Bewehrung wird durch die Verdopplung der Träger-Anzahl erheblich größer. Meist wird es deshalb wirtschaftlicher sein, die Decken nur in der einen Achse und die Unterzüge in der anderen zu spannen. Dann allerdings ist es sinnvoller, entweder die Spannweite der Decke kleiner zu wählen und die der Träger größer und diese als Plattenbalken auszubilden oder aber die Decke als Rippendecke weiter zu spannen und die Träger deckengleich über die kürzere Spannweite zu führen. Deckengleiche Träger sind fast immer dann möglich, wenn deren Spannweite kleiner oder gleich $^2/_3$ der Deckenspannweite ist (siehe Band 1 Kapitel 14.4 »Plattenbalken« und 14.5 »Rippendecke und deckengleiche Träger«).

In keinem Fall erweist sich ein quadratisches Stützenraster als wirtschaftlich für die Deckenkonstruktion. Wenn allerdings aus Gründen der Funktion, der Variabilität der Räume oder wegen anderer architektonischer Anforderungen das quadratische Stützenraster bevorzugt wird, hat sich die tragende Konstruktion dem meist unterzuordnen. Dazu zwei weitere Möglichkeiten im nächsten Abschnitt.

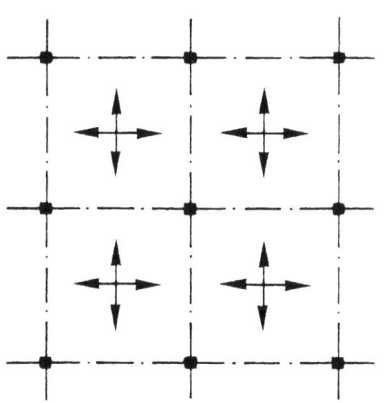

 ## 6.7 Flachdecken und Pilzdecken

Oft sollen auch bei kreuzweise gespannten Platten aus gestalterischen oder funktionellen Gründen die Träger zwischen den Stützen deckengleich ausgebildet werden. Es entsteht eine »**Flachdecke**«. Die deckengleichen Träger werden hier auch »Gurtstreifen« genannt. Zu den Vorteilen der Flachdecke gehört auch, dass Installationen wesentlich leichter unterhalb der Decke geführt werden können.

Bei quadratischem oder fast quadratischem Stützenraster – nur bei etwa quadratischen Grundriss-Abmessungen sind kreuzweise gespannte Platten sinnvoll – ist jedoch die erforderliche Höhe der Träger größer als die erforderliche Deckenhöhe. Etwa $1/30$ der Diagonale des Stützenrasters kann überschläglich als statische Höhe d für diese Konstruktion angenommen werden, hinzu kommen ca. 5 cm für den halben Durchmesser der Stähle, die Bügel des Gurtstreifens und die Betondeckung. Insgesamt also rund das Eineinhalbfache oder mehr der sonst erforderlichen Deckendicke. Bedenkt man, dass die gesamte Deckenfläche mit dieser Dicke auszubilden ist, wird der hohe Materialverbrauch deutlich.

Im Bereich der Stützen kann die Schubspannung hoch werden; es besteht die Gefahr des Durchstanzens. Dem kann mit Spezialteilen aus Stahl – Durchstanzleisten – oder mit den im Folgenden besprochenen Pilzköpfen begegnet werden.

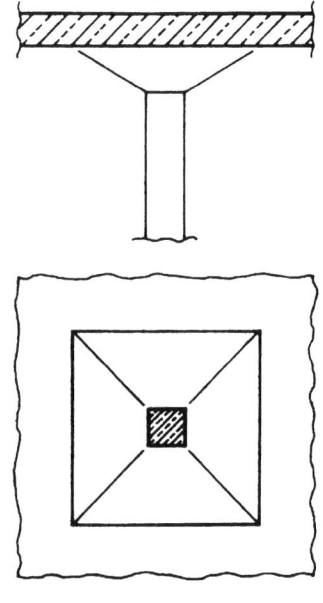

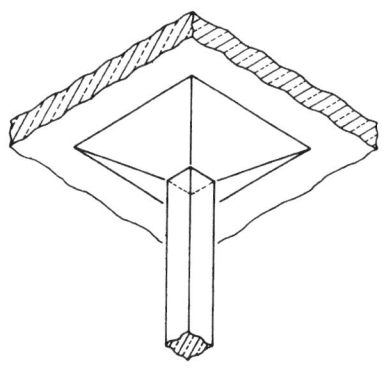

 Nicht nur die Schubkräfte, sondern auch die Momente sind an den Stützen am höchsten. Deshalb kann es sinnvoll sein, dort pilzartige Verstärkungen anzuordnen. Es entsteht eine **»Pilzdecke«**. Diese Verstärkungen im Bereich der Stützenmomente ziehen gleichsam die Momente an sich, die Feldmomente der Gurtstreifen werden etwas kleiner; die Dicke der Träger und damit der Decke kann geringfügig reduziert werden.

Schalung und Bewehrung der Pilze sind jedoch aufwendig. Auch kann der baukonstruktive Anschluss von Wänden, Fenstern etc. schwierig werden.

Das quadratische Stützenraster hat also auch bei der Flachdecke und bei der Pilzdecke einen hohen Arbeits- und Materialaufwand für die tragende Konstruktion, bei der Pilzdecke auch für die Anschlüsse, zur Folge.

Z Zahlenbeispiel, Bewehrungsplan

Zweiachsig gespannte Platten

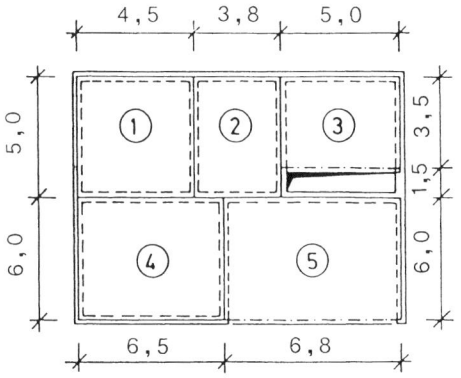

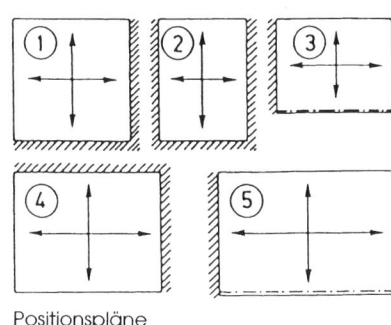

Positionspläne

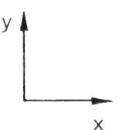

Dicke der Platte

Aus Gründen der einfacheren Herstellung wird fast immer für die gesamte Decke (also über allen Räumen) die gleiche Dicke h gewählt. Maßgebend ist hierfür das Feld mit der größten Hauptspannrichtung.

Wir erinnern uns:
Die Hauptspannrichtung eines Feldes ist dessen kleineres l_i. Wir vergleichen also die jeweils kleineren ideellen Spannweiten aller Felder und suchen von diesen die größte. Sie ist maßgebend für die Dicke der gesamten Platte.

In unserem Beispiel ist für Feld ⑤ zwar die kleinere Spannrichtung $l_y = 6$ m, aber in dieser Richtung ist die Durchlaufwirkung durch das Treppenloch unterbrochen, deshalb ist $l_{iy} = l_y = 6$ m.

Z In der x-Richtung hingegen ist Feld ⑤ das Endfeld einer Durchlaufplatte, hier gilt: $l_{ix} = 0{,}8 \cdot 6{,}8\ m = 5{,}4\ m$. Dieser Wert ist kleiner als l_{iy}, somit wird die x-Richtung zur Hauptspannrichtung dieses Feldes. Ein größeres l_i einer Hauptspannrichtung ist in keinem anderen Feld vorhanden; daraus folgt:

$$\text{erf}\ d = \frac{0{,}8 \cdot 6{,}8}{35} = 15{,}6\ cm$$

daraus:

$$h \geq 15{,}6 + 2{,}5 + \frac{0{,}8}{2} = 18{,}5\ cm$$

gew: $h = 20{,}0\ cm$

Bemessungslasten

Felder ① … ④

Eigengewicht: $0{,}20 \cdot 25 \cdot 1{,}4^{*)}$	=	$7{,}00\ kN/m^2$
Belag und Putz: $1{,}25 \cdot 1{,}4^{*)}$	=	$1{,}75\ kN/m$
	$\overline{g}_d$ =	$8{,}75\ kN/m^2$
Verkehrslast: $1{,}50 \cdot 1{,}4^{*)}$ =	$\overline{p}_d$ =	$2{,}10\ kN/m^2$
	$\overline{q}_{1…4d}$ =	$10{,}85\ kN/m^2$

Vorbemerkung

Im Folgenden wird als Beispiel für Feld ① die Ermittlung der Momente und die Bemessung schrittweise durchgeführt.

---

*) $\gamma_F = 1{,}4$

Tabellenbuch StB 3.1.7

Z Bemessungsmomente

Für die Ermittlung der Feld- und Stützenmomente greifen wir zu den Tafeln unter StB 3.1.7 im Tabellenbuch.

Feld ①

$l_x = 4{,}50$ m $l_y = 5{,}0$ m
$q_d = 7{,}75 \cdot 1{,}4 = 10{,}85$ kN/m²

Hier werden die vollen Spannweiten eingesetzt. Die Einspannungen bzw. Durchlaufwirkungen sind bereits bei der Stützung (Skizze) berücksichtigt:

$\varepsilon = l_y/l_x = 5{,}0/4{,}50 = 1{,}11 \oplus 1{,}1$

Stützung 4

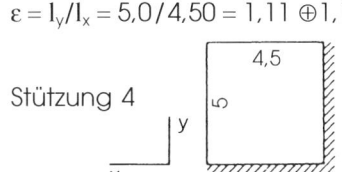

Nach Tafel 1: $n_{Fx} = 27{,}3$ $m_{xd} = \dfrac{q_d \cdot l_x^2}{n_x}$
$n_{Fy} = 41{,}3$
$n_{Sx} = 12{,}7$ $m_{yd} = \dfrac{q_d \cdot l_y^2}{n_y}$
$n_{Sy} = 16{,}5$

Daraus ergeben sich die Feldmomente:

$$M_{xd} = \frac{10{,}85 \cdot 4{,}5^2}{27{,}3} = \underline{\underline{8{,}05 \text{ kNm}}}$$

$$M_{yd} = \frac{10{,}85 \cdot 5^2}{41{,}3} = \underline{\underline{6{,}57 \text{ kNm}}}$$

Wir erkennen: Die Momente in der kürzeren Richtung – der Hauptspannrichtung – sind größer als die in der längeren Richtung.

Die Stützenmomente sind jeweils der Mittelwert aus den Volleinspannmomenten M_s zweier benachbarter Felder. So ist z. B. das Stützenmoment zwischen den Feldern ① und ② – es liegt in x-Richtung –:

$$M_{xd1-2} = \frac{M_{sxd1} + M_{sxd2}}{2}$$

Z Bei Feld ① ermitteln wir zunächst nur die Volleinspannmomente M_{sxd1} und M_{syd1} des Feldes ①. Erst später, wenn wir auch die Volleinspannmomente der benachbarten Felder ② und ④ errechnet haben, können wir die Stützenmomente finden (siehe Rechentabelle 2, S. 151).

Volleinspannmomente (Feld ①)

$$M_{sxd} = -\frac{10{,}85 \cdot 4{,}5^2}{12{,}7} = -17{,}30 \text{ kNm}$$

$$M_{syd} = -\frac{10{,}85 \cdot 5^2}{16{,}5} = -16{,}44 \text{ kNm}$$

Mindestens jedoch ist das (absolut) größere Einspannmoment mal 0,75 als M_{xd1-2} anzunehmen.

Bemessung Feld ① C 30/37
BSt 500 M

$M_{xd} = 8{,}05$ kNm $M_{yd} = 6{,}57$ kNm

In den Feldern werden als untere Bewehrung Baustahlmatten mit etwa gleichen Stahl-Querschnitten in beiden Richtungen (Q-Matten oder entsprechende Listenmatten) angeordnet. Sie werden so gelegt, dass die Bewehrung in Richtung des größeren Feldmomentes, also der Hauptspannrichtung, mit der größeren Höhe d wirken. Sie liegen also an der Unterseite der unten liegenden Matten. Die Bewehrung der anderen Richtung liegt zwangsläufig ca. 1 cm höher, ihre wirksame Höhe d ist entsprechend kleiner.

Stützenmomente wirken jeweils nur in eine Richtung. Für sie werden deshalb Matten mit starken Längs- und schwachen Querstählen (R-Matten oder entsprechende Listenmatten) verwendet.

Zahlenbeispiel, Bewehrungsplan

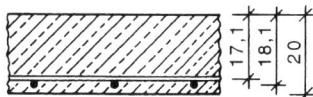

Für die Feldbewehrung unseres Beispiels ist:
$d_x = 20 - 1{,}5 - 0{,}4 = 18{,}1$ cm
$d_y = 18{,}1 - 1{,}0 \quad = 17{,}1$ cm

$$k_{dx} = \frac{18{,}1}{\sqrt{8{,}05}} = 6{,}4 \Rightarrow k_s = 2{,}34$$

$$A_{sx} = 2{,}34 \cdot \frac{8{,}05}{18{,}1} = 1{,}04 \text{ cm}^2$$

$$k_{dy} = \frac{17{,}1}{\sqrt{6{,}57}} = 6{,}7 \Rightarrow k_s = 2{,}34$$

$$A_{sy} = 2{,}34 \cdot \frac{6{,}57}{17{,}1} = 0{,}90 \text{ cm}^2$$

gew: Matte Q 188 A A_s längs = 1,88 cm²
A_s quer = 1,88 cm²

Tabellenbuch StB 3.1.6 Tafel c)

Einfacher ist die Bemessung nach Tafel c) »Mattentragmomente« unter StB 3.1.6 im Tabellenbuch.

Dort finden wir unter d = 18 und Q 188 A ein Tragmoment von 14,40 kNm > M_{xd} und unter d = 17 und Q 188 A ein Tragmoment von 13,59 kNm > M_{yd}. Hier können wir die erforderliche Matte unmittelbar ablesen: Q 188 A, wie oben errechnet.

Die Berechnungen für die Felder 2 ... 5 verläuft entsprechend. Zur Vereinfachung und besseren Übersicht werden sie in 3 Rechentabellen dargestellt.

Rechentabelle 1: Ermittlung der Bemessungs-Feldmomente M_{Fd} und Bemessungs-Volleinspannmomente M_{Sd}
nach Tabellen zur Tragwerklehre StB 3.1.7, Tafeln II, IV, V

Platte Nr.	q_d	Stützung	Plattenmaße			Tafelwerte n nach Tabellen StB 3.1.7				Bemessungs-Momente		$\frac{q \cdot l^2}{n}$	
			$\frac{l_x}{l_y'}$	$\frac{l_y}{l_x'}$	$\varepsilon = l_y/l_x$ $\varepsilon' = l_y'/l_x'$	n_{Fx}	n_{Fy}	n_{Sx}	n_{Sy}	M_{Fxd}	M_{Fyd}	M_{Sxd}	M_{Syd}
①	10,85	4	4,5	5,0	1,1	27,3	41,3	12,7	16,5	8,05	6,57	-17,30	-16,44
②	10,85	5	3,8	5,0	1,3	21,8	72,2	13,2	29,6	7,19	3,76	-11,87	-9,16
③	10,85	2	5,0*)	3,5*)	$\varepsilon' = 1,4$*)	62,3	16,7	18,0	–	4,35	7,96	-15,07	–
④	10,85	4	6,5*)	6,0*)	$\varepsilon' = 1,1$*)	41,3	27,3	16,5	12,7	11,10	14,31	-27,78	-30,76
⑤	15,40	2	6,8*)	6,0*)	$\varepsilon' = 1,1$*)	35,3	26,3	13,2	–	20,17	21,07	-53,95	–

*) Unterstreichung bedeutet: Anstelle von $\varepsilon = l_y/l_x$ tritt $\varepsilon' = l_y'/l_x' = l_x/l_y$.

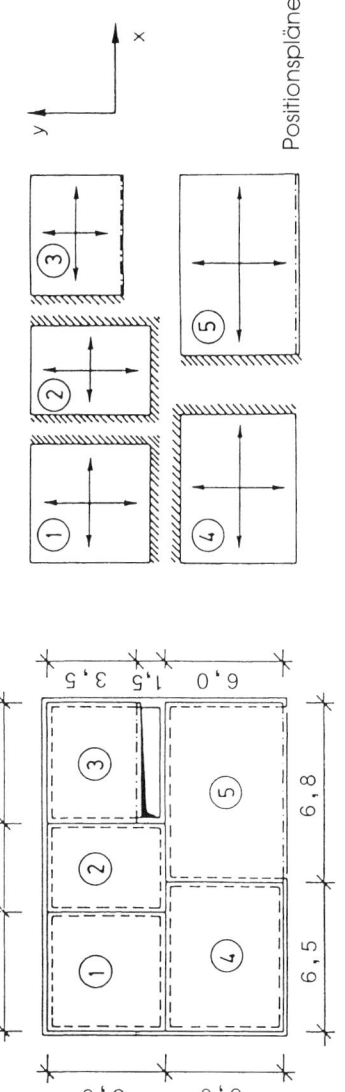

Positionspläne

Rechentabelle 2: Ermittlung der Bemessungs-Stützenmomente

(Mittelwert der Volleinspannmomente M_{S0} – aber mindestens 0,75 · min M_{S0} des größeren Wertes) nach Tabellenbuch zur Tragwerklehre StB 3.1.7, siehe Texterläuterung Ziffer 4

Richtung	Rand (benachbarte Felder)	Volleinspannmomente benachbarter Felder M_{S01d}	M_{S02d}	$\dfrac{M_{S01d}+M_{S02d}}{2}$	$0{,}75 \cdot \min M_{S0d}$	maßgebend: *) M_{Sd}
M_x	①–②	−17,30	−11,87	−14,59	−12,98	−14,59
	②–③	−11,87	−15,07	−13,47	−11,30	−13,47
	④–⑤	−27,78	−53,95	−40,87	−40,46	−40,87
M_y	①–④	−16,44	−30,76	−23,60	−23,07	−23,60
	②–④	−9,16	−30,76	−19,96	−23,07	−23,07
	②–⑤	−9,16	−	−	−6,87	−6,87**)

*) Die Abminderung der Stützmomente (siehe Zahlenbeispiel Abschnitt 4, S. 109) ist auch hier zulässig, wird aber in diesem Beispiel vernachlässigt.

**) Gilt für den kurzen Bereich, in dem Feld ② an Feld ⑤ grenzt.

Rechentabelle 3: Bewehrung C 30/37 BSt 500 M

$h = 20$ cm | eine Mattenlage: $d = 18{,}1$ cm | zwei Mattenlagen: $d = 17{,}1$ cm

Feld Nr.	aus Rechentabelle 1 M_{Fxd}	M_{Fyd}	d_x	d_y	k_{dx}	k_{dy}	k_{sx}	k_{sy}	A_{sx}	A_{sy}	gew. Matten	vorh A_s cm²
①	8,05	6,57	18,1	17,1							Q 188 A	1,88
②	7,19	3,76	18,1	17,1	nach Tabelle StB 3.1.6						Q 188 A	1,88
③	4,35	7,96	17,1	18,1	Tafel c), Mattentragmomente						Q 188 A	1,88
④	11,10	14,31	17,1	18,1	5,13	4,78	2,34	2,35	1,52	1,85	2 Q 188 A	3,76
⑤	20,17	21,07	17,1	18,1	4,78	3,94	2,35	2,36	2,77	2,74	2 Q 188 A	3,76

Rand	aus Rechentabelle 2 M_{Sxd}	M_{Syd}	d		k_d		k_s		A_s		gew. Matten	vorh A_s cm²
① – ②	−14,59		18,1		4,74		2,35		1,89		2 R 188 A	1,88
② – ③	−13,47		18,1		4,93		2,35		1,75		2 R 188 A	1,88
④ – ⑤	−40,87		17,1		2,67		2,41		5,76		2 R 335 A	6,70
① – ④		−23,60	17,1		3,52		2,37		3,27		2 R 188 A	3,76
② – ④		−23,07									2 R 188 A*)	3,76
② – ⑤		− 6,87									2 R 188 A*)	3,76

*) Aus konstruktiven Gründen bewehrt wie Rand ① – ④

Zahlenbeispiel, Bewehrungsplan

Z Bewehrungspläne d = 20 cm C 30/37
BSt 500 M

obere Mattenlagen

Randmatten:
R 188 oder Reste

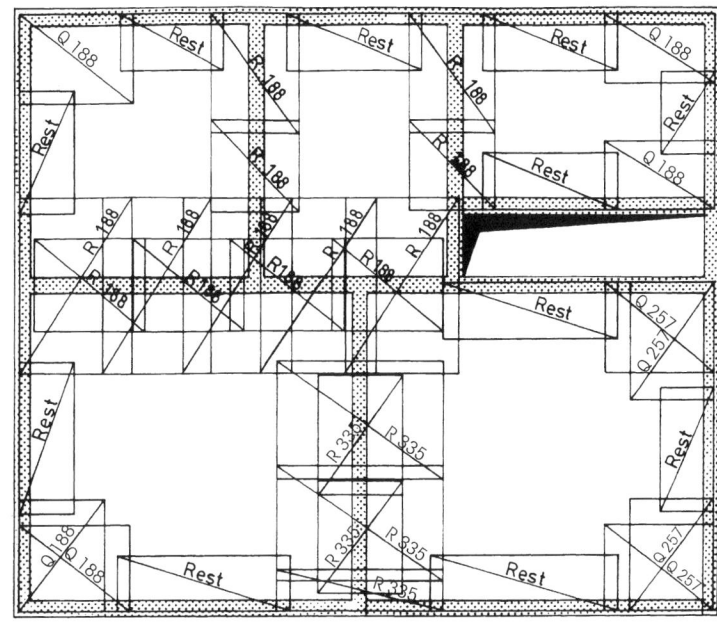

untere Mattenlagen

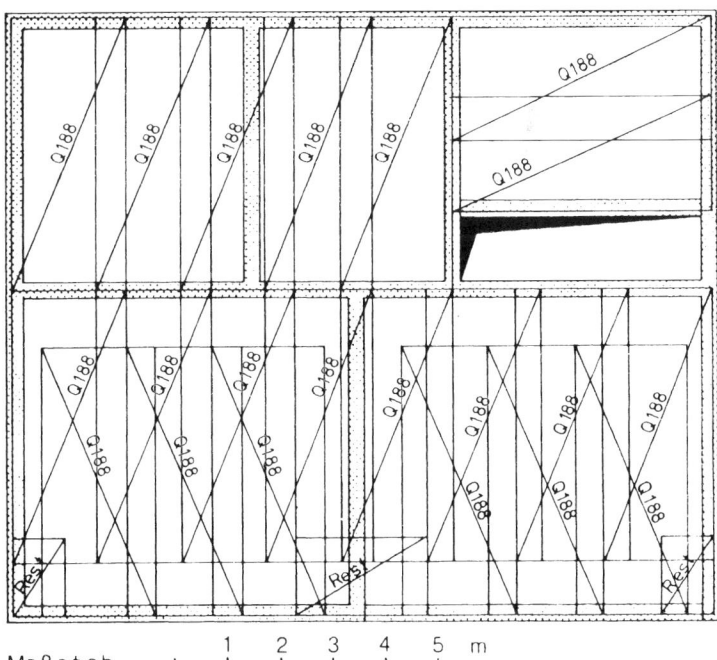

Maßstab: 1 2 3 4 5 m

Anm.: Der Zusatz A bei den Matten-Bezeichnungen wurde aus Platzgründen weggelassen.

7 Dächer

 ## 7.1 Allgemeines

In diesem Kapitel werden die wichtigsten Konstruktionstypen hölzerner geneigter Dächer besprochen. Dabei sollen nur kurz die Systeme erläutert werden; für eine eingehendere Beschäftigung mit diesem Thema sei auf die weiterführende Literatur verwiesen (z. B. Dachatlas [5]; Informationsdienst Holz [63], Heinrich Schmitt: Hochbaukonstruktion [22]).

7.1.1 Konstruktionssysteme

Folgende Konstruktionssysteme sind zu unterscheiden:

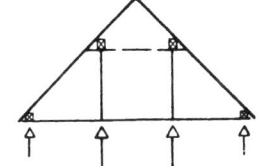

- Pfettendach (siehe Abschnitt 7.2)
  In ihm liegen Sparren so auf Pfetten und Pfosten, dass vertikale Lasten nur zu vertikalen Auflagerkräften führen.

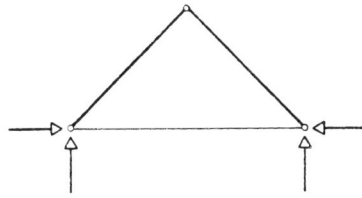

- Sparrendach (siehe Abschnitt 7.3)

- Kehlbalkendach (siehe Abschnitt 7.4)

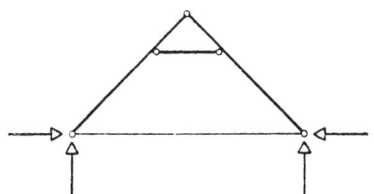

Sparren- und Kehlbalkendach tragen ohne First- und Mittelpfetten. Beide sind rahmenartige Konstruktionen – dies führt zu horizontalen Auflagerreaktionen, auch unter nur vertikalen Lasten.

7.1.2 Aufbau des Daches

Bei den häufigsten Dachkonstruktionen spannen Dachlatten über Sparren und diese über Pfetten. Wir finden also auch hier das Prinzip wieder, dass eine Lage von Baugliedern mit kleiner Spannweite auf der nächsten Lage mit Baugliedern größerer Spannweite und diese gegebenenfalls auf einer dritten ruht, wobei jede Lage im rechten Winkel zur nächsten liegt.

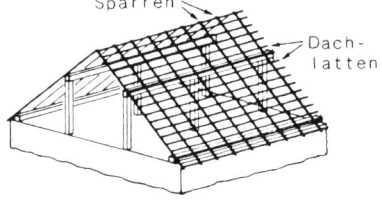

Der Abstand der Dachlatten ist durch die Art der Eindeckung und den Neigungswinkel des Daches bestimmt. Dieser Dachlattenabstand beträgt bei Dachziegeln ca. 31 bis 34 cm. Bei Verwendung von Wellplatten treten anstelle der Dachlatten größere Hölzer (sogenannte »Sparrenpfetten«) in Abständen bis zu 1,45 m. (In diesem Fall wird die Regel »kleinere Spannweite über größerer« durchbrochen.)

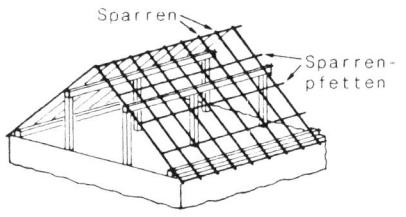

Sparren werden meist im Abstand von 60 bis 80 cm gelegt, doch gibt Brennecke im Dachatlas [5] Sparrenabstände von ca. 1 m als wirtschaftlicher an. Insbesondere bei der Verwendung von Wellplatten und Sparrenpfetten sind größere Abstände der Sparren sinnvoll.

7.1 Allgemeines

7.1.3 Lasten

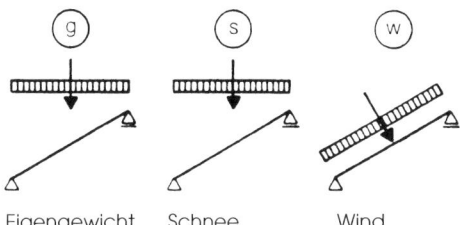

Eigengewicht   Schnee   Wind

Dächer werden belastet durch:

- Eigengewicht g
- Schnee s
- Wind w

Eigengewicht und Schnee wirken vertikal, Wind hingegen im rechten Winkel zur Dachfläche als Druck oder Sog.

Diese unterschiedlich gerichteten Lasten müssen zusammen gesehen werden. Auflagerreaktionen, Momente und Bemessung ergeben sich aus der Zusammenfassung von vertikalen *und* schrägen Kräften. Dies wird im Abschnitt 7.2.1 »Sparren« und im Zahlenbeispiel näher ausgeführt.

Tabellenbuch L 1 und 2

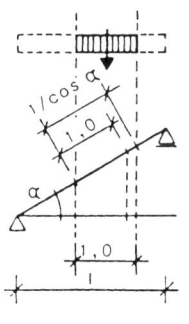

Das **Eigengewicht** wird zunächst für die schräge Dachfläche ermittelt. Für die Ermittlung der Auflagerkräfte und Momente ist es aber zweckmäßig, das Eigengewicht auf die **Grundrissfläche** – also auf die horizontale Projektionsfläche – zu beziehen. Dazu teilen wir die in der schrägen Fläche ermittelte Last durch $\cos \alpha$:

Last je m² Grundrissfläche

$$= \frac{\text{Last je m}^2 \text{ schräge Fläche}}{\cos \alpha}$$

Tabellenbuch L 4

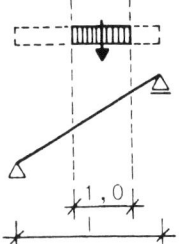

 Die **Schneelast** ist abhängig von der geografischen Lage und der Dachneigung. Die charakteristischen Werte können dem Tabellenbuch L 4 entnommen werden. Diese Werte sind bereits auf die *Grundrissfläche* bezogen, sie müssen nicht mehr umgerechnet (d. h. **nicht** durch cos α geteilt) werden.

Tabellenbuch L 5

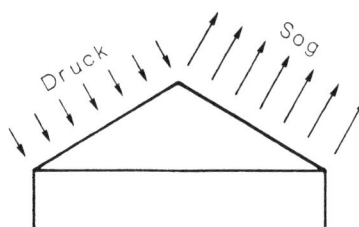

Windkräfte werden immer als *senkrecht zur Fläche* wirkend angenommen.

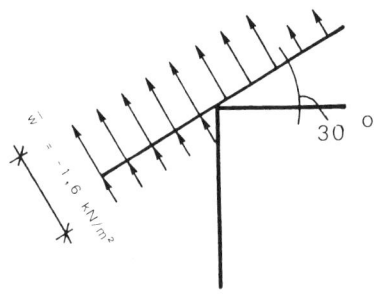

Der **Wind** wirkt als *Druck* oder als *Sog*. Insbesondere an Kanten, Ecken und Dachüberständen sind die Sogkräfte erheblich. So beträgt z. B. bei Dachneigungen von 30° und einer Gebäudehöhe unter 8 m die charakteristische Sogkraft im Eckbereich des Dachüberstandes w = 1,6 kN/m². Bei Höhen über 8 m steigt dieser Wert auf w = 2,6 kN/m².

Diese Soglasten (bzw. ihre Vertikalkomponenten) können größer als das Eigengewicht des Daches sein – es besteht die Gefahr des Abhebens.

7.1 Allgemeines

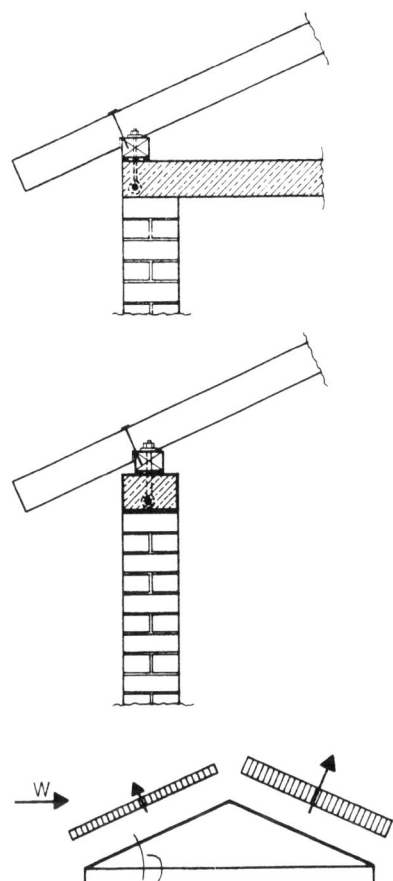

 Deshalb muss das Dach fest auf dem Unterbau (Decken oder Wänden) verankert werden. Durch die Anker müssen Bauteile mit so viel Eigengewicht erfasst werden, dass den Sogkräften das 1,5-Fache an ständigen Lasten gegenübersteht. Selbstverständlich müssen auch die Teile des Daches entsprechend miteinander verbunden sein.

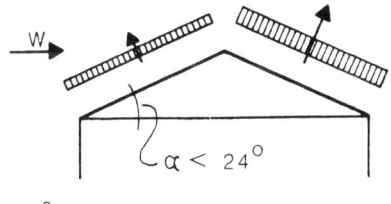

nur Sog

Bei Dachneigungen unter 24° überwiegen die Sogkräfte auch auf der Luvseite, sodass kein Winddruck, sondern überall nur Sog auftritt.

DIN 1055 Teil 4
Tabellenbuch L 5

(Näheres über Windlasten siehe DIN 1055 Teil 4, Tabellenbuch L 5 und Band 1, Kapitel 1 »Lasten«.)

Anmerkung:
In den Skizzen sind nur tragende Bauteile dargestellt, nicht jedoch andere notwendige Elemente wie Wärmedämmung etc. Dies gilt auch für die folgenden Skizzen.

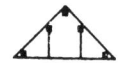 ## 7.2 Pfettendach

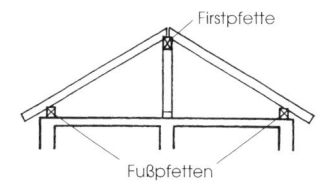

Jeder Sparren liegt auf zwei oder drei Pfetten auf – wirkt also als schräger Träger auf zwei oder drei Stützen. Die Fußpfetten sind auf der Decke oder auf Mauern (Drempeln) aufgelagert, First- und Mittelpfetten liegen auf Pfosten oder Querwänden.

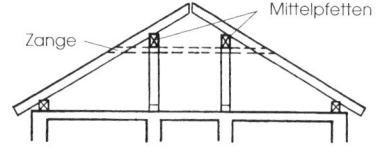

Aus konstruktiven Gründen werden die Pfosten mit einer Zange verbunden (in der Skizze gestrichelt). Dies ist jedoch kein Kehlbalken!

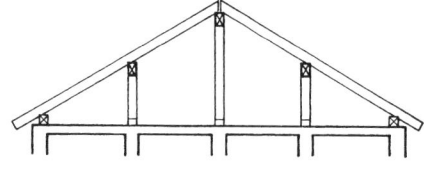

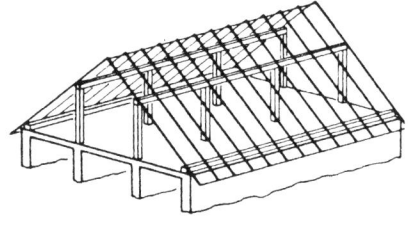

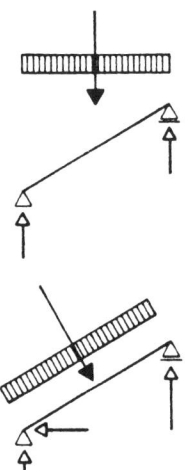

Vertikale Lasten auf dem Pfettendach haben in allen Teilen nur vertikale Kräfte zur Folge.

Die horizontalen Anteile der Windlast können in den Fußpfetten aufgenommen werden.

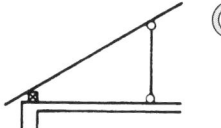

 Es wäre aufwendig, auch First- und Mittelpfetten so aufzulagern und zu bemessen, dass sie Horizontalkräften Widerstand leisten können; weit einfacher ist es, diese Pfetten nur durch Pfosten ohne seitliche Aussteifung – also durch Pendelstützen – zu unterstützen.

Damit werden die Horizontalkräfte ausschließlich den Fußpfetten zugewiesen; diese sind entsprechend im Unterbau zu verankern.

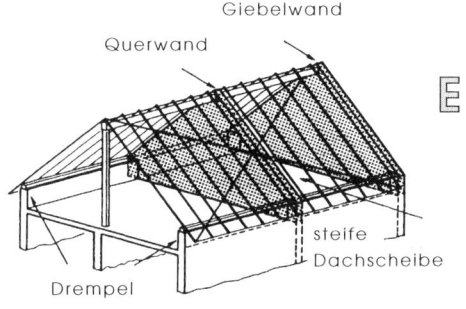

Liegen die Fußpfetten auf Drempeln, die die horizontalen Kräfte aus Wind nicht aufnehmen können, müssen diese Kräfte über steife Dachscheiben in Giebel- oder Querwände abgeleitet werden. In diesem Fall wird die Windkraft zerlegt in:

- eine Vertikalkomponente V, die den anderen V-Kräften zugerechnet wird, und
- eine Komponente S in Richtung der Dachschräge. Sie wird von der steifen Dachscheibe zu den Quer- und Giebelwänden übertragen.

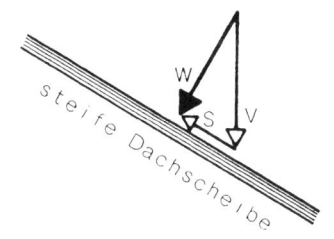

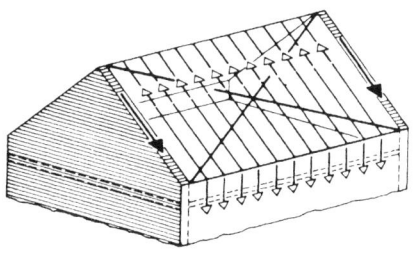

Die Dachscheibe muss mit den Giebel- bzw. Querwänden kraftschlüssig verbunden werden, das heißt so, dass diese Kräfte übertragen werden können.

7.2.1 Sparren

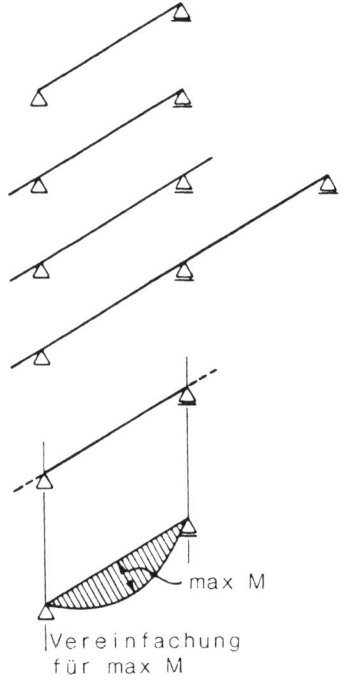

Die Sparren wirken als schräge Träger auf zwei oder drei Stützen mit oder ohne Kragarm(en).

Wir erinnern uns, dass Kragmomente das angrenzende Feld entlasten. Doch bei Dachsparren ist hier Vorsicht geboten: Der Windsog kann das Kragmoment aufheben oder umkehren! Es ist deshalb anzuraten, für die Bemessung des Feldmomentes die entlastende Wirkung der Kragarme zu vernachlässigen. Nur für die Auflagerreaktionen muss der jeweils *ungünstig* wirkende Kragarm berücksichtigt werden.

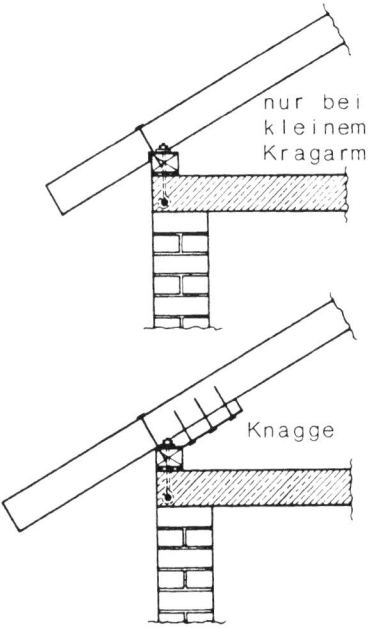

Größere Kragarme dürfen nicht an der Pfette geschwächt werden. Durch aufgenagelte Knaggen oder Blechformteile lassen sich auch ohne schwächende Einschnitte einwandfreie Auflager herstellen.

7.2 Pfettendach

 Hier sind die Sparren am First nicht verbunden, um die Kragwirkung nicht zu behindern. Diese Konstruktion wird zwar in manchen Lehrbüchern dargestellt, sie ist jedoch wirklichkeitsfremd. Unterschiedliche Durchbiegungen der beiden Kragarme – etwa bei einseitiger Schneelast – würden bald zu Schäden an der Dachdeckung führen.

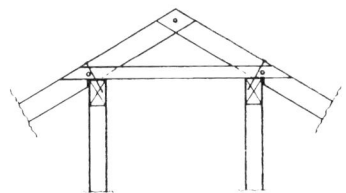

Sind die Sparren eines Pfettendaches ohne Firstpfette am First verbunden, entsteht eine Mischkonstruktion. Sie wird in Abschnitt 7.5 »Eine Mischkonstruktion« besprochen.

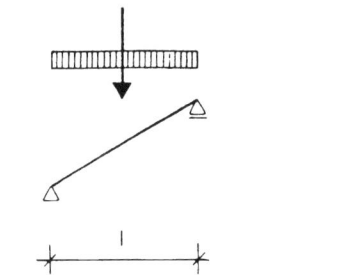

Eigengewicht und Schnee, senkrecht wirkend

Wie wir sahen, werden die Sparren durch vertikale Lasten (Eigengewicht und Schnee) und durch schräge Lasten (Wind) beansprucht (siehe Abschnitt 7.1.3 »Lasten«). Auflagerkräfte und Momente setzen sich aus den Wirkungen der vertikalen und der schrägen Lasten zusammen.

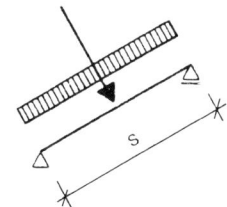

Wind, schräg wirkend

Wie aber kann man diese unterschiedlich gerichteten Lasten zusammenfassen?

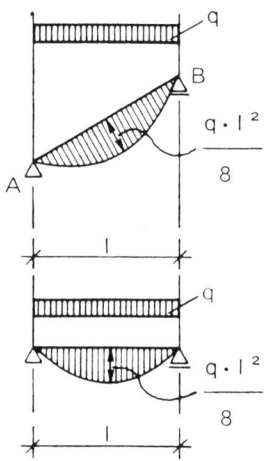

 In einem *schrägen Träger*, dessen Spannweite im Grundriss l beträgt, entstehen unter *vertikaler Last* q die gleichen Momente wie in einem *horizontalen Träger* über l:

$$M_q = \frac{q \cdot l^2}{8}$$

(Die Länge l wird immer im rechten Winkel zur Richtung der Last gemessen, das Moment M jedoch im rechten Winkel zur Systemlinie angetragen.)

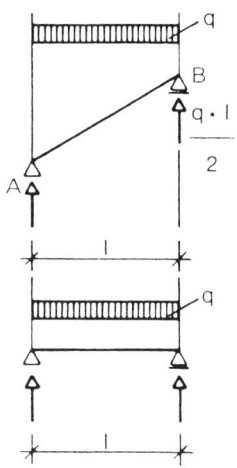

Auch die Auflagerreaktionen sind die gleichen wie am horizontalen Träger:

$$A_q = B_q = \frac{q \cdot l}{2}$$

(Vgl. Band 1, Kapitel 13, Abschnitt 13.1–13.4)

7.2 Pfettendach

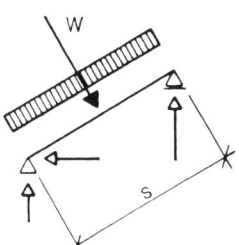

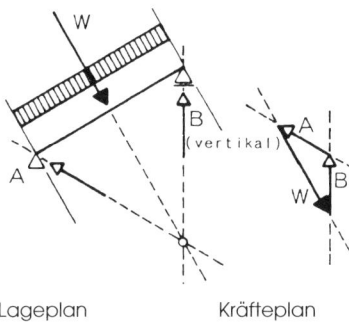

Lageplan   Kräfteplan

 Für die Windkraft ist die *schräge* Länge – die *wahre* Länge – des Trägers maßgebend:

$$M_w = \frac{w \cdot s^2}{8}$$

Nur an der Fußpfette können Horizontalkräfte aufgenommen werden. Die First- oder Mittelpfette ist horizontal verschieblich, übernimmt also nur Vertikalkräfte. Damit ist dort die Richtung der Auflagerreaktion vorgegeben: vertikal.

Wenn wir die Richtung einer Auflagerkraft kennen, lassen sich Richtung und Größe der anderen Auflagerkraft leicht grafisch bestimmen.

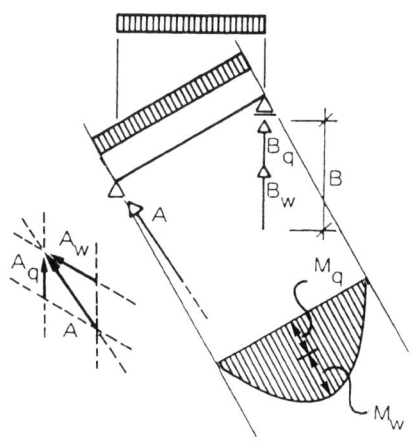

Die Gesamt-Auflagerreaktionen ergeben sich durch Addition der Reaktionen aus Vertikallast und Wind. Dabei dürfen nicht ständige Lasten nur auf der sicheren Seite addiert werden – also z. B. nicht Verminderung der Lasten durch Windsog.

Entsprechendes gilt für die Biegemomente: Wir erhalten das Gesamtmoment, wenn wir die Momente aus Vertikallasten q und aus Winddruck w addieren:

$$\max M = \max M_q + \max M_w$$

Geht denn das? Addieren wir hier nicht Äpfel und Birnen? Darf man denn Momente aus vertikaler und aus schräger Last einfach zusammenzählen?

Man darf – und es ist exakt. Im Inneren des Trägers wirken alle Biegemomente in gleicher Weise, sie erzeugen innere Momente, Druck- und Zugspannungen, unabhängig davon, durch welche Kräfte sie erzeugt wurden.

Die empfohlene *Durchbiegung* (sie wird in Kapitel 3 »Bewegungen und Verformungen« näher besprochen) der Sparren und Pfetten wird von DIN 1052 auf 1/300 der Länge beschränkt. Bei *schrägen* Bauteilen ist hier die *wahre Länge* maßgebend. Auch in die Formeln zur Ermittlung der Durchbiegung bzw. des erforderlichen Trägheitsmomentes ist neben max M (wie oben ermittelt) die wahre Länge s einzusetzen. Damit ergibt sich:

$$\text{erf } I = 312 \cdot \text{max } M \cdot s$$

Tabellenbuch TS 1.6

(Siehe Tabellenbuch TS 1.6 und Kapitel 3 »Bewegungen und Verformungen«.)

Oft ist die Durchbiegung und deshalb das Trägheitsmoment erf I maßgebend für die Wahl des Sparren-Querschnitts.

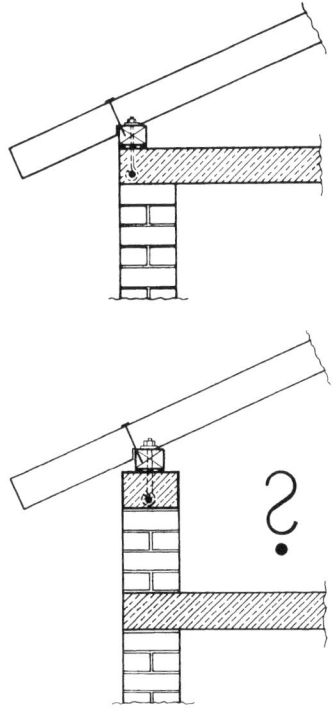

 ### 7.2.2 Pfetten

Die Fußpfetten liegen meist über ihre ganze Länge auf der Decke oder auf Wänden (Drempeln) auf, haben also keine freie Spannweite zu überbrücken und können entsprechend schwach bemessen werden (ca. 8/12). Wie bereits erwähnt, müssen sie gegen Windsog und gegebenenfalls gegen Horizontalkräfte aus Wind mit dem Untergrund verankert werden.

Liegt die Fußpfette auf einem Drempel, so ist zu untersuchen, ob dieser die H-Kräfte aus Wind aufzunehmen vermag. Sonst muss der Wind durch andere Maßnahmen aufgenommen werden.

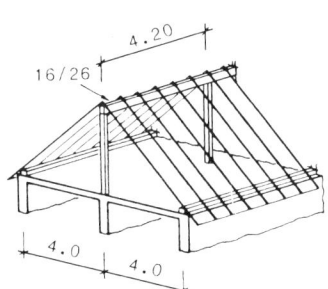

Die Pfosten, auf denen First- und Mittelpfetten aufliegen, sollten nach Möglichkeit über tragenden Wänden stehen, also nicht die Decke belasten. Diese Forderung muss allerdings abgewogen werden gegen die, die Spannweiten und mit ihnen die Abmessungen der Pfetten in Grenzen zu halten. So führt z. B. im folgenden Zahlenbeispiel dieses Kapitels die Pfetten-Spannweite von 4,20 m bei einer Einzugsbreite von 4,0 m (siehe Skizze) zu einer Abmessung der Firstpfette von 16/26; das ist für Massivholz schon ein sehr großer Querschnitt.

Was kann man tun, um die Abmessungen der Pfetten nicht allzu groß werden zu lassen?

Die Stützweiten sollten nicht zu groß sein. Die günstigste Stützweite ist von mehreren Einflüssen abhängig: Einzugsfeld, Dachlast, Dachneigung.

Die Stützweite kann verringert werden durch:

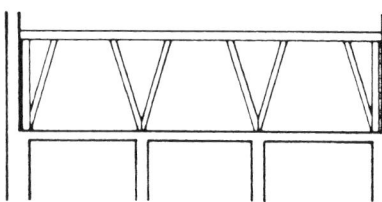

- Kopfbänder
  Dies ist eine alte und oft geübte, jedoch aufwendige und nicht sehr wirksame Methode.

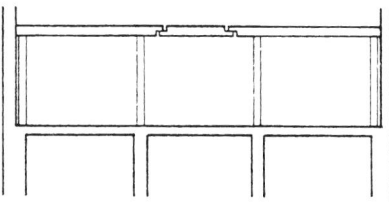

- V-förmige Pfosten
  Für die Verringerung der Spannweite bedingt brauchbar, jedoch für die Nutzung hinderlich.

Die Tragfähigkeit der Pfetten lässt sich erhöhen durch:

- Durchlaufwirkung
  (wegen der begrenzten Länge der Hölzer nur bedingt möglich)

- Ausbildung als Gelenkträger
  (Gerberpfetten, vgl. Kapitel 5 »Gelenkträger«)

Gerberpfette

Lassen sich große Querschnitte nicht vermeiden, kommen Pfetten aus verleimtem Brettschichtholz infrage.

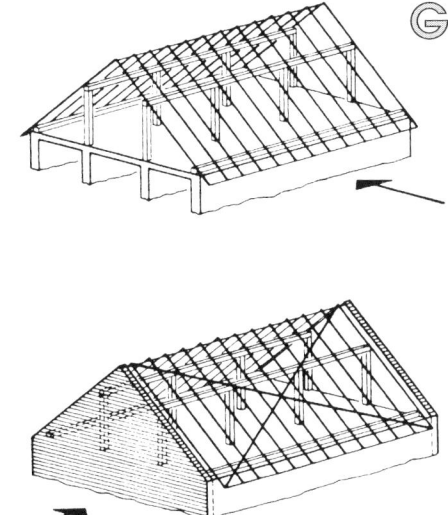

7.2.3 Windaussteifung

In **Querrichtung** bildet jeder Sparren mit Decke und Pfosten ein Dreieck – es steift gegen Wind aus. Sind die Sparren am First verbunden, bildet jedes Sparrenpaar ein steifes Dreieck. Die Verankerung der Fußpfetten und die Problematik von Drempeln wurde bereits besprochen (siehe Abschnitte 7.1.2 »Aufbau des Daches« und 7.2.2 »Pfetten«).

Wind in **Längsrichtung** belastet die Giebelwände. Diese sind meist nicht genügend dick und schwer, um allein dem Wind standzuhalten – sie müssen durch das Dach gehalten werden.

Windrispen

Mit *Windrispen* kann das Dach in einfacher Weise und mit geringem Materialaufwand wirksam in Längsrichtung ausgesteift werden. Durch sie werden die Dachflächen zu steifen Scheiben.

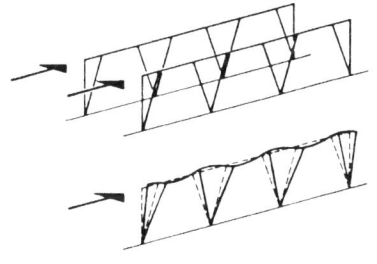

V-förmige Pfosten bilden mit den Pfetten steife Scheiben, die das Dach in Längsrichtung aussteifen können. Zu beachten ist, dass bei dieser Art der Aussteifung die Pfetten zusätzliche Momente aus Wind erhalten und dass durch die Biegung der Pfetten größere Bewegungen entstehen als bei Aussteifung durch Windrispen.

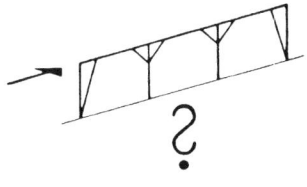

Kopfbänder bilden *keine* ausreichende Windaussteifung. Die Dreiecke sind klein, die Kräfte wirken am Pfosten quer zur Faser; beim Schwinden des Holzes entstehen Bewegungsspielräume.

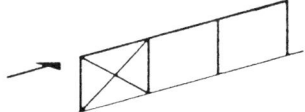

Diese *Auskreuzung* zwischen Pfosten und Pfette bildet eine wirksame Scheibe, doch ist zu bedenken, dass vielleicht spätere Bewohner ihren Zweck verkennen und sie – weil störend – entfernen könnten.

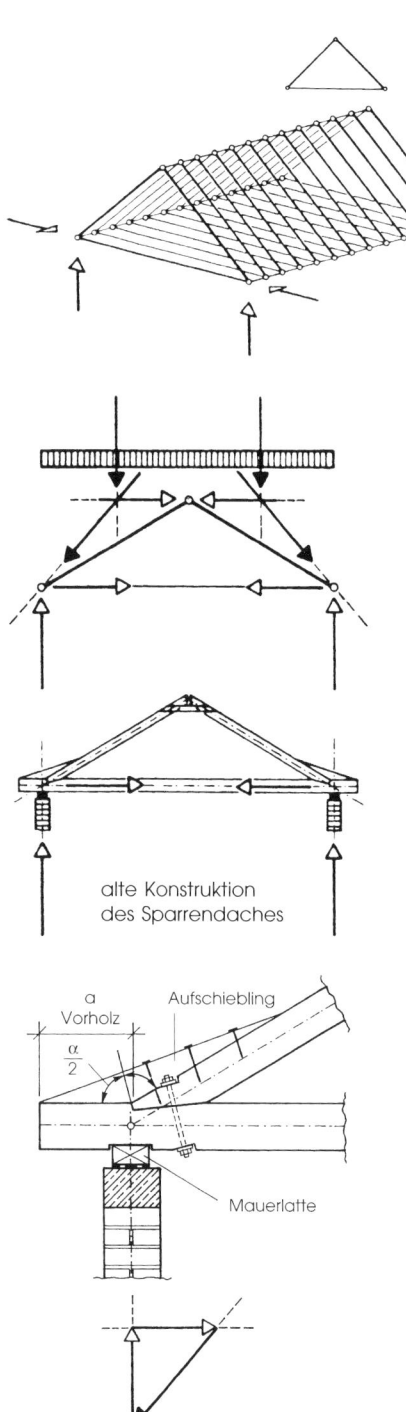

alte Konstruktion
des Sparrendaches

a Vorholz
Aufschiebling
Mauerlatte

7.3 Sparrendach

Jedes Sparrenpaar des Daches bildet einen Dreigelenkrahmen und ist für sich allein tragfähig. Näheres über Dreigelenkrahmen wird in Abschnitt 10.2 besprochen. Hier sei vorweggenommen: In den Fußpunkten treten nicht nur vertikale, sondern auch **horizontale Kräfte** auf. Sie sind entscheidend für die Tragfähigkeit des Sparrendaches. Der Unterbau muss diese Kräfte aufnehmen können. Ihre Weiterleitung muss rechtzeitig geplant werden. Auch die Fußpunkt-Details werden durch die Horizontalkräfte bestimmt.

Die Größe der Kräfte und ihre Ermittlung zeigt die nebenstehende Skizze. Die rechnerische Ermittlung wird später besprochen.

Die alte handwerksgerechte Konstruktion des Zimmermanns bestand aus geschlossenen Dreiecken von je zwei Sparren und einem Deckenbalken. Die Horizontalkräfte wurden über den Versatz in den hölzernen Deckenbalken übertragen. Das Vorholz musste so lang sein, dass trotz der geringen Schubfestigkeit des Holzes in Faserrichtung die H-Kraft das Holz nicht abscheren konnte. Die Mauerlatte lag unterhalb des Deckenbalkens, also unterhalb des geschlossenen Dreiecks, so wurde sie nur vertikal belastet.

Durch den Aufschiebling ergibt sich eine geringere Dachneigung über dem Vorholz.

7.3 Sparrendach

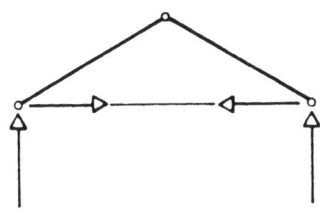

 Die Konstruktion mit Versatz, Vorholz und Aufschiebling (siehe vorige Seite) wird heute kaum noch gebaut. Der Architekt sollte sie jedoch kennen – nicht nur, weil sie den Kraftverlauf deutlich erkennen lässt, sondern auch, weil er sie bei Erhaltungs- und Umbauarbeiten an alten Bauten oft vorfinden wird.

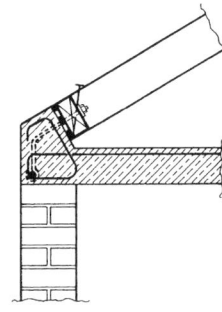

Bei einer solchen Konstruktion ist kein Vorholz erforderlich.

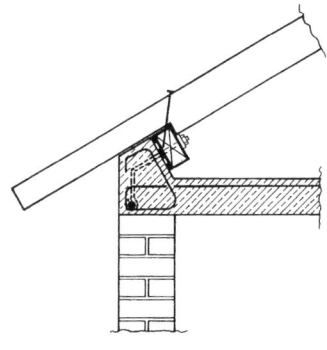

Die Dachsparren können auskragen.

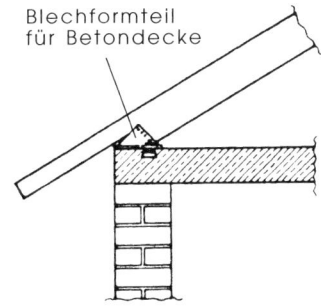

Hier wird die Zugverbindung zwischen den Fußpunkten von einer Stahlbetondecke gebildet. Die Auflagerkräfte werden über Fußpfetten oder über Blechformteile übertragen.

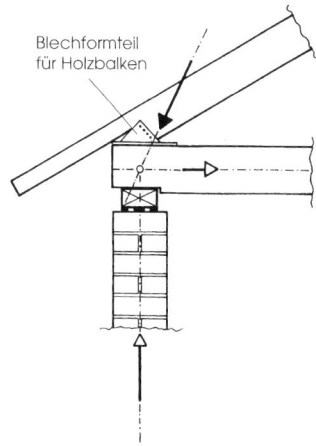

 Auch für die Verbindung zwischen Sparren und Holzbalken können Blechformteile verwendet werden. Sie werden am Balken angenagelt. Der Abstand der Nägel vom Balkenende muss so groß sein, dass sie nicht ausscheren können. Damit wird die erforderliche Vorholzlänge der alten Zimmermannskonstruktion nach hinten verlegt – das Vorholz kann entfallen.

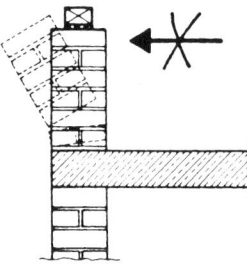

Gemauerte Drempel sind nicht geeignet, horizontale Auflagerkräfte aufzunehmen.

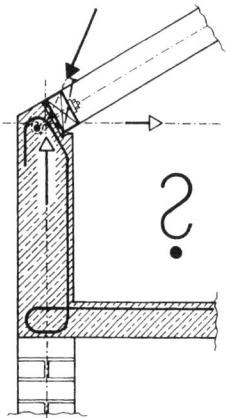

Eine aufwendige Lösung: Der Drempel besteht aus Stahlbeton und ist biegesteif mit der Decke verbunden.

7.3 Sparrendach

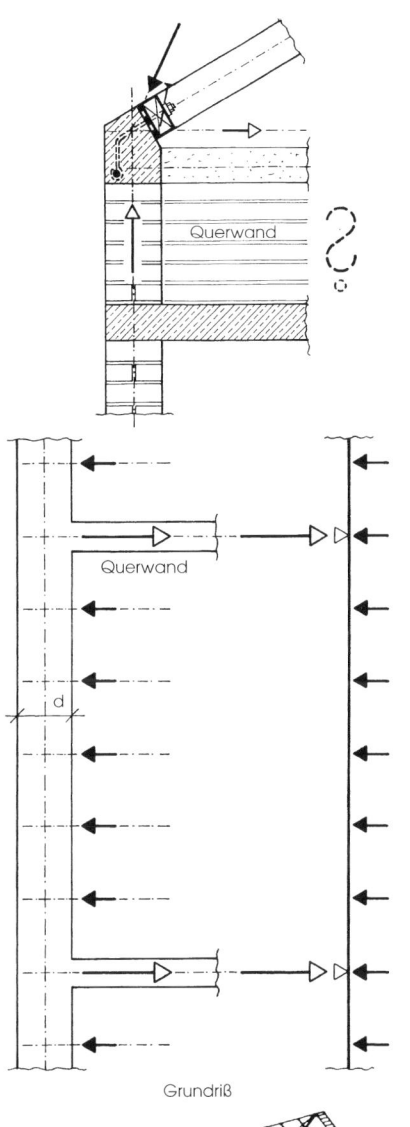

 Ein umlaufender Ringanker auf dem Drempel kann nur dann die Horizontalkräfte aus einem Sparrendach aufnehmen, wenn er nicht nur durch die Giebelwände, sondern auch durch Querwände, die bis zu seiner Höhe geführt sind, in kleinen Abständen horizontal gehalten wird. Er wirkt dann als horizontaler Träger von Querwand zu Querwand. Die Länge von Giebelwand zu Giebelwand hingegen ist für diesen horizontalen Träger meist zu groß.

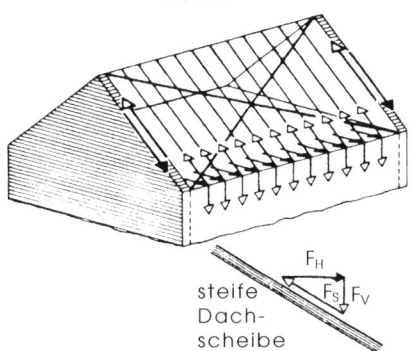

Ist die Dachfläche diagonal verschalt und so als steife Scheibe ausgebildet, lässt sich die Horizontalkraft F_H zerlegen in eine schräge und eine vertikale Komponente. Die schräge Kraft F_S wird von der steifen Dachscheibe zu den Giebelwänden übertragen, die vertikale Kraft F_V wirkt als Zugkraft auf die Wand.

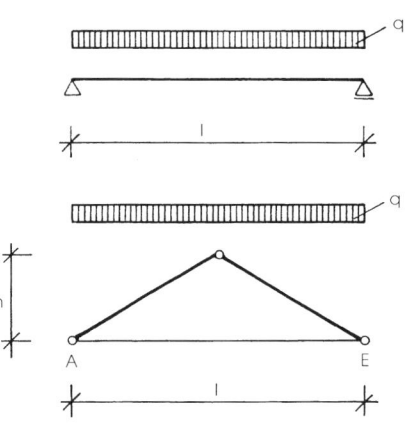

Die vertikalen Auflagerkräfte sind leicht zu ermitteln: Je die Hälfte der Vertikallast entfällt auf ein Auflager:

$$A_V = E_V = \frac{q \cdot l}{2}$$

Für die Ermittlung der Horizontalkräfte stellen wir uns zunächst ein Sparrenpaar in seiner Gesamtheit als **einen** Träger über die gesamte Länge l und mit der Gesamthöhe h des Daches als innere Höhe vor. In ihm wäre das Gesamt-Moment:

$$\max M_{ges} = \frac{q \cdot l^2}{8}$$

Diesem Moment wirken die gesuchten Horizontalkräfte mal der inneren Höhe h entgegen:

$\max M_{ges} = H \cdot h$

So ergeben sich die Horizontalkräfte mit

$$H = \frac{\max M_{ges}}{h} \text{ also}$$

$$H_A = H_E = \frac{q \cdot l^2}{8 \cdot h}$$

Näheres in Abschnitt 10.2 »Dreigelenkrahmen«.

Die *Momente* in den Sparren werden wie an Sparren des Pfettendaches ermittelt (siehe Abschnitt 7.2.1 »Sparren« und Zahlenbeispiel zu diesem Kapitel).

Hinzu kommen *Längskräfte*. Sie lassen sich von den Auflagerkräften her ermitteln, indem man die Resultierende Auflagerkraft R, die sich aus A_V und A_H ergibt, in die Komponenten N (in Sparrenrichtung) und V (im rechten Winkel zur Sparrenrichtung) zerlegt.

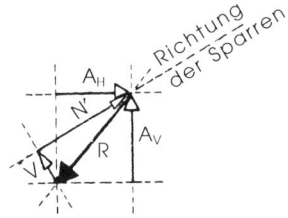

Einfacher ist folgende Näherung: Die Längskraft N ist geringfügig kleiner als die Resultierende R. Wir setzen deshalb:

$$N \approx R = \sqrt{A_V^2 + A_H^2}$$

Für die Windaussteifung sind Windrispen oder Entsprechendes erforderlich.

Auswechslungen in einem Sparrendach, z. B. für Kamine oder Dachfenster, sind problematisch und sollten möglichst vermieden werden. Sie führen zu einer Störung des Systems »Dreigelenkrahmen« und somit zu einer Störung des Kräfteflusses.

7.4 Kehlbalkendach

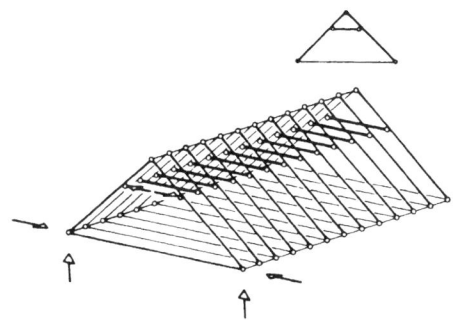

Das Kehlbalkendach ist eine Abwandlung des Sparrendaches. Jedes Sparrenpaar wird durch einen Kehlbalken verstärkt.

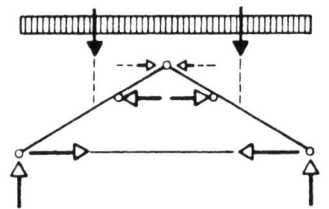

Über diesen Kehlbalken stützen sich die Sparren horizontal gegeneinander ab, die Spannweite der Sparren wird dadurch verringert.

Bei *symmetrischer* Belastung des Daches wird diese horizontale Abstützung durch den Kehlbalken voll wirksam.

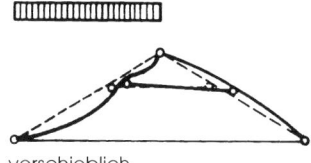
verschieblich

 Bei *unsymmetrischer* Last hingegen verschiebt sich der Kehlbalken – er kann nur noch eine Verteilung der Last auf beide Sparren bewirken.

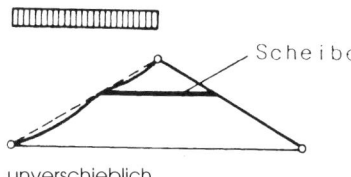
unverschieblich

Sind die Kehlbalken jedoch durch Längs- und Diagonalhölzer zu einer *steifen Scheibe* zusammengefasst, die an den Giebelwänden kraftschlüssig verankert ist, können sich die Kehlbalken nicht verschieben – sie wirken auch bei unsymmetrischer Belastung des Daches als feste horizontale Auflager.

Wir unterscheiden deshalb

- das *verschiebliche* und
- das *unverschiebliche* Kehlbalkendach.

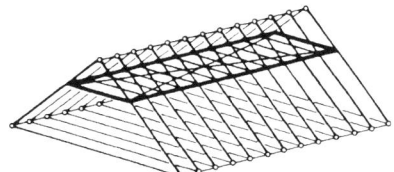

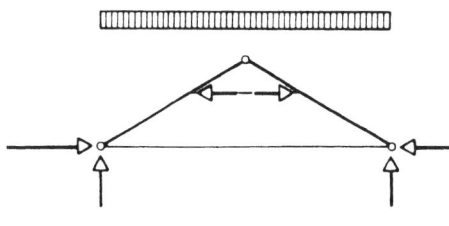

Der Kehlbalken übt Druck von innen nach außen auf die Sparren aus. Dadurch werden die horizontalen Auflagerreaktionen in den Fußpunkten erhöht. Die *H-Kräfte* in den Auflagern sind also *größer* als in einem Sparrendach gleicher System-Abmessungen. (Vorsicht, oft hört man die irrige Meinung, der Kehlbalken könne die H-Kräfte verringern oder ganz aufnehmen!)

Für die Ausbildung der *Fußpunkte* und für die Anforderungen an die Unterkonstruktion gilt das Gleiche wie für das Sparrendach (siehe Abschnitt 7.3 »Sparrendach«). Entscheidend ist auch hier die Aufnahme der Horizontalkräfte.

Die exakte Ermittlung der Kräfte und Momente des Kehlbalkendaches ist aufwendig. Sie wird hier nicht behandelt.

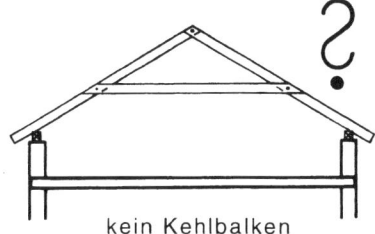
kein Kehlbalken

Sofern nicht Fußpunkte und Drempel in der Lage sind, die horizontalen Auflagerkräfte aufzunehmen, ist dies **kein Kehlbalken**, sondern ein Zugband an der falschen Stelle!

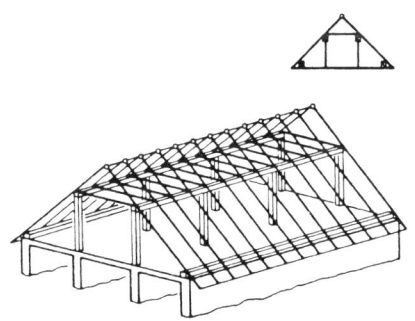

7.5 Eine Mischkonstruktion

Dies ist ein Pfettendach mit Kehlbalken. Die Sparren sind an den Firstpunkten kraftschlüssig miteinander verbunden.

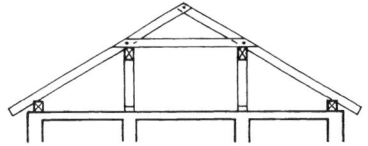

 So entsteht im oberen Teil gleichsam ein Sparrendach, dessen Horizontalkräfte vom Kehlbalken aufgenommen werden. Der untere Teil wirkt als Pfettendach. In den Fußpunkten treten keine horizontalen Auflagerreaktionen auf.

(Hier nimmt der Kehlbalken Zug auf, im Kehlbalkendach hingegen Druck.)

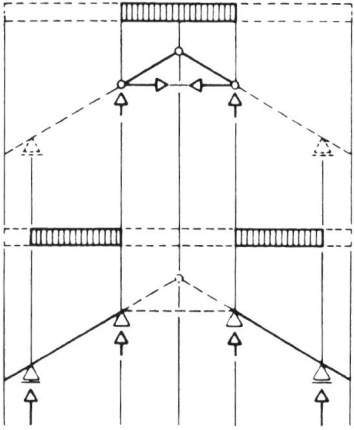

Wichtig ist, dass jedes Sparrenpaar durch einen Kehlbalken verbunden ist, damit keine H-Kräfte auf Mittel- und Fußpfetten übertragen werden.

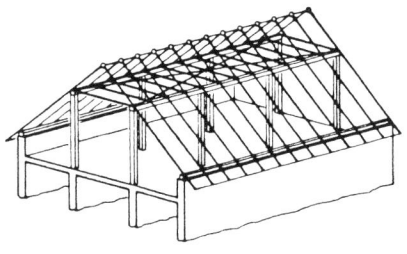

Bilden die Kehlbalken mit Mittelpfetten und Diagonalhölzern eine horizontal liegende steife Scheibe, die mit den Giebel- und Querwänden fest verbunden ist, kann diese Scheibe die Horizontalkräfte aus Wind aufnehmen. Auf Drempeln gelagerte Fußpfetten können so von H-Kräften frei gehalten werden. Sorgsame kraftschlüssige Verbindungen zwischen Kehlbalken, Pfetten, Diagonalhölzern und Giebel- bzw. Querwänden sind Voraussetzung für diesen Kraftverlauf.

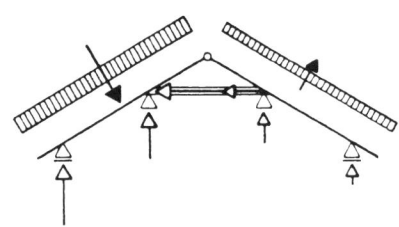

Horizontale Scheibe an dem Kehlbalken leitet H-Kräfte auf Giebelwände.

Z Zahlenbeispiel – Pfettendach

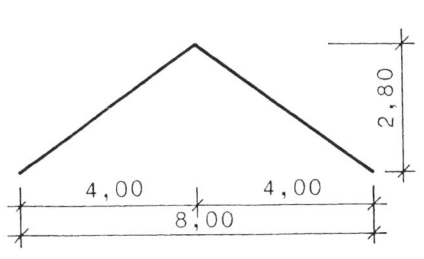

Sparrenabstand
e = 0,70 m

Im Folgenden werden eine genaue Berechnung und eine Überschlagsrechnung gegenübergestellt.

A Genaue Berechnung

$$s = \sqrt{4,0^2 + 2,8^2} = 4,88 \text{ m} \quad \tan \alpha = \frac{2,8}{4,0} = 0,7$$

$$\Rightarrow \alpha = 35°$$
$$\sin \alpha = 0,57$$
$$\cos \alpha = 0,82$$

Tabellenbuch L 2

Charakteristische Lasten
Eigengewicht je m² **schräge Dachfläche**
(Tabellenbuch L 2)

Falzziegel	0,55 kN/m²
Dämmung, Abdichtung etc.	0,10 kN/m²
Schalung 0,02 · 6,0	0,12 kN/m²
Anteil Sparren	0,15 kN/m²
$\bar{g}'$ =	0,92 kN/m²

Lasten je m² **Grundrissfläche**
$\bar{g} = 0,92 / \cos \alpha$ = 1,12 kN/m²
Schnee: 0,89 · 0,70*) = 0,65 kN/m²
$\bar{q}$ = 1,77 kN/m²

Tabellenbuch L 4

*) Formbeiwert μ = 0,7
für 35° (Tabellenbuch L 4)
Schneelastzone 2; 300 m über NN

Tabellenbuch L 5   Ⓩ Winddruck, **senkrecht** zur Dachfläche, ungünstigster Bereich

Tabelle 1

Binnenland; h ≤ 10 m
   Staudruck q = 0,5 kN/m²

Tabelle 2

   Druckbeiwert c ≅ 0,5
   $\overline{w}_D = 0{,}5 \cdot 0{,}5$ kN/m²   = 0,25 kN/m²

Dazu erheblicher Windsog, **senkrecht** zur Dachfläche auf Leeseite für Berechnung bei schweren Dächern nicht maßgebend, jedoch Verankerungen vorsehen!

Tabelle 2

   Sogbeiwert c = –1
   $\overline{w}_S = -1 \cdot 0{,}5$ kN/m²   = –0,50 kN/m² < g

Lasten **je Sparren**:   e = 70 cm

vertikal:
g = 0,70 m · 1,12 kN/m²   = 0,79 kN/m
q = 0,70 m · 1,77 kN/m²   = 1,24 kN/m
schräg:
w_D = 0,70 m · 0,25 kN/m²   = 0,18 kN/m

Bei gleichzeitigem Einwirken von Wind und Schnee darf die Windlast reduziert werden, hier halbiert, also je Sparren:

$$\frac{w_D}{2} = 0{,}70 \text{ m} \cdot \frac{0{,}25}{2} \text{ kN/m}^2 = 0{,}09 \text{ kN/m}$$

Diese Halbierung der Windlast kann insbesondere bei steilen Dächern nennenswerte Einsparungen bringen!

Zahlenbeispiele

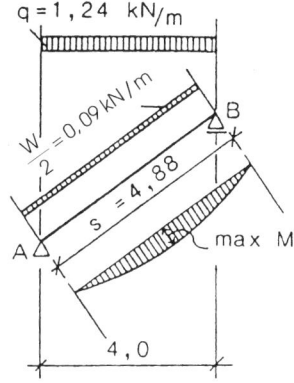

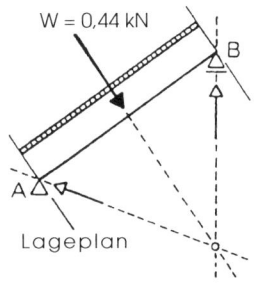

Lageplan

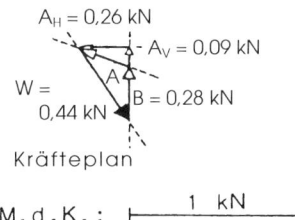

Kräfteplan

M.d.K.: |—— 1 kN ——|

1. Pfettendach

Position 1: Sparren

Basisschnittgrößen

$$\max M = \frac{1{,}24 \cdot 4{,}0^2}{8} + \frac{0{,}09 \cdot 4{,}88^2}{8} = 2{,}75 \text{ kN m}$$
je Sparren

Auflagerkräfte je Sparren

aus q: $A = B = 1{,}24 \cdot \dfrac{4}{2} = 2{,}48$ kN

aus w: $W = 4{,}88 \text{ m} \cdot 0{,}09 \text{ kN/m} = 0{,}44$ kN

Auflager B ist horizontal verschieblich, da die Pfette keine H-Kräfte aufnehmen kann; damit ist die vertikale Richtung von B gegeben. Daraus grafisch:
$A_{Hw} = 0{,}26$ kN
$A_{Vw} = 0{,}09$ kN
$B_w = 0{,}28$ kN

Auflagerkräfte gesamt je Sparren:
$A_V = 2{,}48 + 0{,}09 = 2{,}57$ kN
$A_H = 0{,}26$ kN
$B = 2{,}48 + 0{,}28 = 2{,}76$ kN

Wir haben bisher auf *Basisniveau* gearbeitet, das heißt ohne den Teilsicherheitsfaktor γ_F. Wir vollziehen jetzt den Übergang auf Bemessungsniveau, das heißt, wir multiplizieren die Werte mit $\gamma_F = 1{,}4$. Die so ermittelten Größen werden mit dem Index d gekennzeichnet (d wie design).

Bemessungsschnittgrößen

$$\max M_d = 2{,}75 \cdot 1{,}4 = \underline{\underline{3{,}85 \text{ kN m}}}$$
$$\max A_{Vd} = 2{,}57 \cdot 1{,}4 = \underline{3{,}60 \text{ kN}}$$
$$\max A_{Hd} = 0{,}26 \cdot 1{,}4 = \underline{0{,}36 \text{ kN}}$$
$$\max B_d = 2{,}76 \cdot 1{,}4 = \underline{5{,}26 \text{ kN}}$$

Bemessung

Nadelholz S 10, C 24
$\sigma_m = 1{,}5 \text{ kN/cm}^2$

$$\text{erf } W = \frac{3{,}85 \cdot 100 \text{ kN cm}}{1{,}5 \text{ kN/cm}^2} = 257 \text{ cm}^3$$

Tabellenbuch H 1

Für die Durchbiegung ist das Basismoment einzusetzen, da hier kein Sicherheitsbeiwert erforderlich ist. Wir legen die empfohlene Anfangsdurchbiegung tot d_{inst} = l/300 zugrunde (nach Tabellenbuch H 1.3) und ermitteln das erforderliche I_y vereinfacht mit

Tabellenbuch H 1.3

$$\text{erf } I = k_0 \cdot M \cdot l$$

Tabellenbuch TS 1.6

Hierbei ist k_0 = 312 (nach Tabellenbuch TS 1.6)

$$\text{erf } I = 312 \cdot 2{,}75 \cdot 4{,}88 = 4187 \text{ cm}^4$$

gewählt:

Sparren $\boxed{8/20}$ $\quad W_y = 533 \text{ cm}^3 >$ erf W
$\qquad\qquad\qquad\quad I_y = 5333 \text{ cm}^4 >$ erf I

Hier liegt der häufige Fall vor, dass nicht die Spannung und damit W maßgebend ist, sondern die Durchbiegung und damit I.

Für W hätte ein kleinerer Sparren (z. B. 8/14 mit W_y = 261 cm^3) ausgereicht.

Wegen Wärmedämmung zwischen Sparren sind heute ohnehin Sparrendicken ab 20 cm erforderlich.

Wie wir gesehen haben, wird die genaue Berechnung mit getrennten Einwirkungen g, s und w und entsprechenden verschiedenen Lastrichtungen bald sehr aufwendig. Daher werden die folgende Firstpfette und das Sparrendach (Kapitel 11 »Bemessung: Längskraft + Biegung«) nur noch überschläglich mit einer alles berücksichtigenden Vertikallast berechnet. An der Wiederholung der Sparrenberechnung sieht man, dass sich nach beiden Methoden die gleichen Querschnitte ergeben.

B Überschlägliche Berechnung

Charakteristische Lasten

q̄ = 2,0 kN/m² Grundrissfläche angenommen
(Bei dieser Annahme wird die Windlast nur als Zuschlag zur Vertikallast berücksichtigt.)

q̄ = ḡ + s̄ + Wind = 1,77 + Wind ≅ 2,0 kN/m²

Zum Vergleich siehe Lastaufstellung.

Last **je Sparren**:
q = 0,7 m · 2,0 kN/m² = 1,40 kN/m

1. Pfettendach

Position 1: Sparren

Basisschnittgrößen

$$\max M = \frac{1,4 \cdot 4,0^2}{8} = 2,8 \text{ kN m}$$

$$A = B = \frac{1,4 \cdot 4,0}{2} = 2,8 \text{ kN}$$

Bemessungsschnittgrößen

max M_d = 2,80 · 1,4 = <u>3,92 kN m</u>

$A_d = B_d$ = 2,80 · 1,4 = <u>3,92 kN</u>

Bemessung

Nadelholz S 10, C 24
σ_m = 1,5 kN/cm²

erf W = $\frac{3,92 \cdot 100}{1,5}$ = 261 cm³

erf I = 312 · 2,8 · 4,88 = 4263 cm⁴

gewählt:
Sparren 8/20 W_y = 533 cm³ > erf W
                I_y = 5333 cm⁴ > erf I

wie bei genauer Berechnung.

Fußpunkte konstruktiv gegen H-Kraft aus Wind und gegen Windsog sichern.

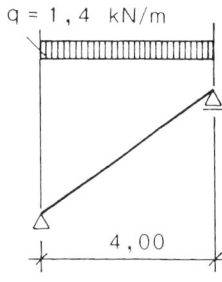

q = 1,4 kN/m

4,00

Tabellenbuch TS 1.6

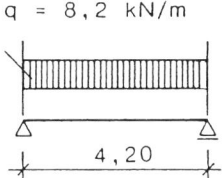

Position 2: Pfetten

Charakteristische Lasten

aus Position 1, A und B: $\dfrac{2 \cdot 2,8}{0,7} = 8,0$ kN/m

Eigengewicht: $\approx 0,2$ kN/m

$q = 8,2$ kN/m

Basisschnittgrößen

$\max M = \dfrac{8,2 \cdot 4,20^2}{8} = 18,08$ kN m

$A = B = \dfrac{8,2 \cdot 4,20}{2} = 17,22$ kN

Bemessungsschnittgrößen

$\max M_d = 18,08 \cdot 1,4 = \underline{25,31 \text{ kN m}}$

$A_d = B_d = 17,22 \cdot 1,4 = \underline{24,11 \text{ kN}}$

Bemessung

Nadelholz S 10
$\sigma_m = 1,5$ kN/cm²

erf $W = \dfrac{25,31 \cdot 100}{1,5} = 1687$ cm³

erf $I = 312 \cdot 18,08 \cdot 4,20 = 23\,692$ cm⁴

gewählt:

Firstpfette $\boxed{16/26}$ $\quad W_y = 1803$ cm³ > erf W
$\qquad\qquad\qquad\qquad I_y = 23\,435$ cm⁴ ~ erf I

Fußpfetten

konstruktiv gewählt $\boxed{10/14}$ (flach)

8 Seile

8.1 Allgemeines, Seillinie

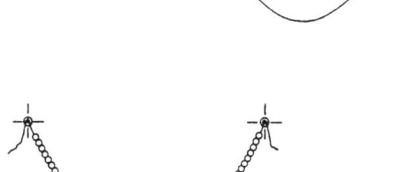

Ein Seil vermag nur Zugkräfte aufzunehmen – keine Druck- oder Schubkräfte, keine Momente. Da keine Momente aufgenommen werden, wirkt jeder Querschnitt des Seiles als Gelenk. Wir können ein Seil also auch als Kette unendlich vieler Gelenke ansehen. Deshalb muss an jedem Punkt (genauer: an jedem Querschnitt) des Seiles gelten:

$$M_i = 0 \quad | \quad (M_i = \text{inneres Moment})$$

weil $M_i = M_a$

gilt auch:

$$M_a = 0 \quad | \quad (M_a = \text{äußeres Moment})$$

An jedem Querschnitt des Seiles muss also sowohl das innere als auch das äußere Moment gleich null sein. Daraus werden wir im Folgenden einige Erkenntnisse über die Form des Seiles und über die inneren und äußeren Kräfte gewinnen.

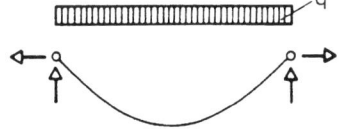

Wie kann ein Seil ohne Biegesteifigkeit eine Spannweite (hier ist dieser Begriff wörtlich zu nehmen) überspannen? Indem es eine Seillinie bildet! Das Seil ersetzt gleichsam die mangelnde Biegesteifigkeit durch Schlauheit: **Es findet die optimale Form.**

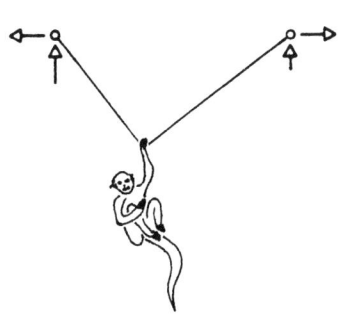

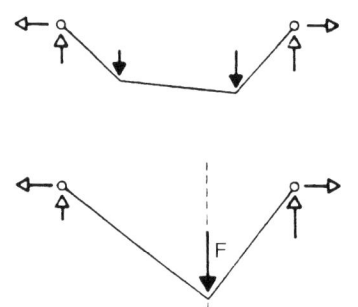 Unterschiedliche Lastanordnungen führen zu unterschiedlichen Seillinien. Jede Einzellast erzeugt im Seil einen Knick. Die Last wird an diesem Knick in die beiden Seilrichtungen zerlegt.

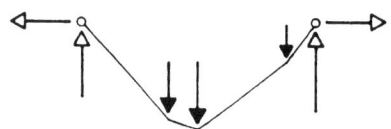 Unter mehreren Einzellasten wird die Seillinie zum Polygonzug (siehe Band 1, Kapitel 11 »Grafische Statik«).

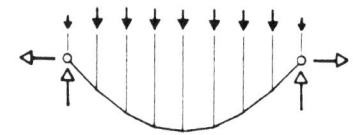 Unter vielen gleichen Einzellasten nähert sich der Polygonzug einer Parabel.

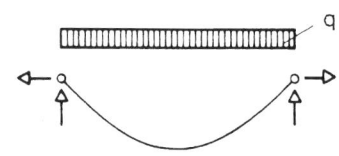 Unter gleichmäßig verteilter Last nimmt das Seil die Form einer Parabel an.

Tabellenbuch TS 2.2

Diese Form, die Seillinie, ist – wie wir noch begründen werden – gleich der Momentenlinie eines gedachten Balkens über die gleiche Spannweite und unter der gleichen Last.

8.2 Kräfte am Seil, Seillinie als Momentenlinie

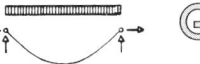

8.2.1 Gleichmäßig verteilte Last

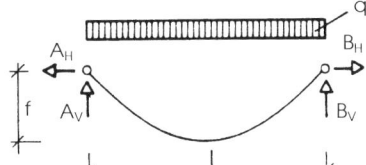

In diesem Seil unter gleichmäßig verteilter Last q sind die vertikalen Auflagerreaktionen:

$$A_V = B_V = \frac{q \cdot l}{2}$$

Dies ist wegen der Symmetrie unmittelbar zu erkennen.

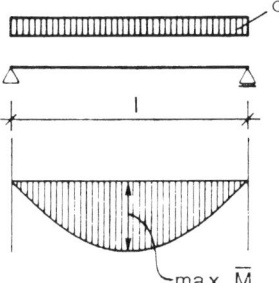

Zur Ermittlung der horizontalen Auflagerkräfte denken wir uns einen Balken über die gleiche Spannweite und unter gleicher Last q. In seiner Mitte wäre:

$$\max M = \frac{q \cdot l^2}{8}$$

Wir bezeichnen dieses Moment eines gedachten Ersatzbalkens als virtuelles Moment $\max \overline{M}$.

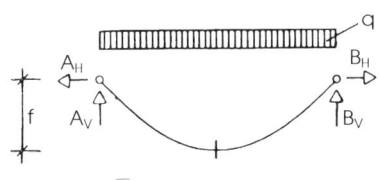

$H \cdot f = \max \overline{M}$

Im Seil aber kann ein solches Moment mangels Biegesteifigkeit nicht aufgenommen werden. Wie trägt das Seil trotzdem?

Betrachten wir seinen Mittelpunkt, den Punkt also, an dem im gedachten Balken das Moment $\max \overline{M}$ aufträte.

In unserem Seil ist er der Tiefstpunkt. Eine zusätzliche äußere Kraft muss dafür sorgen, dass hier, wie an jedem anderen Punkt auch, $M = 0$ sein kann. Diese zusätzliche äußere Kraft ist die horizontale Auflagerkomponente A_H bzw. B_H. Mit dem Durchhang f als Hebelarm erzeugt sie ein Moment $A_H \cdot f$, das dem gedachten Moment $\max M$ entgegenwirkt, dieses aufhebt, sodass im Seil $M = 0$ ist.

Es muss also sein:

$$\frac{q \cdot l^2}{8} - A_H \cdot f = 0$$

daraus folgt:

Tabellenbuch TS 2.2

$$\boxed{A_H = \frac{q \cdot l^2}{8f}} \quad \text{und} \quad \boxed{B_H = \frac{q \cdot l^2}{8f}}$$

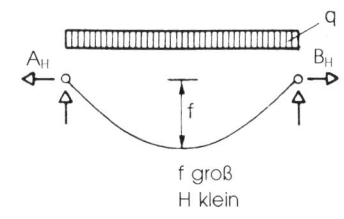

Je größer der Durchhang f, umso kleiner wird die Horizontalkraft F_H; je kleiner f, umso größer wird F_H.

Ein Seil ohne Durchhang, also mit f = 0, kann keine Last tragen, auch nicht sein Eigengewicht!
Das völlig gerade gespannte Seil gibt es nicht. Es sei denn, es hängt vertikal.

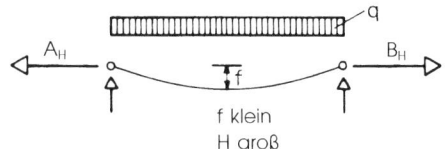 Die Auflagerkräfte seien hier noch einmal in allgemeiner Form hergeleitet:

gesucht: A_V

mit $\Sigma M = 0$ und Drehpunkt B folgt:

$$+A_V \cdot l - q \cdot l \cdot \frac{l}{2} = 0$$

$$A_V = \frac{q \cdot l}{2}$$

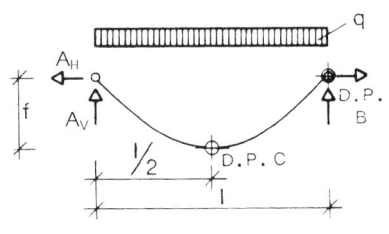

gesucht: A_H

mit $\Sigma M = 0$ und Drehpunkt C folgt:

$$A_V \cdot \frac{l}{2} - A_H \cdot f - q \cdot \frac{l}{2} \cdot \frac{l}{4} = 0$$

$$A_H = \frac{q \cdot l^2}{8f}$$

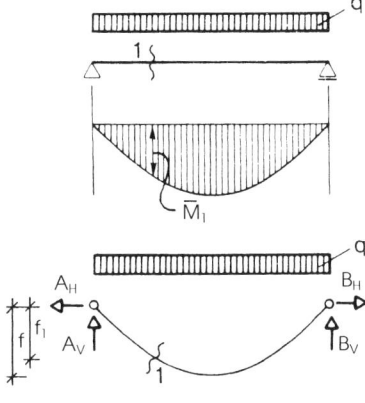

H Entsprechendes gilt für jeden anderen Punkt des Seiles.

Im gedachten Ersatzbalken wäre am beliebigen Schnitt 1 das Moment $\overline{M}_1$. Dem muss im Seil entgegenwirken:

$$A_H \cdot f_1 = \overline{M}_1$$

$$f_1 = \frac{\overline{M}_1}{A_H}$$

G Daraus erkennen wir: Der Durchhang f_1 muss proportional dem gedachten Moment $\overline{M}_1$ sein – denn die horizontale Auflagerkraft A_H bleibt gleich. Wenn aber an jeder Stelle der Seildurchhang f_1 proportional dem Moment $\overline{M}_1$ eines gedachten Balkens ist, entspricht die Seillinie der Momentenlinie. Zwar kann die Seillinie – je nach Länge des Seiles – mehr oder weniger durchhängen, doch ebenso können wir für die Momentenlinie verschiedene Maßstäbe wählen. In jedem Fall sind Seillinie und Momentenlinie zueinander affin – bei entsprechendem Maßstab für die Momente sind sie deckungsgleich.

Seillinie = Momentenlinie

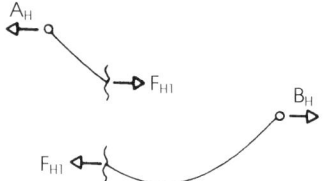

 Die Horizontalkomponente der Seilkraft ist unter nur vertikalen Lasten an jedem Punkt des Seiles gleich, und zwar gleich den horizontalen Auflagerkräften:

$A_H = B_H$

Da die nur vertikale Last an keiner Stelle des Seiles unmittelbar eine Horizontalkraft einbringt, wird die vom Auflager eingebrachte H-Kraft im Seil durch nichts verändert. Sie durchläuft gleichbleibend das ganze Seil von Auflager zu Auflager und ist an jedem Punkt gleich:

$F_{H1} = A_H = B_H$

Die Seilkraft verläuft an jedem Punkt in Richtung des Seiles. Die größte Seilkraft tritt an den Auflagerpunkten auf:

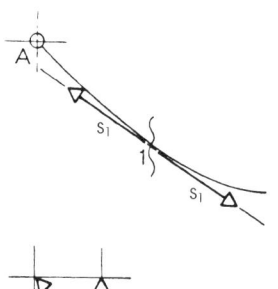

$S_A = \sqrt{A_H^2 + A_V^2}$

$S_B = \sqrt{B_H^2 + B_V^2}$

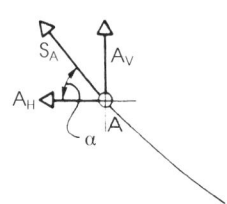

oder $\quad S = \dfrac{F_H}{\cos \alpha}$

8.2 Kräfte am Seil, Seillinie als Momentenlinie

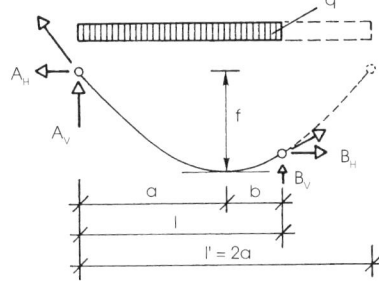

 Unter gleichmäßig verteilter Last ist die Seillinie auch bei ungleich hoch liegenden Aufhängepunkten eine Parabel. Zur Ermittlung der Kräfte hilft uns die folgende Überlegung:

Über den tiefsten Punkt des Seiles hinweg können keine Vertikalkräfte übertragen werden, denn dort verläuft das Seil horizontal, kann also keine Vertikalkomponente aufnehmen.

Deshalb muss die gesamte Last, die links vom tiefsten Punkt angreift, auf das linke Auflager wirken:

$A_V = q \cdot a$

und entsprechend:

$B_V = q \cdot b$

Für die Ermittlung der Horizontalkraft denken wir uns das Seil mit der Last verlängert, bis beide Punkte gleich hoch sind:

$l' = 2a$

Damit ergibt sich:

$$A_H = \frac{q \cdot (2a)^2}{8f} \qquad B_H = A_H$$

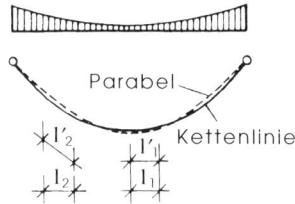

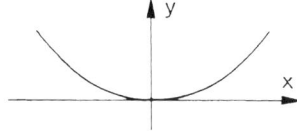

8.2.2 Seil unter Eigengewicht: die Kettenlinie

Am tiefsten Punkt des Seiles ist die Länge l'_1 eines sehr kleinen Seilabschnitts annähernd gleich ihrer Horizontalprojektion l_1. Je steiler die Seillinie wird, umso größer wird die Länge eines Abschnitts im Verhältnis zu seiner Horizontalprojektion (l'_2 ist deutlich größer als l_2). Das Eigengewicht ist deshalb nicht gleichmäßig verteilt, sondern nimmt zu den Auflagern hin zu. Unter dieser Last stellt sich keine Parabel ein, sondern eine Kettenlinie.

Nur der Vollständigkeit halber sei erwähnt, dass diese Kettenlinie die Kurve einer Hyperbelfunktion bildet:

$$y = a \cdot \cosh \frac{x}{a} = a \frac{e^{\frac{x}{a}} + e^{-\frac{x}{a}}}{2}$$

Hierbei ist a ein Maß für die Steilheit der Kurve, also maßgebend für den Durchhang.

In der Praxis kann als brauchbare Näherung eine Parabel anstatt einer Kettenlinie angenommen werden. Insbesondere bei kleinerem Durchhang weichen diese beiden Kurven nur wenig voneinander ab. Wir können also mit reinem Gewissen ein Seil unter Eigengewicht als Parabel zeichnen!

Die Seilform unter Eigengewicht als *Kettenlinie*, unter allen anderen Lasten hingegen als *Seillinie* zu bezeichnen, ist willkürlich. Unter jeder Last bilden Seil und Kette die gleiche Linie. Die Bezeichnung *Kettenlinie* für die *Form unter nur Eigengewicht* ist jedoch seit Jahrhunderten allgemein üblich und hat sich zur Unterscheidung von anderen Seillinien bewährt.

(Näheres hierzu: siehe auch [30].)

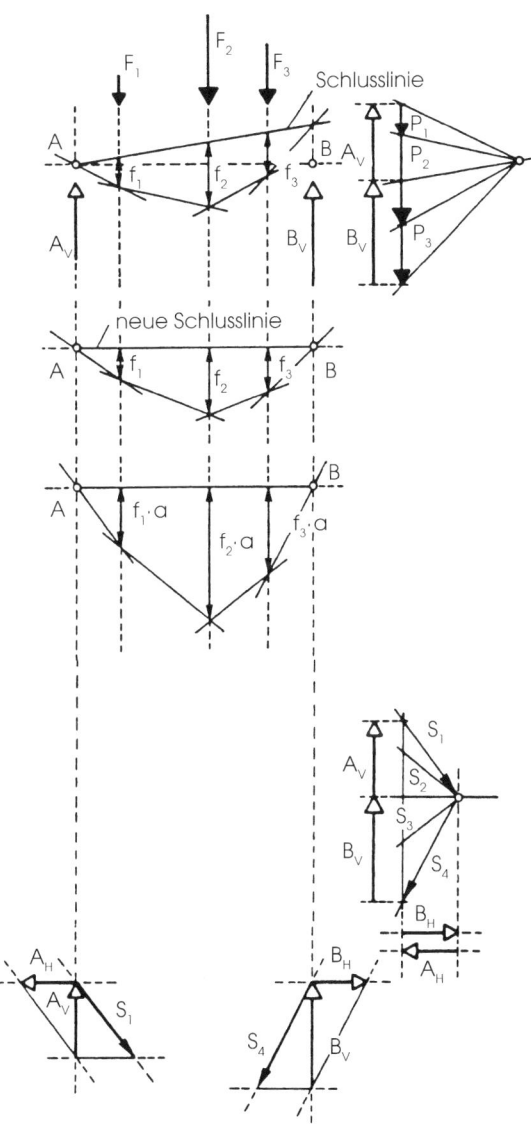

8.2.3 Seil unter unregelmäßigen Lasten

Form und Kräfte lassen sich durch Kräftezerlegung im Seileck bestimmen:

① Poleck und Seileck zeichnen (siehe Band 1, Abschnitt 11.3 »Poleck und Seileck«).

② Neue Schlusslinie als Verbindung der Auflagerpunkte zeichnen. Durchhänge f_1, f_2 usw. an diese neue Schlusslinie anhängen.

③ Die Durchhänge können um den gleichen, beliebig gewählten Faktor a vergrößert bzw. verkleinert werden. ② und ③ sind affine Verzerrungen des Seilecks ①.

④ Ein neues Poleck mit den endgültigen Seilneigungen ergibt die Auflager- und Seilkräfte.

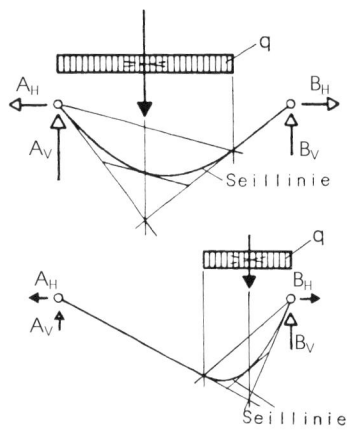

Ⓖ Unter jeder Lastanordnung nimmt das Seil die Form an, mit der es diese Last momentenfrei zu den Auflagern abtragen kann. Diese Seillinie ist in jedem Fall (mit nur vertikalen Lasten) eine affine Figur der Momentenlinie eines gedachten Balkens unter der gleichen Last.

Wenn nur vertikale Lasten wirken, gilt immer:

$$A_H = B_H = \frac{\overline{M}_1}{f_1}$$

Tabellenbuch TS 2.2

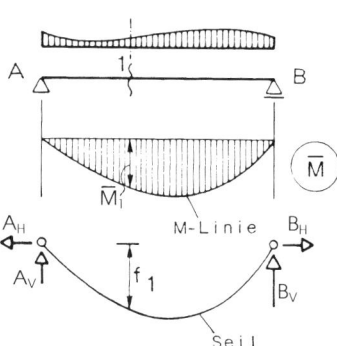

Dabei ist $\overline{M}_1$ das Moment an einer beliebigen Stelle des gedachten Balkens, f_1 der Durchhang des Seiles an derselben Stelle (z. B. max M und max f).

Wenn die Auflager A und B gleich hoch liegen, sind A_V und B_V gleich den Auflagerreaktionen des gedachten Balkens.

So lässt sich die Seillinie auch zeichnen, indem man zunächst die Momentenlinie in der bekannten Weise entwickelt (Band 1, Kapitel 5 »Innere Kräfte und Momente«) und diese in einem Maßstab zeichnet, der den geplanten Seildurchhang ergibt.

Ⓔ Zur Konstruktion der Seillinie, wenn das Seil nur über eine Teilstrecke gleichmäßig belastet ist:

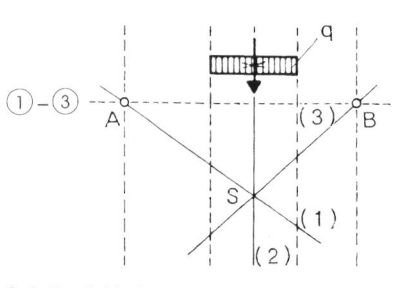

Schritte 1 bis 3

① Durch eines der Auflager (hier wurde A gewählt) eine Gerade (1) mit der angenommenen Neigung der Seillinie ziehen.

② Durch den Schwerpunkt der Last eine vertikale Gerade (2) ziehen.

③ Durch den Schnittpunkt S von (1) und (2) und das andere Auflager (hier B) eine Gerade (3) ziehen.

8.2 Kräfte am Seil, Seillinie als Momentenlinie

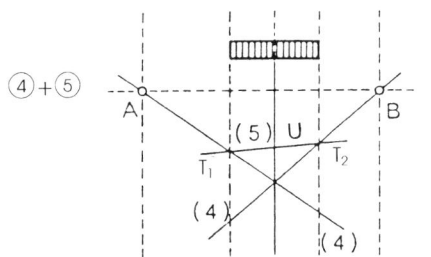

Schritte 4 und 5

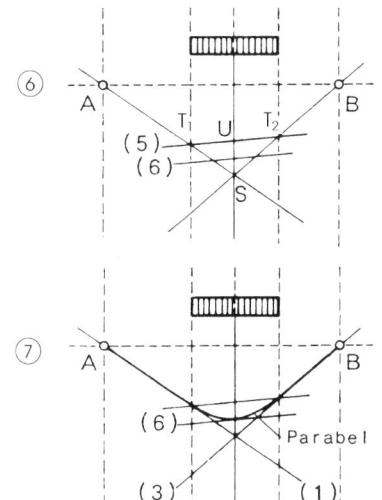

Schritte 6 und 7

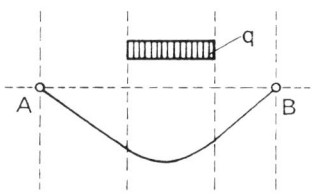

④ Vom Anfang und vom Ende der belasteten Strecke je eine vertikale Gerade (4) ziehen und mit den Geraden (1) und (3) zum Schnitt bringen. Die Schnittpunkte werden hier T_1 und T_2 genannt. In diesen Schnittpunkten gehen die geraden Seilstrecken in eine parabolische Seillinie über. Die Geraden (1) und (3) sind damit Tangenten an die gesuchte Parabel.

⑤ Verbinden der Punkte T_1 und T_2 durch die Gerade (5). Diese kreuzt die Vertikale (2) in Punkt U.

⑥ Strecke S–U halbieren und durch den Halbierungspunkt eine Gerade (6) parallel zu (5) ziehen.

⑦ Diese Gerade (6) bildet in diesem Halbierungspunkt eine weitere Tangente an die Parabel. Damit lässt sich aus den Tangenten (1), (3) und (6) die Parabel unter der Laststrecke in wohlbekannter Weise konstruieren (siehe Band 1, Abschnitt 5.3 »Momente« und Beispiel 5.4.2 »Kragarm mit gleichmäßig verteilter Last«).

Die Geraden (1) und (3) und die Parabel zwischen T_1 und T_2 bilden zusammen die Seillinie.

Zur Überprüfung: Wenn keine Einzellast auf das Seil wirkt, hat die Seillinie keinen Knick. In lastfreien Bereichen ist sie gerade, unter gleichmäßig verteilter Last parabolisch.

8.3 Stabilisierung von Seilen

Die Fähigkeit des Seiles, für jede Last die richtige Form zu bilden, führt mit jeder Änderung der Lastanordnung zu einer Änderung der Form. Hinzu können Schwingungen (z. B. durch Wind) kommen. An Gebäuden müssen solche Formänderungen klein gehalten werden.

Für die Stabilisierung von Seilen gibt es mehrere Möglichkeiten:

1. Die ständige Last ist groß im Verhältnis zur nicht ständigen;
2. Aussteifung durch biegesteife Bauteile;
3. stabilisierende Anordnung von Seilen, Seilsysteme;
4. Gegenspannseile mit Vorspannung:
   – ebene Seilbinder,
   – Seilnetze, Zelte.

Diese Möglichkeiten können kombiniert werden.

8.3 Stabilisierung von Seilen

Tabellenbuch TS 2.2

 8.3.1 Stabilisierung durch Last

Je größer die ständige Last im Verhältnis zur nicht ständigen, umso kleiner die Formänderung.

Beispiele:

- Eine Möwe setzt sich auf ein Schiffstau; g/p ist groß, die Formänderung des Seiles klein.

- Ein Kind turnt an einer Wäscheleine; g/p ist klein, die Formänderung des Seiles groß.

Gebaute Beispiele sind schwere hängende Betondächer, wie z. B. das einer Schwimmhalle in Wuppertal (der sogenannten »Schwimmoper«).

Das hängende Betondach ist wesentlich schwerer als die wechselnden Lasten aus Schnee und Wind. Die Verformungen bleiben klein.

An den gekrümmten Rändern kommt die stabilisierende Wirkung der Fensterstützen hinzu.

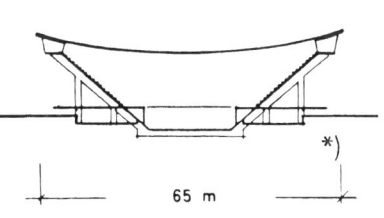

Schwimmbad in Wuppertal
Ing.: F. Leonhardt

---

*) Zeichnungen aus: [24]

Tabellenbuch TS 2.2

Brücke mit Versteifungsträger
(hier als Fachwerkträger)

Papierfabrik in Mantua
Ing.: P. L. Nervi

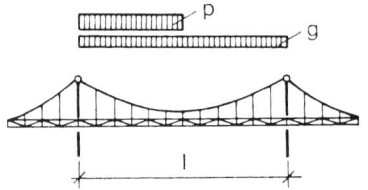

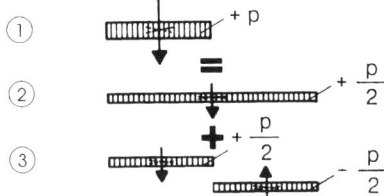

 8.3.2 Aussteifung durch biegesteife Bauteile

Stege und Fahrbahnen von Brücken können biegesteif ausgebildet werden und damit als Versteifungsträger wirken. Die Seile übernehmen den Hauptanteil der Last – der Versteifungsträger hält die Verformungen in kleinen Grenzen. Wir finden dieses System bei vielen Brücken.

Nervi hat das Dach einer Fabrikhalle in Mantua in ähnlicher Weise konstruiert.

Man könnte auf den Gedanken kommen, nur die ständige Last g würde von den Seilen getragen, während die wechselnden, nicht ständigen Lasten p ganz vom Versteifungsträger aufzunehmen seien. Tatsächlich aber ist die Beanspruchung des Versteifungsträgers viel kleiner. Das sei an dem folgenden Beispiel gezeigt.

Dass die ständige Last g vom Seil getragen wird, ist unmittelbar einzusehen.

Die Last p wirkt im ungünstigsten Fall nur auf der einen Hälfte. Um diesen Fall zu untersuchen, helfen wir uns mit einem Trick: Wir zerlegen diese halbseitige Last in zwei Teillasten, die einfacher zu betrachten sind.
Da die Summe dieser zerlegten Lasten gleich der halbseitigen Last ist, bleiben die Auswirkungen unverändert.

8.3 Stabilisierung von Seilen

Die einseitige Last p, bezeichnet mit ①, wird in diesem Sinne zerlegt in:

- eine über den ganzen Träger gleichmäßig verteilte Last $\frac{p}{2}$, bezeichnet mit ②, und
- eine antimetrische Last $\frac{p}{2}$ und $-\frac{p}{2}$, bezeichnet mit ③.

Es ist leicht zu erkennen, daß ②+③=① ist.

② Belastung »Seil«

Die gleichmäßig verteilte Last ②, also $\frac{p}{2}$, wird wie g vom Seil getragen.

③ Belastung »Versteifungsträger«

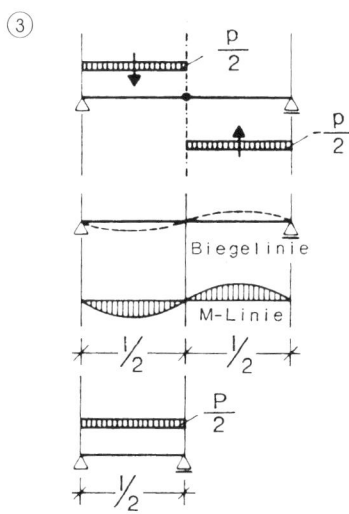

Nur die antimetrische Last ③, also $\frac{p}{2}$ und $-\frac{p}{2}$, muss vom Versteifungsträger aufgenommen werden. Sie erzeugt in ihm ein antimetrisches Moment.

In Trägermitte ist ein Wendepunkt der Biegelinie und somit auch der Momentenlinie. Dort ist das Moment M = 0.

Deshalb kann die eine Trägerhälfte betrachtet werden wie ein Träger auf zwei Stützen mit der Länge $\frac{l}{2}$ und der Last $\frac{p}{2}$:

$$\max M = \frac{\frac{p}{2} \cdot \left(\frac{l}{2}\right)^2}{8} = \frac{p \cdot l^2}{64}$$

Das ist nur $\frac{1}{8}$ des Momentes, das durch die ganze nicht ständige Last p erzeugt würde.

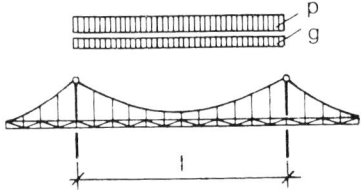

Ⓔ Die höchste Beanspruchung der Seile entsteht im Lastfall Voll-Last; g und p, gleichmäßig über die ganze Länge verteilt, werden von den Seilen getragen.

Bei dieser Betrachtung wurde von der vereinfachten Annahme ungedehnter Seile ausgegangen. Durch Dehnung der Seile ändern sich die Werte. Zudem führen Temperaturänderungen zu erheblichen Spannungen. Die ermittelten Werte sind also nicht exakt, sondern zeigen nur die Größenordnung.

Der Wind ist hier nicht berücksichtigt. Er ist aber von großer Bedeutung. Er kann Hängebrücken in gefährliche Schwingungen versetzen und erfordert entsprechende Untersuchungen. Diese sind jedoch schwierig und würden weit über die Zielsetzung dieses Buches hinausgehen.

Ⓖ Auch die Hängeglieder selbst können biegesteif sein. (Als »Seile« kann man sie allerdings dann kaum mehr bezeichnen.)

Biegesteife Hängeglieder stabilisieren nicht nur gegen wechselnde Lasten, sondern sie ermöglichen zudem eine Form, die von der Seillinie abweicht.

So hat Kenzo Tange für die Hängeglieder des Daches der großen Olympiahalle in Tokio eine Form gewählt, die der Seillinie nicht genau entspricht. Diese Abweichung von der Seillinie wird durch Biegesteifigkeit ermöglicht. Dabei sind die Biegemomente gleich Seilkraft S mal Abweichung e:

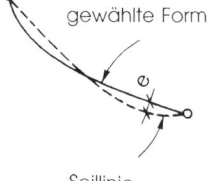

$M = S \cdot e$

8.3 Stabilisierung von Seilen

Tabellenbuch TS 2.2 **8.3.3 Stabilisierende Anordnung von Seilen**

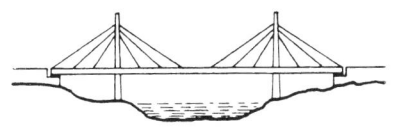

Zügelbrücke-Fächertyp

Die Seile dieser Brücke bilden mit dem Fahrbahnträger Dreiecke. Die Anordnung der Seile wirkt stabilisierend.

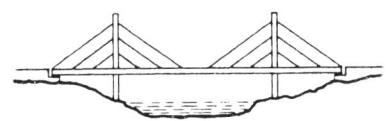

Zügelbrücke-Harfentyp

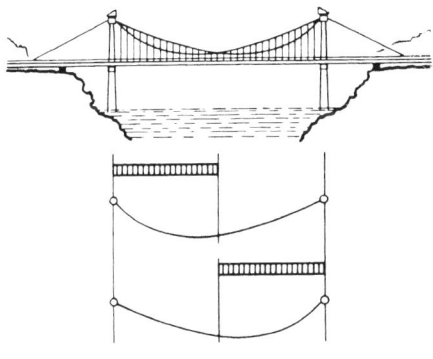

Chao-Yang-Brücke
bei Chongqing, China;
Baujahr 1967 bis 1969

Eine den möglichen Lastfällen angepasste Konstruktion finden wir bei der Chao-Yang-Brücke bei Chongqing, China. Das eine Seilpaar entspricht einer Last in der linken Brückenhälfte, das andere der Last in der rechten Hälfte. Jede andere Lastverteilung muss zwischen diesen Extremen, die entsprechende Seillinie zwischen den vorhandenen Seilen liegen. Eine elegante und überzeugende Konstruktion, bei der die Eigenschaften des Seiles folgerichtig eingesetzt werden, um mit einem Minimum an Kräften und Biegemomenten das Material möglichst günstig zu nutzen.

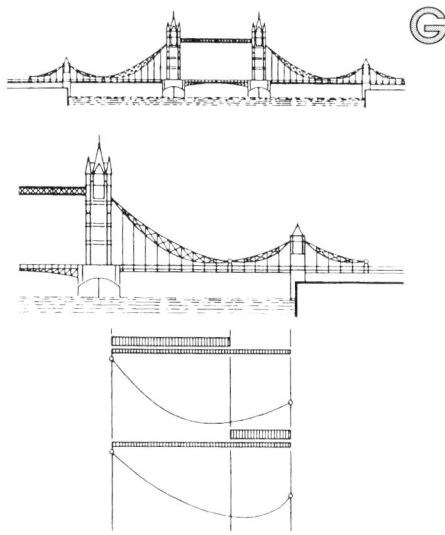

Tower Bridge, London (1886 bis 1894)
Arch./Ing.: I. W. Barry und H. Jones

Ähnlich sind die Seitenträger der Tower Bridge in London geformt. Die Hängeglieder – es sind hier keine Seile, sondern gebogene Walzprofile – folgen den Seillinien unter einseitigen Lasten. Die fachwerkartige Verbindung der Hängeglieder schafft zusätzlich eine stabilisierende Biegesteifigkeit.

8.3.4 Gegenspannseile mit Vorspannung

Tabellenbuch TS 2.2

Um das tragende Seil zu stabilisieren, wird ein zweites dagegengespannt. Tragseil und Spannseil sind durch vertikale Zwischenseile verbunden. Das ganze System ist vorgespannt, das heißt, die Seile stehen schon in unbelastetem Zustand unter Spannung. Die Vorspannung muss so groß sein, dass selbst unter der größten möglichen Last und der entsprechenden Dehnung des Tragseils immer noch eine kleine Vorspannung bleibt, das heißt, dass unter keinem Lastfall ein Seil schlaff werden kann.

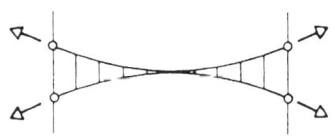

Vorspannung durch Spannseile

Zu bedenken ist, dass Wind nach oben wirken kann; Trag- und Spannseil vertauschen dann ihre Aufgaben.

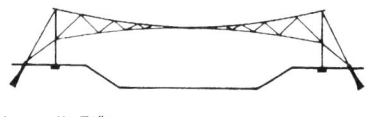

Jawerth-Träger

Die stabilisierende Wirkung wird verstärkt, wenn die Zwischenseile dreieckförmig angeordnet sind. Dieses System wurde von dem schwedischen Ingenieur Jawerth entwickelt und wird allgemein nach ihm benannt: Jawerth-Träger oder »System Jawerth«.

8.3 Stabilisierung von Seilen

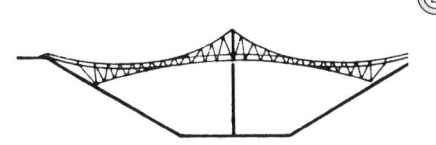

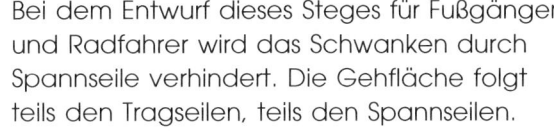

Bei dem Entwurf dieses Steges für Fußgänger und Radfahrer wird das Schwanken durch Spannseile verhindert. Die Gehfläche folgt teils den Tragseilen, teils den Spannseilen.

Studienarbeit

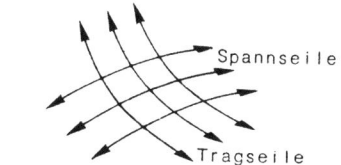

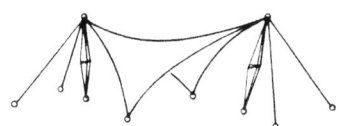

Netze und Zelte bilden vorgespannte, räumlich gekrümmte Flächen. Die Krümmung muss an jeder Stelle sattelförmig, das heißt doppelt gegensinnig sein, damit immer dem durchhängenden Tragseil ein gleichsam bogenförmiges Spannseil entgegensteht. (Näheres: siehe Kapitel 13 »Räumliche Flächentragwerke: Seilnetze, Schalen«.)

Hier sind vor allem die grundlegenden Entwicklungen von Frei Otto zu nennen und die Veröffentlichungen des Instituts für leichte Flächentragwerke der Universität Stuttgart.

Literatur: [16], [17], [34]

8.4 Weiterleitung der Seilkräfte, Verankerung

Die Auflager von Tragseilen liegen notwendigerweise hoch. In der Regel werden sie durch Maste abgestützt. Diese Maste müssen durch Abspannseile gehalten werden.

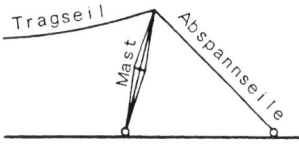

Die Kräfte aus Tragseil (T_S), Abspannseil(en) (A_S) und Mast (M) bilden ein geschlossenes Krafteck. Sind eine Kraft und die Richtungen der Bauteile bekannt, sind die beiden anderen Kräfte leicht in einem Parallelogramm zu ermitteln.

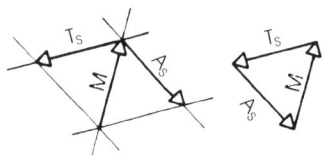

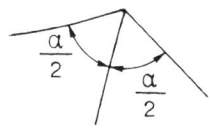

Es ist günstig, aber nicht notwendig, den Mast etwa in Richtung der Winkelhalbierenden zwischen den Seilen zu stellen. Die Kräfte in Trag- und Abspannseil sind dann gleich groß.

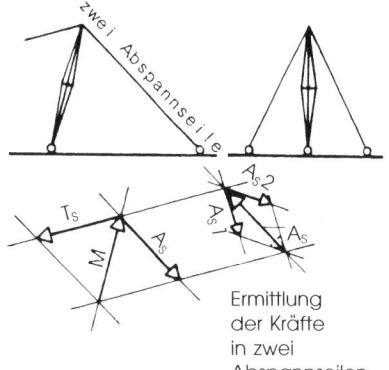

Ermittlung der Kräfte in zwei Abspannseilen

Bei Anordnung von zwei Abspannseilen ist der Mast in jeder Richtung stabilisiert.

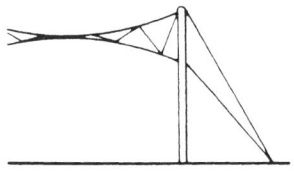

Auch Gegenspannseile (z. B. von Jawerth-Trägern) müssen abgespannt werden.

Die Abspannseile benötigen viel Platz – daran sollte bei der Planung rechtzeitig gedacht werden; auch daran, dass man sie vor vehement dagegenlaufenden Fußgängern sichert – bzw. die Fußgänger vor den Seilen!

8.4 Weiterleitung der Seilkräfte, Verankerung

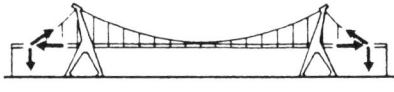

Papierfabrik in Mantua
Ing.: P. L. Nervi

 Abspannseile müssen im Boden oder am Bauwerk selbst verankert werden. Bei Verankerung im Boden sind schwere Fundamente erforderlich, um den Zugkräften die erforderliche Last entgegenzusetzen.

Mit der Leichtigkeit der Seilkonstruktion steht dann die Schwere der Bauteile unter der Erde und deren hoher Materialeinsatz im Widerspruch.

Wo es gelingt, durch Verankerung der Abspannseile unmittelbar am Bauwerk die Kräfte der Seile gegeneinanderzuführen, kommt die Leichtigkeit der Konstruktion voll zur Wirkung. An der Fabrik von Nervi in Mantua werden die Horizontalkräfte der Abspannseile über die Dachkonstruktion gegeneinandergeführt; sie heben sich auf. Den Vertikalkräften der Abspannseile steht das Gewicht des Gebäudes entgegen.

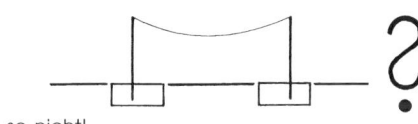

so nicht!

Falsch und unwirtschaftlich wäre es, die Horizontalkräfte der Seile durch Einspannen der Stützen aufzunehmen.

Wie unsinnig dies wäre, sei durch eine einfache Rechnung belegt: Nehmen wir an, die Stützen seien doppelt so hoch wie der Durchhang f, dann ist:

$$A_H = \frac{q \cdot l^2}{8f}$$

$$M_C = A_H \cdot 2f = \frac{q \cdot l^2}{8f} \cdot 2f = \frac{q \cdot l^2}{4}$$

Dieses Einspannmoment wäre doppelt so groß wie das eines Balkens, der anstelle des Seiles die Länge l überspannen würde.

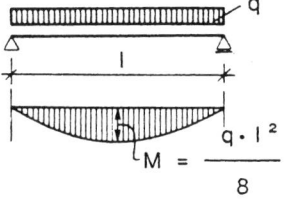

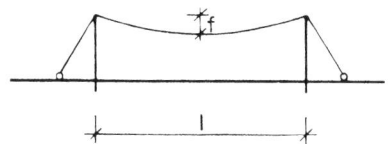

 **8.5 Größe des Seildurchhangs**

Je größer der Durchhang f, umso kleiner die Seilkraft und die horizontale Auflagerkraft. Hohe Stützen sind aufwendiger.

Diese beiden Gesichtspunkte sind gegeneinander abzuwägen. Als erster grober Wert für einen günstigen Durchhang kann angenommen werden:

$$\frac{l}{8} \geq f \geq \frac{l}{12}$$

9 Bögen

Tabellenbuch TS 2.3

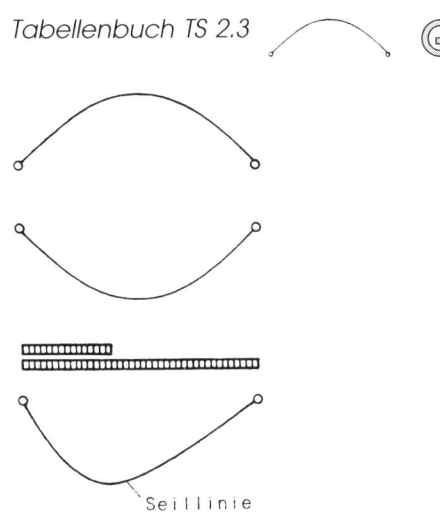

 9.1 Allgemeines, Stützlinie

Der Bogen ist die Umkehrung des Seiles. Wie im Seil die Lasten durch Zugkräfte abgetragen werden, so im Bogen durch Druckkräfte. Die richtige Bogenlinie ist eine Umkehrung der Seillinie.

Stellen wir uns vor: Ein Seil, das unter einer bestimmten Last eine bestimmte Form angenommen hat, wird »eingefroren« und umgedreht, das heißt um die Horizontale gespiegelt. Es hat damit die für diese Last richtige Bogenform.

Die umgedrehte Seillinie heißt *Stützlinie*.

Wir werden später sehen, dass Seil- und Stützlinie von grundlegender Bedeutung für viele tragende Konstruktionen sind. Sie bilden – weit über Seil und Bogen hinaus – einen Schlüssel zum Erkennen von Wirkungsweisen, zum Entwerfen von Tragwerken, zum anschaulichen Herleiten.

Doch zunächst wollen wir beim Bogen bleiben.

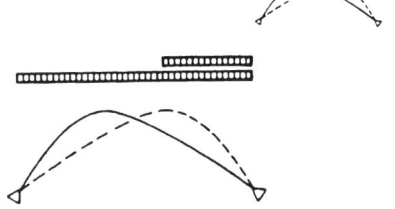

9.2 Stabilisierung von Bögen

Ändert sich die Belastung des Bogens, kann dieser seine Form nicht der geänderten Stützlinie anpassen wie das Seil der Seillinie. Wäre der Bogen dünn und nicht biegesteif, würde ihn jede Veränderung der Lastverteilung zum Einsturz bringen.

Dem kann auf drei verschiedene Weisen begegnet werden:

- Dicke des Bogens
- Biegesteifigkeit
- Stabilisierung durch andere Bauteile

Tabellenbuch TS 2.3

9.2.1 Dicke des Bogens

Wie bei allen anderen Tragwerken wird auch der Bogen durch unterschiedliche Lastfälle beansprucht. Die Stützlinienform ist abhängig vom Lastfall. Diese gilt es zunächst zu erfassen und aufzuzeichnen. Natürlich müssen die Stützlinien aus allen Lastfällen innerhalb des Bogenquerschnitts verlaufen. Aus Sicherheitsgründen muss der Randabstand jeder möglichen Stützlinie immer mindestens $\frac{h}{6}$ der Querschnittsdicke betragen (siehe Kapitel 11 »Bemessung: Längskraft + Biegung«).

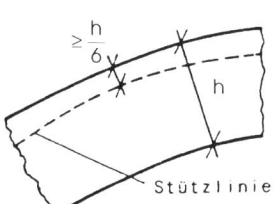

Solche Bögen bedürfen keiner Biegesteifigkeit. Sie eignen sich deshalb für den Bau aus Natursteinen oder Ziegeln – also aus nicht biegesteifen Materialien. Die Steine sollten so angeordnet werden, dass die Stützlinie in jedem Querschnitt senkrecht oder nahezu senkrecht zu den Fugen verläuft.

9.2 Stabilisierung von Bögen

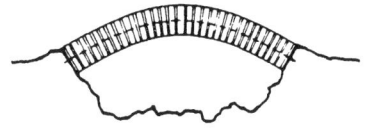

 Steinerne Bögen sind schwer im Verhältnis zu der wechselnden Verkehrslast. Dadurch bleiben die Veränderungen der Stützlinie klein – wie am durch Last stabilisierten Seil (siehe auch Abschnitt 8.3.1 »Stabilisierung durch Last«).

Die Dicke des Bogens – wie auch die anderer Bauteile – wird mit h bezeichnet. Nicht zu verwechseln mit der Höhe h eines Rahmens!

Tabellenbuch TS 2.3

9.2.2 Biegesteifigkeit

Bögen aus Stahl, Stahlbeton oder aus Holz in verleimter Brettschichtbauweise sind biegesteif. Sie können schlank ausgebildet werden. Die Stützlinie kann von der Systemlinie des Bogens abweichen, sogar die Dicke des Bogens verlassen, wenn das so entstehende Moment von der Biegesteifigkeit des Bogens aufgenommen wird.

Als Systemlinie des Bogens bezeichnet man die Verbindung der Querschnitts-Schwerachsen – bei in der Dicke symmetrischen Querschnitten verläuft sie in der Mitte der Bogendicken.

Die Exzentrizität e ist der Abstand der Stützlinie von der Bogen-Systemlinie; das Moment ist gleich der Längskraft S mal diesem Abstand e:

$$M = S \cdot e$$

(Die Längskraft in der Stützlinie wird hier mit S bezeichnet.)

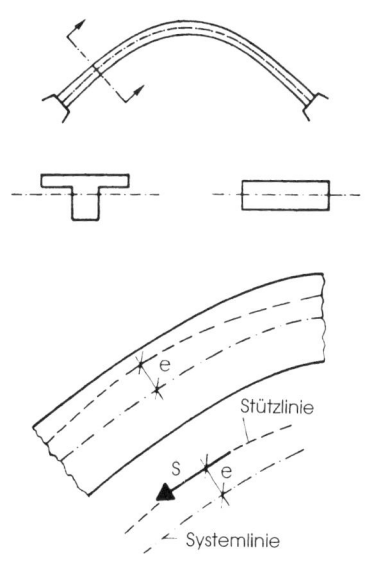

$M = S \cdot e$

Ein biegesteifer Bogen kann als Dreigelenk-, Zweigelenk- oder als eingespannter Bogen ausgebildet werden (siehe auch Abschnitt 9.3 »Dreigelenk-, Zweigelenkbogen und eingespannter Bogen«).

 9.2.3 Stabilisierung durch andere Bauteile

Dieser Bogen einer alten Steinbrücke ist halbkreisförmig – seine Form weicht erheblich von der Stützlinie ab. Er wird aber stabilisiert durch die Aufmauerung. Diese Aufmauerung mit ihren horizontalen Schichten wirkt nicht als Teil des Bogens, aber sie verhindert sein Ausknicken. Dieser muss daher weder sehr dick noch biegesteif sein.

Hier wird der Bogen durch die biegesteife Fahrbahn stabilisiert. Biegesteifigkeit des Bogens ist hier nur erforderlich, um ihn vor dem Ausknicken zwischen den vertikalen Stützen zu bewahren, die ihn mit der stabilisierenden Fahrbahn verbinden.

9.3 Dreigelenk-, Zweigelenkbogen und eingespannter Bogen

Tabellenbuch TS 2.3

Ein biegesteifer Bogen kann ausgebildet werden als:

 – Dreigelenkbogen

 – Zweigelenkbogen

 – eingespannter Bogen

Dreigelenkbogen

Dieser Bogen hat drei Gelenke, je eins an den beiden Auflagern und ein weiteres am Scheitelpunkt. Wir bezeichnen ihn als **Dreigelenkbogen**.

Er ist statisch bestimmt. Stellen wir uns vor: Der Bogen dehnt sich infolge Erwärmung oder ein Auflager gibt nach. Dies führt nicht zu Zwängungen; die drei Gelenke erlauben die erforderliche Anpassung. Das lässt die statische Bestimmtheit erkennen.

Zweigelenkbogen

Wird dieser **Zweigelenkbogen** erwärmt und dehnt sich aus, kann er sich nicht anpassen, es entstehen Zwängungen; der Zweigelenkbogen ist statisch unbestimmt.

eingespannter Bogen

In diesem **eingespannten Bogen** entstehen auch in den Auflagern Biegemomente. Es treten zusätzliche Zwängungen auf. Der eingespannte Bogen ist mehrfach statisch unbestimmt.

Ein Bogen mit mehr als drei Gelenken ist nicht stabil!

Spricht ein Ingenieur vom »Viergelenkbogen«, darf Spott gewittert werden.

 Der Grad der statischen Unbestimmtheit lässt sich durch die Zahl der Auflagerreaktionen bestimmen.

Zweigelenkbogen:

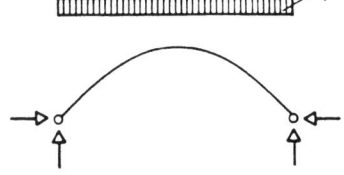

  4 unbekannte Auflagerreaktionen
−3 Gleichgewichtsbedingungen
  1fach statisch unbestimmt

Eingespannter Bogen:

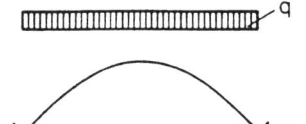

  6 unbekannte Auflagerreaktionen
−3 Gleichgewichtsbedingungen
  3fach statisch unbestimmt

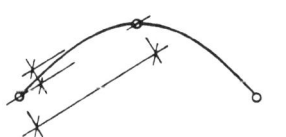

Transportmaße des Dreigelenkbogens

 Soll ein Bogen aus Holz oder Stahlbeton vorgefertigt und transportiert werden, so kommt fast nur ein Dreigelenkbogen infrage. Die für den Transport entscheidenden Maße der Einzelteile liegen wesentlich unter denen des ganzen Bogens.

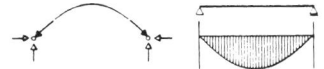

9.4 Kräfte und Momente

Die Kräfte im Bogen, die der Stützlinie folgen, gleichen denen im Seil, doch kehren sich die Vorzeichen um; den Zugkräften im Seil entsprechen Druckkräfte im Bogen. Der Bogen ist knickgefährdet.

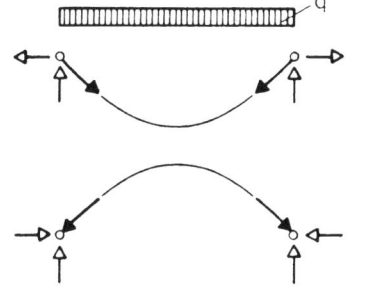

Während am Seil die horizontalen Auflagerkräfte nach innen ziehen, drücken sie am Bogen nach außen. Ihnen müssen die Auflager entgegenwirken. Erst durch die horizontalen Auflagerreaktionen kann der Bogen als Bogen wirken – er braucht sie ebenso wie das Seil und der Rahmen.

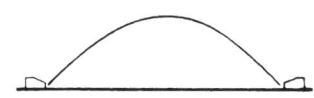

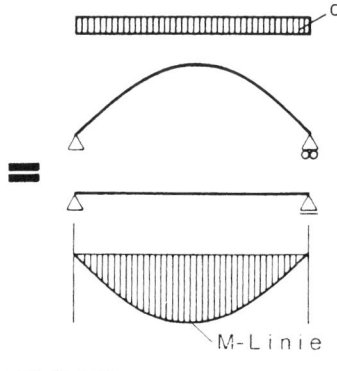

kein Bogen

Ein gebogener Balken wird durch seine Form allein noch nicht zum Bogen. Ohne horizontale Auflagerreaktion trägt er nicht anders als ein Träger auf zwei Stützen.

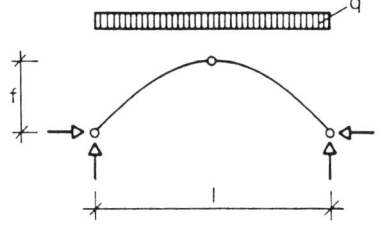

 Am symmetrischen Dreigelenkbogen gilt für gleichmäßig verteilte Last – entsprechend den Kräften am Seil:

$$A_V = B_V = \frac{q \cdot l}{2}$$

$$A_H = B_H = \frac{q \cdot l^2}{8\,f}$$

Die Auflagerkräfte im Zweigelenk- und im eingespannten Bogen liegen in der gleichen Größenordnung. Ihre genaue Ermittlung wird hier nicht behandelt.

Oft wird die Horizontalkraft im Bogen als »Schub« oder »Horizontalschub« bezeichnet. Dies ist zwar anschaulich, weil der Bogen seine Auflager zu verschieben droht, doch darf diese Kraft nicht mit der Schubkraft im Sinne der Schubspannung τ verwechselt werden.

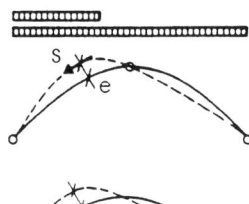

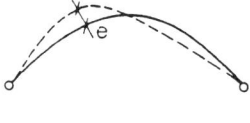

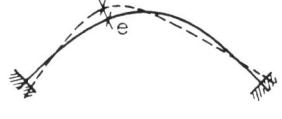

Folgt ein Bogen der Form seiner Stützlinie, ist er momentenfrei. Ändert sich die Lastverteilung und damit die Stützlinie, entstehen Biegemomente. Dabei ist an jedem Querschnitt das Moment gleich Kraft × Abweichung des Bogens von der Stützlinie:

$$M = S \cdot e$$

Die Stützlinie verläuft immer durch die Gelenke; da dort das Moment $M = 0$ sein muss, ist dort auch $e = 0$.

9.5 Konstruktion und Form

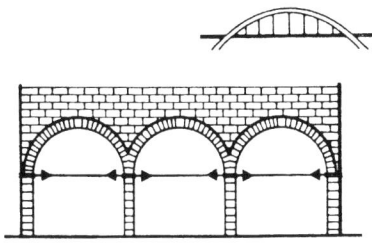

Bögen mit Zugbändern

Die Horizontalkräfte dieser Bögen werden von Zugbändern aufgenommen. Zwar heben sich an den inneren Stützen die H-Kräfte von links und rechts auf, aber die Kräfte der Außenstützen müssen miteinander in Verbindung und so zum Gleichgewicht gebracht werden. Deshalb ist das Zugband über alle Bögen erforderlich.

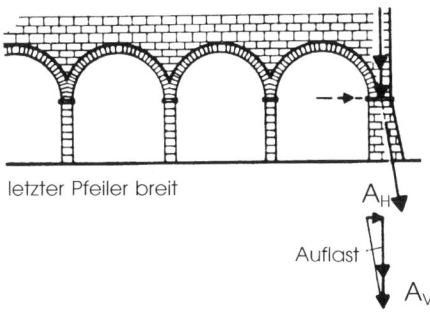

letzter Pfeiler breit

Hier ist die H-Kraft der Außenstützen durch besonders breite Endpfeiler aufgenommen. Die Resultierende aus Bogen-Kräften und Auflast aus dem Gebäude muss innerhalb der Stütze verlaufen, und zwar mit einem Sicherheitsabstand zum Rand. (Heute beträgt dieser Sicherheitsabstand nach DIN $\frac{1}{6}$ der Breite, ebenso wie im Bogen selbst – siehe Abschnitt 11.3 »Nur druckfeste Materialien«.)

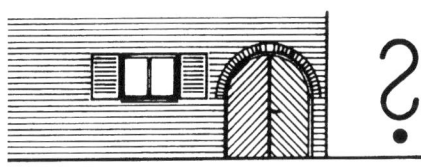

kein Bogen, sondern eine Attrappe

Dieser Bogen ist keiner!

Die geringe Breite der Stütze, verbunden mit dem Fehlen eines Zugbandes, also die Unmöglichkeit, die Horizontalkraft eines Bogens aufzunehmen, verrät dem Kundigen die Täuschung. Über der Bogen-Attrappe verbirgt sich ein Balken.

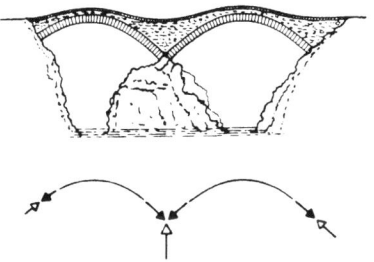

Ponte dei Salti, Valle Verzasca, Tessin

In dieser steinernen Bogenbrücke im Tessin heben sich die Horizontalkräfte über dem Mittel-Auflager auf. Dort wirkt nur eine vertikale Auflagerkraft, während an den End-Auflagern Vertikal- und Horizontalkräfte vom festen Untergrund aufgenommen werden müssen. Man spürt gleichsam, welche Kraft diese Bögen auf die unverschieblichen Auflager im Fels ausüben!

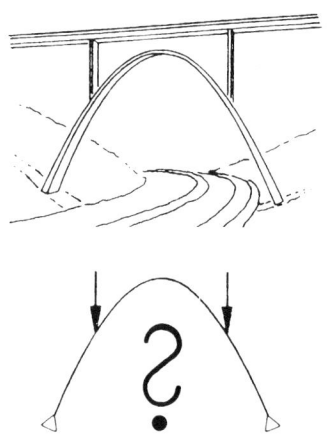

 Der Bogen dieser Brücke über eine Autobahn wird durch zwei große Einzellasten beansprucht. Sie erzeugen eine Stützlinie mit zwei ausgeprägten Ecken. Nur das Eigengewicht des Bogens führt zu einer geringen Krümmung. Die gewählte Bogenform entspricht nicht der Stützlinie. Dies führt zu unnötigen Biegemomenten.

Die Bogenform folgt nicht der Stützlinie.

Die Bogenform folgt der Stützlinie.

Auch auf diesen Bogen wirken zwei große Einzellasten. Hier wird die Stützlinie aufgenommen und eine günstige Bogenform gebildet – die Form entspricht dem Kraftverlauf.

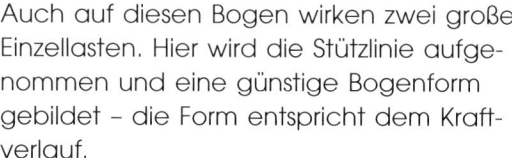

Die Brücken des Schweizer Ingenieurs Maillart sind gekennzeichnet durch eine weitgehende Anpassung der Form an den Kraftverlauf und damit durch günstige Ausnutzung des Materials und zugleich durch ausdrucksstarke Konstruktion.

In den gezeigten Beispielen erkennen wir, wie der Bogen gegen die gelenkigen Auflager und gegen die Mitte zu schlanker wird, so wie dort die Momente kleiner werden; zwischen Auflagern und Mitte können bei wechselnden Lasten größere Momente auftreten – der Bogen wird stärker, um schließlich in einem kleinen Bereich mit der Fahrbahn zusammenzuwachsen.

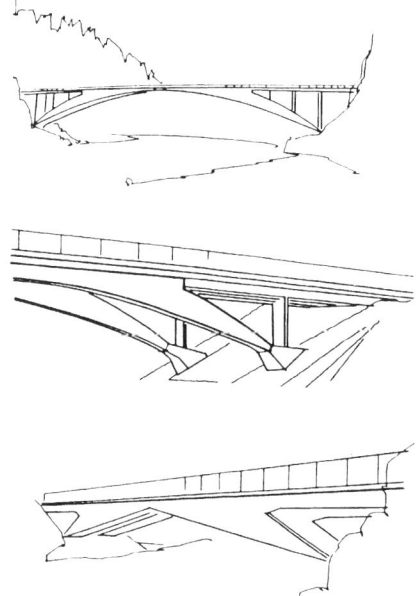

Brücken von Robert Maillart, 1872 bis 1940*)

*) Zeichnungen aus: Curt Siegel, Strukturformen der modernen Architektur [24]

10 Rahmen

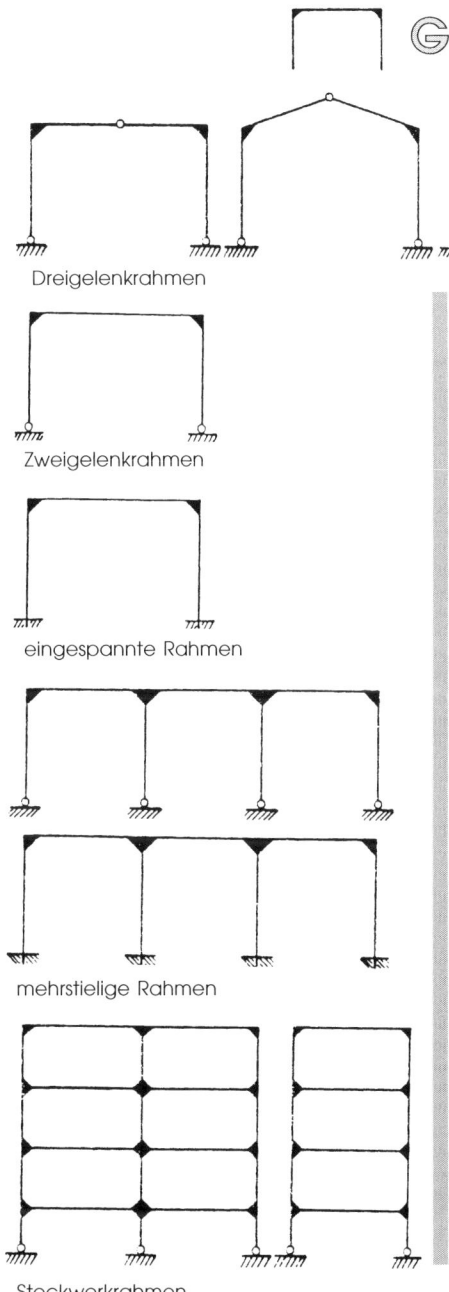

Dreigelenkrahmen

Zweigelenkrahmen

eingespannte Rahmen

mehrstielige Rahmen

Stockwerkrahmen

10.1 Allgemeines

Für den entwerfenden Architekten sind Rahmen vor allem ein Mittel zur Horizontalaussteifung von Gebäuden. Sie wirken als **Scheiben** (siehe auch Kapitel 2 »Tragkonstruktion einer einfachen Halle«).

Zum Verständnis von Rahmen ist der Vergleich mit den verwandten Konstruktionen Seil und Bogen hilfreich.

Rahmen entstehen durch biegesteife Verbindung von Trägern und Stützen – diese werden bei Rahmen als **»Riegel«** und **»Stiele«** bezeichnet.

Wir unterscheiden:

- Dreigelenkrahmen
- Zweigelenkrahmen
- eingespannte Rahmen
- mehrstielige Rahmen
- Stockwerkrahmen

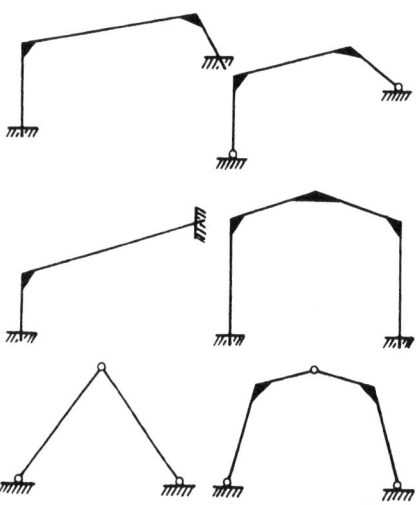

 Es lassen sich beliebig viele verschiedene Formen von Rahmen denken, entwerfen und bauen. Die nebenstehenden Skizzen sollen nur einige der nahezu unbegrenzten Möglichkeiten andeuten.

Dreigelenkrahmen sind statisch bestimmt. Alle anderen Rahmen sind ein- oder mehrfach statisch unbestimmt.

Die exakte Berechnung statisch unbestimmter Systeme ist nicht Thema dieses Buches.

In der Regel werden Computerprogramme für die Berechnung von Rahmen verwendet.

Für die Berechnung von Schnittgrößen einfacher Rahmen stehen Rahmenformeln im Tabellenbuch TS 1.4 zur Verfügung.

Tabellenbuch TS 1.4

10.1 Allgemeines

 Für den entwerfenden Architekten sind diese Verfahren nur in Ausnahmefällen von Bedeutung. Wichtiger ist für ihn, Grundsätzliches über den Kraftverlauf, die daraus resultierende Form und über die richtige Anwendung von Rahmen zu erkennen.

Jeder Rahmen kann sowohl horizontale als auch vertikale Kräfte aufnehmen. Er kann also wirken:
- als Scheibe zur Windaussteifung des Gebäudes,
- als Träger.

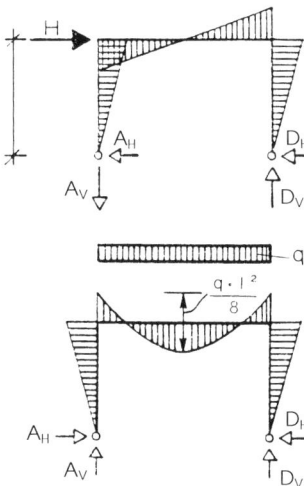

Horizontale Lasten erzeugen Momente in den Riegeln, Stielen und in den Ecken. Sie erzeugen in den Auflagern nicht nur horizontale, sondern auch vertikale Reaktionen – bei eingespannten Rahmen außerdem Einspann-Momente.

Auch **vertikale Lasten** erzeugen Momente sowohl in den Riegeln, auf die sie wirken, als auch in Stielen und Ecken. Sie erzeugen in den Auflagern nicht nur vertikale, sondern auch horizontale Reaktionen, bei eingespannten Rahmen auch Einspann-Momente.

Dass die horizontalen Auflagerreaktionen auftreten und durch geeignete Maßnahmen aufgenommen werden, ist von entscheidender Bedeutung für die Wirkungsweise, das Funktionieren von Rahmen.

Der Rahmen lebt von Horizontalkräften in den Auflagern!

Es besteht eine enge Verwandtschaft zwischen Rahmen und Bögen sowie zwischen Rahmen und Durchlaufträgern.

10.2 Dreigelenkrahmen

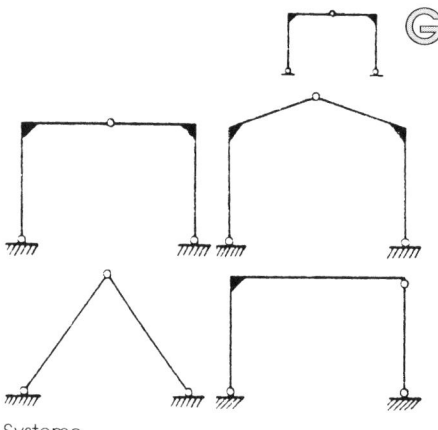
Systeme

Dreigelenkrahmen sind statisch bestimmt. Dies wird anschaulich klar, wenn wir uns vorstellen, wie sich so ein Gebilde unter Temperaturänderungen oder Auflagerverschiebungen verhält.

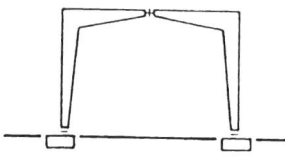
typische Form

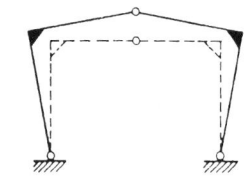
Dehnung

Ein Dreigelenkrahmen wird erwärmt, seine Teile dehnen sich. Diese Dehnungen können ohne innere Zwänge, ohne Verbiegungen erfolgen; es entstehen keine zusätzlichen Kräfte und Momente.

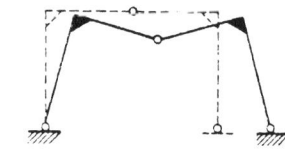
Verschiebung

Auch Verschiebungen oder Absenkungen eines Auflagers führen nicht zu Zwängungen.

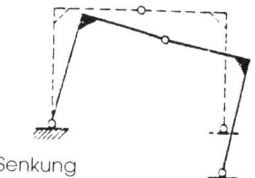
Senkung

Daraus erkennen wir: Dieses Tragwerk ist statisch bestimmt. Äußere und innere Kräfte lassen sich allein mit den drei Gleichgewichtsbedingungen

$\Sigma F_V = 0$
$\Sigma F_H = 0$
$\Sigma M = 0$

ermitteln (siehe Band 1, Kapitel 4 »Statische Bestimmtheit«).

10.2 Dreigelenkrahmen

10.2.1 Grafische Ermittlung der Auflagerreaktionen

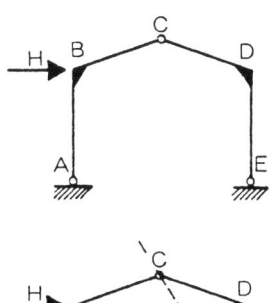

Die Auflagerreaktionen von Dreigelenkrahmen lassen sich leicht grafisch ermitteln.

Horizontale Einzellast

Von der Auflagerreaktion E kennen wir die Wirkungslinie, denn: Da der rechte Rahmenteil C–E unbelastet ist (wir betrachten hier nur die Kraft H, also keine Eigengewichte) und über das Gelenk C auch keine Momente übertragen werden können, muss die Wirkungslinie der Auflagerkraft E durch die Gelenke E und C führen. (Verliefe sie nicht durch C, so hätte sie einen Hebelarm um C, würde also um C drehen – die rechte Rahmenhälfte wäre nicht im Gleichgewicht.)

kann nicht sein!

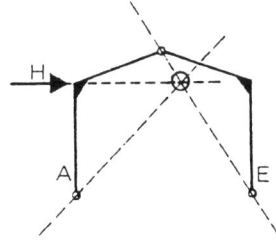

Somit kennen wir die Wirkungslinie der Auflagerkraft E. Durch den Schnittpunkt der Wirkungslinien von H und E muss auch die dritte Wirkungslinie, die der Auflagerkraft A, verlaufen, denn nur wenn sich die drei äußeren Kräfte – H, E und A – in einem Punkt schneiden, ist das System im Gleichgewicht.

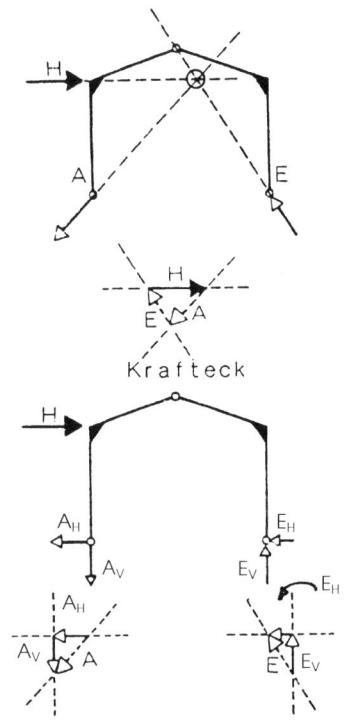

Kraftteck

Sind die *Richtungen* beider Auflagerreaktionen bekannt, lassen sich ihre Größen leicht im *Krafteck* bestimmen.

Sie können jeweils in Horizontal- und Vertikalkomponenten zerlegt werden.

Wir erkennen, dass aus nur horizontaler Last auch vertikale Auflagerkräfte entstehen.

Da keine vertikale Last vorhanden ist, müssen die vertikalen Komponenten der Auflagerreaktionen gleich groß, aber entgegengesetzt gerichtet sein.

Tabellenbuch TS 1.4

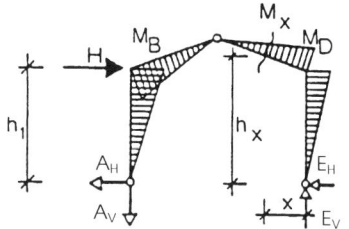

Sind die Auflagerreaktionen bekannt, lassen sich aus ihnen die Biegemomente an jedem beliebigen Querschnitt leicht ermitteln:

$M_B = +A_H \cdot h_1$
$M_D = -E_H \cdot h_1$
$M_x = -E_H \cdot h_x + E_V \cdot x$

M_C muss gleich null sein, denn dort ist ja ein Gelenk!

Verteilte Windlast

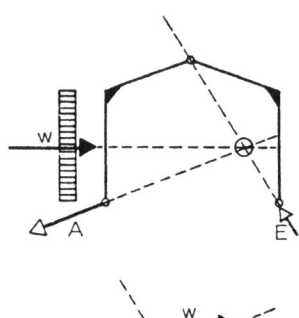

Ähnlich gehen wir mit einer gleichmäßig verteilten Windlast um. Sie wird zunächst in einer Resultierenden zusammengefasst und diese so weiterbehandelt wie oben die Einzelkraft H.

10.2 Dreigelenkrahmen

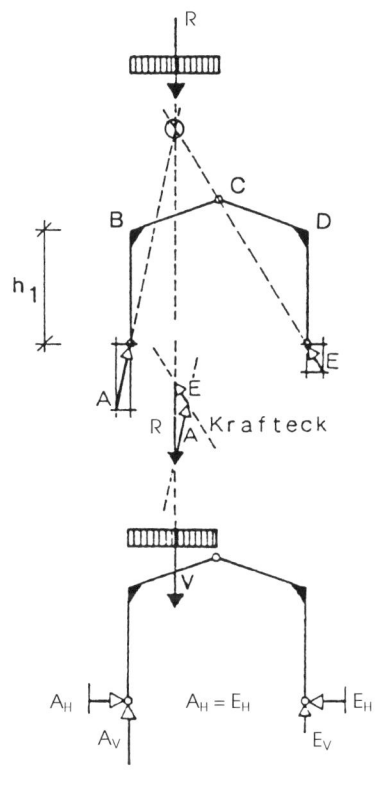

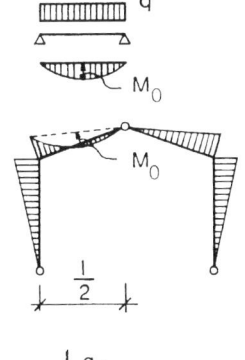

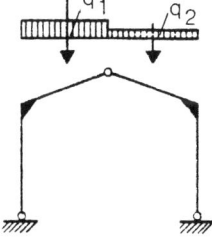

 Gleichmäßig verteilte Vertikallast, einseitig

Auch diese Vertikallast wird in einer Resultierenden zusammengefasst, mit ihr wird so verfahren wie oben mit der Einzellast.

Die Eckmomente sind auch hier:

$M_B = -A_H \cdot h_1$
$M_D = -E_H \cdot h_1$

Da hier keine horizontale Belastung auftritt, müssen die Horizontalkomponenten der Auflagerreaktionen gleich groß, aber entgegengesetzt gerichtet sein, damit $\Sigma F = 0$ ist.

Die nur vertikale Last führt auch zu horizontalen Komponenten der Auflagerkräfte. Diese horizontalen Auflagerreaktionen sind von grundlegender Bedeutung für fast alle Rahmen.

In der Mitte der belasteten Trägerhälfte wird an die Schlusslinie das Moment im rechten Winkel zur Systemachse angehängt, das in einem Träger der Länge $\frac{l}{2}$ auftreten würde:

$$M_0 = \frac{q \cdot \left(\frac{l}{2}\right)^2}{8}$$

**Unterschiedliche Last
auf beiden Rahmenhälften**

In diesem Fall – unterschiedliche Belastung auf beiden Rahmenteilen – ermitteln wir erst die Auflagerreaktionen aus der einen, dann die aus der anderen Last und setzen sie zuletzt an jedem Auflager zusammen.

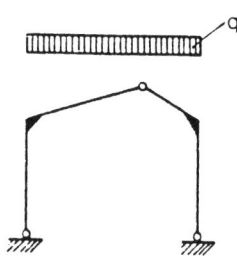

 Unsymmetrische Systeme

Bei unsymmetrischen Systemen wird das gleiche Verfahren angewandt: Zuerst wird die Last auf dem einen Rahmenteil, dann auf dem anderen angesetzt, die Auflagerkräfte werden jeweils ermittelt und schließlich die Kräfte aus beiden Teilen zusammengesetzt.

Gleichmäßig verteilte Vertikallast

Nur in dem Fall

- symmetrisches System,
- symmetrische Last

können wir die Auflagerreaktionen aus beiden Lastteilen in *einem* Arbeitsgang ermitteln:

Auch hier bilden wir die Resultierende aus den Lasten, und zwar getrennt für jede Rahmenhälfte. Wegen der Symmetrie kann im Gelenk C nur eine *horizontale Kraft* übertragen werden – wir kennen also die Richtung der Wirkungslinie in C.

Damit ergibt sich für jede der beiden Last-Resultierenden ein Schnittpunkt mit der Gelenkkraft C. Durch diesen Schnittpunkt muss die Wirkungslinie der Auflagerreaktion dieser Seite laufen.

Wegen $\Sigma F_H = 0$ ist $A_H = C_H$

Wegen $\Sigma F_V = 0$ und Symmetrie
ist $A_V = R_1 = R_2 = E_V$

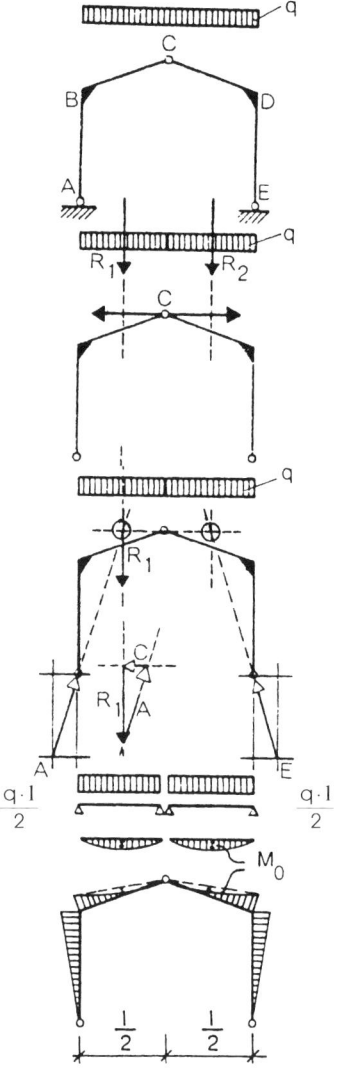

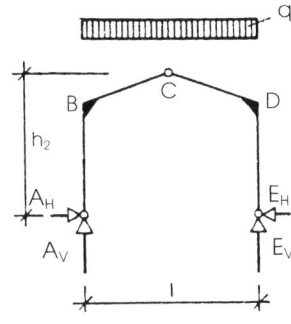

 10.2.2 Rechnerische Ermittlung der Auflagerreaktionen bei gleichmäßig verteilter Vertikallast

Die rechnerische Ermittlung wird hier nur für gleichmäßig verteilte Streckenlast angegeben. (Für die meisten anderen Lastfälle ist die grafische Ermittlung einfacher.)

Wegen Symmetrie ist:

$$A_V = E_V = \frac{q \cdot l}{2}$$

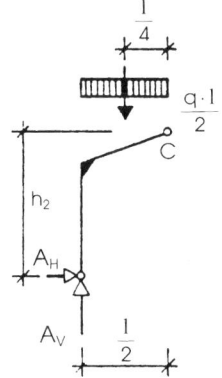

Die horizontale Auflagerreaktion ergibt sich aus $\Sigma M = 0$ um Drehpunkt C:

$$-\frac{q \cdot l}{2} \cdot \frac{l}{4} + A_V \cdot \frac{l}{2} - A_H \cdot h_2 = 0$$

Wir setzen für $A_V = \frac{q \cdot l}{2}$ ein und erhalten:

$$-\frac{q \cdot l}{2} \cdot \frac{l}{4} + \frac{q \cdot l}{2} \cdot \frac{l}{2} - A_H \cdot h_2 = 0$$

$$\Rightarrow A_H = \frac{q \cdot l^2}{8 \cdot h_2}$$

Wegen $\Sigma F_H = 0$ – und in diesem Fall wegen der Symmetrie – ist:

$A_H - E_H = 0$

$$A_H = E_H = \frac{q \cdot l^2}{8 \cdot h_2}$$

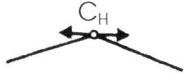

 Wegen $\Sigma F_H = 0$ muss auch im Gelenk C in diesem Lastfall (keine horizontalen Lasten) dieselbe H-Kraft übertragen werden wie in den Auflagern:

$$C_H = \pm \frac{q \cdot l^2}{8 \cdot h_2}$$

Dieses Ergebnis können wir uns auch anders klarmachen.

Vergleichen wir: Bei diesem Einfeldträger ist in der Mitte:

$$\max M = \frac{q \cdot l^2}{8}$$

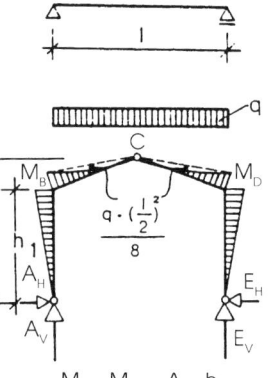

Bei unserem Dreigelenkrahmen ist aber genau in der Mitte das Gelenk C. Dort kann kein Moment aufgenommen werden. Deshalb tritt an die Stelle des maximalen Biegemomentes die Wirkung der horizontalen Auflagerkraft A_H mal ihrem Hebelarm h_2.

$A_H \cdot h_2$ muss also gleich $\dfrac{q \cdot l^2}{8}$ sein.

$$A_H \cdot h_2 = \frac{q \cdot l^2}{8}$$
$$A_H = \frac{q \cdot l^2}{8 \cdot h_2} = E_H$$

Die Eckmomente M_B und M_D ergeben sich dann mit:

$M_B = -A_H \cdot h_1$
$M_D = -E_H \cdot h_1 = M_B$

10.2 Dreigelenkrahmen

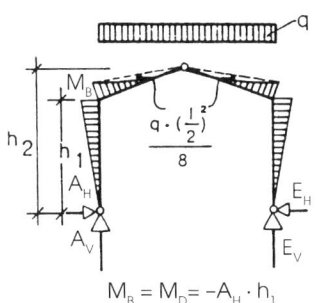

An die Verbindungsgeraden zwischen den Eckmomenten M_B bzw. M_D und dem Gelenkpunkt C werden die M_0-Parabeln mit

$$M_0 = \frac{q \cdot \left(\frac{l}{2}\right)^2}{8}$$

angetragen. Damit ergeben sich auch die positiven Momente im Riegel. Diese sind allerdings bei geringer Neigung des Riegels und beidseitig gleichmäßig verteilter Last sehr klein – so klein, dass sie im Maßstab der nebenstehenden Skizzen fast nicht erkennbar sind.

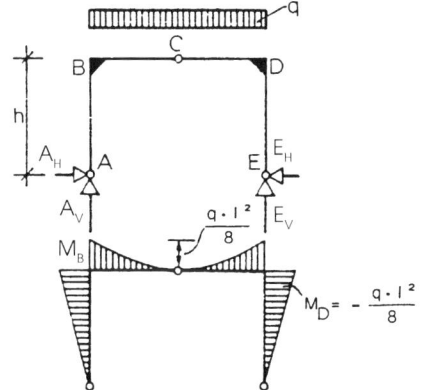

An diesem Dreigelenkrahmen mit horizontalem Riegel treten unter q nur negative Momente auf. Die beiden Riegelhälften wirken wie Kragarme aus den Rahmenecken:

$$M_B = M_D = \frac{q \cdot \left(\frac{l}{2}\right)^2}{2} = -\frac{q \cdot l^2}{8}$$

Tabellenbuch TS 1.4

Die Vorzeichenregel für Biegemomente müssen wir erweitern. Wir erinnern uns:

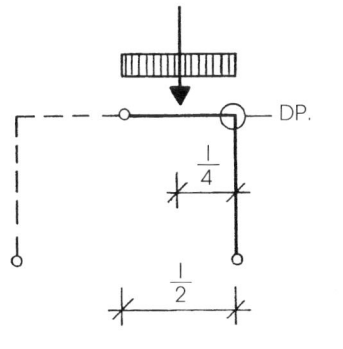

Bei einem Balken werden positive Momente unten, negative Momente oben eingetragen, also jeweils auf der Zugseite. Entsprechend wird auch im Riegel des Rahmens das positive Moment unten, die negativen Eckmomente oben eingetragen.
Die Eckmomente werden in die Stiele gleichsam herumgeklappt. Sie erzeugen in den Stielen außen Zug, werden also außen eingetragen.

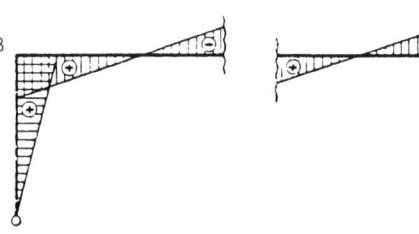

Zug oben oder außen
⇒ negatives Moment
Zug unten oder innen
⇒ positives Moment

Vorzeichenregel   *Vorzeichenregel*

10.2.3 Einhüftige Dreigelenkrahmen

Der einhüftige Rahmen ist eine Sonderform des Dreigelenkrahmens.

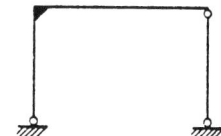

Horizontale Einzelkraft

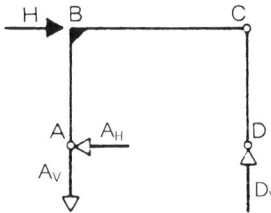

Über die senkrechte Pendelstütze C–D kann keine Horizontalkraft zum Auflager D übertragen werden. Die gesamte Kraft H wird deshalb von A_H aufgenommen:

$A_H = H$

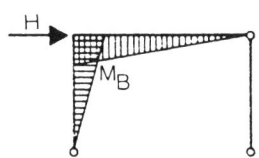

Daraus ergibt sich das Eckmoment M_B mit:

$M_B = A_H \cdot h$

Gleichmäßig verteilte vertikale Last

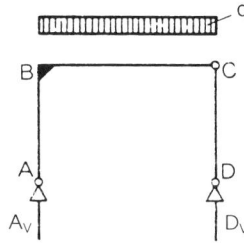

Wie groß ist M_B unter dieser vertikalen Last?

Wie groß ist A_H?

Stellen wir uns vor: Die Pendelstütze C–D kann keine Horizontalkraft übertragen. Deshalb kann am Auflager D keine Horizontalkraft auftreten. (Horizontale Lasten beinhaltet dieser Lastfall nicht.)

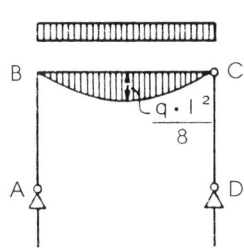

 Daraus folgt: Auch bei A kann keine Horizontalkraft auftreten – sie stünde vereinzelt da, es wäre nicht mehr $\Sigma F_H = 0$.

Wenn
$A_H = 0$

ist das Eckmoment

$M_B = 0 \cdot h$
$M_B = 0$

Das Moment im Riegel ist deshalb wie im gelenkig gelagerten Einfeldträger:

$$\max M = \frac{q \cdot l^2}{8}$$

Hier haben wir also einen Ausnahmefall unter den Rahmen: Während für alle anderen Rahmen die Horizontalkräfte in den Auflagern das Tragverhalten entscheidend bestimmen, tritt bei diesem keine horizontale Auflagerreaktion unter Vertikallast auf.

10.2.4 Form der Dreigelenkrahmen

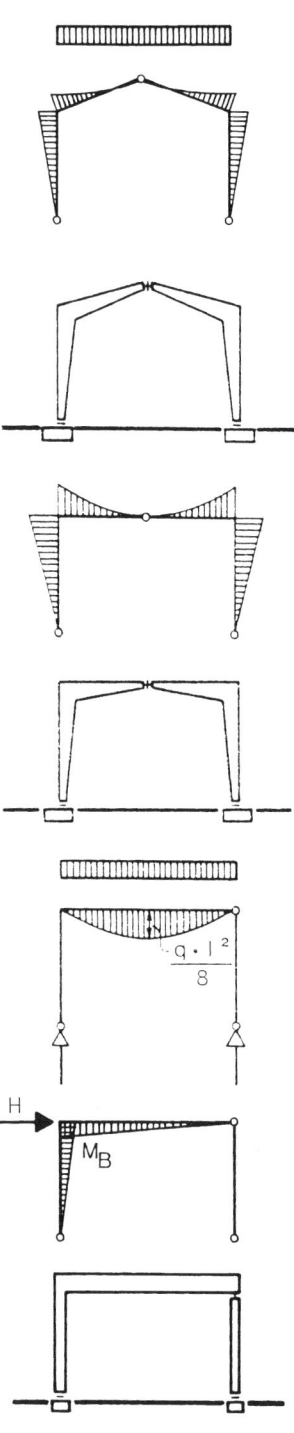

An den Gelenken kann die Dicke erheblich verringert werden, aber selbstverständlich nie bis auf null auslaufen. Bei Dreigelenkrahmen sind fast immer die Momente in den Ecken am größten – also sollen dort auch die Rahmen ihre größte Dicke haben. (Vgl. auch Abschnitt 10.3.4 »Form der Zweigelenkrahmen«.)

Beim einhüftigen Dreigelenkrahmen ergibt sich die Dicke des Riegels aus dem Feldmoment $\left(\text{meist } \dfrac{q \cdot l^2}{8}\right)$, die Dicke des Stiels an der Ecke aus dem Eckmoment infolge einer H-Kraft.

In den meisten Fällen wird dieses Eckmoment durch eine H-Kraft deutlich kleiner sein als das maximale Feldmoment. Auch der biegesteif verbundene Stiel kann dann parallel sein; eine konisch zulaufende Form wäre bei kleinem Eckmoment nur wenig ausgeprägt.

10.3 Zweigelenkrahmen

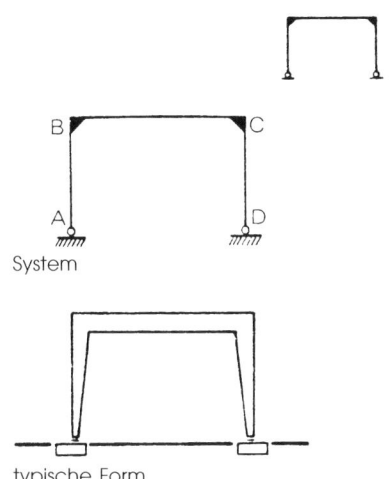

System

typische Form

Die beiden Stiele sind mit dem Riegel biegesteif verbunden. Auf der Unterkonstruktion (meist den Fundamenten) hingegen stehen die Stiele gelenkig auf.

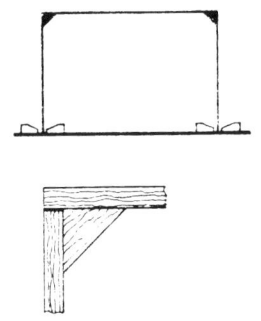

An einem Modell aus Holz oder Pappe veranschaulichen wir uns die Verformungen und die Auflagerreaktionen unter Last. Das Modell muss so gebaut sein, dass die Ecken wirklich biegesteif sind – kleine Klötzchen als Eckversteifungen sind hier hilfreich.

10.3.1 Horizontale Einzelkraft

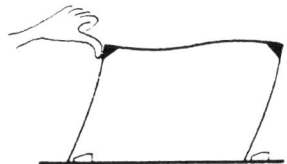

Das Modell lässt gleiche Durchbiegungen der beiden Stiele erkennen. Voraussetzung hierfür sind unverschiebliche Auflager. Die Ecken werden verdreht, aber ihre Winkel bleiben unverändert. Die Durchbiegung der Stiele setzt sich über die verdrehten Ecken in den Riegel fort und führt dort zu einer S-förmigen Durchbiegung mit dem Wendepunkt in Riegelmitte.

Tabellenbuch TS 1.4

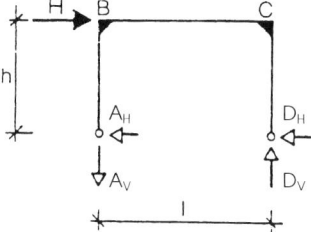

 Auflagerkräfte und Momente

Die Horizontalkraft H erzeugt in den beiden Auflagern A und D horizontale Auflagerreaktionen. Wenn der Rahmen symmetrisch ist, sind sie gleich groß, das heißt, H verteilt sich zu gleichen Teilen auf die beiden Auflager.

Dies ist leicht einzusehen, denn die Ecken B und C werden um die gleiche Strecke verschoben, und die Stiele werden in der gleichen Weise verbogen, wie das Modell zeigt:

$$A_H = D_H = \frac{H}{2}$$

Treten unter nur horizontaler Last auch vertikale Auflagerkräfte auf?
Wir erinnern uns an die Gleichgewichtsbedingungen:

$\Sigma F_V = 0$
$\Sigma F_H = 0$
$\Sigma M = 0$

Um den Auflagerpunkt D wirkt infolge H das Drehmoment $H \cdot h$ (rechtsdrehend, d.h. nach unserer Vorzeichenregel für Drehmomente: positiv). Keine der horizontalen Auflagerreaktionen kann um D ein Gegenmoment erzeugen, denn sie bzw. ihre Wirkungslinien laufen beide durch D.

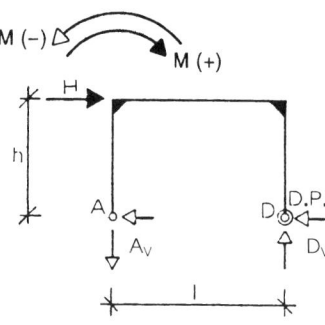

Damit $\Sigma M = 0$ wird, muss in A eine Vertikalkraft angreifen. Sie muss nach unten wirken, damit sie um D linksherum dreht.

$H \cdot h - A_V \cdot l = 0$

$\Rightarrow A_V = \dfrac{H \cdot h}{l}$

10.3 Zweigelenkrahmen

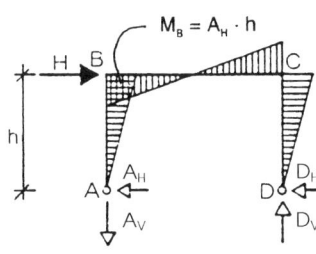

 (Da die Reaktion A_V schon nach unten wirkend eingezeichnet und so in die Gleichung eingesetzt wurde, darf diese Richtung nicht nochmals durch ein negatives Vorzeichen dargestellt werden, denn damit würde der Richtungssinn wieder umgedreht.)

Damit $\Sigma F_V = 0$ ist, muss in D eine gleich große Kraft entgegengesetzt, also nach oben wirken.

$$D_V = \frac{H \cdot h}{l}$$

Sind die Auflagerkräfte bekannt, ergeben sich daraus die Biegemomente (Moment ist immer Kraft mal Hebelarm).
A_H bewirkt in Ecke B das Moment:

$$\boxed{M_B = A_H \cdot h}$$

Das Moment im Stiel wächst von null am Auflager A (dort ist ein Gelenk, das Moment kann also nur null sein) linear bis zum größten Wert an der Ecke B.

Die Vertikalkraft A_V erzeugt kein Moment um B, weil B auf der Wirkungslinie der Vertikalkraft liegt (wenn der Stiel senkrecht steht).

Das Moment im Stiel kann nicht bei B plötzlich enden; es läuft in gleicher Größe um die Ecke herum, setzt sich also im Riegel fort. An der Ecke ist das Moment im Stiel und im Riegel gleich groß.

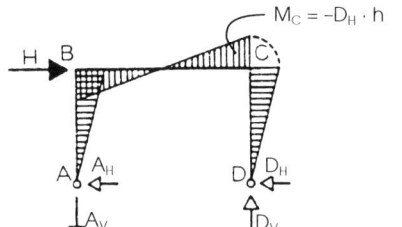

Bevor wir den Momentenverlauf im Riegel verfolgen, betrachten wir das Moment in der Ecke C:

$$M_C = -D_H \cdot h$$

Das negative Moment ergibt sich, weil der Zug hier an der Außenseite wirkt. Weil die Auflagerkräfte A_H und D_H gleich groß sind und auch die Höhe h beider Ecken gleich ist, ergibt sich die gleiche Größe der beiden Eckmomente M_B und M_C – nur das Vorzeichen ist umgekehrt, gemäß unserer Vorzeichenregel. Auch das Eckmoment M_C geht in gleicher Größe um die Ecke vom Stiel in den Riegel, es wird also gleichsam »umgeklappt«.

Im Riegel verläuft die Verbindungslinie zwischen den beiden Eckmomenten gerade. Dieser gerade Verlauf ergibt sich, weil in diesem Lastfall keine Lasten unmittelbar auf den Riegel wirken (siehe Band 1, Kapitel 5 »Innere Kräfte und Momente«).

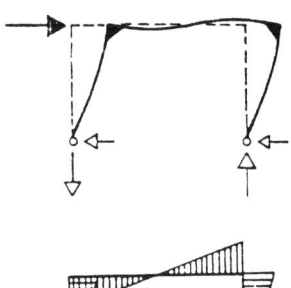
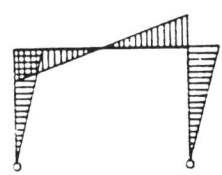

Vergleichen wir die Momentenlinien mit der Verformung: Die Durchbiegung der Stiele lässt den Zug jeweils auf der rechten Seite erkennen. Dort wird durch die Zugspannung aus dem Moment der Stiel gelängt; die Biegelinie ist auf der Zugseite konvex. Im Riegel wechselt die Biegerichtung und damit wechselt auch das Vorzeichen des Momentes. In der Mitte – am Wendepunkt der Biegelinie – hat die Momentenlinie ihren Nulldurchgang.

10.3 Zweigelenkrahmen

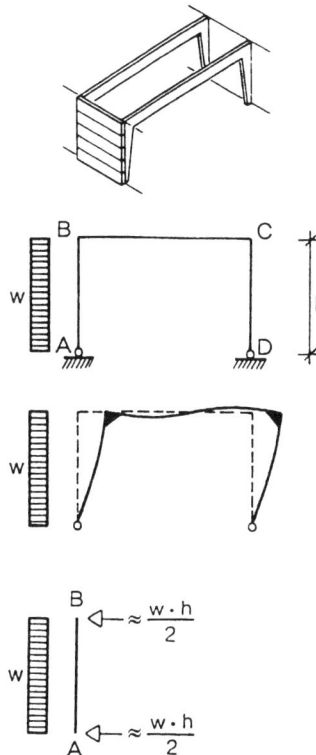

 ### 10.3.2 Wind – über die Stielhöhe gleichmäßig verteilt

Dieser Lastfall tritt z. B. auf, wenn die Fassade aus horizontal angeordneten Elementen aufgebaut ist, die sich an die Stiele anlehnen und so die Windkraft unmittelbar auf diese übertragen. Dann wirkt der Stiel wie ein senkrecht aufgestellter Träger mit Einspannung oben an der Ecke. Die gleichmäßig verteilte Windkraft geht etwa zur einen Hälfte unmittelbar in das Auflager A, zur anderen in die Ecke B. (Genau genommen ist der Lastanteil der Ecke etwas größer, weil der Stiel dort eingespannt ist. Aber das wollen wir hier vernachlässigen.)

Oben und unten ist also der Anteil jeweils etwa:

$$\frac{w \cdot h}{2}$$

Der Anteil, der in die Ecke B geht, verteilt sich wiederum je zur Hälfte auf die Auflager A und D, also jeweils:

$$\frac{w \cdot h}{4}$$

Damit wird insgesamt:

$$A_H = \frac{w \cdot h}{2} + \frac{w \cdot h}{4} = \frac{3 \cdot w \cdot h}{4}$$

$$D_H = \frac{w \cdot h}{4}$$

(Richtung der Kräfte: siehe Pfeile in den Skizzen.)

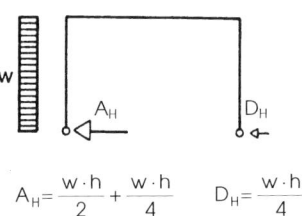

$A_H = \frac{w \cdot h}{2} + \frac{w \cdot h}{4}$ $\quad D_H = \frac{w \cdot h}{4}$

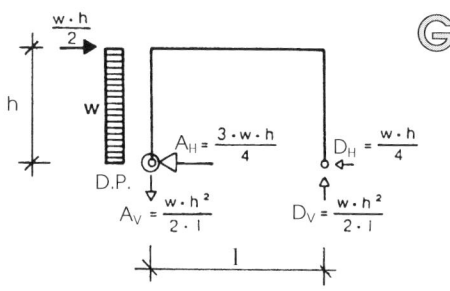

Für die vertikalen Auflagerkräfte ergibt $\Sigma M = 0$ um den Drehpunkt A:

$$-D_V \cdot l + w \cdot \frac{h}{2} \cdot h = 0$$

$$D_V = \frac{w \cdot h^2}{2 \cdot l}$$

aus

$$\Sigma F_V = 0$$

folgt:

$$A_V + D_V = 0$$

$$A_V = -D_V$$

$$A_V = -\frac{w \cdot h^2}{2 \cdot l}$$

(Das negative Vorzeichen erscheint nicht in der Skizze, weil dort die Richtung der Kräfte durch Pfeile angegeben ist.)

Das Eckmoment M_B ergibt sich aus der Auflagerkraft A_H und der Windkraft w auf dem Stiel:

$$M_B = A_H \cdot h - w \cdot \frac{h}{2} \cdot h$$

$$= \frac{3 \cdot w \cdot h}{4} \cdot h - \frac{w \cdot h^2}{2}$$

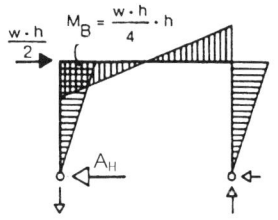

Ecke $\quad M_B = \frac{w \cdot h^2}{4}$

Entsprechend ist das Eckmoment M_C:

$$M_C = -D_H \cdot h = \frac{w \cdot h}{4} \cdot h$$

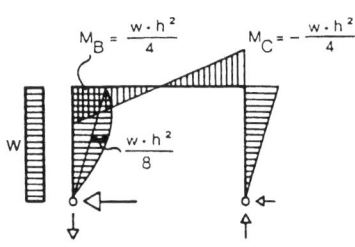

Ecke $\quad M_C = \frac{w \cdot h^2}{4}$

An die Verbindungsgerade zwischen $M_A = 0$ und $\quad M_B = \frac{w \cdot h^2}{4} \quad$ wird

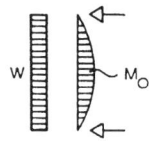

Stiel $\quad M_0 = \frac{w \cdot h^2}{8} \quad$ angetragen.

10.3.3 Gleichmäßig verteilte vertikale Last

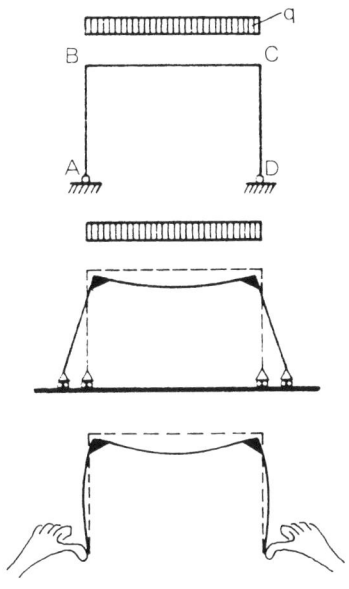

Entstehen aus dieser nur vertikalen Last auch horizontale Auflagerkräfte?

Stellen wir das Modell zunächst ohne seitlichen Widerstand auf. Die Stiele rutschen seitlich weg!

Wir müssen horizontale Kräfte ansetzen, um die unteren Stielenden wieder in ihre ursprüngliche Lage zurückzudrücken.

Diese horizontalen Auflagerreaktionen verbiegen die Stiele und beeinflussen auch die Biegelinie des Riegels. Sie erzeugen Momente in Stielen, in Ecken und im Riegel.

Tabellenbuch TS 1.4

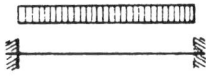

Auflagerkräfte und Momente

Der Riegel wirkt wie ein Träger, der links und rechts in die beiden Stiele eingespannt ist. Dies ist jedoch keine volle Einspannung, denn die Stiele sind – wie auch der Riegel – elastisch verformbar. Wie stark die gegenseitige Einspannung des Riegels ist, hängt von der Steifigkeit der Stiele einerseits und der des Riegels andererseits ab.

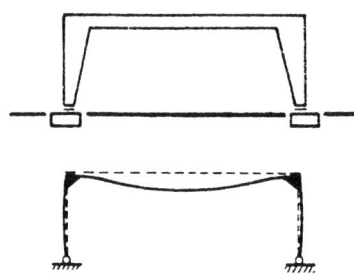

 Bei diesem Rahmen ist ein schlanker langer Riegel in kurze dicke Stiele eingespannt. Die Ecken werden sich nur wenig verdrehen, die Einspannung des Riegels ist hoch.

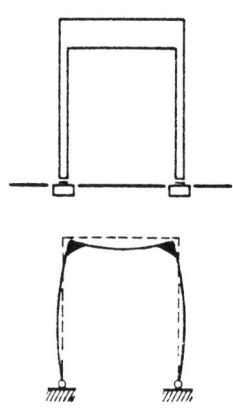

Bei diesem Rahmen hingegen sind die Stiele hoch und schlank, der Riegel ist kurz und dick. Der steife Riegel findet in den weichen Stielen nur wenig Verdrehungswiderstand – seine Einspannung in den Stielen ist gering.

Hier finden wir eine wichtige Eigenschaft statisch unbestimmter Systeme wieder:

Kräfte und Momente sind nicht nur abhängig von den Lasten und den System-Abmessungen, sondern auch vom *Verhältnis der Steifigkeiten*.

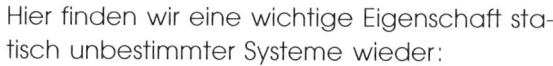

Bei einem **statisch bestimmten** System (z. B. bei einem Träger auf zwei Stützen, gelenkig gelagert, oder bei einem Dreigelenkrahmen) sind Auflagerreaktionen und Biegemoment unabhängig von der Steifigkeit.

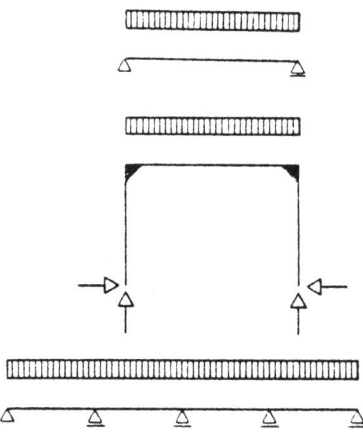

Bei einem **statisch unbestimmten** System hingegen (z. B. bei einem Zweigelenkrahmen oder einem Durchlaufträger) werden sowohl Auflagerreaktionen als auch Biegemomente vom Verhältnis der Steifigkeiten der Systemteile beeinflusst.

10.3 Zweigelenkrahmen

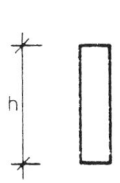

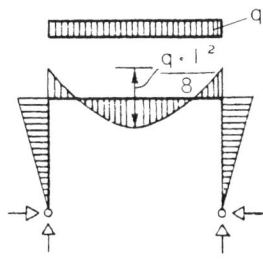

 Für die Größe der Einspannung des Riegels in den Stielen ist maßgebend das Verhältnis der Steifigkeit des Riegels zu der der Stiele.

Die Steifigkeit ist jeweils $\dfrac{I_R}{l}$ bzw. $\dfrac{I_S}{h}$,

also Trägheitsmoment des Riegels durch Länge des Riegels bzw. Trägheitsmoment der Stiele durch Höhe der Stiele.

(Hier ist h die Höhe des Rahmens, nicht zu verwechseln mit dem Querschnittsmaß h. Hier reicht mal wieder das Alphabet nicht.)

Wir erinnern uns: Das Trägheitsmoment eines Rechteckquerschnitts ist:

$I = \dfrac{b \cdot h^3}{12}$ (Hier ist h ein Maß des Querschnitts.)

 Der Riegel ist an den Ecken in die Stiele eingespannt, die Einspannmomente sind also die Eckmomente. Beide Eckmomente dieses Lastfalls – Last auf dem Riegel – sind negativ. Das Feldmoment des Riegels erhalten wir, wenn wir zwischen die Eckmomente den wohlbekannten Wert

$\dfrac{q \cdot l^2}{8}$ antragen.

Die Eckmomente gehen in unveränderter Größe um die Ecke herum in die Stiele. Dort verlaufen sie von der Ecke geradlinig bis zum Wert null an den gelenkigen Auflagern.

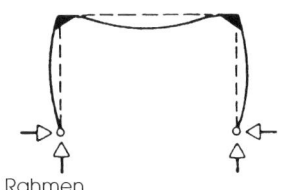
Rahmen

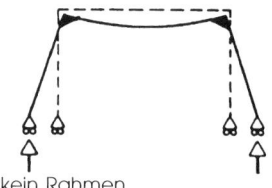
kein Rahmen

 Die Eckmomente bewirken Horizontalkräfte in den Auflagern. Ohne diese horizontalen Auflagerreaktionen würde der Rahmen an den Fußpunkten auseinandergehen, die Eckmomente würden zu null; er würde nicht mehr als Rahmen wirken. Der Rahmen braucht also die Fähigkeit der Auflager, auch Horizontalkräfte aufzunehmen!

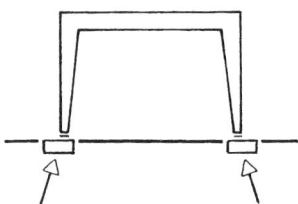

Die Horizontalkräfte sind unter nur vertikaler Last gleich groß und gegeneinander gerichtet – sie heben sich auf. Dies ist notwendig, damit $\Sigma F_H = 0$ ist.

Die Horizontalkräfte in den Auflagern können von Fundamenten aufgenommen werden. Da die Resultierende aus Vertikal- und Horizontalkräften im Auflager schräg nach außen verläuft, ist es sinnvoll, die Fundamente nicht mittig unter den Stielen, sondern nach außen versetzt anzuordnen (siehe Kapitel 12 »Gründungen«).

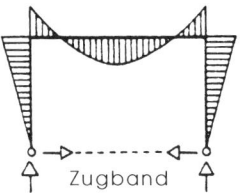
Zugband

Die H-Kräfte können aber auch von der Unterkonstruktion aufgenommen werden: von einer Decke oder Bodenplatte, in die ein Zugband eingelegt ist, das heißt zusätzliche Stähle, die die Auflager verbinden und so die H-Kräfte miteinander koppeln.

10.3 Zweigelenkrahmen

 Größe der Momente

Im Rahmen wird das volle Einspannmoment nie erreicht – es würde unendlich steife Stiele voraussetzen. Die Eckmomente sind immer kleiner.

Sind die Steifigkeitsverhältnisse so, dass die Eckmomente $-\frac{q \cdot l^2}{16}$ betragen, so ist das Feldmoment:

$$M_F = -\frac{q \cdot l^2}{16} + \frac{q \cdot l^2}{8} = \frac{q \cdot l^2}{16},$$

also Eck- und Feldmomente sind gleich groß. Ein Riegel von gleichbleibender Stärke kann in diesem Fall sowohl in seiner Mitte als auch an den Ecken voll ausgelastet werden.

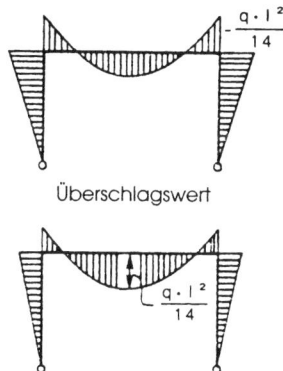

Überschlagswert

Da diese günstige Verteilung aber nur in Ausnahmefällen erreicht wird, weitaus häufiger entweder Eckmomente oder Feldmomente größer sind, kann als erste grobe Schätzung für die Bemessung des Riegels:

$$\boxed{M \cong \pm \frac{q \cdot l^2}{14}}$$ angenommen werden.

Tabellenbuch TS 1.4

(Näheres siehe Tabellenbuch TS 1.4 und Zahlenbeispiel Kapitel 11 »Bemessung: Längskraft + Biegung«.)

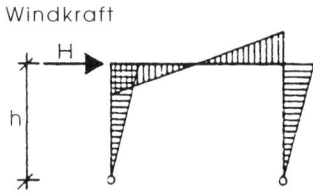

Windkraft

 Hinzu kommen in den Ecken die Momente aus der Windkraft (siehe Abschnitt 10.3.1 »Horizontale Einzelkraft«). Für sie ist der Wert so leicht zu ermitteln, dass sich ein Überschlagswert erübrigt.

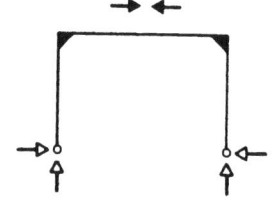

Bei der *Bemessung* ist zu bedenken, dass sowohl in den Stielen als auch im Riegel *Momente* und *Längskräfte* gleichzeitig auftreten. In den Stielen wirken die vertikalen Auflagerreaktionen als Längskräfte, im Riegel die horizontalen Auflagerreaktionen, die über Stiele und Riegel den ganzen Rahmen zusammendrücken (siehe Kapitel 11 »Bemessung: Längskraft + Biegung«).

10.3.4 Form der Zweigelenkrahmen

Da Eckmomente immer im Stiel und im Riegel gleich groß sind, sollten auch die Abmessungen von Stiel und Riegel an der Ecke gleich sein. Die Dicke des Riegels bleibt meist über seine ganze Länge gleich.

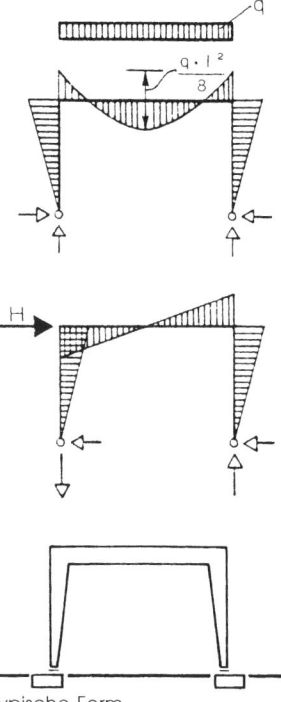

typische Form

An den gelenkigen Auflagern werden die Momente zu null. Hier können die Stiele dünner sein als an den Ecken. Selbstverständlich kann ihre Dicke nicht zu null auslaufen, nicht nur, weil dies konstruktiv nicht ausführbar ist, sondern auch wegen der Längs- und Querkräfte. Diese sind hier gleich den vertikalen und horizontalen Auflagerkräften.

Längskraft: $N_A = A_V$
Querkraft: $V_A = -A_H$

10.4 Eingespannte Rahmen

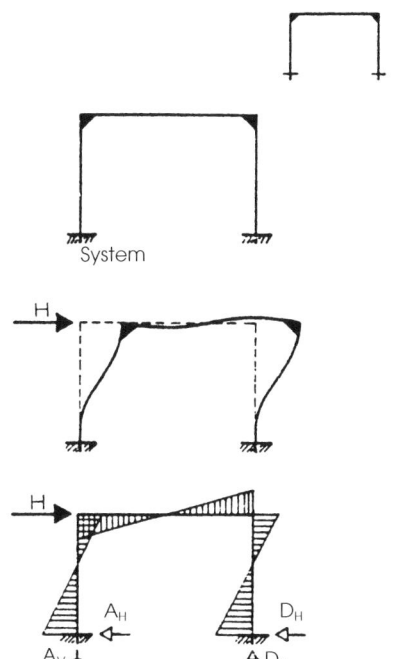

Sind die Stiele an den Fußpunkten mit den Fundamenten oder einer anderen unteren Konstruktion biegesteif verbunden (eingespannt), entstehen auch an diesen Einspannungen Momente.

Die Stiele müssen infolge der Einspannung an der Einspannstelle ihre ursprüngliche Richtung – meist vertikal – zunächst beibehalten. Erst im Verlauf ihrer Höhe können sie durch Biegung ihren Verlauf ändern.

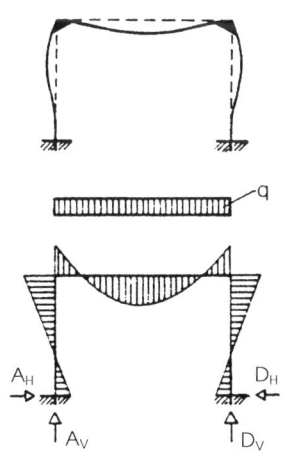

Die Stiele werden durch die Einspannung steifer als die eines entsprechenden Zweigelenkrahmens. Die Momente am einspannenden Auflager sind immer denen der Ecken entgegengesetzt, sodass auch in den Stielen ein Momenten-Nullpunkt entsteht.

Auch unter nur vertikaler Last entstehen nun Einspannmomente an den Fußpunkten und Momenten-Nullpunkte in Riegel und Stielen. In den Stielen liegen die Nullpunkte in der Regel in den unteren Drittelpunkten.

Tabellenbuch TS 1.4 (Genaue Werte: Tabellenbuch TS 1.4)

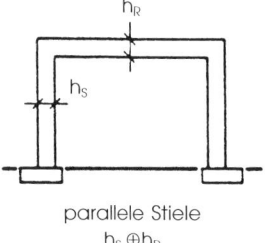

parallele Stiele
$h_S \oplus h_R$

Ⓖ **Form des eingespannten Rahmens**

Da beim eingespannten Rahmen auch an den Fußpunkten Momente auftreten, ist es richtig, die Stiele parallel auszuführen. Bedenkt man weiter, dass die Eckmomente in den Stielen und im Riegel gleich sind, liegt es nahe, Stielen und Riegel den gleichen Querschnitt zu geben.

Ein eingespannter Rahmen ist nur möglich, wenn die Fundamente oder eine andere Unterkonstruktion die Einspannmomente aufnehmen können.

Fast nie werden eingespannte Rahmen aus Holz gebaut, denn hölzerne Stiele lassen sich nur mit großem Aufwand über Zwischenteile aus Stahl im Fundament einspannen.

 ## 10.5 Mehrstielige Rahmen

Mehrstielige Rahmen können mit gelenkigen oder mit eingespannten Fußpunkten ausgebildet werden.

Die inneren Stiel-Riegel-Verbindungen, aber auch die Ecken, werden als »Knoten« bezeichnet.

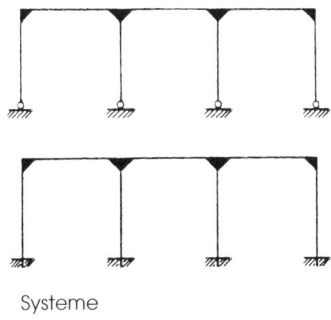

Systeme

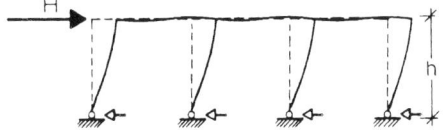

Horizontale Lasten (z. B. aus Wind) verteilen sich auf alle Auflager. Je größer die Zahl der Stiele und damit der Auflager, umso kleiner die Reaktionen, die auf die einzelnen Auflager entfallen – umso kleiner auch die Momente in den Ecken und anderen Knoten und auch die horizontale Verschiebung.

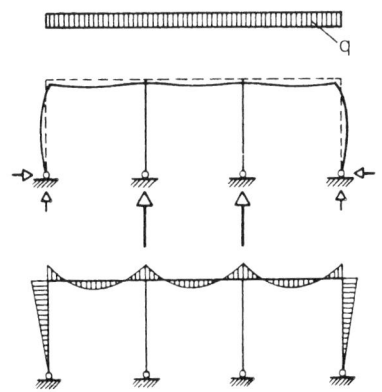

Vertikale Lasten erzeugen vor allem in den äußeren Ecken und Stielen Momente. Über den inneren Stielen heben sich die nach links und die nach rechts drehenden Momente des Riegels teilweise auf – nur die Differenz wirkt im Stiel. Deshalb sind die Momente in den Innenstielen oft vernachlässigbar klein.

10.6 Stockwerkrahmen

Hier wird Rahmen auf Rahmen getürmt und jeder in den darunterliegenden eingespannt. Die Vielzahl steifer Knoten dient vor allem der Aufnahme der Windkräfte.

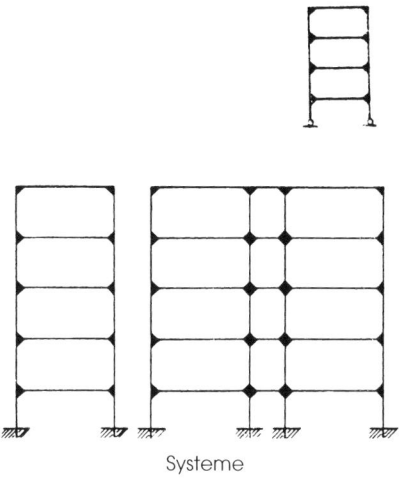

Systeme

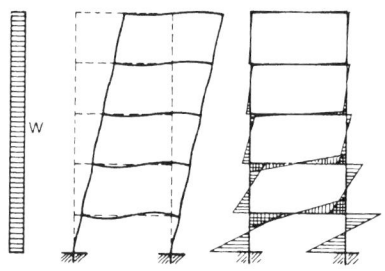

In jedem Geschoss müssen die Windkräfte aller darüberliegenden Geschosse aufgenommen werden – dadurch werden die H-Kräfte und die Eckmomente aus Wind nach unten immer größer.

Die Momente aus vertikalen Lasten unterscheiden sich nicht wesentlich von denen entsprechender eingeschossiger Rahmen. Sie sind in jedem Geschoss etwa gleich.

10.7 Knickverhalten von Rahmen

10.7.1 Allgemeines

In Rahmen-Riegeln und Stielen tritt gleichzeitig Biegung und Druck auf. Die Bemessung solcher Bauteile wird in Kapitel 11 »Bemessung: Längskraft + Biegung« besprochen.

Zunächst aber müssen wir überlegen, wie sich die Teile eines Rahmens gegen Knicken verhalten. Wir werden erkennen, dass auch dabei immer das Gebäude als Ganzes gesehen werden muss.

Wir werden auch sehen, dass für Riegel und Stiele die Euler-Fälle nicht genau zutreffen. Eine exakte Ermittlung des Knickverhaltens kann der Ingenieur nur durch umfangreichere Untersuchungen feststellen. Hier werden wir uns darauf beschränken, Näherungen zu suchen.

10.7.2 Riegel

Die horizontalen Auflagerreaktionen erzeugen im Riegel Druck.

Wie Balken und Träger werden auch Rahmen-Riegel meist wesentlich höher (dicker) als breit ausgebildet. Knickgefährdet scheint der Riegel deshalb vor allem über seine geringe Breite, weniger über seine größere Dicke. (Wir sprechen hier von »Dicke« statt von »Höhe«, um Verwechslungen mit der Höhe des Systems zu vermeiden.)

Wir müssen also nach den Richtungen unterscheiden:

– in Richtung der *Breite*, das heißt *quer* zur Rahmenebene

– in Richtung der *Dicke*, das heißt *in* der Rahmenebene.

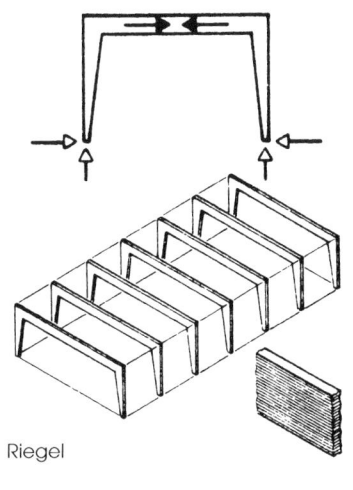

Riegel

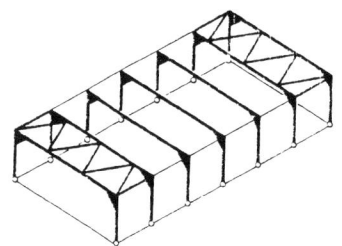

 Riegel – Knicken quer zur Rahmenebene

Gegen die Knickgefahr über die Breite lässt sich Abhilfe finden: Ist eine steife Dach- oder Deckenscheibe vorhanden, kann der Riegel nicht *seitlich* ausknicken. Ist eine solche Scheibe nicht vorhanden, gibt es doch meist in der Decke liegende Fachwerkträger o. Ä. für die Windaussteifung (siehe Abschnitt 2.3 »Hallen *ohne* steife Dachscheibe« und 2.4 »Hallen *mit* steifer Dachscheibe«). Fast immer ist es möglich, sie zur Aussteifung gegen Knicken heranzuziehen.

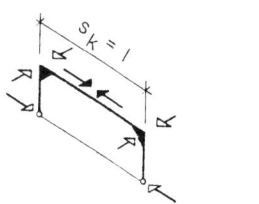

Fazit: Der Riegel kann quer zur Rahmenebene nicht knicken, wenn er in der Dach- oder Deckenfläche entsprechend ausgesteift wird.

Nur da, wo diese Aussteifung nicht möglich ist, muss der Riegel auch auf Knicken bemessen werden.

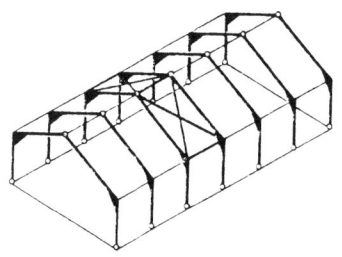

Die Firstgelenke dieser Dreigelenkrahmen müssen gegen seitliches Ausweichen gesichert werden.

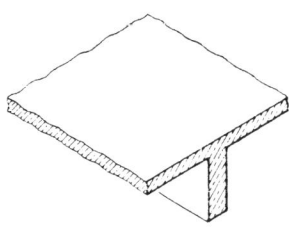

Fast immer liegt die Dach- oder Deckenplatte über dem Riegel oder im *oberen* Bereich des Riegels, dort also, wo sich der Druck aus Biegung (im Bereich der Feldmitte) und die Längskraft addieren und somit die Aussteifung gegen Knicken am notwendigsten ist.

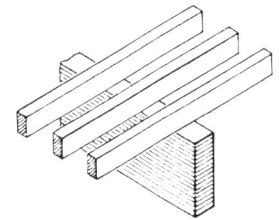

Riegel – Knicken in der Rahmenebene

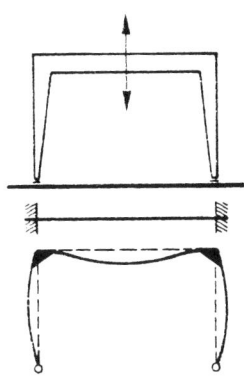

Die innere Höhe des Riegels ist meist so groß, dass Knicken in Richtung der Rahmenebene keine oder nur eine geringe Rolle spielt.

10.7.3 Stiele

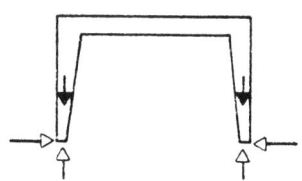

Die Normalkraft in den Stielen ist gleich der vertikalen Auflagerreaktion.

Auch hier müssen wir wieder die Richtungen:

- quer zur Rahmenebene und
- in der Rahmenebene

unterscheiden.

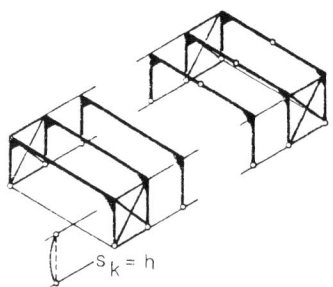

Euler-Fall 2

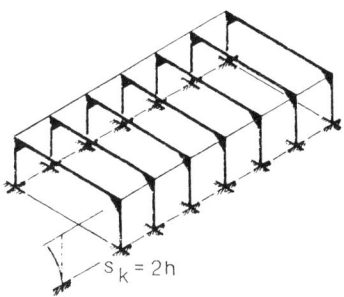

Euler-Fall 1

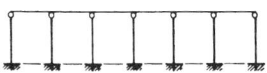

Euler-Fall 1

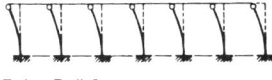

Euler-Fall 2

 Stiele – Knicken quer zur Rahmenebene

In Richtung *quer zur Rahmenebene* sind die Eckpunkte meist durch aussteifende Maßnahmen (z. B. Scheiben in Hallen-Längsrichtung) unverschieblich festgehalten. Ist der Rahmen unten gelenkig gelagert, ergibt sich damit für die Stiele Euler-Fall 2: Knicklänge gleich Stielhöhe:

$s_k = h$

Im hier skizzierten Fall hingegen sind zur Aussteifung quer zur Rahmenebene die Fußpunkte eingespannt – weitere Aussteifungen in dieser Richtung sind nicht vorhanden. Dies entspricht dem Euler-Fall 1: Knicklänge gleich doppelte Stielhöhe:

$s_k = 2\,h$

(Die Einspannung in eine Richtung führt auch zur Einspannung in die andere Richtung; der beschriebene Fall kommt also nur beim eingespannten Rahmen vor.)

Ist das aber nicht Euler-Fall 3: an einem Ende eingespannt, am anderen gelenkig gelagert? *Nein!*

Die gelenkige Verbindung oben sorgt nur dafür, dass alle Stiele gleichzeitig nach derselben Seite ausweichen. Hier knickt jeder Stiel nach Euler-Fall 1.

Hier ist für Unverschieblichkeit der gelenkigen Anschlusspunkte gesorgt: Euler-Fall 2.

10.7 Knickverhalten von Rahmen

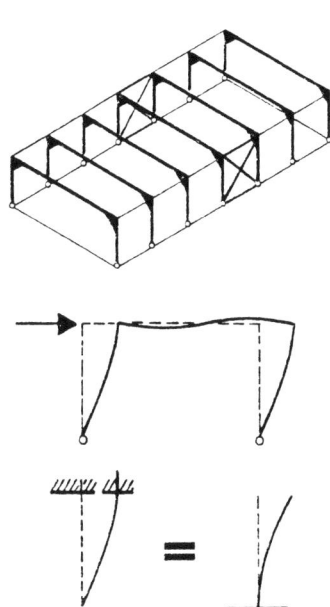

 Stiele – Knicken in der Rahmenebene

Hier müssen wir unterscheiden, ob die Rahmen in der Gesamtheit des Gebäudes verschieblich oder unverschieblich stehen.

In dem hier skizzierten Beispiel bilden die Rahmen die Windaussteifung. Unter Wind verschieben sich die Ecken ein wenig in der Rahmenebene.

Die Rahmen sind *verschieblich*.
Zunächst scheint hier für die Stiele Euler-Fall 1 vorzuliegen: an einem Ende eingespannt, am anderen verschieblich, denn: Ob sich das freie Ende gegen die Einspannstelle verschiebt oder die Einspannstelle gegen das freie Ende, das hat die gleiche Wirkung.

Aber es kommt noch schlimmer: Der Riegel biegt sich und verdreht die Ecken. Damit werden auch die Stiele gebogen. Dies führt nicht nur zu Biegemomenten, sondern es wird eine Tendenz zum Knicken vorgegeben.

Fazit: Das Knickverhalten ist noch ungünstiger als Euler-Fall 1.

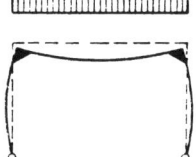

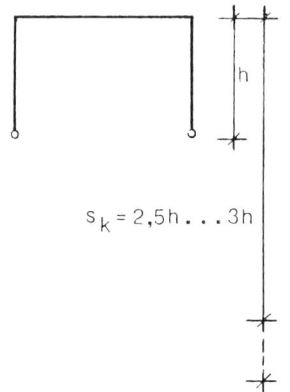

Je nach Steifigkeitsverhältnis von Stielen und Riegel und je nach Belastung kann die Knicklänge bis zum Vierfachen der Stielhöhe ansteigen.

Normalerweise wird jedoch die Annahme

$s_k = 2{,}5\,h \ldots 3\,h$

für eine Überschlagsberechnung ausreichen.

10.8 Bögen und Rahmen

Bögen und Rahmen sind eng verwandt. Ein Rahmen kann auch als biegesteifer Bogen aufgefasst werden, dessen – meist eckige – Form weit von der Stützlinie abweicht. Der Übergang von Bogen zu Rahmen ist fließend.

Ein Gebilde wie das hier dargestellte könnte man ebenso gut unter die Rahmen wie unter die Bögen einordnen.

Wie wir Dreigelenk-, Zweigelenk- und eingespannte Bögen unterscheiden, so auch Dreigelenk-, Zweigelenk- und eingespannte Rahmen.

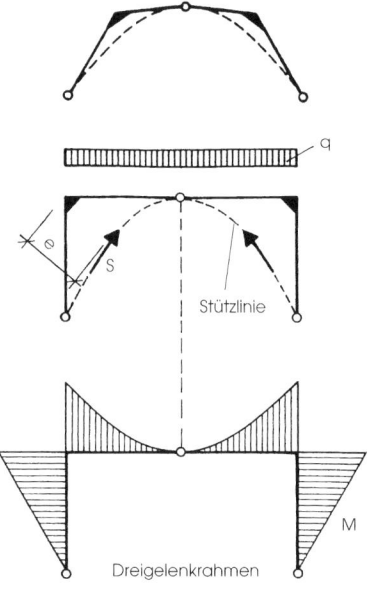
Dreigelenkrahmen

Grundsätzlich bewirkt jede Abweichung der Stützlinie von der Systemlinie ein Moment. So sind an dem hier gezeigten Beispiel die Momente in den Rahmenecken am größten, weil dort die Abweichung e am größten ist. Auf der der Stützlinie zugewandten Seite entsteht Druck, auf der der Stützlinie abgewandten Seite Zug. Die Momentenlinie – die ja vereinbarungsgemäß auf der Zugseite gezeichnet wird – ist deshalb der Stützlinie abgewandt.

$$M = S \cdot e$$

In der angeführten Formel

$M = S \cdot e$

ist S die gedachte Kraft in der Stützlinie. Diese Kraft zu ermitteln kann aufwendig sein, zumal sie sich in ihrem Verlauf ändert.

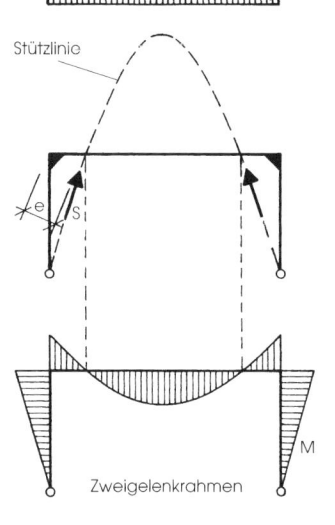
Zweigelenkrahmen

10.8 Bögen und Rahmen

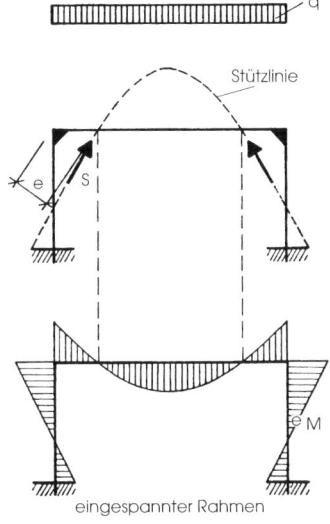

eingespannter Rahmen

 In jedem Falle gilt: Moment ist Kraft in der Stützlinie × Abweichung e:

$M = S \cdot e$

Daraus folgt: Wo die Stützlinie die Systemlinie des Rahmens kreuzt oder berührt, ist das Moment $M = 0$.

Je kleiner die Abweichung des Rahmens oder Bogens von der Stützlinie, umso kleiner die Momente.

Fällt die Systemlinie mit der Stützlinie zusammen, ist der Bogen momentenfrei. Ein solcher Bogen kann auch als Idealform des Rahmens angesehen werden.

Die Idealform des Rahmens ist der Bogen. Die Idealform des Bogens ist die Umkehrung der Seillinie unter gleicher Last:

(Näheres siehe: Kapitel 14 »Optimierung von Tragwerken«.)

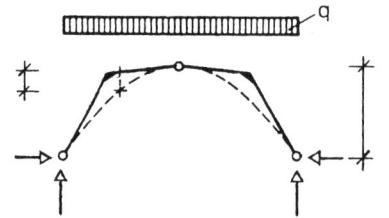

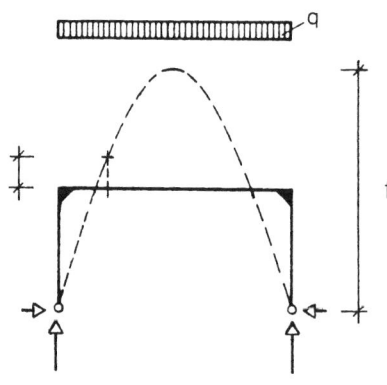

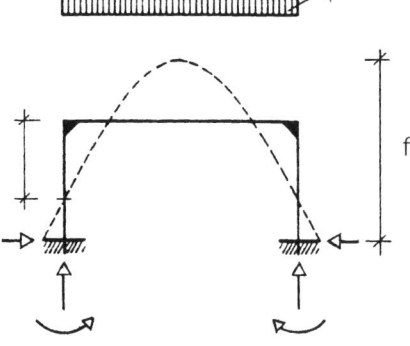

Einfacher ist – bei nur vertikalen Lasten – folgendes Vorgehen:

Das Moment in einem Querschnitt des Rahmens (genauer: in einem Punkt der Systemlinie) ist gleich der Horizontal-Komponente der Stützlinien-Kraft S mal dem vertikalen Abstand y dieses Punktes von der Stützlinie:

$$M_1 = F_H \cdot y_1$$

F_H ist konstant und gleich den horizontalen Auflagerkräften:

$$F_H = A_H = B_H$$

Im Dreigelenkrahmen (statisch bestimmt) ist

$$F_H = \frac{\overline{M}}{f}$$

leicht zu ermitteln. Dabei ist $\overline{M}$ das gedachte Moment eines gedachten Trägers über die gleiche Spannweite unter der gleichen Last. Im symmetrischen Dreigelenkrahmen ist f die Höhe des Scheitelgelenks. Unter gleichmäßig verteilter Last q ist also:

$$F_H = \frac{q \cdot l^2}{8\,f}$$

Die Horizontalkraft im Zweigelenkrahmen oder im eingespannten Rahmen (beide statisch unbestimmt) kann dem Tabellenbuch TS 1.4 entnommen werden. Mit

$$f = \frac{\overline{M}}{F_H}$$

ist die Stützlinie leicht zu konstruieren.

Im eingespannten Rahmen verläuft die Stützlinie – und folglich auch die Momentenlinie – genau durch die unteren Drittelspunkte der Stiele.

10.9 Zusammenfassung: Seile, Bögen, Rahmen

Seile

Ein Seil kann nur Zugkräfte aufnehmen, keine Druck- oder Schubkräfte und keine Momente. Ein Seil nimmt unter einer Last die zum Abtragen dieser Last günstigste Form, die **Seillinie**, an. Die Seillinie ist eine affine Figur der Momentenlinie eines Trägers unter derselben Last.

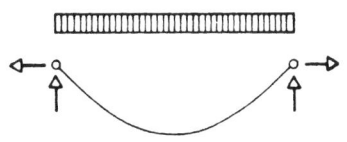

Wechselnde Lasten führen zu wechselnden Seillinien. Stabilisierung der Seilform ist möglich durch:

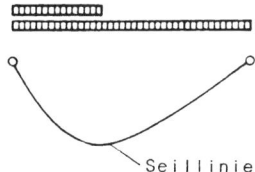

- große ständige Last
- biegesteife Bauteile
- stabilisierende Anordnung von Seilen
- Gegenspannseile mit Vorspannung

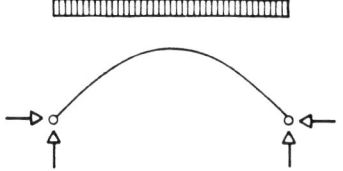

 Bögen

Die Stützlinie des Bogens ist die Umkehrung der Seillinie unter der gleichen Last. Die Kräfte im stützlinienförmigen Bogen gleichen denen im Seil, doch werden Zugkräfte im Seil zu Druckkräften im Bogen; die horizontalen Auflagerkräfte im Bogen wirken entgegengesetzt denen des Seils, also in umgekehrter Richtung.

Wechselnde Lasten führen zu wechselnden Stützlinien, jedoch kann sich der Bogen diesen nicht anpassen wie das Seil der Seillinie.

Ein nur druckfester Bogen (z. B. aus Mauerwerk) muss so dick sein, dass jede mögliche Stützlinie innerhalb seiner Dicke h so verläuft, dass an jedem Querschnitt der Randabstand $\leq \frac{h}{6}$ ist.

In biegesteifen Bögen wird das Moment aus der Abweichung e der Stützlinie von der Systemlinie des Bogens durch Biegesteifigkeit aufgenommen. Solche Bögen können wesentlich dünner sein als gemauerte. Sie können ausgebildet werden als:

– Dreigelenkbögen
– Zweigelenkbögen
– eingespannte Bögen

Bögen mit mehr als drei Gelenken sind nicht stabil!

10.9 Zusammenfassung: Seile, Bögen, Rahmen

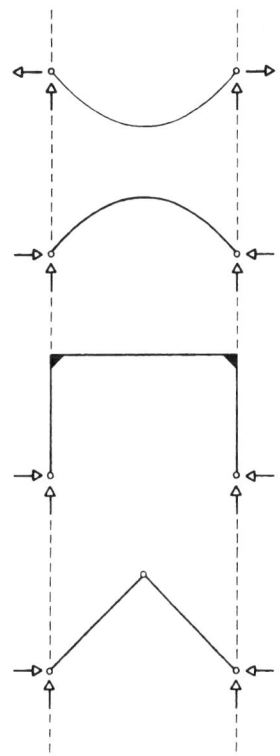

 Rahmen

Im Rahmen sind Träger und Stützen – hier »Riegel« und »Stiele« genannt – biegesteif miteinander verbunden. Rahmen sind geeignet, vertikale und horizontale Kräfte aufzunehmen. Sie können Scheiben zur Windaussteifung bilden. Im Riegel und in den Stielen entstehen jeweils Momente und Längskräfte.

Rahmen und Bögen sind eng verwandt – der Übergang ist fließend. Rahmen müssen biegesteif sein. Analog den Bögen sind zu unterscheiden:

– Dreigelenkrahmen
– Zweigelenkrahmen
– eingespannte Rahmen

Rahmen mit mehr als drei Gelenken sind nicht stabil!

Durch Reihung entstehen mehrstielige Rahmen und Stockwerkrahmen.

Momente im Rahmen wachsen mit der Abweichung von der Stützlinie eines gedachten Bogens.

Die Idealform des Rahmens ist der Bogen.

An **Seilen**, **Bögen** und **Rahmen** entstehen *vertikale* und *horizontale* Auflagerkräfte!

11 Bemessung: Längskraft + Biegung

11.1 Allgemeines

Tabellenbuch TS 3

In Rahmen und Bögen, in Sparren- und Kehlbalkendächern, manchmal auch in Stützen und Trägern treten Längskraft und Biegung gleichzeitig auf. Die Querschnitte sind auf

Längskraft + Biegung

zu bemessen.

Zunächst ermitteln wir die charakteristischen Schnittgrößen (Basisschnittgrößen):

- Längskraft max N_k
- Biegemoment max M_k

Um die Bemessungsschnittgrößen zu erhalten, müssen wir also entweder die charakteristischen Lasten oder die Basisschnittgrößen mit $\gamma_F = 1{,}4$ multiplizieren. Diese werden mit dem Index d gekennzeichnet, also

- N_d für Bemessungslängskraft und
- m_d für Bemessungsmoment

Wie bei jeder Bemessung müssen wir die Art des Materials berücksichtigen. Wir unterscheiden:

- zug- und druckfeste Materialien
- nur druckfeste Materialien (Mauerwerk, unbewehrter Beton)
- Stahlbeton

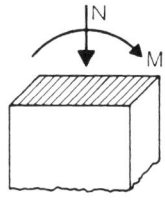

Schnitt a–a

11.2 Zug- und druckfeste Materialien

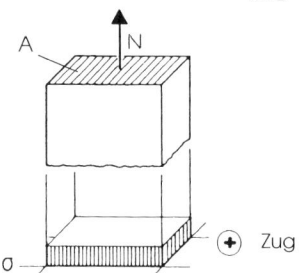

Diese beiden Materialien sind zug-, druck- und biegefest. Auf Längskraft allein werden sie bemessen nach:

$$\sigma = \frac{N}{A}$$

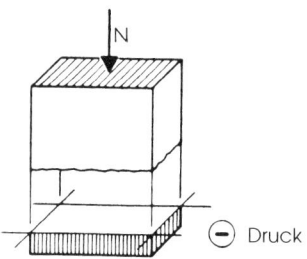

Bei Knickgefahr, das heißt bei schlanken Druckstäben, nach:

$$\sigma = \frac{N}{A \cdot k}$$

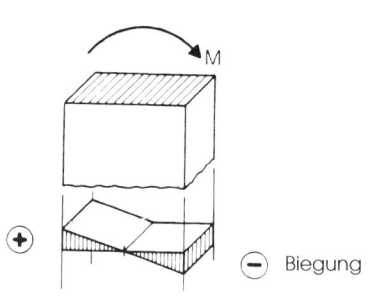

und auf Biegung nach:

$$\sigma = \pm \frac{M}{W}$$

Die Spannungen aus Längskraft und die aus Biegung lassen sich addieren bzw. subtrahieren, sodass sich aus dem Zusammenwirken von Längskraft und Biegung ergibt:

$$\boxed{\sigma = \frac{N}{A} \pm \frac{M}{W}}$$

11.2 Zug- und druckfeste Materialien

 Bei schlanken Druckstützen wird in gewohnter Weise die Schlankheit λ und daraus k ermittelt und als Faktor eingeführt. Dies führt zu:

$$\sigma = \frac{N}{A \cdot k} \pm \frac{M}{W}$$

Dabei ist k jeweils für die Achse zu ermitteln, die zur größeren Schlankheit führt, unabhängig davon, um welche Achse das Moment angreift. Es kann also sein, dass Moment und Knicken um die gleiche Achse oder aber auch um verschiedene Achsen wirken.

Die angegebenen Formeln gelten für Zug und für Druck – sie gelten, wenn Spannungen aus Längskraft überwiegen, sodass über den ganzen Querschnitt nur Zugspannungen bzw. nur Druckspannungen herrschen, und sie gelten, wenn die Biegung überwiegt, sodass Zug- und Druckspannungen über den Querschnitt wechseln.

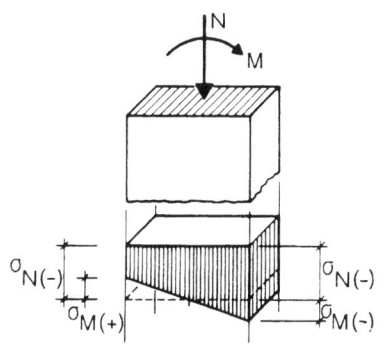

Längskraft (Druck) überwiegt

Mit den errechneten Bemessungsschnittgrößen ermitteln wir die Spannungen. Sie können nach unserem vereinfachten Verfahren addiert oder subtrahiert werden.

Die Summe bzw. Differenz muss kleiner oder gleich der **Grenzspannung** σ_{Rd} für die jeweiligen Materialien sein (Tabellenbuch St 1.1 und H 1.1):

$$\sigma = \frac{N_d}{A} \pm \frac{M_d}{W} \leq \sigma_{Rd}$$

bzw. bei Knickgefahr:

$$\sigma = \frac{N_d}{A \cdot k} \pm \frac{M_d}{W} \leq \sigma_{Rd}$$

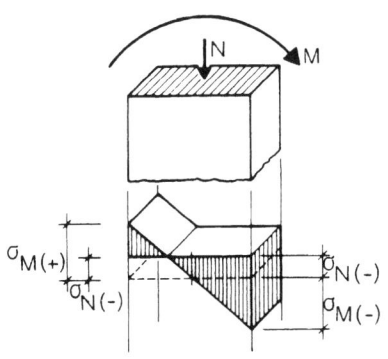

Biegung überwiegt

Tabellenbuch St 1.1

Die Grenzspannung σ_{Rd} ist bei Stahl einer Güte S 235 oder S 355 für Längskraft und für Biegung gleich.

Bei Holz sind die zulässigen Spannungen für Längskraft und für Biegung verschieden.

So ist zum Beispiel für Nadelholz, Sortierklasse 10, C 24:

für Biegung: $\sigma_{Rdm} = 1{,}5$ kN/cm²
für Druck in Faserrichtung: $\sigma_{Rdc\,\|} = 1{,}3$ kN/cm²
für Zug (nur in Faser-
    richtung zulässig): $\sigma_{Rdt} = 0{,}9$ kN/cm²

Die neue DIN 1052 tendiert zu einem exzessiven Einsatz von Indizes. So bedeutet hier:

Index R: (resistance) Widerstandsfähigkeit
Index d: (design) Der Teil-Sicherheitsbeiwert γ_F ist bereits eingeführt oder wird hier eingeführt. Das heißt, wir arbeiten auf Bemessungsniveau.
Index m: für Biegemoment
Index c: (compression) für Druck
Index t: (tension) für Zug
Index $\|$: parallel zur Faser, also in Faserrichtung

Wir wollen hier die Indizes auf das zur Klarheit notwendige Maß reduzieren und schreiben deshalb zum Beispiel

σ_m statt σ_{Rdm} (Biegung) und
$\sigma_{c\,\|}$ statt $\sigma_{Rdc\,\|}$ (Längskraft).

Nur da, wo Verwechslungen möglich wären, werden wir weitere Indizes ansetzen.

Für Holz sind – wie schon beschrieben – die Grenz-Spannungen σ_m und $\sigma_\|$ verschieden.

Welchen dieser Werte soll man nun für Längskraft und Biegung zugrunde legen? Wie können wir hier Äpfel und Birnen addieren?

11.2 Zug- und druckfeste Materialien

 Eine einfache Umformung hilft uns weiter:

Für Biegung allein können wir anstelle von:

$$\sigma = \frac{M}{W} \leq \sigma_m \text{ auch schreiben:}$$

$$\frac{\frac{M}{W}}{\sigma_m} \leq 1$$

Das bedeutet, dass das Verhältnis von $\frac{\sigma}{\sigma_m}$ nicht größer sein darf als 1, dass also die Ausnutzung ≤100 % ist.

Entsprechend können wir für Längskraft anstelle von:

$$\sigma = \frac{N}{A} \leq \sigma_{cII} \text{ auch schreiben:}$$

$$\frac{\frac{N}{A}}{\sigma_{cII}} \leq 1$$

Die so gewonnenen Verhältniszahlen lassen sich addieren:

$$\frac{\frac{N}{A}}{\sigma_{cII}} + \frac{\frac{M}{W}}{\sigma_m} \leq 1$$

bzw. bei Knickgefahr:

$$\frac{\frac{N}{A \cdot k}}{\sigma_{cII}} + \frac{\frac{M}{W}}{\sigma_m} \leq 1$$

Zusammenfassung der Verfahren für Stahl und Holz

Gegeben: Längskraft N [kN] (Gebrauchslast)
(bei Stützen einschließlich geschätzten Stützengewichts)

Knicklänge l ⎫
Euler-Fall ⎭ ⇒ s_k

Moment max M

Material ⇒ σ_{Rd}

Tabellenbuch St 1.1 und H 1.1

Ermitteln der Bemessungsschnittgrößen:

max N_d = max N · 1,4

max M_d = max M · 1,4

(Falls bereits die charakteristischen Lasten mit γ_F = 1,4 multipliziert wurden, folgten daraus schon die Bemessungsschnittgrößen N_d und M_d.)

11.2 Zug- und druckfeste Materialien

 Schätzen: Querschnitt

Erste Anhaltswerte:

Stahl **Holz**

$$A > \frac{N_d}{\sigma_{Rd}} \qquad A > \frac{N}{\sigma_{c\|}}$$

$$W > \frac{M_d}{\sigma_{Rd}} \qquad W > \frac{\max M}{\sigma_m}$$

Bei Knickgefahr:

Tabellenbuch H 2.1 bis 2.4 für **Stahl und Holz** ermitteln:
St 2.1 bis 2.11

$\min i \Leftarrow$ | Querschnittstabelle. Falls Querschnitt nicht in Tabelle:

$$\min i = \sqrt{\frac{\min I}{A}}$$

Tabellenbuch St 3.2.3 und H 3.2.3

$$\lambda = \frac{s_k}{\min i}$$
$$\Downarrow$$
$$k \Leftarrow$$

k-Tabelle für das gewählte Material

Stahl **Holz**

nachweisen: $\sigma = \dfrac{N_d}{A} \pm \dfrac{M_d}{W} \leq \sigma_{Rd}$ $\dfrac{\frac{N}{A}}{\sigma_{c\|}} \pm \dfrac{\frac{M}{W}}{\sigma_m} \leq 1$

bzw. bei
Knickgefahr: $\sigma = \dfrac{N_d}{A \cdot k} \pm \dfrac{M_d}{W} \leq \sigma_{Rd}$ $\dfrac{\frac{N}{A \cdot k}}{\sigma_{c\|}} \pm \dfrac{\frac{M}{W}}{\sigma_m} \leq 1$

11.3 Nur druckfeste Materialien

Mauerwerk und nicht bewehrter Beton können keine Zugspannungen aufnehmen. Die in Wirklichkeit vorhandene geringe Zugfestigkeit ist unsicher und wird deshalb meist vernachlässigt. Auch die Bodenfuge eines Fundaments ist nur druckfest.

Solange der **Druck** gegenüber der **Biegung** so überwiegt, dass an keiner Stelle des Querschnitts Zugspannungen auftreten, soll uns das wenig stören. Es gilt dann auch für nur druckfeste Materialien:

$$\sigma = \frac{N}{A \cdot k} \pm \frac{M}{W}$$

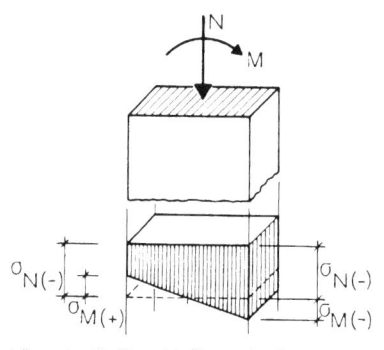

Längskraft (Druck) überwiegt

Hier verbirgt sich eine Tücke: Der Knickbeiwert k scheint die Druckspannung zu erhöhen, doch dies kann täuschen: Der Knickbeiwert k ist eine Art zusätzlicher Sicherheitsbeiwert, den wir dort berücksichtigen müssen, wo die Druckspannung am größten ist. Wir können diesen Beiwert k aber **nicht** als Vergrößerung der Druckspannung heranziehen, wo es um die Frage geht, ob überhaupt noch Druckspannungen vorhanden bzw. wie groß die **Zugspannungen** sind. Hierfür ist nur

$$\sigma = \frac{N}{A} \pm \frac{M}{W}$$

anzusetzen, also k außer Acht zu lassen. Es ist somit ein doppelter Nachweis erforderlich – ohne und mit Knickbeiwert k.

Einfacher und anschaulicher ist aber das folgende Vorgehen.

11.3 Nur druckfeste Materialien

 Exzentrizität oder: Ausmitte

Um festzustellen, ob der Druck gegenüber der Biegung so überwiegt, dass keine Zugspannungen auftreten, ermitteln wir die *Exzentrizität* e, auch *Ausmitte* genannt.

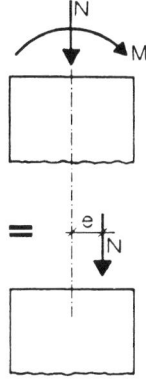

Moment ist Kraft × Hebelarm. In unserem Fall bedeutet dies: Das gleichzeitige Wirken von M und N ist wirkungsgleich mit einem exzentrischen Angriff der Längskraft N. Durch die Exzentrizität e ergibt sich das Moment:

$M = N \cdot e$

Daraus ergibt sich die Exzentrizität mit:

$$e = \frac{M}{N}$$

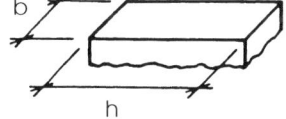

Hier stellt sich die Frage: Sollen wir Basisschnittgrößen oder Bemessungsschnittgrößen ansetzen?

Das Ergebnis ist das Gleiche! Wenn wir M wie auch N gleichermaßen mit $\gamma_F = 1{,}4$ multiplizieren, so kürzt sich das heraus. Da wir aber oft anschließend auch den Querschnitt bemessen werden, empfiehlt es sich, schon hier die Bemessungsgrößen N_d und M_d zu verwenden. Wir werden deshalb im Folgenden meist so verfahren.

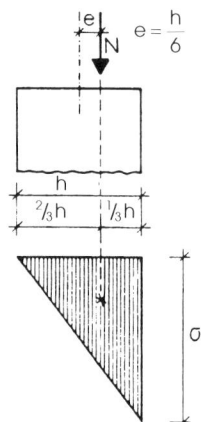

 In dem hier skizzierten Grenzfall sei die Exzentrizität genau:

$$e = \frac{h}{6}$$

Die Längskraft N bzw. N_d wirkt somit im Drittelspunkt der Dicke h des Querschnitts. Das Spannungsdiagramm bildet sich immer so, dass die Kraft durch den Schwerpunkt der Spannungsfläche verläuft. Der Schwerpunkt eines Dreiecks liegt in seinem Drittelspunkt. So entsteht hier ein dreieckförmiges Spannungsdiagramm, das an einem Querschnittsrand auf $\sigma = 0$ ausläuft.

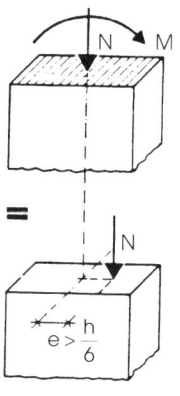

Was tun, wenn $e > \dfrac{h}{6}$ ist?

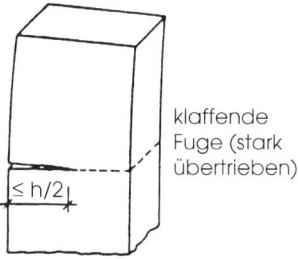

In einem druck- und zugfesten Material wäre das problemlos, da träte eben Zug auf. Aber hier im nur druckfesten Material?

Zugspannungen können nicht aufgenommen werden – das Material reißt auf –, es entsteht eine **klaffende Fuge**.

11.3 Nur druckfeste Materialien

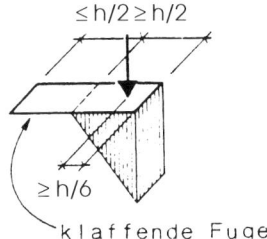

klaffende Fuge

 Dies muss aber nicht die Standsicherheit gefährden; das Bauteil ist auch mit klaffender Fuge stabil, solange dieses Klaffen in Grenzen bleibt. Die DIN-Vorschriften lassen ein Klaffen bis zur Mitte des Querschnitts zu. Da im verbleibenden gedrückten Bereich von mindestens $\frac{h}{2}$ die Spannungen dreieckförmig verlaufen und die Kraft im Schwerpunkt, also im Drittel dieses Druckdreiecks, wirkt, ergibt sich ein Mindest-Randabstand der Kraft von $\frac{h}{6}$.

Die Kraft N bzw. N_d darf in einem Bauteil aus nur druckfestem Material nicht näher als $\frac{h}{6}$ an den Rand herankommen (siehe dazu Kapitel 9.2.1 »Dicke des Bogens«).

Verliefe die Kraft näher am Rand als $\frac{h}{6}$, wäre die erforderliche Sicherheit nicht mehr gewährleistet. Verliefe sie gar außerhalb des Querschnitts, hätte dies den Einsturz zur Folge.

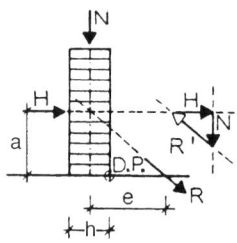

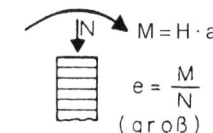

nicht standfest

 Liegt die Kraft zu nahe am Rand oder außerhalb des Querschnitts, so gibt es zwei Arten der Abhilfe:

- Vergrößerung des Querschnitts
- Vergrößerung der Längskraft N
  (z. B. der Auflast)

Eine belastete Mauer steht sicherer als eine unbelastete. Ein belasteter Pfeiler ist schwerer umzuwerfen als ein unbelasteter.

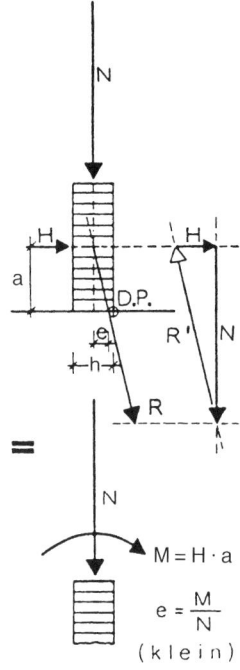

standfest

Die Exzentrizität lässt sich auch grafisch ermitteln: Die wirkenden Kräfte – hier N und H – werden zu einer Resultierenden zusammengesetzt. An dem untersuchten Querschnitt lässt sich die Exzentrizität e ablesen.

Zum gleichen Ergebnis führt:

$M = H \cdot a \qquad M = N \cdot e$

$e = \dfrac{M}{N}$

11.3 Nur druckfeste Materialien

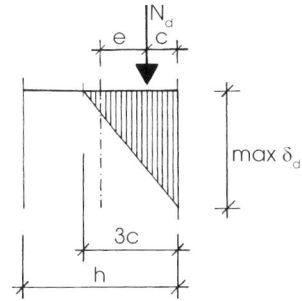

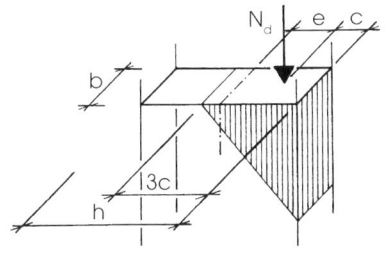

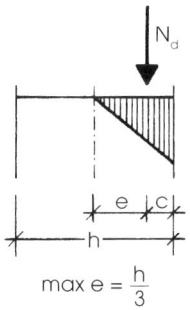

max e = $\frac{h}{3}$

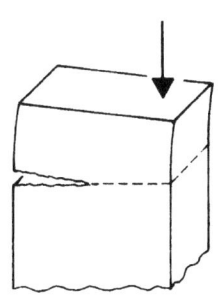

 Klaffende Fuge

Um die maximale Druckspannung im Querschnitt mit *klaffender Fuge* zu ermitteln, führen wir uns den dreieckförmigen Spannungsverlauf vor Augen: Die Kraft wirkt im Schwerpunkt dieses Dreiecks, das heißt im Drittelspunkt. Bezeichnet man den Randabstand mit c, erstreckt sich der Druck über einen Bereich von 3 c.*)

Damit ist:

$$N_d = \frac{max\ \sigma_d}{2} \cdot 3\,c \cdot b$$

$$\boxed{max\ \sigma_d = \frac{2\,N_d}{3\,c \cdot b}}$$

bzw. bei Knickgefahr:

$$\boxed{max\ \sigma_d = \frac{2\,N_d}{3\,c \cdot b \cdot k}}$$

Dabei muss sein:

max $\sigma_d \leqq \sigma_{Rd}$

Bei nur druckfesten Materialien ist also die Größe der Exzentrizität von entscheidender Bedeutung. Es sind mehrere Nachweise zu führen: Zuerst ist festzustellen, wie groß die Exzentrizität ist. Sie darf in keinem Fall größer als $\frac{h}{3}$ sein, das heißt, sie darf nicht näher als $\frac{h}{6}$ am Rand liegen.

---

*) Der Index c (compression) darf nicht verwechselt werden mit dem Randabstand c. Auch nicht mit dem Index c für Beton (concrete).

Zunächst ist der Nachweis der Standsicherheit für den **Lastfall** zu führen: **kleinste Längskraft mit dem größten gleichzeitig möglichen Moment**. Hier darf die Längskraft selbstverständlich nicht durch den Knickbeiwert k dividiert werden.

Erst wenn so die Standsicherheit festgestellt ist, wird die Spannung für den **Lastfall** ermittelt: **größte Längskraft N_d mit größtem Moment**. Hierfür muss e neu ermittelt werden. Jetzt ist bei Knickgefahr k zu berücksichtigen.

Manchmal aber führen die kleineren Längskräfte wegen der größeren Exzentrizität zu den maximalen Spannungen. Hier kann nur mehrfaches Untersuchen Klarheit bringen.

Während einer Überschreitung der zulässigen *Spannung* meist durch druckfesteres Material begegnet werden kann, hilft gegen zu große *Exzentrizität* – wie oben ausgeführt – nur die Vergrößerung des Querschnitts oder der Auflast. Deshalb hat die Größe der Exzentrizität meist für die Planung mehr Bedeutung als die Spannung.

11.4 Stahlbeton

Stahlbeton wird aus zwei Materialien (Stahl und Beton, wie der Name sagt) zusammengesetzt. Beton gehört zu den nur druckfesten Baustoffen; Stahl kann sowohl Druck- als auch Zugkräfte aufnehmen. Dementsprechend müssen bei Stahlbetonkonstruktionen die beiden Gedankengänge aus den Kapiteln 11.2 »Zug- und druckfeste Materialien« und 11.3 »Nur druckfeste Materialien« sinngemäß fortgeführt werden.

Stahlbetonstützen kommen fast nur als Druckstützen infrage.

- Bei sehr **kleiner** Exzentrizität gibt es kaum Unterschiede gegenüber der mittig belasteten Stütze. Die ganze Querschnittsfläche steht unter Druckspannungen, auch die Längsstäbe der Bewehrung beteiligen sich an der Aufnahme der Längsdruckkraft. Die Bewehrung wird deshalb symmetrisch über den Querschnittsrand verteilt (vier Stäbe in den Ecken, eventuell weitere vier in den Seitenmitten).

- Bei etwas **größerer** Exzentrizität überwiegt zwar immer noch die Längskraft gegenüber der Biegung, aber es treten schon geringe Zugspannungen auf. Diese müssen durch die Stahleinlagen allein aufgenommen werden. Dazu wird die Bewehrung zum größten Teil (ca. **70 %**) auf der Zugseite und zum kleineren Teil auf der Druckseite angeordnet (mindestens jedoch halbe Mindestbewehrung = 0,25 % bis 0,5 % des Gesamtquerschnitts).

Tabellenbuch StB 3.2.4

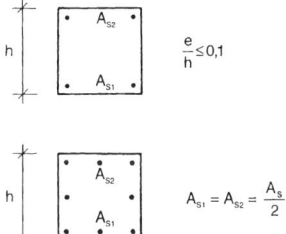

symmetrische Bewehrung

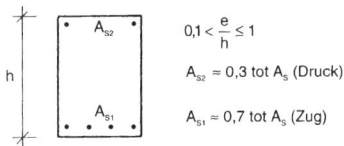

unsymmetrische Bewehrung

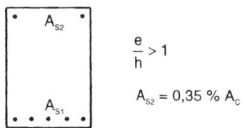

unsymmetrische Bewehrung

 – Wird die Ausmitte **sehr groß**, ist die Stütze als stehender Biegebalken anzusehen, bei dem das Moment eindeutig gegenüber der Längskraft dominiert. Bei Biegebalken wird die errechnete Bewehrung ganz auf die Zugseite gelegt; die Druckseite bekommt (wie bei allen Balken) zusätzlich eine Montagebewehrung, hier als halbe Mindestbewehrung (z. B. $\frac{\varrho}{2} = 0{,}35\,\%$ des Gesamtquerschnitts).

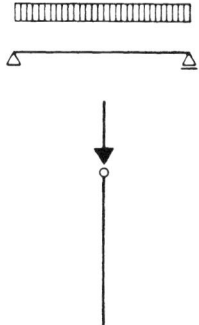

Wie wird die überschlägliche Bemessung vorgenommen?

Die genauen Berechnungsnachweise für ausmittig belastete Stahlbetonstützen müssen durch den Ingenieur nach vorgeschriebenen Verfahren erbracht werden. Wie man sich unschwer vorstellen kann, sind diese genauen Methoden für Architekten schwer zu durchschauen und anzuwenden. Deshalb bemühten sich die Verfasser darum, die kombinierte Beanspruchung »Längskraft + Biegung« auf die bekannten Verfahren für Biegung (siehe Band 1, Kapitel 14 »Decken und Träger aus Stahlbeton«) und für Längskraft (siehe Band 1, Kapitel 15 »Stützen und Wände aus Beton und Stahlbeton«) zurückzuführen. Es sind dies:

– das k_d-Verfahren und
– das Verfahren für mittigen Druck.

Mit ihnen lassen sich gesichert die erforderlichen Abmessungen ermitteln.

11.4 Stahlbeton

E Mit ihnen lassen sich zum Entwurf von Tragwerken näherungsweise auch alle Stützenbewehrungen bei jeder Längskraft-Biegung-Kombination bemessen.

Die Gefährdung einer solchen Stütze geht also aus von der

- Größe der Längskraft N_d und der
- Größe des Momentes M_d
$\left(\text{ausgedrückt durch Ausmitte } e = \dfrac{M_d}{N_d}\right)$ wie
- der Schlankheit der Stütze (Knickgefahr).

Zwei Fälle sind dabei zu unterscheiden:

Wenn bei **kleiner** Exzentrizität die Längskraft N_d die entscheidende Bemessungsgröße ist, kann der Verlust an Tragfähigkeit infolge Ausmitte und Schlankheit durch **einen** Beiwert k ausgedrückt werden.

Tabellenbuch StB 3.2.4

Ähnlich den Knickbeiwerten k (siehe Band 1, Kapitel 15 »Stützen und Wände aus Beton und Stahlbeton«, und Tabellenbuch StB 3.2.4), die nur von der Schlankheit λ abhängig sind, werden die Werte hier entsprechend der zweifachen Abhängigkeit in einem Feld aus Schlankheit λ und Ausmittigkeit $\dfrac{e}{h}$ abgelesen.

Die mittige Längskraft wird zum Sonderfall $\dfrac{e}{h} = 0$ der allgemeinen ausmittigen Belastung schlanker Stützen (erste Spalte des Tabellenbuches StB 3.2.4).

Tabellenbuch StB 3.2.4

 Das Tragvermögen des Querschnitts wird um den Faktor k reduziert zu

$k \cdot A_c \cdot \sigma_{Ri}$

Die Bemessungslängskraft wird dann als mittige Kraft angesehen und dem reduzierten Widerstand des Querschnitts gegenübergestellt.

Bei **größeren** Ausmittigkeiten geht die entscheidende Beanspruchung vom Moment aus. Die Knickgefahr kann in diesem Fall vernachlässigt werden.

Die k-Linien, die den Verlust an Tragfähigkeit durch Schlankheit und Ausmittigkeit ausdrücken, verlaufen bei großer Ausmittigkeit (e/h = 1) fast waagerecht (Tabellenbuch StB 3.2.4). Die k-Werte sind von der Schlankheit fast unabhängig.

Mit dem Bemessungsmoment und der dazugehörigen Längskraft wird eine Bemessung des Stahlbetonquerschnitts nach dem k_d-Verfahren für Biegung und Längskraft (ohne Knicken) durchgeführt (ähnlich Band 1, Kapitel 14 »Decken und Träger aus Stahlbeton«).

Weil die entscheidende Beanspruchung vom Moment herkommt, wird empfohlen, die Abmessungen des Betonquerschnitts so festzulegen, als wenn nur das Moment wirken würde (reine Biegung). Dazu kann das k_d-Verfahren mit dem minimalen k_d-Wert (Tabellenbuch StB 3.1.2) verwandt werden (Grenzwert):

$$\text{erf } d = k_d \sqrt{\frac{M_d}{b}} \, .$$

Der Betonquerschnitt ist damit festgelegt. Er kann zusammen mit der Zug- und Druckbewehrung auch die Normalkraft zusätzlich aufnehmen.

11.4 Stahlbeton

 Ablauf der Berechnung ausmittig belasteter schlanker Stützen

Zunächst ist mit geschätzten Abmessungen (erste Schätzung mit Gebrauchslasten: erforderlicher Querschnitt in cm² = Längskraft in kN), später mit den gewählten Abmessungen des Querschnitts zu berechnen:

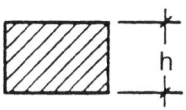

Schlankheit: $\lambda = \dfrac{s_k}{i}$

Knicklänge s_k (im Allgemeinen nach Euler-Fällen)

Trägheitsradius für rechteckige Stützen:

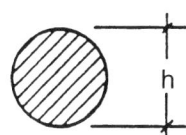

$i = 0{,}289 \cdot \min h \quad$ d.h. $\lambda = 3{,}46 \cdot \dfrac{s_k}{h}$

für runde Stützen:

$i = 0{,}250 \cdot h \quad\quad$ d.h. $\lambda = 4{,}0 \cdot \dfrac{s_k}{h}$

für beliebige Querschnitte:

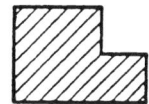

$i = \sqrt{\dfrac{I}{A}}$

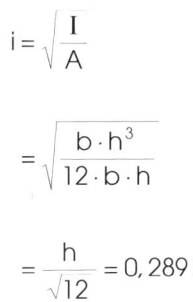

$i = \sqrt{\dfrac{I}{A}}$

$= \sqrt{\dfrac{b \cdot h^3}{12 \cdot b \cdot h}}$

$= \dfrac{h}{\sqrt{12}} = 0{,}289\, h$

Ausmitte:

$e = \dfrac{M_d}{N_d}$

Bezogene Ausmittigkeit:

$\dfrac{e}{h} = \dfrac{M_d}{N_d \cdot h} \Rightarrow \begin{array}{c}\lambda \\ \Downarrow \\ \text{k-Werte}\end{array}$

Tabellenbuch StB 3.2.4

Die Knickgefahr wird

– bei kleinen Ausmittigkeiten (im Tabellenbuch StB 3.2.4) durch eine Abminderung der rechnerisch aufnehmbaren Längskraft (Knickzahl k) erfasst,

– bei großen Exzentrizitäten vernachlässigt.

Tabellenbuch StB 3.2.3

Kleine Ausmittigkeit

Die Verminderung der Tragfähigkeit der Stütze infolge Schlankheit und Ausmittigkeit wird durch den Faktor k ausgedrückt.

Nachweis des Widerstandes gegen die Bemessungslängskraft bei gegebenen Abmessungen A_c und bei Bewehrung (σ_{Ri} in Abhängigkeit vom Bewehrungsgrad ϱ, Beton und Betonstahl, Tabellenbuch StB 3.2.3):

$$\boxed{N_{Rd} = A_c \cdot \sigma_{Ri} \cdot k} \geq N_d$$

Bemessung bei gegebenem Querschnitt:

$$\boxed{\text{erf}\,\sigma_{Ri} = \frac{N_d}{A_c \cdot k}} \Rightarrow \varrho \text{ und Betongüte wählen}$$

oder bei gegebenem Bewehrungsgrad ϱ und Beton (z. B. Mindestbewehrung 0,6 %):

$$\boxed{\text{erf}\,A_c = \frac{N_d}{k \cdot \sigma_{Ri}}} \Rightarrow \text{Querschnitt wählen}$$

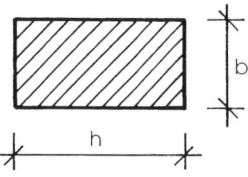

Große Ausmittigkeit

Zur Bestimmung des erforderlichen <u>Betonquerschnitts</u> wird zunächst nur vom Moment M_d ausgegangen. Es wird mit dem kleinsten k_d-Wert (k_d^*, unterste Reihe Tabellenbuch StB 3.1.2) ermittelt:

$$\text{erf}\,d_{(cm)} = k_d \sqrt{\frac{M_d}{b}} \qquad \left(\sqrt{\frac{kNm}{m}}\right)$$

$h = d + 5\,cm$

11.4 Stahlbeton

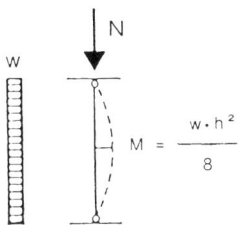

Tabellenbuch StB 3.2.4

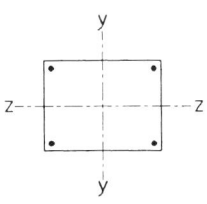

Tabellenbuch StB 3.2.3

Tabellenbuch StB 3.2.1

Z Zahlenbeispiel 1

Bügelbewehrte rechteckige Stütze

$N_d = 1600$ kN

$M_{yd} = 96$ kN · m   (aus Wind)

$s_k = 3{,}0$ m;

geschätzt: $30 \cdot 40$ cm $= 1200$ cm^2

$\lambda_z = \dfrac{300}{0{,}289 \cdot 30} = 34{,}6$ (mittige Längskraft)

$k = 0{,}861$

$\lambda_y = \dfrac{300}{0{,}289 \cdot 40} = 26$

$\dfrac{e}{h} = \dfrac{96 \text{ kN/m}}{1600 \text{ kN} \cdot 0{,}4 \text{ m}} = 0{,}15$

(kleine Ausmitte)

$k = 0{,}7$ maßgebend

$\text{erf } s_{Ri} = \dfrac{N_d}{A_c \cdot k} = \dfrac{1600}{30 \cdot 40 \cdot 0{,}70} = 1{,}90$

gewählt: C 20/25, BSt 500 S (IV)

erf $\varrho = 2{,}0\,\%$

erf $A_s = 0{,}020 \cdot 1200 = 24$ cm^2

gew: 4 Ø 28; Bügel Ø 10 (24,63 cm^2)

$s_{bü} = 30$ cm $\leq 12 \cdot 2{,}8 = 33{,}6$ cm

Zahlenbeispiel 2

Rahmenstiel mit Längskraft- und großer Biegebeanspruchung

(Siehe Zahlenbeispiel »Zweigelenkrahmen in Stahlbeton« im Anhang dieses Kapitels.)

11.5 Zusammenfassung

Treten Längskraft und Biegung in einem Querschnitt gleichzeitig auf, ist zu unterscheiden zwischen den Materialien:

- zug- und druckfeste Materialien
- nur druckfeste Materialien
  (z. B. Mauerwerk)
- Stahlbeton

Da *Stahl* gleichermaßen Druck-, Zug- und Biegespannungen aufnehmen kann, lassen sich die Spannungen aus Längskraft und Biegung ohne Weiteres addieren.

Es ist: $\sigma = \dfrac{N_d}{A} \pm \dfrac{M_d}{W} \leq \sigma_{Rd}$

bzw.: $\sigma = \dfrac{N_d}{A \cdot k} \pm \dfrac{M_d}{W} \leq \sigma_{Rd}$

 Bei *Holz* sind die unterschiedlichen Grenzspannungen für Längskraft und für Biegung zu berücksichtigen. Dies geschieht durch einen etwas umgeformten Ansatz:

$$\dfrac{\dfrac{N_d}{A}}{\sigma_{c\|}} + \dfrac{\dfrac{M_d}{W}}{\sigma_m} \leq 1$$

bzw.: $\dfrac{\dfrac{N_d}{A \cdot k}}{\sigma_{c\|}} + \dfrac{\dfrac{M_d}{W}}{\sigma_m} \leq 1$

11.5 Zusammenfassung

   Bei *nur druckfesten Materialien*, wie z. B. Mauerwerk, ist die Exzentrizität (Ausmitte) $e = \dfrac{M_d}{N_d}$ zu ermitteln. Ist $e \leq \dfrac{h}{6}$, verläuft die Längskraft durch den Kern und es treten überall Druckspannungen auf. Dann gilt auch hier:

$$\sigma = \frac{N_d}{A} \pm \frac{M_d}{W} \leq \sigma_{Rd}$$

bzw. $\sigma = \dfrac{N_d}{A \cdot k} \pm \dfrac{M_d}{W} \leq \sigma_{Rd}$

Ist $\dfrac{h}{6} < e < \dfrac{h}{3}$, tritt eine klaffende Fuge auf. Es ist:

$$\max \sigma = \frac{2 N_d}{3 \, c \cdot b \cdot k} \leq \sigma_{Rd}$$

wobei c der Randabstand ist.

Die Kraft N_d darf nicht näher als $c = \dfrac{h}{6}$ an den Rand kommen, das heißt, die Exzentrizität darf nicht größer als $e = \dfrac{h}{3}$ sein.

Die Exzentrizität e wird immer ohne den Knickbeiwert k ermittelt.

Durch Vergrößerung der Kraft N, also z. B. der Auflast, wird die Exzentrizität kleiner, die Standfestigkeit des Bauteils größer!

 Stahlbeton kann in einem vereinfachten Näherungsverfahren nach den Tabellenbuch Stb 3.2.2 ... 3.2.4, 3.3.1 und 3.3.2 bemessen werden.

Z Zahlenbeispiele zu Rahmen, konstruktive Details

1. Zweigelenkrahmen in Stahl

Der Rahmen ist Teil der in Kapitel 2 besprochenen Halle. Die Dachdecke wird aus Stahlbeton-Fertigteilen gebildet. Sie wird als Dachterrasse genutzt ($p = 3{,}5$ kN/m²).

Material: St 370

Charakteristische Lasten

Deckenplatte

erf d $= 500/35 = 14{,}3$ cm
gew. $\Rightarrow$ h $= 20$ cm

Platte 0,20 m · 25 kN/m³	= 5,0 kN/m²
Belag, Isolierung	= 1,5 kN/m²
Unterdecke, Installationen	= 0,8 kN/m²
	$\overline{g}$ = 7,3 kN/m²
Nutzlast	p = 3,5 kN/m²
	$\overline{q}$ = 10,8 kN/m²

Riegel

aus Dachplatte 5,0 m · 7,3 kN/m²	= 36,5 kN/m
Eigengewicht ≈ 200 kg/m	$\cong$ 2,0 kN/m
(geschätzt)	g = 38,5 kN/m
Nutzlast 5,0 m · 3,5 kN/m²	p = 17,5 kN/m
	q = 56,0 kN/m

Zahlenbeispiele zu Rahmen, konstruktive Details

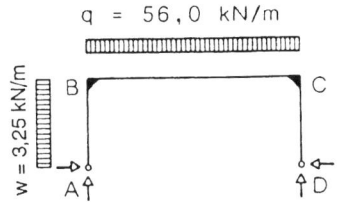

Stiele

vertikal:

Eigengewicht ≈ 200 kg/m	≅ 2,0 kN/m
Anteil Wand	≈ 3,0 kN/m
je steigender m	g = 5,0 kN/m

horizontal:

Wind $\overline{w}$ = 1,3 kN/m² · 0,5	= 0,65 kN/m²
je Rahmen 0,65 kN/m² · 5,0 m	= 3,25 kN/m

Basisschnittgrößen

aus q

An der Rahmenecke sind die Querschnitte von Stiel und Riegel etwa gleich. Wegen der Verjüngung der Stiele nimmt jedoch deren Trägheitsmoment nach unten ab. Deshalb wird angenommen:

$I_{Riegel}/I_{Stiel} \approx 1{,}5$

Das Verhältnis der Längen von Stiel und Riegel ist:

h/l = 6,0/15,0 = 0,4

Mit diesen Werten ergibt sich aus dem Tabellenbuch TS 1.4:

n = 16,8

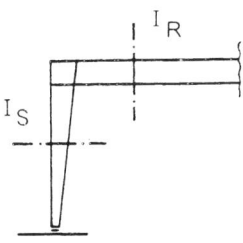

Tabellenbuch TS 1.4

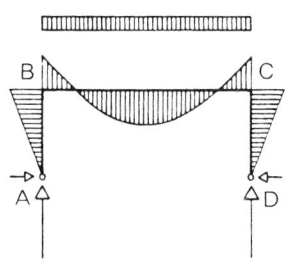

Daraus folgen die Momente und Auflagerkräfte:

$$M_{Bq} = M_{Cq} = -\frac{56 \cdot 15^2}{16,8} = -750 \text{ kNm}$$

$$\max M_F = M_B + \frac{q \cdot l^2}{8} = -750 + \frac{56 \cdot 15^2}{8}$$
$$= 825 \text{ kNm}$$

$$A_V = D_V = 56 \cdot \frac{15}{2} + 5 \cdot 6 = 450 \text{ kN}$$

$$A_H = D_H = \frac{750 \text{ kNm}}{6 \text{ m}} = 125 \text{ kN}$$

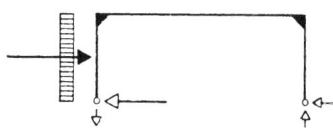

(Pfeile in wirklicher Richtung)

aus Wind

$$A_H = -\frac{3}{4} \cdot 3,25 \text{ kN/m} \cdot 6 \text{ m} = -14,63 \text{ kN}$$

$$D_H = \frac{1}{4} \cdot 3,25 \text{ kN/m} \cdot 6 \text{ m} = +\ 4,88 \text{ kN}$$

$$D_V = 3,25 \text{ kN/m} \cdot \frac{6 \text{ m}}{2} \cdot \frac{6 \text{ m}}{15 \text{ m}} = 3,9 \text{ kN}$$

$$A_V = -D_V = -\ 3,9 \text{ kN}$$

$$M_C = -D_H \cdot h = -4,88 \text{ kN} \cdot 6 \text{ m} = -29,28 \text{ kNm}$$

$$M_B = 14,63 \text{ kN} \cdot 6 \text{ m}$$
$$-3,25 \text{ kN/m} \cdot \frac{(6 \text{ m})^2}{2} = +29,28 \text{ kNm}$$
$$= -M_C$$

$$M_0 \text{ im Stiel} = \frac{w \cdot h^2}{8}$$
$$= \frac{3,25 \cdot 6^2}{8} = 14,63 \text{ kNm}$$

Gesamt-Basisschnittgrößen

min M_B = min M_C = −750 − 29,28

$\qquad\qquad\qquad\qquad$ = −779,28 kNm

max M_F $\qquad\qquad\qquad$ = 825,0 kNm

max A_V = max D_V = 450 + 3,9 $\;$ = 453,9 kN

max A_H = max D_H = 125 + 4,88 ≈ 129,9 kN

(maximale Werte bei Wind von links oder rechts)

Bemessungsschnittgrößen

min M_{Bd} = min M_{Cd}

$\qquad$ = −779,28 kN/m · 1,4 = −1091,0 kNm

max M_{Fd} = 825 kN/m · 1,4 = 1155,0 kNm

max A_{Vd} = max D_{Vd}

$\qquad$ = 453,9 kN · 1,4 = 635,5 kN

max A_{Hd} = max D_{Hd}

$\qquad$ = 129,9 kN · 1,4 = 181,9 kN

ℤ Bemessung

S 235
$\sigma_{Rd} = 21{,}8 \text{ kN/cm}^2$

Riegel

max $M_d = M_{Fd} = 1155{,}0$ kNm

min $N_d = A_{Hd} = -181{,}9$ kN

(Nach der Vorzeichenregel für Längskräfte erhalten Druckkräfte das Vorzeichen [–]. Deshalb wird der größte Wert für Druck mit »min N« bezeichnet, analog zur Bezeichnung »min M« für den größten Wert von Stützen- und Eckmomenten.)

Knicklänge: Über seine *Breite* kann der Riegel nicht knicken, denn da ist er durch die Deckenplatte ausgesteift. Über seine *Höhe* gilt ≈ Euler-Fall 2 (siehe auch Kapitel 10.7.2 »Riegel«):

$\Rightarrow s_k = 15$ m

Tabellenbuch St 2.2

gew: $\boxed{\text{HE-A 700} \atop \text{(IPB l 700)*)}}$

$W_y = 6240$ cm³
$I_y = 215300$ cm⁴
$A = 260$ cm²
$i_y = 28{,}8$ cm

Tabellenbuch St 3.2.3

$\lambda = \dfrac{1500}{28{,}8} = 52$

Knickspannungslinie KSLa
$\Rightarrow k = 0{,}904$

$\max \sigma = \dfrac{181{,}9}{260 \cdot 0{,}904} + \dfrac{1155 \cdot 100}{6240}$

$= 19{,}28 \text{ kN/cm}^2$

$< \sigma_{Rd} = 21{,}8 \text{ kN/cm}^2$

---

*) Anm.: Die bisherigen Bezeichnungen werden in Klammern angegeben.

Stiele

min M_{Bd} = –1091 kNm

min N_d = –max A_{Vd} = –635,5 kN

Die Stiele sind durch Auskreuzungen in den Längswänden seitlich in den Ecken gehalten. Deshalb gilt über die *Breite* der Stiele Euler-Fall 2 $\Rightarrow s_k$ = 6,0 m.

In der *Rahmenebene* hingegen wird $s_k \oplus 2{,}7 \cdot 6{,}0$ = 16,2 m angenommen (siehe Kapitel 10.7.3 »Stiele«).

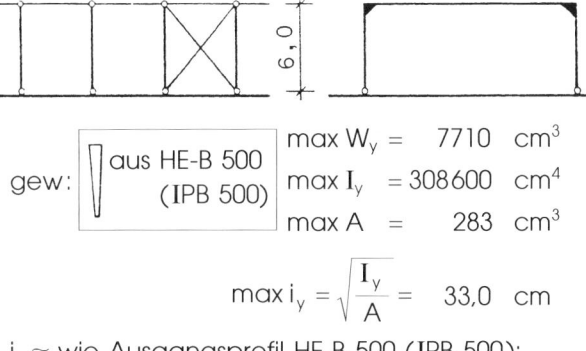

gew: aus HE-B 500 (IPB 500)

max W_y = 7710 cm³
max I_y = 308600 cm⁴
max A = 283 cm³

max $i_y = \sqrt{\dfrac{I_y}{A}}$ = 33,0 cm

$i_z \approx$ wie Ausgangsprofil HE-B 500 (IPB 500):
i_z = 7,27 cm

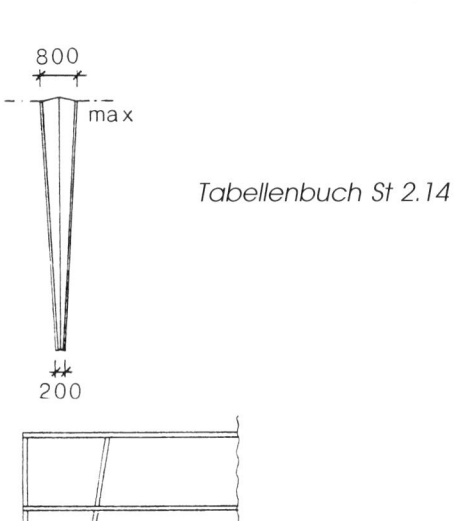

Tabellenbuch St 2.14

Sowohl das Moment M als auch das Widerstandsmoment W_y und die anderen Querschnittswerte verändern sich über die Höhe des Stiels. Der Spannungsnachweis wird in diesem Beispiel mit dem größten Eckmoment min M_B und den Größtwerten des Stielquerschnitts geführt.

Eine exakte Bemessung würde weitere Nachweise erfordern. So können zum Beispiel einerseits in ca. ²/₃ der Stielhöhe wegen des Windmomentes geringfügig ungünstigere Werte auftreten. Andererseits ergibt unser vereinfachtes Bemessungsverfahren eine Näherung auf der sicheren Seite (siehe Kapitel 11.2 »Zug- und druckfeste Materialien«). Insgesamt führt das hier gezeigte Verfahren zu brauchbaren Näherungswerten.

> In der Rahmenebene besteht die größte Knickgefahr an der Rahmenecke; dort ist der Stiel eingespannt. In der Querrichtung (Breite) ist die Knickgefahr etwa in der mittleren Höhe am größten (Euler-Fall 2). Deshalb werden an diesen Stellen die Trägheitsradien i ermittelt.

Knickgefahr in der Rahmenebene,
$s_k = 16{,}2$ m:

$$\lambda = \frac{1620}{33} = 49$$

Knickgefahr über die Breite, $s_k = 6{,}0$ m:

$$\lambda = \frac{600}{7{,}27} = 82 \text{ (maßgebend)}$$

Knickspannungslinie b
Tabellenbuch St 3.2.3

KSL b $\Rightarrow$ k = 0,672

$$\max \sigma = \frac{635{,}5}{238 \cdot 0{,}672} + \frac{1091 \cdot 100}{7710}$$

$$= 18{,}12 \text{ kN/cm}^2 < \sigma_{Rd}$$

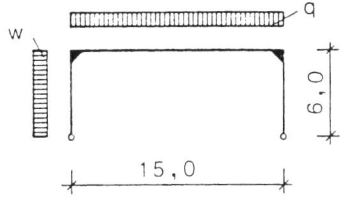

2. Zweigelenkrahmen in Stahlbeton

Dieser Rahmen habe die gleichen Systemabmessungen (Stützweite/Höhe), die gleichen Belastungen und die gleichen Verhältnisse der Trägheitsmomente:

I_{Riegel} / I_{Stiel}

wie der unter »1. Zweigelenkrahmen in Stahl« besprochene Stahlrahmen.

Somit gelten hier auch die gleichen Bemessungsmomente, Normalkräfte und näherungsweise auch die gleichen Knicklängen.

Als Beispiel wird die Berechnung des Rahmenstiels gezeigt:

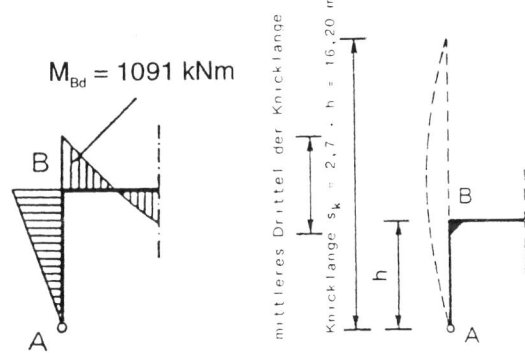

Größtes Moment: $M_{Bd} = -1091$ kNm

(im mittleren Drittel der Knicklänge)

Größte Normalkraft: $N_d = -635{,}5$ kN

Knicklänge des Stiels in der Rahmenebene:
16,2 m

Knicklänge des Stiels quer zur Rahmenebene:
6 m

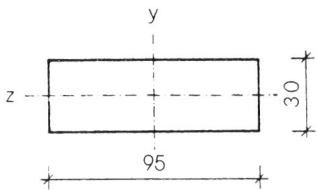

geschätzter Querschnitt:

$d = k_d^* \sqrt{\dfrac{M_d}{b}} = 92$ cm, trotzdem gew.

30 · 95 cm

C 20/25

BSt 500 S

Die Berechnung für die y-Achse (Biegung und Längskraft) überlassen wir dem Ingenieur. Sie ist auf jeden Fall im Querschnitt einbaubar und sieht so aus:

Tabellenbuch StB 3.2.7

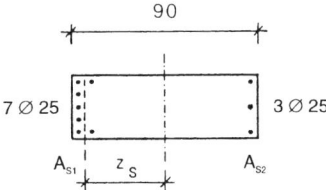

Zahlenbeispiele zu Rahmen, konstruktive Details

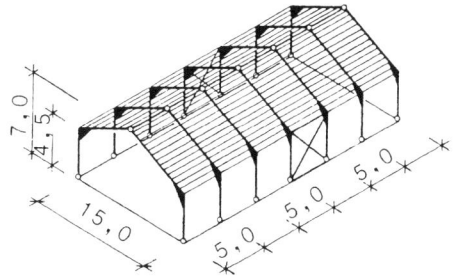

 3. Dreigelenkrahmen in Holz mit geneigtem Riegel

Auch dieser Rahmen sei Teil einer Halle, ähnlich der aus Kapitel 2 »Tragkonstruktion einer einfachen Halle«, jedoch mit geneigtem Dach. Die Dachdecke wird aus Holz gebildet (Balken, Bretter) oder auch aus Stahltrapezblech. Sie hat außer ihrem Eigengewicht nur die Schneelast zu tragen.

Material: Brettschichtholz BSH 11

$\tan \alpha = 2{,}5/7{,}5 = 0{,}333$
$\quad \alpha = 18{,}43°$
$\sin \alpha = 0{,}316$
$\cos \alpha = 0{,}949$

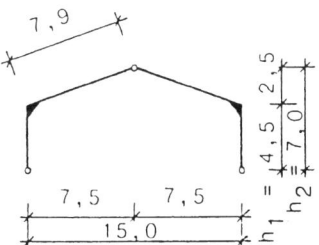

Charakteristische Lasten

Dachplatte

Bretter: $0{,}024$ m $\cdot$ $6{,}0$ kN/m³	$= 0{,}2$ kN/m²
Balken (verteilt auf die Fläche):	$\approx 0{,}2$ kN/m²
Belag, Isolierung:	$0{,}5$ kN/m²
je m² schräge Fläche:	$\overline{g}_s = 0{,}9$ kN/m²

je m² Grundrissfläche:

$0{,}9$ kN/m²/$\cos \alpha$	$= \overline{g} = 0{,}95$ kN/m²
Schnee: $0{,}94 \cdot 0{,}8$	$= \overline{s} = 0{,}75$ kN/m²
	$\overline{q} = 1{,}70$ kN/m²

Wind: Auf Dachflächen mit Neigung unter 25° wirkt nur Windsog. Er wird im Folgenden nicht berücksichtigt.

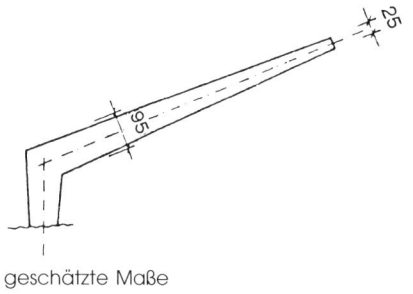

geschätzte Maße

Riegel (Abstand der Rahmen: 5,0 m)

Lasten je m^2 Grundfläche

aus Dachplatte:

$$5{,}0\text{ m} \cdot 0{,}95\text{ kN/m}^2 = 4{,}8\text{ kN/m}$$

Eigengewicht, geschätzt:

$$\frac{0{,}95 + 0{,}25}{2}\text{ m} \cdot 0{,}25\text{ m} \cdot 6{,}0\text{ kN/m}^3 = \underline{0{,}9\text{ kN/m}}$$

$$g_1 = 5{,}7\text{ kN/m}$$

Schnee*): $\quad 5{,}0\text{ m} \cdot 0{,}75\text{ kN/m}^2 = s = \underline{3{,}8\text{ kN/m}}$

$$q = 9{,}5\text{ kN/m}$$

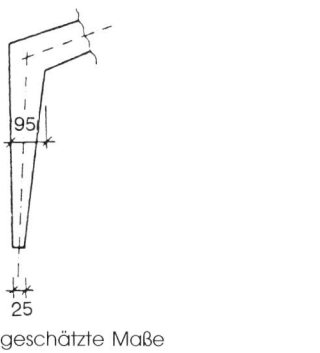

geschätzte Maße

Stiele

vertikal

Eigengewicht i. M.

$$\frac{0{,}95 + 0{,}25}{2}\text{ m} \cdot 0{,}25\text{ m} \cdot 6{,}0\text{ kN/m}^3 = 0{,}9\text{ kN/m}$$

Anteil Wand: $\quad\quad\quad\quad\quad\quad\quad\quad \approx 1{,}4\text{ kN/m}$

je steigender m $\quad\quad\quad\quad\quad\quad g_2 = 2{,}3\text{ kN/m}$

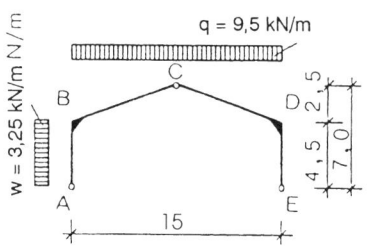

horizontal

Wind: $\quad 5{,}0\text{ m} \cdot 1{,}3\text{ kN/m} \cdot 0{,}5 = W = 3{,}25\text{ kN/m}$

---

*) s heißt hier Schnee. Nicht zu verwechseln mit
s = Länge oder s als Index für Beanspruchung.

Zahlenbeispiele zu Rahmen, konstruktive Details

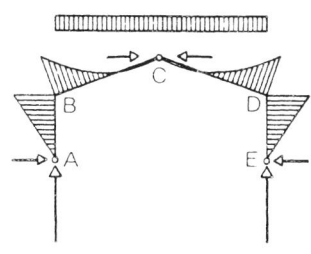

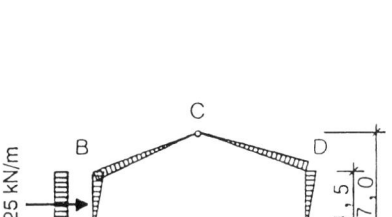

Basisschnittgrößen

aus vertikalen Lasten

$A_V = E_V = \dfrac{9,5 \cdot 15}{2} + 2,3 \cdot 4,5 \quad = 81,60 \text{ kN}$

$A_H = E_H = \dfrac{9,5 \cdot 15^2}{8 \cdot 7} \quad = 38,17 \text{ kN}$

$C_H = A_H \quad = 38,17 \text{ kN}$

$M_B = M_D = -38,17 \cdot 4,5 \quad = -171,76 \text{ kNm}$

$M_0 = \dfrac{9,5 \cdot \left(\dfrac{15}{2}\right)^2}{8} \quad = 66,80 \text{ kNm}$

aus Wind

$A_H = -\dfrac{3}{4} \cdot 3,25 \cdot 4,5 \quad = 10,97 \text{ kN}$

$E_H = -\dfrac{1}{4} \cdot 3,25 \cdot 4,5 \quad = 3,66 \text{ kN}$

$M_D = -3,66 \cdot 4,5 \quad = -16,45 \text{ kNm}$

$M_B = 10,97 \cdot 4,5 - 3,25 \cdot \dfrac{4,5^2}{2} \quad = 16,45 \text{ kNm}$

$E_V = 3,25 \cdot 4,5 \cdot \dfrac{4,5}{2 \cdot 15} \quad = 2,19 \text{ kN}$

$A_V = -E_V \quad = -2,19 \text{ kN}$

Z Gesamt-Basisschnittgrößen

Auflager

max A_V (= max E_V) = 81,60 + 2,19

$\qquad\qquad\qquad\qquad\qquad$ = 83,79 kN

max A_H = max E_H = 38,17 + 3,66

$\qquad\qquad\qquad\qquad\qquad$ = 41,83 kN

max C_H = max A_H $\qquad\qquad$ = 41,83 kN

(eingeklammerte Werte für Wind von rechts)

Stiele

min N = –max A_V $\qquad\qquad$ = – 83,79 kN

Ecken

min M_B = min M_D = –171,76 – 16,45

$\qquad\qquad\qquad\qquad$ = –188,21 kNm

Riegel

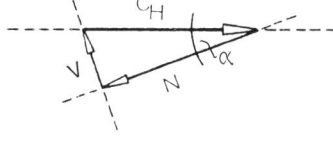

überschläglich: min N ⊕ –C_H $\quad$ = – 41,83 kN

$M_0 = 66,80 \text{ kNm} \approx \left|\dfrac{M_B}{3}\right|$

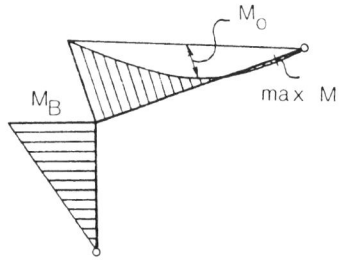

Daraus folgt, dass max M sehr klein und für die Bemessung unbedeutend ist (siehe Skizze). Die Bemessung erfolgt nach dem Eckmoment.

Z Bemessungsschnittgrößen

Auflager

$$\max A_{Vd} \ (= \max E_{Vd}) = 83{,}79 \text{ kN} \cdot 1{,}4$$
$$= \underline{117{,}3 \text{ kN}}$$

$$\max A_{Hd} = \max E_{Hd} = 41{,}83 \text{ kN} \cdot 1{,}4$$
$$= \underline{58{,}6 \text{ kN}}$$

$$\max C_{Hd} = \max A_{Hd} \qquad = \underline{58{,}6 \text{ kN}}$$

Stiele

$$\min N_d = -\max A_{Vd} \qquad = \underline{-117{,}3 \text{ kN}}$$

Ecken

$$\min M_{Bd} = \min M_{Dd} = 188{,}21 \cdot \text{kNm} \cdot 1{,}4$$
$$= \underline{\underline{-263{,}5 \text{ kNm}}}$$

Riegel

$$\min N_d \approx 41{,}83 \text{ kN} \cdot 1{,}4 \qquad = \underline{-58{,}6 \text{ kN}}$$
$$\max M_{dF}: \text{ unbedeutend}$$

Bemessung mit Bemessungsschnittgrößen

Maßgebend für die Bemessung von Rahmen aus Holz ist fast immer die Verbindung an der Ecke mit Dübelring oder Keilzinkenverbindung (siehe Details auf der nächsten Seite). Die exakte Berechnung dieser Verbindung ist aufwendig und wird hier nicht behandelt. Danach gilt für die **Keilzinkenverbindung** (siehe frühere Auflagen*)):

---

*) Die Herleitung dieser Überschlagsberechnung ist in den früheren Auflagen 4 bis 6 dieses Buches nachzulesen.

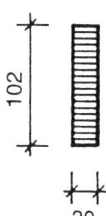

Bemessung an der Ecke nur für minM, aber mit $\dfrac{\sigma_m}{2}$. Die Längskraft N kann bei diesem Überschlag vernachlässigt werden.

In der Abminderung auf $\dfrac{\sigma_m}{2}$ werden alle fünf die Beanspruchung erhöhenden Einflüsse erfasst: die Schwächung durch die Keilzinken, die gleichzeitig mitwirkende Normalkraft, die Knickgefahr, die Richtungsänderung der Faser im Stoß und die unterschiedlichen Grenzspannungen für Biegung und Längskraft.

Somit gilt in Fortsetzung des Zahlenbeispiels überschläglich:

Brettschichtholz, BSH 11 GL 24

$\sigma_m = 1{,}5\ kN/cm^2$

$$\text{erf }W = \dfrac{260 \cdot 100\ kN\,cm}{\dfrac{1{,}5}{2}\ kN/cm^2} = 34\,800\ cm^3$$

Gewählt für die Keilzinkenverbindung:

$\boxed{20/102}\quad W_y = 34\,680\ cm^3$

Als Spannungsnachweis ausgedrückt:

$$\sigma = \dfrac{M_d}{W} \leq \text{eff}\,\sigma = 0{,}5 \cdot \sigma_m$$

oder zur Bestimmung der Abmessung:

$$\text{erf.}\,W = \dfrac{M_d}{\text{eff}\,\sigma} = \dfrac{M_d}{0{,}5 \cdot \sigma_m}$$

Die Rahmenecke erfordert also eine $\sqrt{2} = 1{,}4$-Fach größere Höhe des Querschnitts als ein ungestoßener BSH-Balken mit gleichem Moment.

Zahlenbeispiele zu Rahmen, konstruktive Details

Z Rahmen-Details

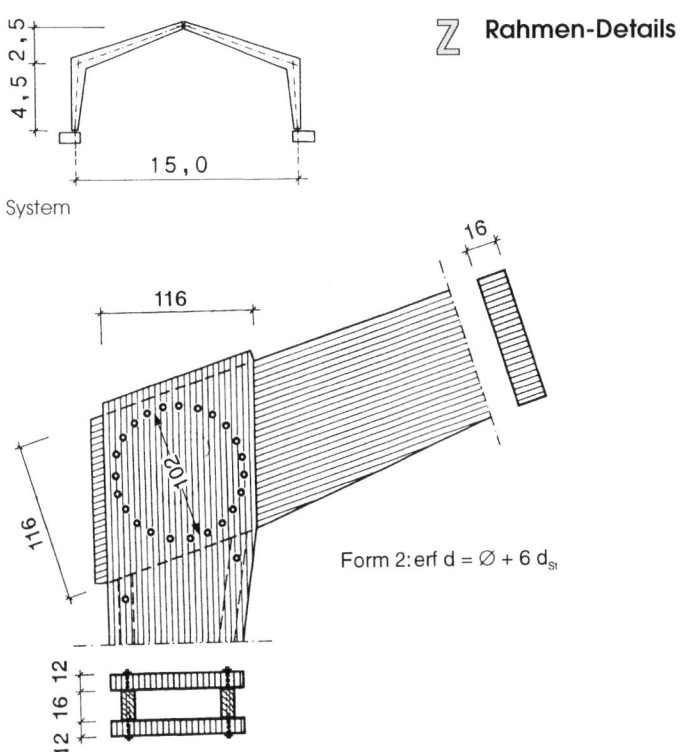

Rahmenecke mit einem Stabdübelkreis

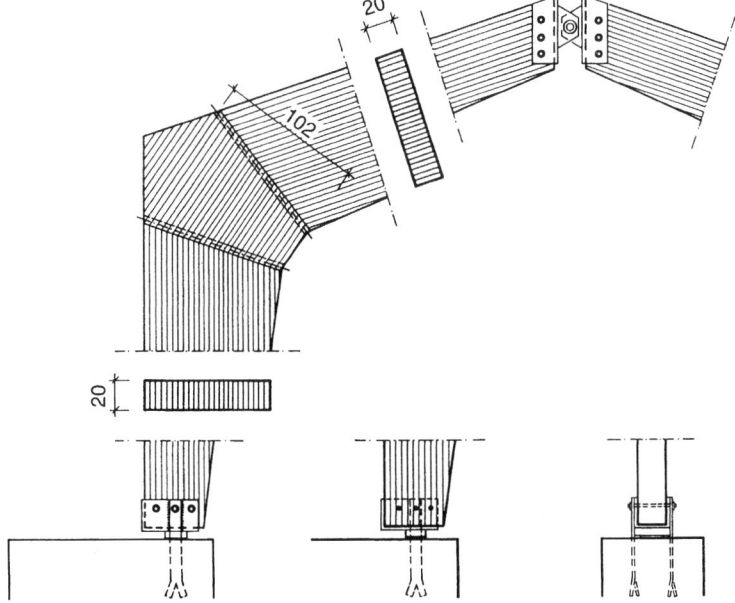

keilverzinkte Rahmenecke mit zwei Keilzinkenstößen

H Dübelkranz-Verbindung

Die Bemessung einer Rahmenecke mit Dübelkranz verläuft so*):

Wir machen eine ganz normale Biegebemessung:

$$\text{erf } W = \frac{M_d}{\text{eff } \sigma}$$

mit eff $\sigma = 0.5 \cdot \sigma_m = 0.5 \cdot 1.5 = 0.75$ kN/cm².

Daraus bestimmen wir eine gedachte Trägerhöhe h bei einer angenommenen Trägerbreite $b_M \approx 6 \cdot d_{St}$ aus dem gewählten Stabdübel:

Stabdübel d_{St}	1,2	1,6	2,0	2,4	(cm)
Mittelholz b_M	8	10	12	16	(cm)
Seitenhölzer Σb_S	12	16	20	24	(cm)

Tabellenbuch H4

$$\text{erf } h = \sqrt{\frac{\text{erf } W \cdot 6}{b_M}} = \sqrt{\frac{\text{erf } W}{d_{St}}}$$

oder mit Tabellenbuch H 2.4.

(Dieses h darf nicht verwechselt werden mit der Systemhöhe h des Rahmens.)

Diese gedachte Trägerhöhe h wird dem Durchmesser des Dübelkranzes Ø gleichgesetzt:

$h = \emptyset$

Zu diesem so errechneten Maß müssen dann die vorgeschriebenen Randabstände hinzugeschlagen werden, um die Abmessung in der Rahmenecke zu erhalten.

Form 1: Stiel und Riegel bündig

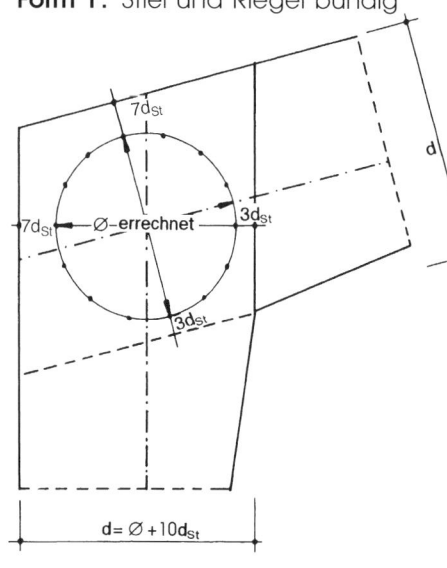

Die tatsächlich erforderliche Trägerhöhe d im Eckbereich ist dann je nach Eckausbildung

erf $d_1 = \emptyset + 10 \cdot d_{St}$

---

*) Die Herleitung der überschläglichen Bemessung einer Rahmenecke mit Dübelkranz ist in den früheren Auflagen 4 bis 6 dieses Buches nachzulesen.

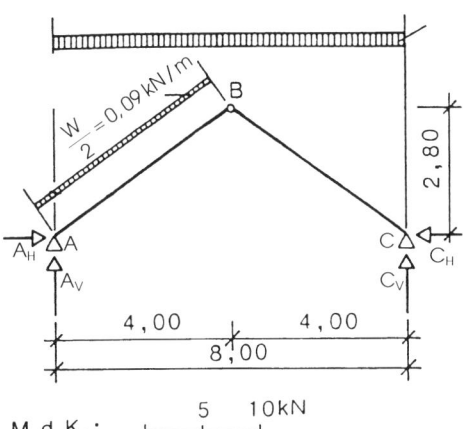

Zahlenbeispiel – Sparrendach
genaue Berechnung

q = 1,24 kN/m   Lasten wie Pfettendach
(s. Zahlenbeispiel Kapitel 7, »Dächer«)

Der Windsog auf der
Leeseite wird hier
vernachlässigt.

Basisschnittgrößen

aus q: $A_V = C_V = \dfrac{1,24 \cdot 8}{2} = 4,96$ kN

$A_H = C_H = \dfrac{1,24 \cdot 8^2}{8 \cdot 2,8} = 3,54$ kN

aus w: $W = 4,88$ m $\cdot$ 0,09 kN/m $= 0,44$ kN

daraus grafisch:
$A_V = 0,22$ kN
$A_H = 0,06$ kN
$C_V = 0,14$ kN
$C_H = 0,19$ kN

Auflagerkräfte gesamt je Sparren:
$A_V = 4,96 + 0,22 = 5,18$ kN
$A_H = 3,54 - 0,06 = 3,48$ kN
$C_V = 4,96 + 0,14 = 5,10$ kN
$C_H = 3,54 + 0,19 = 3,73$ kN
$A = \sqrt{5,18^2 + 3,48^2} = 6,24$ kN

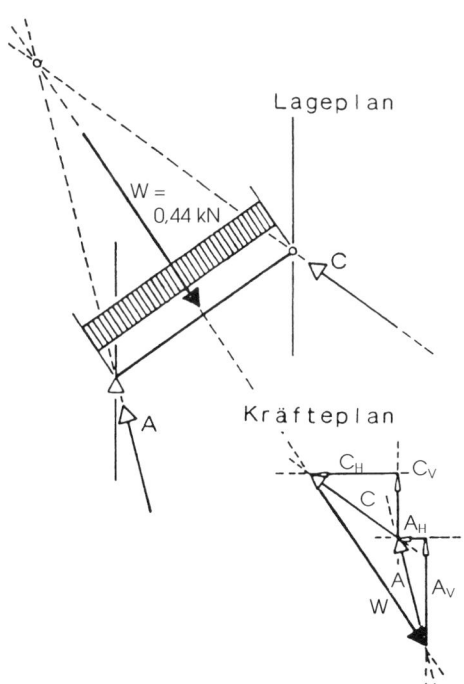

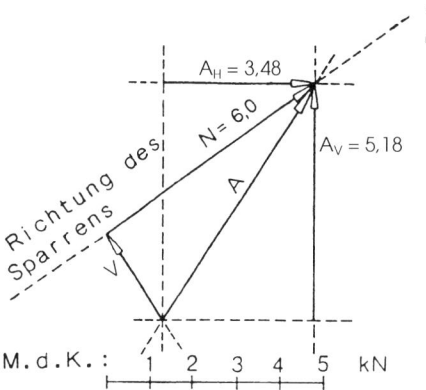

Die Auflagerkraft A wird in Normalkraft N und Querkraft V des Sparrens A – B zerlegt:

$$N = 6{,}0 \quad \text{kN}$$

$$\max M = \frac{1{,}24 \cdot 4{,}0^2}{8} + \frac{0{,}09 \cdot 4{,}88^2}{8} = 2{,}75 \text{ kNm}$$

(max M wie am Sparren des Pfettendaches)

Bemessungsschnittgrößen

$\max M_d = 2{,}75 \cdot 1{,}4 = \underline{3{,}85 \text{ kNm}}$

$\max N \;\; = 6{,}0 \;\; \cdot 1{,}4 = \underline{8{,}40 \text{ kN}}$

Bemessung

Nadelholz S 10
für Biegung: $\quad \sigma_m = 1{,}5 \text{ kN/cm}^2$
für Druck: $\quad \sigma_{C\parallel} = 1{,}3 \text{ kN/cm}^2$

Tabellenbuch H 2.1

geschätzt:

Sparren $\boxed{8/20}$

$W_y = 533 \text{ cm}^3$
$I_y = 5333 \text{ cm}^4$
$A = 160 \text{ cm}^2$
$i_y = \dfrac{20}{\sqrt{12}} = 5{,}77 \text{ cm}$

Zahlenbeispiele zu Rahmen, konstruktive Details

Z In der Dachebene sind die Sparren gegen Knicken ausgesteift, daher ist i_y maßgebend.

$$i_y = \sqrt{\frac{I_y}{A}} = \sqrt{\frac{b \cdot h^3}{12 \cdot b \cdot h}} = \frac{h}{\sqrt{12}}$$

Tabellenbuch H 3.2.3

$$\lambda = \frac{488}{5,77} = 85 \rightarrow k = 0,417$$

$$\frac{3,85 \cdot 100 \text{ kN cm}}{\frac{533 \text{ cm}^3}{1,5 \text{ kN/cm}^2}} + \frac{8,40 \text{ kN}}{\frac{160 \text{ cm}^2 \cdot 0,417}{1,3 \text{ kN/cm}^2}} = 0,58 < 1$$

Durchbiegung: vgl. Pfettendach, Pos. 1

erf I = 312 · 2,75 · 4,88 = 4187 cm⁴ < 5330 cm⁴

gewählt: Sparren $\boxed{8/20}$ (wie geschätzt)

Der Sparren B – C ist in diesem Lastfall weniger stark beansprucht, da dort kein Winddruck wirkt.

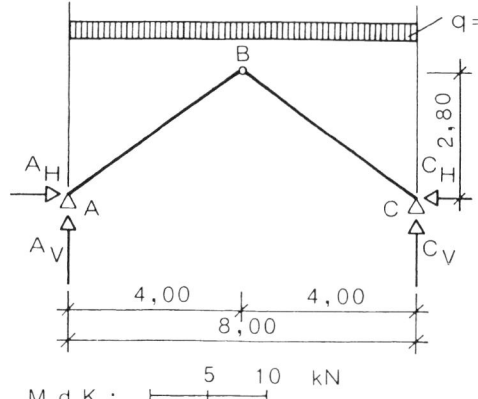

Z Deutlich einfacher wird die Berechnung, wenn – wie auch beim Pfettendach – die Windlast nur als Zuschlag zur Vertikallast berücksichtigt wird.

überschläglich $\bar{q} = 2$ kN/m²
$e = 0{,}7$ m
$q = 1{,}4$ kN/m

Basisschnittgrößen

$$A_V = C_V = \frac{1{,}4 \cdot 8{,}0}{2} = 5{,}6 \text{ kN}$$

$$A_H = C_H = \frac{1{,}4 \cdot 8{,}0^2}{8 \cdot 2{,}8} = 4{,}0 \text{ kN}$$

$$\max M = \frac{1{,}4 \cdot 4{,}0^2}{8} = 2{,}8 \text{ kNm}$$

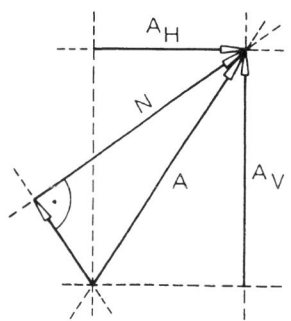

Die Längskraft im Sparren ist etwas kleiner als die gesamte Auflagerkraft A (vgl. Krafteck).

$$N \approx A = \sqrt{A_V^2 + A_H^2} = \sqrt{5{,}6^2 + 4{,}0^2} = 6{,}88 \text{ kN}$$

Bemessungsschnittgrößen

$A_{Vd} = C_{Vd} = 5{,}6 \cdot 1{,}4 = 7{,}48$ kN
$A_{Hd} = C_{Hd} = 4{,}0 \cdot 1{,}4 = 5{,}60$ kN
$\max M_d = 2{,}8 \cdot 1{,}4 = 3{,}92$ kNm
$N_d = 6{,}88 \cdot 1{,}4 = 9{,}63$ kN

Bemessung

Nadelholz S 10
$\sigma_m = 1{,}5$ kN/cm²
$\sigma_{C\|} = 1{,}3$ kN/cm²

geschätzt:

Sparren 8/20

$W_y = 533 \text{ cm}^3$
$I_y = 5333 \text{ cm}^4$
$A = 160 \text{ cm}^2$

$i_y = \dfrac{20}{\sqrt{12}} = 5{,}77 \text{ cm}$

Maßgebend für Knicken ist auch hier nicht min $i = i_z$, denn gegen Knicken in der Dachebene sind die Sparren ausgesteift.

$\lambda = \dfrac{488}{5{,}77} = 85 \rightarrow k = 0{,}417$

$\dfrac{\frac{3{,}92 \cdot 100}{533}}{1{,}5} + \dfrac{\frac{9{,}63}{160 \cdot 0{,}417}}{1{,}3} = 0{,}60 < 1{,}0$

gewählt: Sparren 8/20

Zusammenfassung Zahlenbeispiele

Die überschlägliche Berechnung hat in diesen Beispielen dieselben Abmessungen ergeben wie die genaue Berechnung. Ein genauer Nachweis ist durch den Ingenieur zu erbringen.

In vielen Fällen führt die genauere Berechnung zu kleineren Abmessungen, das heißt zu sparsameren Konstruktionen.

Das Sparrendach kommt in diesen Beispielen mit den gleichen Sparren aus wie das Pfettendach, erspart aber Firstpfette und Pfosten und hat einen offenen Dachraum. Es ist aber nur bei horizontal unverschieblichen Auflagern möglich.

12 Gründungen

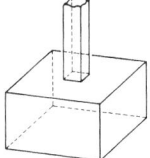

 ## 12.1 Allgemeines

Der Baugrund hält nur wesentlich kleinere Spannungen aus als die Baumaterialien, aus denen Wände, Stützen etc. errichtet werden. Deshalb müssen die in diesen Wänden, Stützen etc. herabgeführten Lasten auf eine größere Fläche verteilt werden: auf die Unterkante des Fundaments, meist als **Bodenfuge** bezeichnet. Diese Verteilung ist die wichtigste Aufgabe des Fundaments.

In der Bodenfuge herrscht Druck ohne Knickgefahr. Nach diesem Prinzip ist die erforderliche Größe des Fundaments zu bemessen. Zug kann in der Bodenfuge nicht aufgenommen werden.

Die **zulässigen Bodenpressungen** sind abhängig von der Art des Bodens, aber auch von der Breite und Gründungstiefe der Fundamente sowie von der Setzungsempfindlichkeit des Bauwerks. Ihre Werte liegen – wie im Tabellenbuch unter G, Gründungen, zu entnehmen – zwischen:

zul σ = 90 kN/m² und zul σ = 700 kN/m²

Die Widerstandsfähigkeit des Baugrundes hängt einerseits ab von seiner Qualität in der Bodenfuge, andererseits aber auch von der umgebenden Situation: ob der gedrückte

---

Für Gründungen gelten unter anderem:
DIN 1054 Baugrund – zulässige Belastung des Baugrundes
DIN 4017 Baugrund – Berechnung des Grundbruchwiderstandes von Flachgründungen
DIN 4018 Baugrund – Berechnung der Sohldruckverteilung unter Flächengründungen
DIN 4019 Baugrund – Setzungsberechnungen bei lotrechter mittiger Belastung
EC 7   Entwurf und Bemessung in der Geotechnik
ferner:
DIN 4123 Ausschachtungen, Gründungen und Unterfangungen im Bereich bestehender Gebäude
DIN 4124 Baugruben und Gräben – Böschungen, Arbeitsraumbreiten, Verbau

Boden ausweichen, eventuell am Hang abrutschen kann, von der Festigkeit in tieferen Schichten, vom Einfluss benachbarter Gebäude etc. Auf aufgeschüttetem Boden darf fast nie gegründet werden – hier sind Maßnahmen wie Pfahlgründungen erforderlich, und die können sehr aufwendig werden.

In Zweifelsfällen, bei schwierigen Bodenverhältnissen und für die Gründung größerer Gebäude, muss unbedingt rechtzeitig ein Baugrund-Sachverständiger zurate gezogen werden.

Sowohl für einzelne Fundamente als auch für ein Gebäude in seiner Gesamtheit kann die Gefahr des **Kippens** bestehen. Dem Kippmoment muss ein um den Sicherheitsfaktor 1,5 oder 2,0 größeres Standmoment gegenüberstehen.

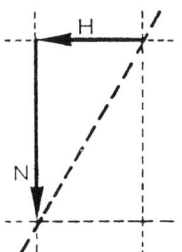

Horizontalkräfte können Fundamente seitlich verschieben, das heißt zum **Gleiten** auf der Bodenfuge bringen. Ausreichende Sicherheit gegen Gleiten besteht, wenn in der Fundamentsohle das Verhältnis von Horizontalkraft H zu gleichzeitig wirkender Vertikalkraft N kleiner oder gleich 0,25 ... 0,6 ist:

$$\frac{H}{N} \leq 0,25 \ldots 0,6$$

Dieser zulässige »Reibungsbeiwert« ist abhängig von der Bodenart.

Grundwasser kann zu **Auftrieb** und damit zu einer Verringerung der Vertikalkräfte führen. Dies kann die Standsicherheit gegen Gleiten und Kippen verringern. In Extremfällen können wannenartig geschlossene Kellerräume aufschwimmen.

Die Fundamentsohle muss in **frostfreier Tiefe** liegen, weil sonst gefrierende Nässe das Fundament stellenweise anheben und so das Gebäude beschädigen könnte. Im Inneren geschlossener Gebäude – also für Fundamente unter inneren Wänden und Stützen – besteht meist keine Frostgefahr. Die Frosttiefen sind örtlich verschieden. In Deutschland sind mindestens 0,8 m anzunehmen, in Höhenlagen und anderen kalten Gegenden mehr.

Auch Baugrund ist **Verformungen** unterworfen – sie führen zu Setzungen des Gebäudes in der Größenordnung von mehreren Zentimetern. Der Setzungsvorgang dauert in der Regel viele Jahre. Ungleiche Beanspruchungen des Bodens können zu ungleichen Setzungen führen. So setzen sich belastete Fundamente stärker als wenig belastete Bodenplatten oder Kanäle, Rohre, Leitungen etc.

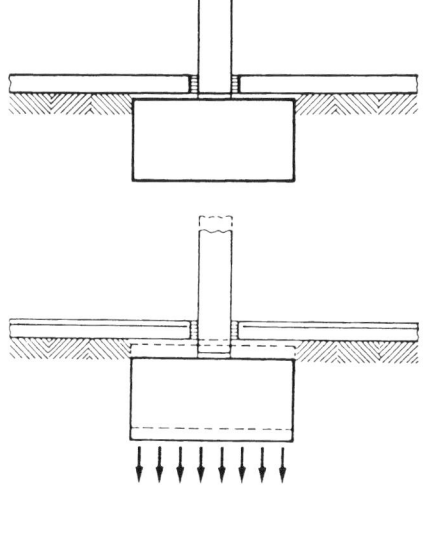

Die Bodenplatten sind hier auf das Fundament aufgelegt und nicht mit diesem verbunden. Das Fundament aber setzt sich unter der Last des Gebäudes, die wenig belasteten Bodenplatten setzen sich fast nicht – über dem abgesunkenen Fundament »hängen sie in der Luft«. Sie müssen ein kurzes Stück auskragen.

Bewehrung mit Baustahlmatten ist notwendig, um Rissbildung zu verhindern. Eine Fuge zwischen Bodenplatten und Wand sorgt dafür, dass die Platten nicht stellenweise von der sich setzenden Wand mit nach unten gezogen werden.

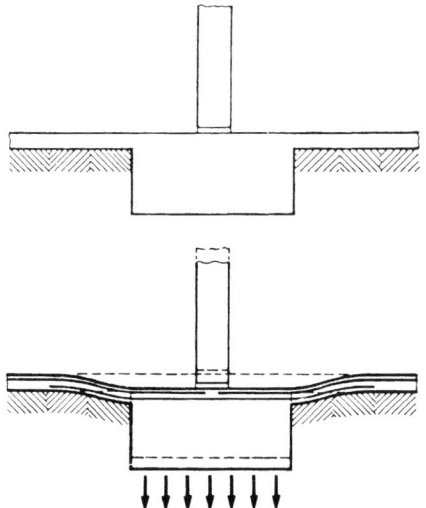

Diese Bodenplatte hingegen ist mit dem Fundament verbunden. Die Bewehrung verhindert beim Setzungsvorgang den Abriss der Bodenplatte vom Fundament und erzwingt ein gemeinsames Setzen von Platte und Fundament.

Ungleiche Setzungen können, wenn sie nicht rechtzeitig bedacht werden, an Rohren, Leitungen etc. erhebliche Schäden verursachen.

Die **Setzungsempfindlichkeit** von Gebäuden ist nicht gleich. Einer eingeschossigen offenen Lagerhalle aus Fertigteilen können unterschiedliche Setzungen weit weniger schaden als einem mehrgeschossigen gemauerten Wohngebäude mit rissempfindlichen Wänden oder einer statisch unbestimmten Konstruktion, in der ungleiche Stützensenkungen zu inneren Zwängungen führen.

Setzungsempfindlichkeit des Gebäudes, Art der Gründung und Beschaffenheit des Bodens stehen in enger Wechselbeziehung. Nicht nur die Gründung ist dem Boden und dem Bauwerk anzupassen, sondern auch die Gesamtkonstruktion des Gebäudes muss mit Bodenverhältnissen und Gründung im Einklang stehen.

Besondere Vorsicht ist geboten, wenn unter einem Bauwerk *unterschiedliche Bodenverhältnisse* bestehen, sodass mit unterschiedlichem Setzen innerhalb dieses Bauwerks gerechnet werden muss. Auch unterschiedliche Belastungen des Baugrundes durch verschieden schwere Gebäudeteile können zu solchen Setzungsdifferenzen führen.

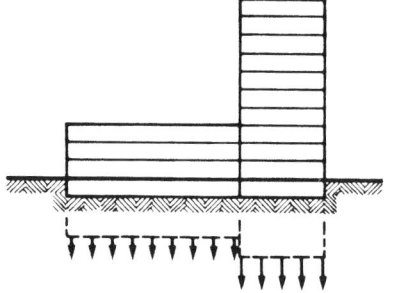

Unterschiedlichem Setzen kann auf zwei Arten begegnet werden:

- Bewegungsmöglichkeiten innerhalb des Gebäudes – z. B. statisch bestimmte Konstruktion aus Fertigteilen oder Trennfugen in kurzen Abständen. Hierdurch wird unterschiedliches Setzen der Gebäudeteile ohne Schäden *ermöglicht* (siehe Kapitel 3.3 »Durchbiegung« und 3.4 »Wärmedehnung«).

- Große Steifigkeit des gesamten Gebäudes – so kann z. B. das Kellergeschoss als geschosshoher trogartiger Träger ausgebildet werden, der Bereiche weicheren Bodens überbrückt und unterschiedliche Belastungen gleichmäßig verteilt.
So werden unterschiedliche Setzungen *verhindert*.

Wir unterscheiden als wichtigste **Gründungsarten:**

- Einzelfundamente
- Streifenfundamente
- Plattenfundamente

Ist erst in größerer Tiefe fester Baugrund zu finden, können

- Pfahlgründungen

erforderlich werden. Sie werden hier nicht behandelt.

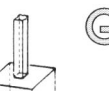 

12.2 Einzelfundamente

12.2.1 Mittige Last

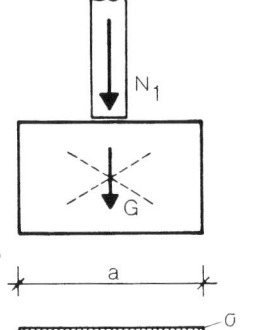

Einzellasten aus Stützen können durch Einzelfundamente aufgenommen werden. Wird das Fundament mittig und nur vertikal belastet, ist die erforderliche Fläche der Fundamentsohle gleich Last geteilt durch zulässige Bodenpressung. Das Eigengewicht G des Fundaments ist groß und darf nicht vernachlässigt werden:

$$\text{erf } A = \frac{N}{\text{zul}\,\sigma} \qquad \bigg| N = N_1 + G$$

Günstig ist ein quadratischer Grundriss des Einzelfundaments, doch können Grundstücksgrenzen, andere Bauteile o. Ä. eine andere Form erzwingen (siehe Kapitel 12.2.2 »Ausmittige Last«).

Einzelfundamente können bestehen aus

- nicht bewehrtem Beton oder
- Stahlbeton.

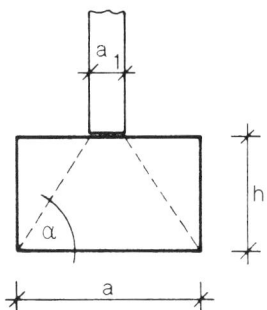

In **nicht bewehrten Fundamenten** wird die Last unter einem Winkel verteilt, der, abhängig von der Betonqualität und der Bodenpressung, zwischen $\alpha = 45°$ und $63°$ liegt ($\tan \alpha$ 1,0 ... 2,0) (siehe Tabellenbuch G 1.3).

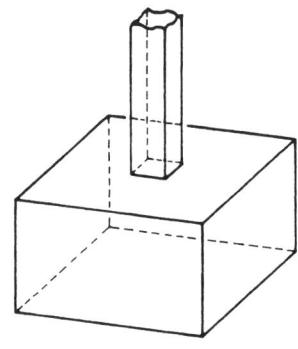

In erster Näherung kann $\alpha = 60°$ ($\tan \alpha = 1{,}7$) angenommen werden. Mit diesem Verteilungswinkel ergibt sich die erforderliche Dicke d des Fundaments. Sie lässt sich zeichnerisch ermitteln oder nach der Formel:

$$\text{erf } h = \frac{a - a_1}{2} \cdot \tan \alpha$$

12.2 Einzelfundamente

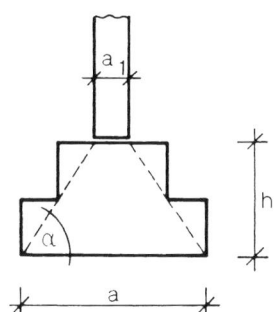

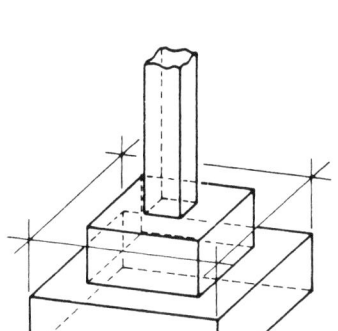

 Durch Abstufen kann Beton gespart werden. Dabei muss der Verteilungskegel überall innerhalb des Betons liegen.

Nicht bewehrter Beton kommt vor allem für kleinere Fundamente infrage (grober Richtwert: unter 1 ... 1,5 m^2).

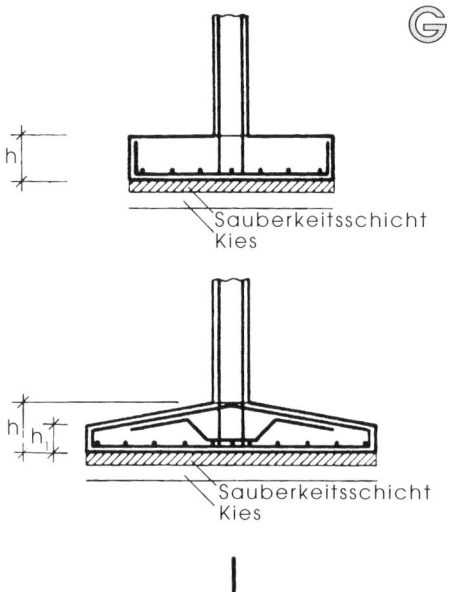

Für große Fundamente würde nicht bewehrter Beton zu großen Dicken d und damit zu großem Materialverbrauch sowie tiefem Aushub führen. Es ist deshalb wirtschaftlicher, sie in **Stahlbeton** auszuführen.

Stahlbeton-Fundamente wirken als umgekehrte Kragplatten. Der Bodendruck bildet die etwa gleichmäßig verteilte Last, die Stütze gleichsam das umgekehrte Auflager. Die Bewehrung muss *unten* liegen. Aufbiegungen können gegen Durchstanzen der Stütze erforderlich werden. Sie wirken ähnlich den Schubstählen in Stahlbetonträgern.

Um zu verhindern, dass durch Unregelmäßigkeiten des Erdaushubs die Bewehrungsstähle den Boden berühren und rosten, wird unter dem Fundament eine sogenannte **Sauberkeitsschicht** eingebracht, das ist eine ca. 5 cm dicke Schicht aus Magerbeton.

Bewehrte Fundamente können an der Oberseite allseits abgeschrägt werden, denn die volle Dicke d ist nur an der Stütze erforderlich, wo Biegemomente und Durchstanzgefahr am größten sind.

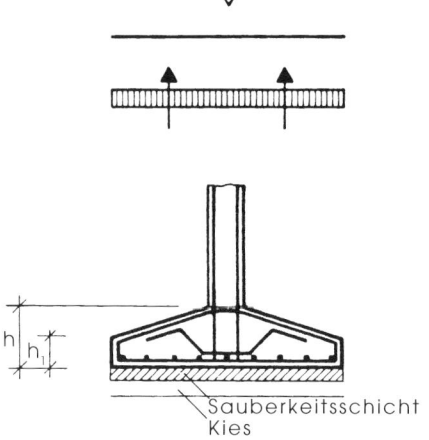

12.2 Einzelfundamente

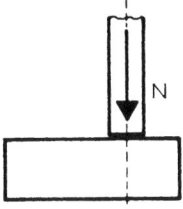

 12.2.2 Ausmittige Last

– Durch Grundstücksgrenzen oder durch andere Bauteile kann es notwendig sein, das Fundament nicht mittig unter der Stütze, sondern ausmittig anzuordnen.

– Hier führt das gleichzeitige Wirken von vertikaler und horizontaler Kraft zu einer schrägen Resultierenden. Sie durchstößt die Fundamentsohle nicht mittig unter der Stütze.

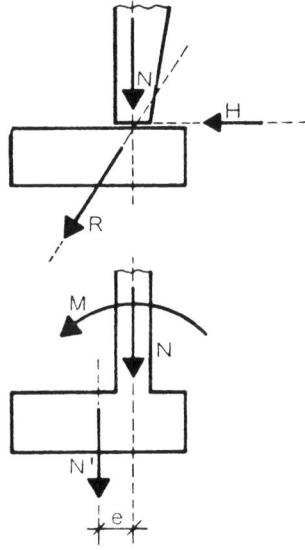

– Ist eine Stütze oder ein Rahmenstiel in das Fundament eingespannt, so führt auch dieses Einspannmoment zu einer Verschiebung der Kraftlinie.

Diese drei Belastungsarten haben eine Wirkung gemeinsam: den *ausmittigen Lastangriff*. Wir werden sehen, dass ausmittiger Lastangriff in jedem Fall gleichzusetzen ist mit

Längskraft + Biegung.

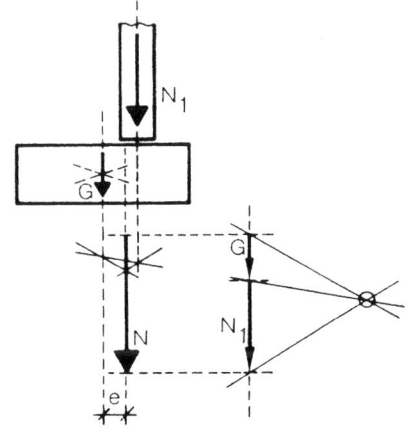

Diese Last N_1 aus der Stütze greift ausmittig an. Sie verbindet sich mit dem Eigengewicht G des Fundaments zu der Resultierenden N. Diese durchstößt die Fundamentsohle (Bodenfuge) mit der Exzentrizität e, bezogen auf die Fundamentmitte.

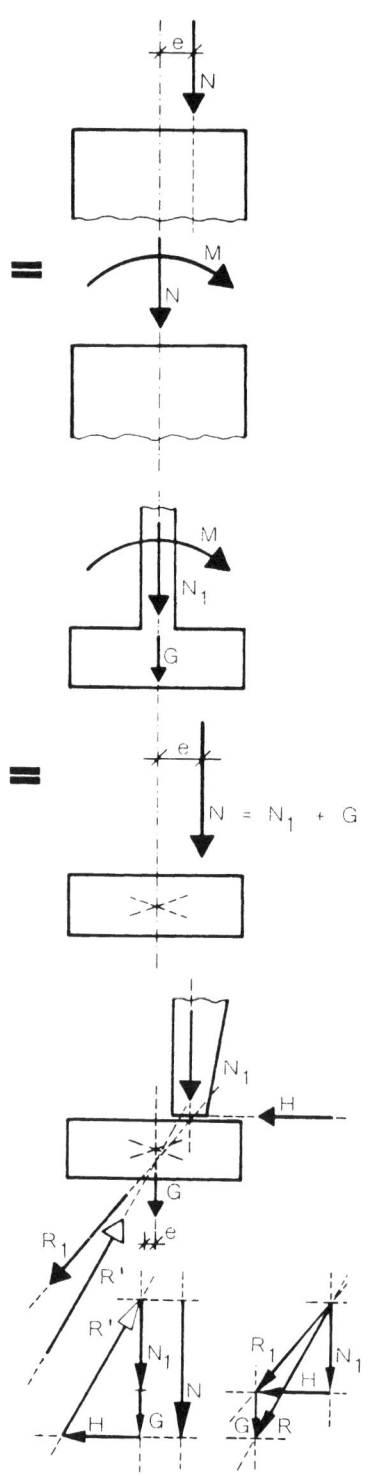

 Wir erinnern uns: Exzentrischer (ausmittiger) Kraftangriff ist gleichzusetzen mit dem Zusammenwirken von mittiger Längskraft und Moment (siehe Kapitel 11 »Bemessung: Längskraft + Biegung«). Dabei ist das Moment

$M = N \cdot e$

In diesem Fundament ist eine Stütze eingespannt. Das Einspannmoment sei M. Die Wirkung ist die gleiche, als ob die vertikale Längskraft N um $e = M/N$ verschoben wäre.

N ist immer die Summe der Vertikalkräfte. Sie wird als Normalkraft bezeichnet, weil sie normal, das heißt im rechten Winkel auf die horizontale Fundamentsohle wirkt.

In diesem Fundament eines Zweigelenkrahmens wirken die Vertikalkraft N_1 und die Horizontalkraft H. Sie ergeben die Resultierende R_1. Diese kreuzt die Schwerlinie des Fundaments (d.h. die Vertikale durch den Schwerpunkt) und verbindet sich im Kreuzungspunkt mit dem Fundament-Eigengewicht G zu der Gesamt-Resultierenden R. Maßgebend ist, an welchem Punkt und unter welchem Winkel diese Resultierende R die Fundamentsohle durchstößt. Der Abstand dieses Punktes vom Mittelpunkt der Fundamentsohle ist die Exzentrizität e.

Die Skizzen zeigen die grafische Ermittlung. Eine rechnerische Methode wird im Tabellenbuch unter G (Gründungen) angegeben.

Tabellenbuch G

12.2 Einzelfundamente

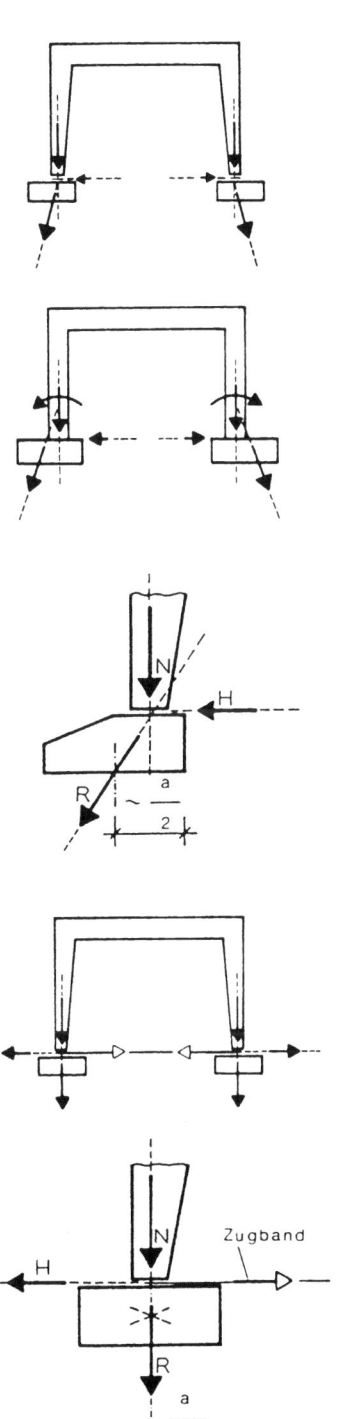

 Die horizontale Auflagerreaktion in den Fußpunkten von Zwei- und Dreigelenkrahmen führt zu einer schräg nach außen verlaufenden Resultierenden. Einspannmomente der Rahmen-Stiele von eingespannten Rahmen verschieben die Kraft noch weiter nach außen. Deshalb werden die Rahmen-Fundamente nicht mittig unter den Rahmen-Stielen, sondern exzentrisch nach außen angeordnet.

Am günstigsten liegen die Fundamente, wenn in den verschiedenen Lastfällen die Resultierende möglichst nahe der Fundamentmitte durch die Bodenfuge läuft, das heißt die Exzentrizität möglichst klein bleibt.

Was aber tun, wenn Grundstücksgrenzen oder andere Bauteile der richtigen Lage der Fundamente im Wege stehen? Sie weiter nach innen legen? Dem sind Grenzen gesetzt durch die Forderung, dass der Randabstand der Resultierenden mindestens $\frac{a}{6}$ betragen muss.

Abhilfe kann ein Zugband schaffen, das die Fußpunkte der Rahmen-Stiele verbindet und die Horizontalkraft von Fuß zu Fuß überträgt. So werden nur Vertikalkräfte in das Fundament geleitet; mittige Fundamente sind dann richtig.

In jeder exzentrisch belasteten Fundamentsohle herrschen *Längskraft* (= Normalkraft) und *Biegung*. Die Fuge zwischen Fundament und Boden – die Bodenfuge – kann nur Druck, keinen Zug aufnehmen. Sie wirkt deshalb wie ein Querschnitt aus nur druckfestem Material und ist entsprechend zu bemessen (siehe Kapitel 11.3 »Nur druckfeste Materialien«).

Für die Standsicherheit des Fundaments sind vor allem von Bedeutung:
- Bodenpressung
- Kippsicherheit (besser: Sicherheit *gegen* Kippen)
- Gleitsicherheit (besser: Sicherheit *gegen* Gleiten)

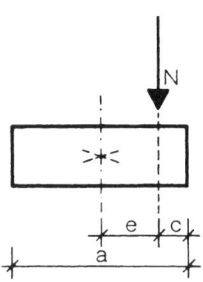

Für die **Kippsicherheit** ist es maßgebend, an welchem Punkt die resultierende Kraft die Fundamentsohle durchstößt. Die Kippsicherheit ist ausreichend, wenn dieser Punkt nicht näher ist als $c = a/6$, das heißt, wenn $e \leq a/3$ ist. Es gilt also das Gleiche wie für andere nur druckfeste Materialien. (Nur eine der Bezeichnungen hat sich gegenüber Kapitel 11.3 »Nur druckfeste Materialien« geändert: Anstelle von h in Kapitel 11.3 tritt hier das Maß a.)

12.2 Einzelfundamente

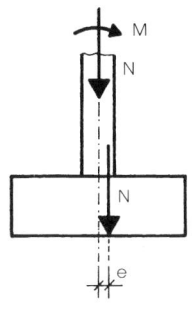

 Es ist leicht vorstellbar, dass ein Fundament mit großer Vertikallast und kleinem Moment standfester ist als eins mit kleiner Vertikallast und großem Moment. Dieses Verhältnis wird durch e = M/N ausgedrückt.

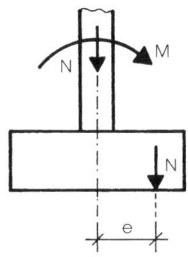

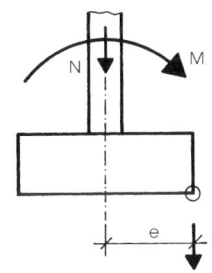

Verliefe die resultierende Kraft durch den Rand der Bodenfuge, so stünde das Fundament im labilen Gleichgewicht – unmittelbar vor dem Kippen.

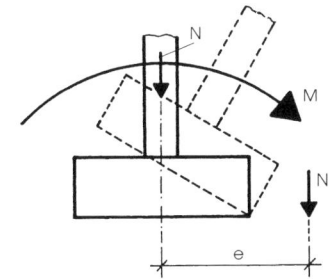

Verliefe sie gar außerhalb der Bodenfuge, so würde das Fundament kippen.

Der von der DIN verlangte Randabstand von mindestens a/6 ergibt mindestens die 1,5-Fache Sicherheit gegen Kippen (siehe Kapitel 11.3 »Nur druckfeste Materialien«).

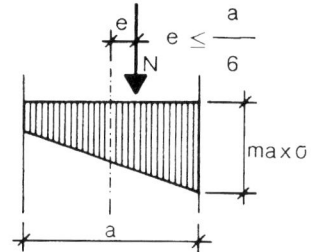
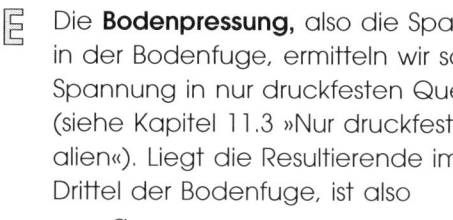

Die **Bodenpressung,** also die Spannung in der Bodenfuge, ermitteln wir so wie die Spannung in nur druckfesten Querschnitten (siehe Kapitel 11.3 »Nur druckfeste Materialien«). Liegt die Resultierende im mittleren Drittel der Bodenfuge, ist also

$e \leq \dfrac{a}{6}$, gilt:

$$\sigma = \dfrac{N}{A} \pm \dfrac{M}{W} \quad \bigg| \quad \begin{aligned} A &= a \cdot b \\ W &= \dfrac{b \cdot a^2}{6} \end{aligned}$$

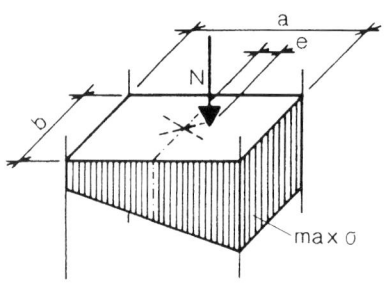

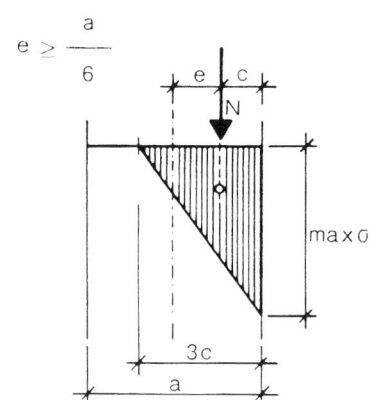

Ist hingegen $e > \dfrac{a}{6}$, entsteht eine *klaffende Fuge*. Die Kraft N verläuft durch den Schwerpunkt des verbleibenden Druck-Dreiecks, das heißt durch dessen Drittelspunkt, der Randabstand c drittelt das Druck-Dreieck. So ergibt sich:

$$\max \sigma = \dfrac{2N}{3 \cdot c \cdot b} \quad \bigg| \quad c = \dfrac{a}{2} - e$$

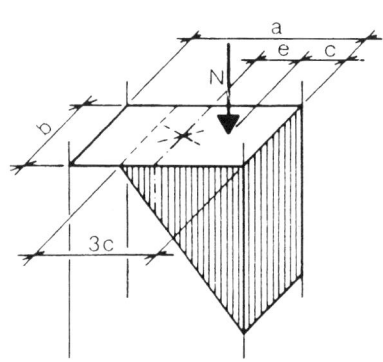

Fast immer führt der Lastfall mit der größten Exzentrizität e zur größten Bodenpressung – nicht der mit der größten Normalkraft N. Im Zweifelsfall müssen mehrere Nachweise für verschiedene Lastfälle geführt werden.

Für die Kantenpressung dürfen die zulässigen Bodenpressungen zul σ auf das 1,3-Fache erhöht werden.

12.2 Einzelfundamente

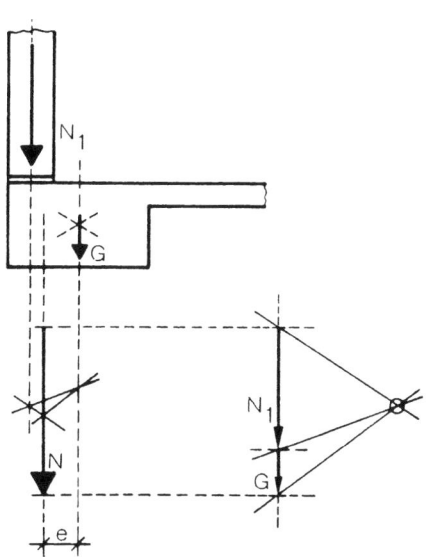

Was tun, wenn Grundstücksgrenzen seitliches Überstehen des Fundaments verbieten?
Im hier skizzierten Beispiel wird das Moment $N \cdot e$ aufgehoben durch ein entgegengesetzt wirkendes Reaktionsmoment $H \cdot h$. Die horizontale Kraft H wird durch Stähle aufgenommen, die als Zugband das Fundament mit anderen Bauteilen – z. B. gegenüberliegenden Fundamenten – verbinden, in denen die H-Kraft verankert wird. Der Kraft H wirkt in der Fundamentsohle die Reibungskraft H_1 entgegen:

$$-N \cdot e + H \cdot h = 0$$
$$H = N \cdot \frac{e}{h}$$
$$H_1 = H$$

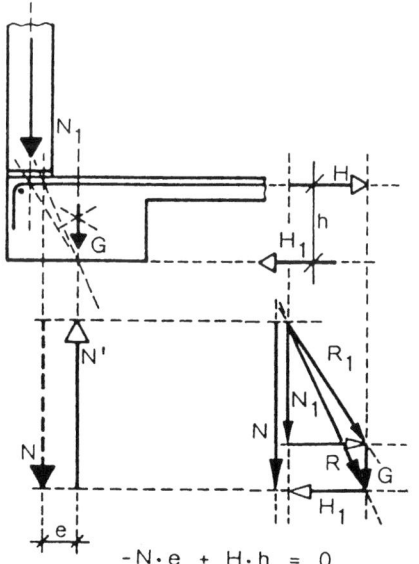

$-N \cdot e + H \cdot h = 0$

Das Fundament muss mindestens so hoch sein, dass H (und damit H_1 in der Fundamentsohle) im Verhältnis zu N nicht größer wird, als der Reibungsbeiwert des vorhandenen Bodens erlaubt.

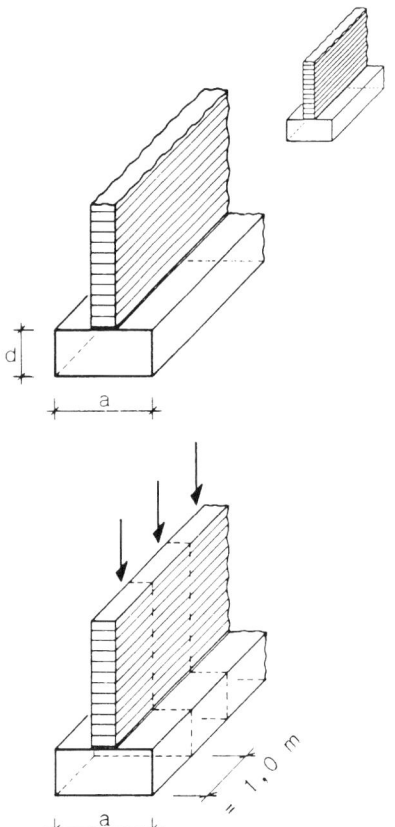

 ## 12.3 Streifenfundamente

Unter Wänden werden fast immer Streifenfundamente angeordnet. Sie unterscheiden sich von Einzelfundamenten nur durch ihre Länge – im Übrigen gelten die gleichen Regeln.

Um die Untersuchung von Streifenfundamenten – Ermittlung der Bodenpressung bzw. der erforderlichen Breite, eventuell Kippsicherheit – zu erleichtern, betrachten wir ein Teilstück von 1,0 m Länge. Die Abmessung a, quer zur Wand, heißt hier Breite. (Manchmal wird sie mit b bezeichnet, wir bleiben jedoch bei der gewohnten Benennung a.)

12.3.1 Mittige Last

Die Bodenpressung unter **mittig belasteten** Streifenfundamenten beträgt:

$$s = \frac{N}{a \cdot 1{,}0} \left[\frac{kN}{m \cdot m} \right]$$

Dabei ist N die Last aus einem 1,0 m langen Wandstück und einem Eigengewicht des 1,0 m langen Fundamentstreifens.

12.3 Streifenfundamente

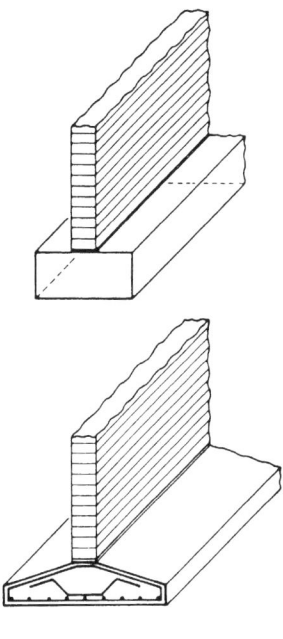

 Auch Streifenfundamente können in *nicht bewehrtem Beton* oder – bei größerer Breite – in *Stahlbeton* ausgebildet werden. Als Bewehrung kommen Baustahlmatten oder Rundstähle infrage.

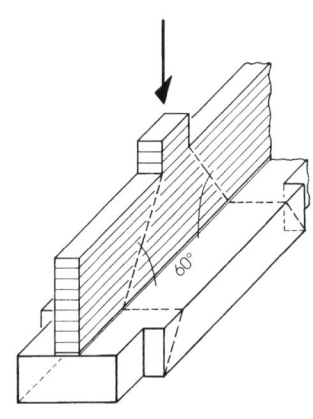

Einzellasten auf Wänden werden von diesen in einem Winkel von ca. 60° verteilt und können von einem verbreiterten Streifenfundament aufgenommen werden.

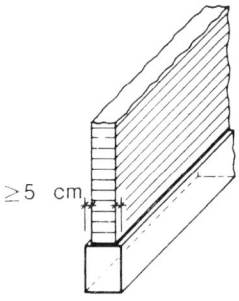

Wenig belastete Streifenfundamente können rechnerisch sehr schmal werden – manchmal schmaler als die Wand. Aus baupraktischen Gründen jedoch sollte das Fundament auf jeder Seite mindestens 5 cm über die Wand überstehen. Es muss also manchmal breiter ausgebildet werden als rechnerisch notwendig.

12.3.2 Ausmittige Last

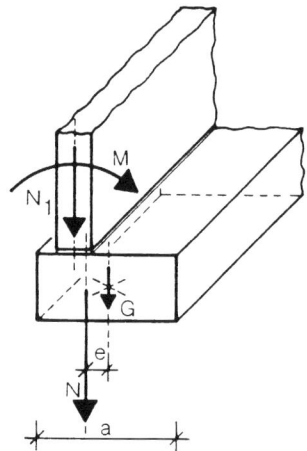

Für **ausmittig belastete** Streifenfundamente gilt das Gleiche wie für ausmittig belastete Einzelfundamente.

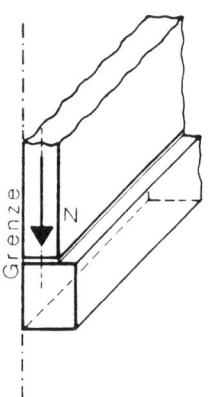

Ein häufiger Fall ausmittiger Belastung sind Fundamente an der Grundstücksgrenze, die diese nicht überragen dürfen.

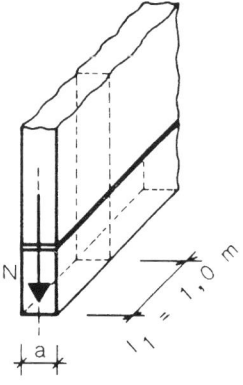

Werden hier die zulässigen Bodenpressungen kritisch, lassen sie sich durch einseitige Verbreiterung *nicht* verringern. Sie sind am kleinsten, wenn das Fundament nur so breit ist wie die Wand:

$$s_1 = \frac{N}{a \cdot 1{,}0}$$

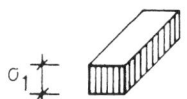

Bei einer einseitigen Verbreiterung des Fundaments wird – wider Erwarten – die Bodenpressung *nicht kleiner*, sondern *größer*.

12.3 Streifenfundamente

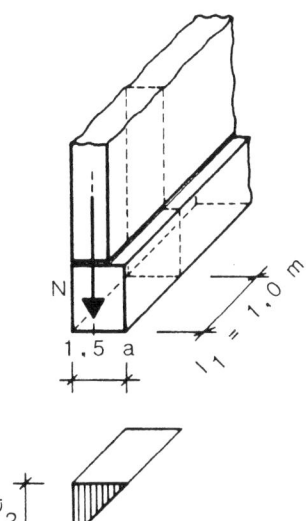

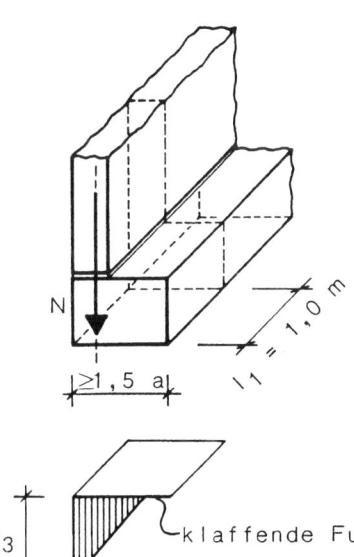
klaffende Fuge

Dies sei an einem Beispiel erläutert:

Wird das Fundament z. B. auf das 1,5-Fache verbreitert, wirkt die Wandlast im Drittelspunkt; die Spannung verteilt sich dreieckförmig. (Die Zunahme des Fundamentgewichts und damit eine geringe Verlagerung der Resultierenden sei für diese Betrachtung vernachlässigt.) Die Spannung am gedrückten Rand des Dreiecks ist mit:

$$s_2 = \frac{2N}{1{,}5a \cdot 1{,}0} = 1{,}33 \cdot s_1$$

größer geworden, als sie vorher unter dem nur wandbreiten Fundament war. Die Vorschrift, dass Kantenpressungen das 1,3-Fache der sonstigen Bodenpressung betragen dürfen, gleicht dies knapp aus. (Dass aus baupraktischen Gründen das Fundament um wenige Zentimeter breiter sein muss als die Wand, wurde schon erwähnt.)

Noch weitere Verbreiterung würde nur zu *klaffender Fuge* führen und deshalb wirkungslos bleiben. Bei einem allzu breiten einseitigen Fundament könnte der Lastangriff näher als $1/6$ der Fundamentbreite am Rand liegen; die klaffende Fuge betrüge mehr als die Hälfte dieser Breite. Dies wäre unzulässig.

Was tun?

Entlastende Abfangungen und Kragkonstruktionen sind aufwendig.

Ein gemeinsames Fundament mit dem Nachbarn scheint zwar zunächst naheliegend, doch es führt zu einer langfristigen Festlegung. Ungleiche Setzungen durch ungleiche Belastungen, eventuell durch späteres Aufstocken eines der Gebäude, können zu Schäden führen. Sollte später einmal eines der Häuser abgerissen und vielleicht mit tieferem Keller neu erbaut werden, steht dem so ein Fundament im Wege.
Also Vorsicht!

Sinnvoll kann es sein, schon die oberen Geschosse so zu konstruieren, dass das kritische Grenz-Fundament möglichst entlastet wird, also z. B. die Decken parallel zur Grenzwand zu spannen.

Auch bei Streifenfundamenten lässt sich ein Moment aus exzentrischer Last durch ein Reaktionsmoment aus horizontalen Kräften ausgleichen. Die Stähle, die die Horizontalkraft H zu anderen Bauteilen – z. B. zu einem gegenüberliegenden Fundament – weiterleiten, liegen in der Bodenplatte. Die entgegenwirkende Kraft H_1 wird durch die Bodenreibung des Fundaments aufgenommen (siehe Abschnitt 12.2.2 »Ausmittige Lasten«, unter E).

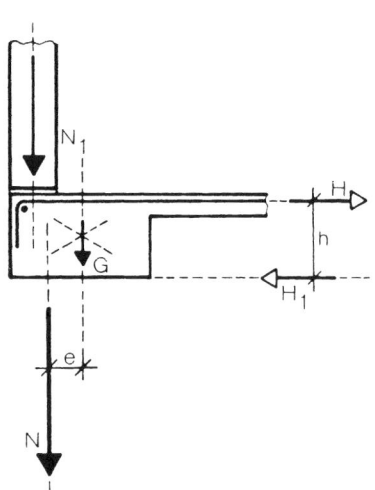

12.4 Plattenfundamente

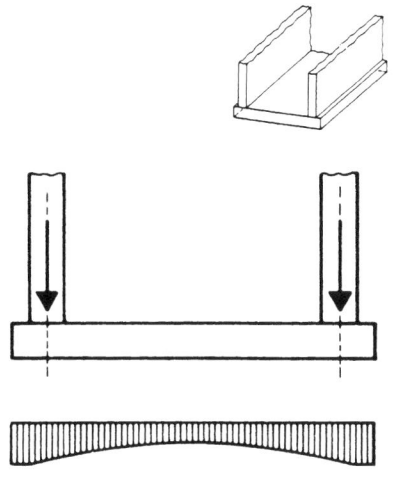

Bei sehr hohen Lasten oder schlechtem Baugrund kann man unter die gesamte Fläche des Gebäudes eine Platte als Fundament legen. Wird das Kellergeschoss wegen Grundwassers als dichte Wanne oder aus statischen Gründen als trogartiger Träger (siehe unten) ausgebildet, ist eine solche Platte ohnehin vorhanden.

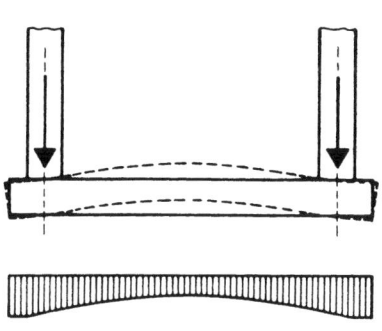

Eine Fundamentplatte wirkt wie eine umgekehrte Decke – mit Wänden oder Stützen als Auflager und der Bodenpressung als Last. Die Platte verformt sich, sie weicht dadurch stellenweise vor der Bodenpressung zurück – diese verteilt sich deshalb ungleichmäßig über die Fläche.

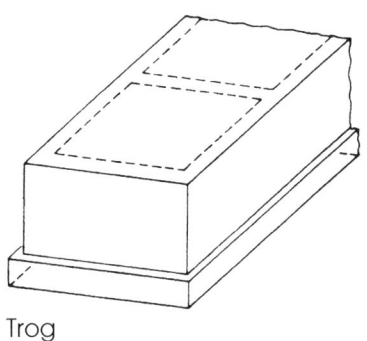

Trog

Kellerwände, Decke über Keller und Fundamentplatte können zu einem trogartigen geschosshohen Träger zusammengefasst werden. Durch seine große Höhe ist er sehr steif. So vermag er ungleiche Lasten gleichmäßig zu verteilen und Ungleichmäßigkeiten des Baugrundes zu überbrücken.

13 Räumliche Flächentragwerke: Seilnetze, Schalen

 Das Wort »Schale« kennen wir von natürlichen Konstruktionen. Auch Eierschalen, die Schalen mancher Früchte und die Panzer von Käfern etc. verdanken ihre Festigkeit ihrer gekrümmten Form. Sie sind dünn, aber aus hartem Material. Sie sind Vorbilder für die von Menschen gebauten dünnen Schalenbauwerke.

13.1 Definition, Grundbegriffe

Ein Papier, zwischen zwei schneidenförmige Auflager gelegt, vermag kaum sein Eigengewicht zu tragen. Seine innere Höhe beträgt nur wenige $1/100$ mm – das genügt nicht, um eine ausreichende Biegesteifigkeit zu erzeugen.

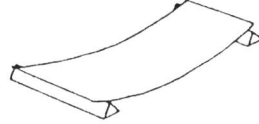

Dasselbe Papier, zu einem Zylinder-Ausschnitt gerollt, vermag ein Vielfaches seines Eigengewichts zu tragen. Die große Höhe h verleiht ihm große Steifigkeit. Das Papier bildet jetzt eine Schale.

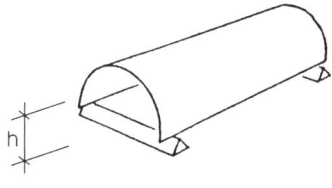

Man kann eine Schale nicht in Streifen oder andere Teile zerschneiden, ohne ihr Tragverhalten grundlegend zu verändern und ihre Tragfähigkeit zu verringern, denn die Kräfte verlaufen in verschiedenen, sich kreuzenden Richtungen über die Fläche.

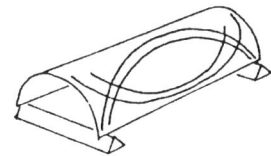

Schalen sind gekrümmte Flächentragwerke aus druck-, zug- und schubfesten Materialien.

Flächentragwerke sind Bauteile, deren Ausdehnungen in zwei Richtungen groß, in der dritten klein sind.

In räumlichen Flächentragwerken verlaufen die Kräfte in mehreren Richtungen, die sich nicht in **einer** Ebene darstellen lassen.

Sie werden daher auch »räumliche Tragwerke« genannt (Siegel). Flächentragwerke lassen sich nicht in Streifen schneiden, ohne ihr Tragverhalten grundlegend zu verändern.

Beispiele:

Stabtragwerke

= ebene Tragwerke

Räumliche Flächentragwerke

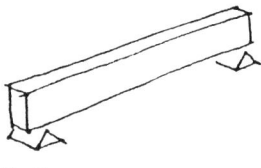

Balken

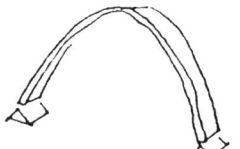

Bogen

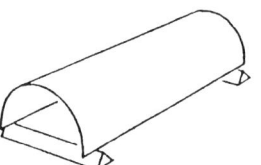

Schale, zylinderförmig

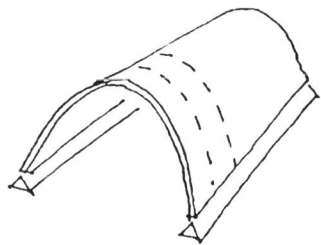

Gewölbe
(kann in bogenartige Streifen geschnitten werden)

Schalen, doppelt gekrümmt

Seil

Seilnetz

13.1 Definition, Grundbegriffe

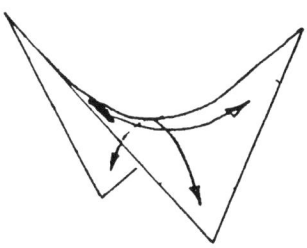

 Die Lasten werden in Schalen vorwiegend über Druck-, Zug- und Schubkräfte in der Schalenfläche abgetragen. Wenn **nur Druck-, Zug- und Schubkräfte** in Richtung der Schalenfläche auftreten – also keine Biegemomente quer zur Schalenfläche –, besteht **Membranspannungszustand**. Er ist nur in doppelt gekrümmten Schalen möglich.

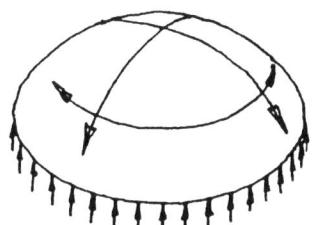

Jede Unterbrechung der Schale führt zu Störungen des Tragverhaltens. Jeder Rand bildet eine solche Unterbrechung. Meist müssen die durch den Rand unterbrochenen Kräfte dort durch eine Verstärkung – das **Randglied** – aufgenommen werden.

Auch **Seilnetze und Zelte** sind gekrümmte Flächentragwerke. In ihnen wirken jedoch nur Zugkräfte. Seile können keine Druckkräfte und keine Biegemomente aufnehmen. Da keine Biegemomente aufgenommen werden, herrscht in Seiltragwerken immer Membranspannungszustand.

Seilnetze und Zelte müssen immer **doppelt gegensinnig**, das heißt **sattelförmig** gekrümmt sein.

13.2 Formen

Für Schalen und Seilnetze ist die Form von grundlegender Bedeutung. Im Folgenden wird eine Übersicht über die für den Bau von Schalen und Seiltragwerken wichtigsten Formen und ihre Eigenschaften gegeben.

Flächen lassen sich unterscheiden:

- nach ihrem Krümmungsmaß und
- nach der Art ihrer Erzeugung.

13.2.1 Krümmungsmaß

Das Gauß'sche Krümmungsmaß einer Fläche ist definiert mit:

$$G = \frac{1}{r_1 \cdot r_2}$$

An einem Punkt der Fläche sind r_1 und r_2 die Krümmungsradien in zwei Schnittebenen, die in diesem Punkt senkrecht zueinander stehen. Je nach Art der Fläche kann G positiv, negativ oder null sein.

Einfach gekrümmte Flächen

Gauß'sches Krümmungsmaß: 0
r_1 = positiv
$r_2 = \infty$

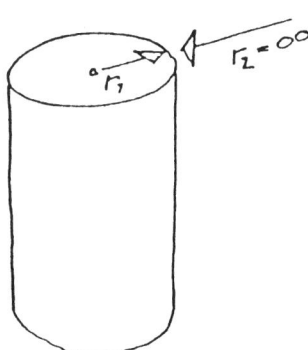

$$G = \frac{1}{r_1 \cdot \infty} = 0$$

Einfach gekrümmte Flächen sind abwickelbar (im Modell leicht aus Papier zu bilden).

Beispiele:

- Zylinder (Kreiszylinder, elliptischer Zylinder etc.)
- Kegel (Kreiskegel, elliptischer Kegel etc.)

13.2 Formen

 Doppelt gekrümmte Flächen

Doppelt gleichsinnig gekrümmte Flächen

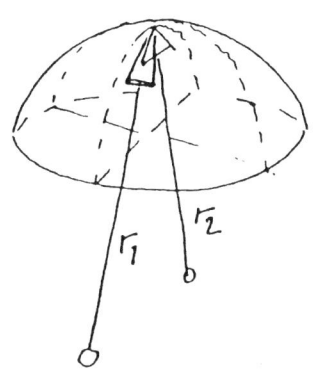

Andere Bezeichnungen:
- kuppelförmig
- synklastisch

Gauß'sches Krümmungsmaß: positiv

r_1 = positiv
r_2 = positiv

$$G = \frac{1}{r_1 \cdot r_2} = \text{positiv}$$

Beispiele:
- Kugel
- Rotationsparaboloid
- Rotationsellipsoid

Doppelt gegensinnig gekrümmte Flächen

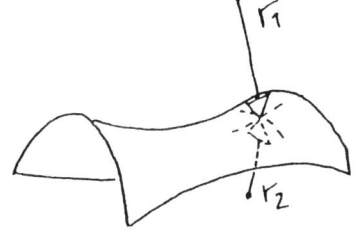

Andere Bezeichnungen:
- sattelförmig
- antiklastisch

Gauß'sches Krümmungsmaß: negativ

r_1 = positiv
r_2 = negativ

$$G = \frac{1}{r_1 \cdot r_2} = \text{negativ}$$

Beispiele:
- einmantliges Rotationshyperboloid
- hyperbolisches Paraboloid
- Konoid

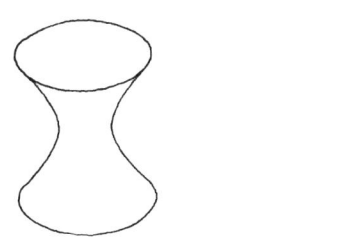

Wechselndes Krümmungsmaß

Die Fläche ist zum Teil kuppelförmig, zum Teil sattelförmig gekrümmt.

Beispiel: Torus (z. B. Autoreifen)

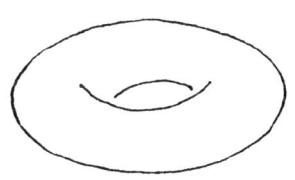

13.2.2 Art der Erzeugung von Flächen

Neben der Unterscheidung nach Krümmungsmaß lassen sich Flächen auch nach der Art der Erzeugung unterscheiden.

Translationsflächen

Definition: Eine Kurve – die Erzeugende – wird über eine andere – die Leitkurve – so geführt, dass die Ebene der Erzeugenden immer zu sich selbst parallel bleibt.

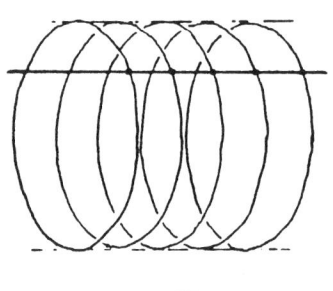

Translationsflächen können sein:

- einachsig gekrümmt
  (z. B. Zylinder: ein Kreis gleitet auf einer Geraden)
- doppelt gleichsinnig gekrümmt
  (z. B. elliptisches Paraboloid: Eine Parabel gleitet auf einer anderen mit gleicher Öffnungsrichtung)
- doppelt gegensinnig gekrümmt
  (z. B. hyperbolisches Paraboloid: Eine Parabel gleitet auf einer anderen mit entgegengesetzter Öffnungsrichtung)
- mit wechselndem Krümmungsmaß
  (z. B., eine Kurve gleitet auf einer Sinuslinie)

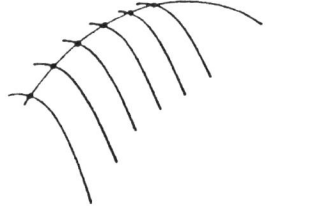

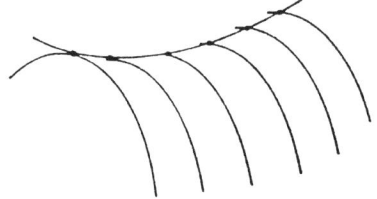

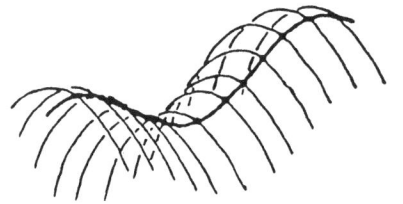

Sowohl die Zahl der möglichen Leitkurven als auch die der möglichen Erzeugenden ist unendlich.

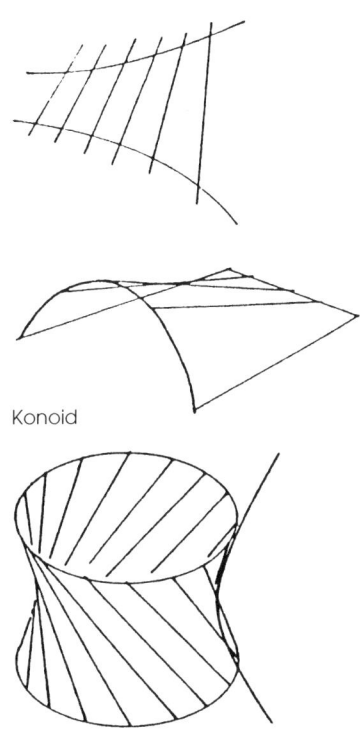

Konoid

einmantliges Rotationshyperboloid

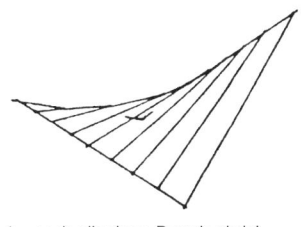

hyperbolisches Paraboloid

 Regelflächen
(»Regel« ist ein altes Wort für Lineal.)

Definition: Eine Gerade – die Erzeugende – wird über zwei Kurven geführt.

Regelflächen können einfach oder doppelt gegensinnig, nicht jedoch doppelt gleichsinnig gekrümmt (kuppelförmig) sein.

Beispiele:

- Zylinder
- Kegel
- Konoid (Leitlinien: Kreis und Gerade)
- einmantliges Rotationshyperboloid*)
- hyperbolisches Paraboloid*)

Die mit *) bezeichneten Flächen enthalten je zwei sich kreuzende Scharen von geraden Erzeugenden. Das ist im Bauwesen von Bedeutung, weil sich die Schalungen über geraden Trägern leicht erstellen lassen.

Das hyperbolische Paraboloid wird noch näher besprochen (siehe Abschnitt 13.2.3 »Zur Geometrie des hyperbolischen Paraboloids).

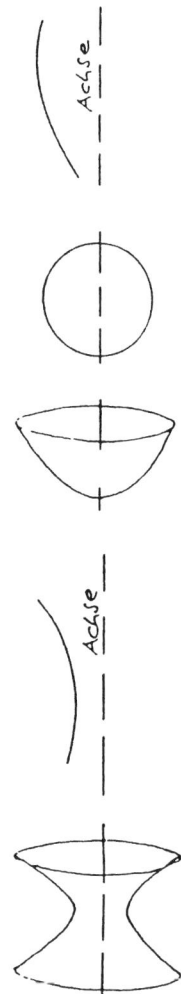

 Rotationsflächen

Eine Kurve rotiert um eine Achse und erzeugt so eine Fläche.

Verläuft die Kurve konkav zur Achse, entsteht eine kuppelförmige Fläche (positives Krümmungsmaß).

Beispiele:

- Ein Kreis rotiert um einen seiner Durchmesser; dies ergibt eine Kugel.
- Eine Parabel rotiert um ihre Achse; dies ergibt ein Rotationsparaboloid.

Verläuft die Kurve konvex zur Achse, entsteht eine sattelförmige Fläche (negatives Krümmungsmaß).

Beispiel:

Eine Hyperbel rotiert um ihre stoff-freie Achse; dies ergibt ein einmantliges Rotationshyperboloid. (Wir haben es schon als Regelfläche kennen gelernt.)

Elliptische Flächen

entstehen durch affine Verzerrung von Rotationsflächen.

Beispiel: elliptisches Paraboloid

Freie Formen

Sie gehorchen keiner einfachen mathematischen Gesetzmäßigkeit. Der Begriff »freie Form« ist nicht genau definiert. Das Gauß'sche Krümmungsmaß lässt sich für jede Fläche – auch für die freien Formen – angeben.

Wir sehen, dass manche Flächen auf unterschiedliche Art gebildet werden können. So gehören z. B. das Rotations-Hyperboloid und der Kreiskegel sowohl zu den Rotations- als auch zu den Regelflächen, das hyperbolische Paraboloid sowohl zu den Tranlations- als auch zu den Regelflächen.

Übersicht: gekrümmte Flächen 1

Erzeugungs-art / Gauß'sches Krümmungsmaß		Translationsflächen	Regelflächen	Rotationsflächen
Einfach gekrümmte Flächen — Gauß'sches Krümmungsmaß: null (0)	Zylinderflächen	**Zylinderschale** Kurve bewegt sich parallel längs einer Geraden.	**Zylinder** Gerade bewegt sich parallel längs einer Kurve.	**Kreiszylinder** Rotation einer Geraden um eine zu ihr parallelen Achse.
	Kegelflächen		**Kegel** Eine Gerade durch einen festen Punkt bewegt sich längs einer Kurve.	**Kreiskegel** Rotation einer Geraden um eine sie schneidende Achse.
Doppelt gleichsinnig gekrümmte Flächen — Gauß'sches Krümmungsmaß: positiv (+) synklastisch	allgemein	Kurve bewegt sich längs einer gleichsinnig gekrümmten Leitkurve.		Rotation einer zur Achse gekrümmten Kurve.
				Kugelschale Rotation eines Kreises um eine seiner Achsen.
				Rotations-Ellipsoid Rotation einer Ellipse um eine Hauptachse.
	Einzelfälle	**Elliptisches Paraboloid** Parabel gleitet längs einer gleichsinnig gekrümmten Parabel (die Querschnitte sind Ellipsen).		**Rotations-Paraboloid** Rotation einer Parabel um ihre Achse.
				Zweimantliges Rotations-Hyperboloid Rotation einer Hyperbel um ihre Stoffachse.

13.2 Formen

Übersicht: gekrümmte Flächen 2

Erzeugungsart / Gauß'sches Krümmungsmaß		Translationsflächen	Regelflächen	Rotationsflächen
Doppelt gleichsinnig gekrümmte Flächen / Gauß'sches Krümmungsmaß: negativ (−) / antiklastisch	allgemein	Eine Fläche, die durch Bewegung einer Kurve längs einer gegensinnig gekrümmten Leitkurve entsteht.	Gerade gleitet längs zweier Kurven.	Rotation einer von der Achse weg gekrümmten Kurve.
	Einzelfälle		**Einmantliges Rotations-Hyperboloid** Schräge Gerade gleitet längs zweier paralleler Kreise.	**Einmantliges Rotations-Hyperboloid** Rotation einer Hyperbel um ihre stoff-freie Achse.
		Hyperbolisches Paraboloid Parabel gleitet längs einer gegensinnig gekrümmten Parabel.	**Hyperbolisches Paraboloid** Gerade gleitet längs zweier windschiefer Geraden.	
			Konoid Gerade gleitet längs einer Geraden und einer Kurve.	
Flächen wechselnder Krümmung / Gauß'sches Krümmungsmaß: positiv (+) und negativ (−)	allgemein	Eine Kurve wechselnder Krümmung gleitet längs einer Kurve.		Rotation einer Kurve mit bezüglich der Rotationsachse wechselnder Krümmung.
	Sonderfälle			**Torus** Rotation eines Kreises um eine außerhalb liegende Achse.

13.2.3 Zur Geometrie des hyperbolischen Paraboloids

Als Beispiel für eine sattelförmige Fläche wird hier das hyperbolische Paraboloid näher besprochen. Diese Form findet im Schalenbau häufig Anwendung.

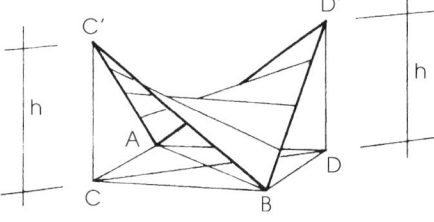

Aus [66]:
Über zwei gegenüberliegenden Eckpunkten C und D eines rhombischen Grundrisses liegen zwei Punkte C' und D' in gleicher Höhe h. Diese Hochpunkte sind mit den Eckpunkten A und B, die in der gleichen Grundrissebene liegen, durch Gerade verbunden. Zwei Gegenüberliegende dieser Geraden werden in die gleiche Anzahl jeweils gleicher Strecken geteilt, die Teilungspunkte durch Gerade verbunden. Diese verbindenden Geraden liegen auf einem hyperbolischen Paraboloid.

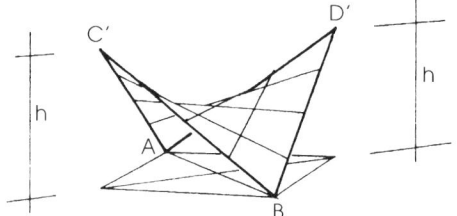

Ebenso können die beiden anderen Verbindungs-Geraden zwischen den Hoch- und Tiefpunkten in die gleiche Anzahl jeweils gleicher Strecken – bzw. im gleichen Verhältnis – geteilt und die Teilungspunkte durch Gerade verbunden werden. Auch diese verbindenden Geraden liegen auf dem gleichen hyperbolischen Paraboloid.

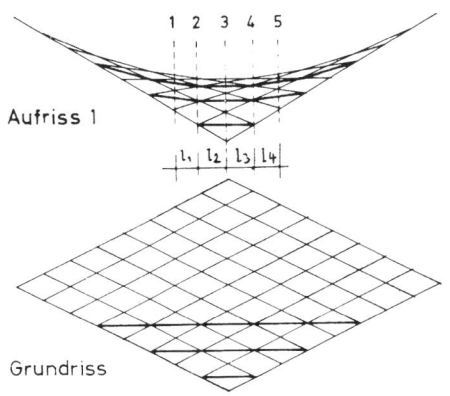

Zeichnet man die beschriebene Figur im Aufriss 1, führt man eine schulmäßige Parabelkonstruktion aus: Jede Gerade wird in diesem Aufriss zur Tangente an die Scheitelparabel.

Aufriss 2

 Das **hyperbolische Paraboloid** lässt sich also auch darstellen, indem über eine nach oben geöffnete Leitparabel eine andere nach unten geöffnete Parabel so geführt wird, dass ihre Ebene zu sich selbst parallel bleibt. Leitparabel und erzeugende Parabel sind vertauschbar.

Damit kann das **hyperbolische Paraboloid** sowohl als **Regelfläche** mit zwei sich kreuzenden Scharen von Geraden definiert werden wie auch als **Translationsfläche** zweier sich kreuzender Scharen von Parabeln. Es ist eine Fläche mit negativem Gauß'schem Krümmungsmaß, das heißt **sattelförmig** oder doppelt gegensinnig gekrümmt.

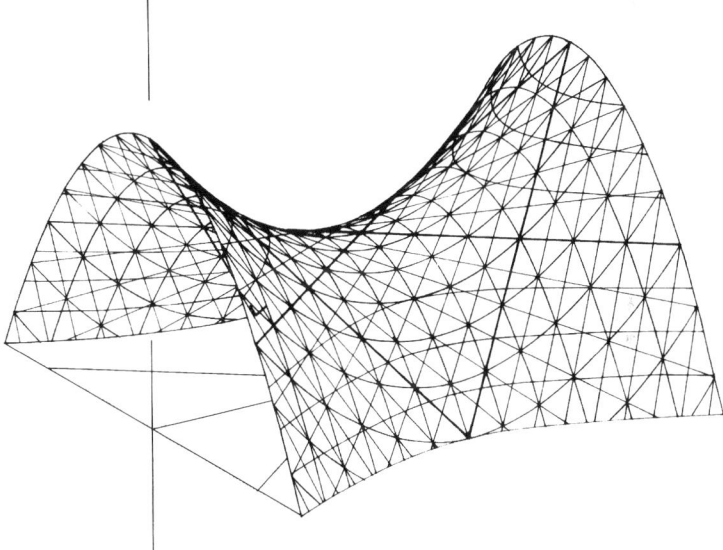

Wird dieses hyperbolische Paraboloid mit Ebenen geschnitten, sind die Schnittkurven Hyperbeln oder Parabeln, in Grenzfällen Geraden.

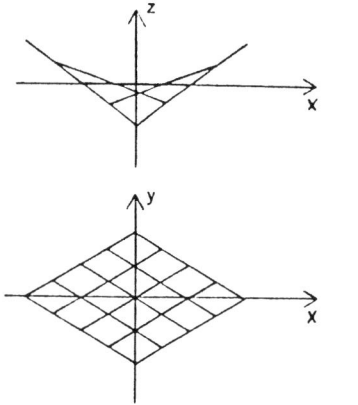

 Bezeichnet man in einem Koordinatensystem x, y, z die Parabelachse im Sattelpunkt als z-Achse, gilt:

- Jeder Schnitt mit einer Ebene, die parallel zur z-Achse liegt, ergibt eine Parabel. Sie kann – je nach Lage der Schnittebene – nach oben oder nach unten geöffnet sein.
- Jeder Schnitt mit einer Ebene, die parallel zur x-y-Ebene liegt, ergibt eine Hyperbel.

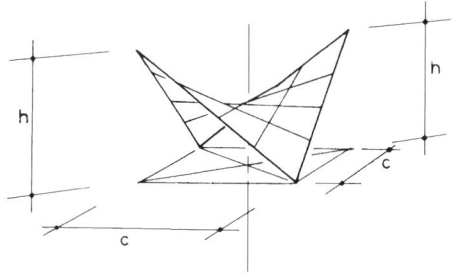

Einer der für den Schalenbau wichtigsten und meistverwendeten Ausschnitte aus der unendlichen hyperbolisch-paraboloiden Fläche ist der zweiseitig symmetrische, geradlinig begrenzte Sattelausschnitt.

Weitere Eigenschaften der Fläche und Herleitungen: siehe [66].

13.3 Seilnetze

13.3.1 Allgemeines

Ein Seil bildet für jede Last die richtige Seillinie – es passt sich der Last in optimaler Weise an. Jede Änderung der Lastverteilung führt zu einer Änderung der Form. Hinzu kommen Schwankungen – z. B. durch Wind. Diese Formänderungen müssen klein gehalten werden, um Schäden am Gebäude oder Störungen der Nutzung zu verhindern (siehe auch Kapitel 8 »Seile«).

13.3.2 Form von Seilnetzen

Seilnetze werden durch **Form** und **Vorspannung** stabilisiert. Sie müssen über ihre **gesamte Fläche doppelt gegensinnig** (= sattelförmig, = antiklastisch) **geformt** sein.

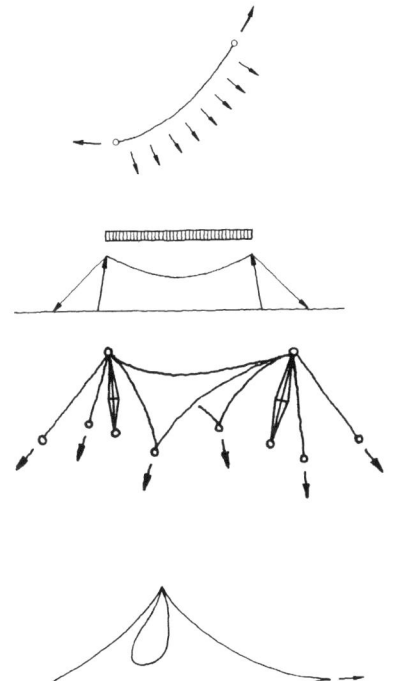

Die Ränder von Seilnetzen oder Zelten werden meist durch **Randseile** gebildet. Wie ein vertikal belastetes Seil erst durch seinen Durchhang tragfähig wird, so brauchen auch diese Randseile einen »Durchhang«. Er spielt sich jeweils tangential zur Seilnetzfläche ein. An den Hoch- und Tiefpunkten – Hochpunkte meist an Stützen – werden diese Randseile zusammengefasst und ihre Kräfte abgespannt.

Innere Stützen eines Seilnetzes oder Zeltes dürfen nicht unmittelbar in die Fläche dieses Netzes oder Zeltes stoßen – die Kräfte an dem Angriffspunkt wären zu groß. Die Stützkraft wird deshalb von einem inneren Randseil aufgenommen und erst von diesem auf das Netz oder Zelt übertragen. Das so entstehende »Auge« wird durch eine andere – meist fensterartige – Konstruktion geschlossen.

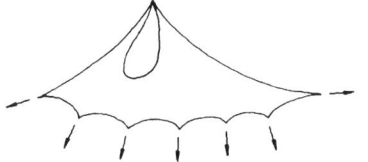

 Das hier skizzierte Zelt wurde als Versuchsbau für das Dach des Deutschen Pavillons der Weltausstellung in Montreal (1967) gebaut und untersucht. Es zeigte die Standfestigkeit der Konstruktion und dient heute als Gebäude des Instituts für leichte Flächentragwerke der Uni Stuttgart (Architekt: Frei Otto).

13.3.3 Vorspannung

Die Vorspannung sollte mindestens so groß gewählt werden, dass unter keiner zu erwartenden Last eines der Seile schlaff werden kann. Vorspannung heißt die Kraft, mit der im unbelasteten Zustand Tragseile und Spannseile gegeneinander ziehen.

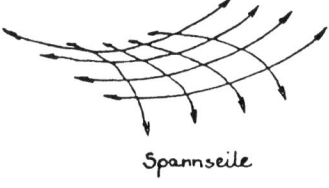

 Wie im Folgenden begründet wird, muss die Vorspannung mindestens halb so groß sein wie die größte zu erwartende Last.

Zur Ermittlung der erforderlichen Größe der Vorspannung sei zunächst ein einzelnes senkrechtes Seil betrachtet (nach [66]).

Frage: Mit welcher Kraft muss dieses Seil vorgespannt werden, damit eine Kraft P, später in halber Höhe aufgebracht, die untere Seilhälfte nicht erschlaffen lässt?
(Elastizitätsmodul und Querschnittsfläche A seien über die ganze Länge gleich.)

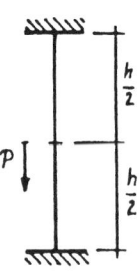

13.3 Seilnetze

1.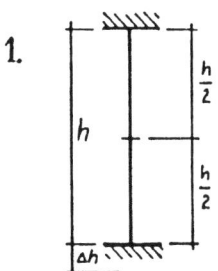

2.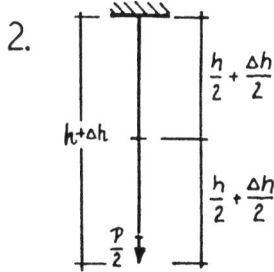

3.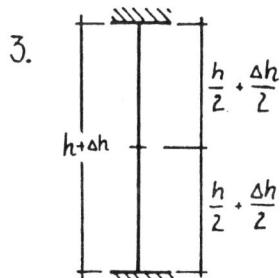

4.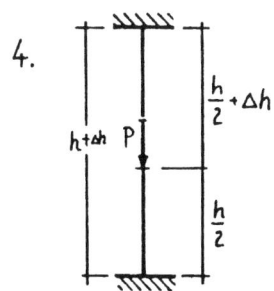

E Behauptung: Die erforderliche Vorspannung ist P/2.

Beweis:

1. Das Seil, im unbelasteten Zustand hängend (Eigengewicht vernachlässigt), hat die Länge h.

2. Eine Last P/2, unten angehängt, dehnt das Seil um Δh, das heißt die obere und die untere Seilhälfte je um Δh/2.

3. In diesem gedehnten Zustand werde das Seil zwischen Auflagern fixiert, es sei also vorgespannt.

4. Wird jetzt in halber Höhe die Kraft P eingetragen, dehnt sie die obere Seilhälfte um Δh, weil P · h/2 zu derselben Dehnung führt wie P/2 · h.

Sobald die obere Seilhälfte um Δh gedehnt ist, geht die Länge der unteren Seilhälfte auf die ursprüngliche Länge h/2 zurück, sie wird daher wieder spannungsfrei – die Vorspannung ist auf null abgebaut.

Die Wirkungsweise der Vorspannung lässt sich auch so vorstellen:

In einem zug- und druckfesten Stab (Elastizitätsmodul E und Fläche A über die ganze Stablänge gleich) wird eine Kraft, in der Mitte der Stablänge eingetragen, zur Hälfte nach oben als Zugkraft und zur Hälfte nach unten als Druckkraft abgetragen. Wird der Stab mit der halben Kraft vorgespannt, hebt diese Vorspannung die Druckkraft auf – der untere Teil wird spannungslos. Im oberen Teil verdoppelt die Vorspannung die Zugkraft. So wird im vorgespannten Stab der eine Teil einer Kraft über Vergrößerung der Zugkraft, der andere über Abbau der Vorspannung abgetragen.

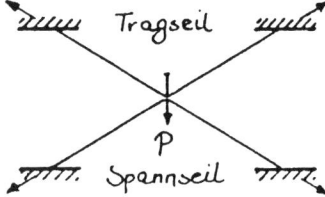

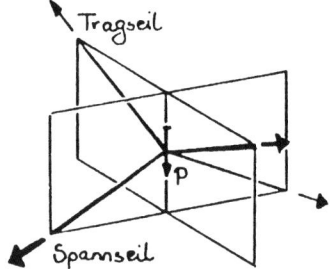

 Auch in den hier skizzierten Systemen – Tragseil und Spannseil in einer Ebene oder in zwei sich kreuzenden Ebenen – wird die erforderliche Vorspannung erreicht, wenn Trag- und Spannseil im Kreuzungspunkt mit P/2 gegeneinander vorgespannt sind.

Entsprechendes gilt für zwei sich kreuzende Seilscharen – also für ein Seilnetz.

In einer Seilkonstruktion soll auch nach Eintragung der Last eine geringe Vorspannung erhalten bleiben – die Vorspannung soll also nicht, wie in unserem Denkmodell, bis zum Wert null abgebaut werden. Deshalb muss die Vorspannung etwas größer als die Hälfte der größten Last gewählt werden (ca. 60% der Last).

Die größte Last kann sein:

- von oben wirkend, also
  Eigengewicht + Schnee + Winddruck
- von unten wirkend, also
  Windsog – Eigengewicht

Der absolut größere Wert ist maßgebend.

13.4 Schalen

13.4.1 Allgemeines

Wie in Abschnitt 13.1 »Definition, Grundbegriffe« ausgeführt, müssen Schalen aus druck-, zug-, und schubfesten Materialien gebaut werden. Die meisten gebauten Schalen bestehen aus Stahlbeton, einige aus Holz. Für kleinere Schalen oder schalenartige Bauteile kommen auch Kunststoffe infrage.

Schalen können belastet werden durch:

- ständige Flächenlast
  (Eigengewicht, Isolierung, Dachdeckung)
- ständige Last auf den Rändern
  (Eigengewicht der Ränder, Abdeckung der Ränder)
- Schnee
- Wind

Die ständige Flächenlast – bezogen auf die Grundrissprojektion – nimmt mit wachsender Neigung der Schalenfläche zu, die Schneelast jedoch nimmt mit wachsender Neigung ab.

Die folgenden Betrachtungen über Kräfte in Schalen gehen von der Annahme einer gleichmäßig verteilten Last aus.

Ungünstiger als gleichmäßig verteilte Last wirken jedoch fast immer die ungleichmäßig verteilten Lasten. Ihre Einflüsse sind mit vereinfachten Methoden nicht zu erfassen – sie werden hier nicht behandelt. Die genaue Untersuchung des Ingenieurs muss die ungünstigen Belastungen berücksichtigen.

13.4.2 Zylinderschale = Tonnenschale

Die Form ist einfach gekrümmt.

Sie sollte mindestens doppelt so lang wie breit sein:

l ≥ 2b

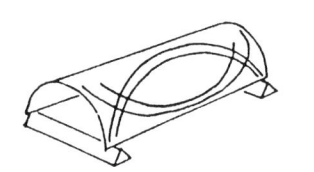

Der Kraftverlauf in der langen Tonnenschale ähnelt dem in einem Balken. Daher kann sie auch als »Balkenschale« bezeichnet werden.

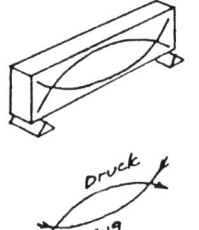

Wie unten näher erläutert wird, soll die Querschnittsform nicht der Stützlinie entsprechen, also nicht parabolisch sein. Günstiger ist der Querschnitt in Form eines Kreisbogens (Kreiszylinderschale).

Entscheidend für die Tragfähigkeit ist, dass die Schale ihre Form bewahrt. Deshalb sind **Schotten** oder **Rippen** notwendig, um die Form zu sichern.

Die geraden Ränder müssen durch Randglieder verstärkt werden. Diese Randglieder können als Regenrinne ausgebildet werden.

Kreiszylinderschalen werden häufig als Schalen-Shed-Dach angewendet.

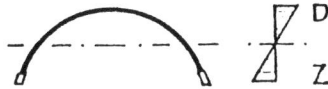

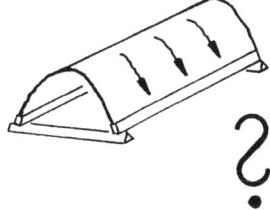

Wie im Balken herrscht auch in der Balkenschale unter positiven Biegemomenten oben Druck und unten Zug. Neben diesen balkenartigen Kräften – sie verlaufen vorwiegend in Spannrichtung – wirken auch Kräfte tangential zur Krümmung – sie heißen Wölbkräfte.

Je mehr sich der Querschnitt der Stützlinie nähert, umso größer ist der Anteil dieser Wölbkräfte. In einer Tonnenschale mit parabolischem Querschnitt würde die gesamte Last über diese Wölbkräfte zunächst zu den Rändern abgetragen. Die Ränder müssten dann die so in ihnen konzentrierten Lasten aufnehmen und zu den Auflagern übertragen. Die Ränder müssten allein als Balken wirken. Dies wäre ein ungünstiges Tragverhalten.

Der Querschnitt einer Tonnenschale sollte deshalb nicht parabolisch sein!

Günstiger ist als Querschnittsform ein Kreisbogen.

In der Kreiszylinderschale ist der Anteil der Wölbkräfte kleiner, das statische Verhalten günstiger als bei parabolischem Querschnitt.

Gebräuchliche Spannweiten für lange Tonnenschalen:

e = 10 m ... 40 m
b =   ... 12 m

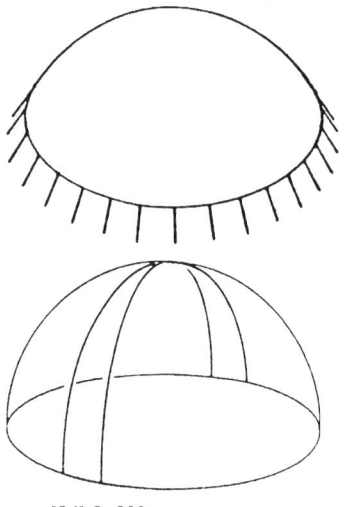

aus: [24] S. 238

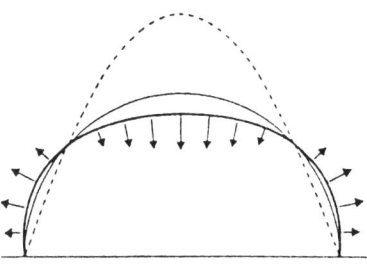

aus: [24] S. 238

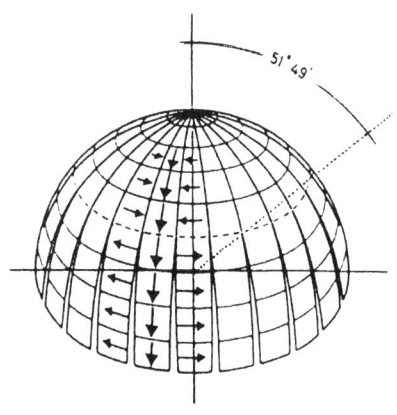

aus: [24] S. 238

 13.4.3 Kugelschalen

Die Kugelkalotte ist eine im Schalenbau häufig angewandte kuppelartige (= synklastische = doppelt gleichsinnig gekrümmte) Form.

Stellen wir uns vor, eine Schale in Form einer Halbkugel würde längs den Meridianen in Streifen geschnitten. Jeder dieser Streifen bildete einen halbkreisförmigen Bogen. Die in ihm entlang den Meridianen wirkenden Bogenkräfte werden als **Meridiankräfte** bezeichnet.

Diese Bögen folgen aber nicht den Stützlinien. Eine Stützlinie gleicher Länge würde im oberen Bereich oberhalb des Kreisbogens, im unteren Bereich unterhalb des Kreisbogens liegen. Die Streifen hätten das Bestreben, auszuweichen, und zwar von der Stützlinie weg: im oberen Bereich nach unten bzw. innen, im unteren Bereich nach oben bzw. außen.

In der Schale stehen jedoch die bogenartigen Streifen nicht allein, sondern sie sind miteinander verbunden. So können auch Kräfte in Richtung der horizontalen Breitenkreise aufgenommen werden.
Diese **Ringkräfte** behindern das Ausweichen der Bögen: sie steifen die Bögen aus. Im oberen Bereich entstehen **Ring-Druckkräfte**, im unteren Bereich **Ring-Zugkräfte**. Die Grenze zwischen Druck und Zug in den Ringkräften heißt **Bruchfuge**.

Der Bruchfugenwinkel α beträgt unter Eigengewicht 51°49′ zur Lotrechten. Dieser Breitenkreis wird »Bruchfuge« genannt, weil eine gemauerte Schale die oberhalb dieser Grenze auftretenden Druckkräfte aufnehmen kann, jedoch nicht die unterhalb auftretenden Zugkräfte: dort reißt sie.

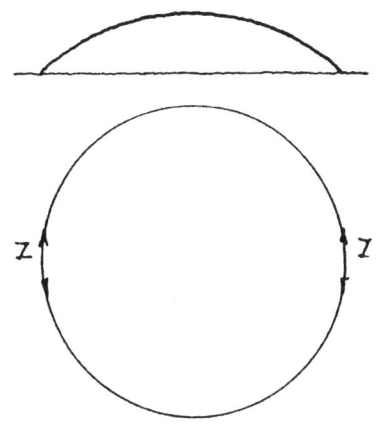

 In flachen Kugelkalotten, deren Rand oberhalb der Bruchfuge liegt, herrschen in Richtung der Meridiane wie in Richtung der Breitenkreise nur Druckkräfte. Die Schale wird an jedem Punkt und in jeder Richtung gestaucht. Im Rand jedoch herrscht die **Zugkraft** Z. Ein schlaff bewehrter Rand einer Betonschale würde gedehnt. Es bestünde daher keine Verträglichkeit zwischen dem gedehnten Rand und dem angrenzenden gestauchten Bereich. Durch **Vorspannen** kann auch der Beton im Rand unter Druckspannung gesetzt und somit gestaucht werden. Damit wird Verträglichkeit mit den angrenzenden Bereichen der Schale hergestellt.

Besondere Bedeutung kommt der Auflagerung des Randes zu.

Problemlos ist eine gleichmäßige Auflagerung über die ganze Länge des Randes. Die V-Kräfte können an jedem Punkt unmittelbar in das Auflager abgeleitet werden, die H-Kräfte werden von der vorgespannten Bewehrung des Randes aufgenommen.

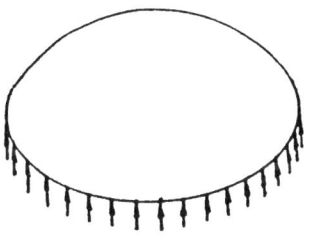

Abstände zwischen den Stützen führen zu Biege- und Drillmomenten im gekrümmten Rand. Das **Randglied** muss entsprechend tragfähig ausgebildet werden.

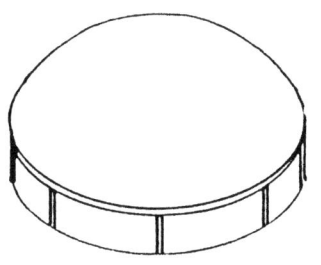

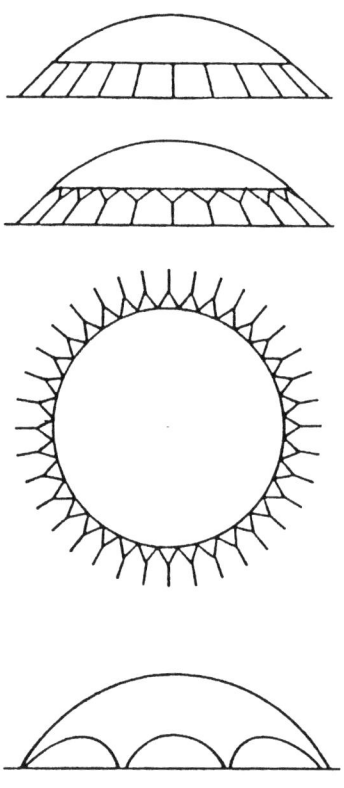

 Hier führen die Stützen tangential an den Schalenrand. Sie liegen damit in Richtung der Kräfte aus der Schale.

Die Y-förmige Anordnung der Stützen stabilisiert das gesamte Bauwerk gegen Verdrehen.
(Palazetto dello Sport, Rom, 1957. Ing.: Nervi)

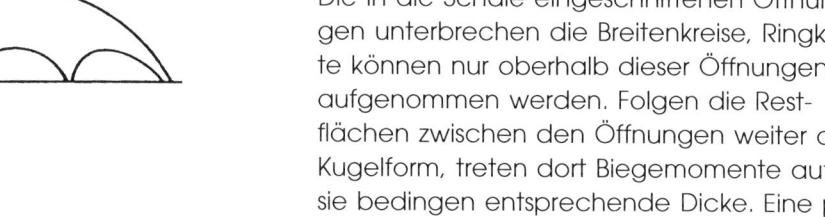

Die in die Schale eingeschnittenen Öffnungen unterbrechen die Breitenkreise, Ringkräfte können nur oberhalb dieser Öffnungen aufgenommen werden. Folgen die Restflächen zwischen den Öffnungen weiter der Kugelform, treten dort Biegemomente auf – sie bedingen entsprechende Dicke. Eine problematische Lösung – besser wäre es, die Form der Restflächen den Stützlinien anzupassen, also von der Kugelform abzuweichen.

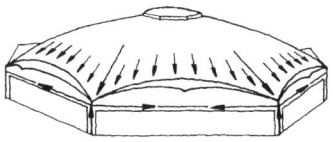

Diese Kugelschale wird zwischen den acht Stützen von Zylinderschalen durchdrungen. Diese wirken wie Bögen, welche die Lasten zu den Stützen ableiten. Ein achteckiger Stahl-Zugring verbindet die Stützen und nimmt die dort konzentrierten H-Kräfte auf.
(Markthalle Algeciras 1934. Ing.: Torroja)

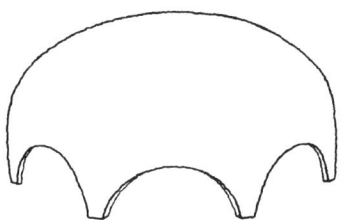

 Hier wird die Kugelform verlassen. Die kuppelförmige Rotationsfläche ist in einer stetigen Kurve bis zur Vertikalen nach unten gebogen. In den vertikalen Bereichen der Schale herrschen nur Meridiankräfte, keine Ringkräfte.

Da keine Ringkräfte von den Ausschnitten durchschnitten werden, entstehen keine Störungen, die Schale kann auch zwischen den Ausschnitten dünn bleiben.
(Synagoge der hebräischen Universität Jerusalem)

13.4.4 Hyperbolisch-paraboloide Schalen

Das hyperbolische Paraboloid ist eine im Schalenbau häufig angewandte sattelartige (= antiklastische = doppelt gegensinnig gekrümmte) Form.

Die hängenden und stehenden Parabeln in der hyperbolisch-paraboloiden Fläche bilden Seil- und Bogen-Linien für gleichmäßig verteilte Lasten. Über diese Linien werden die Lasten teils seilartig über Zug, teils bogenartig über Druck innerhalb der zug- und druckfesten Schale abgetragen.

Der geradlinig begrenzte, doppelt symmetrische Sattelausschnitt
aus: [66]

Die beiden Hochpunkte des symmetrischen Sattelausschnitts liegen auf gleicher Höhe h.

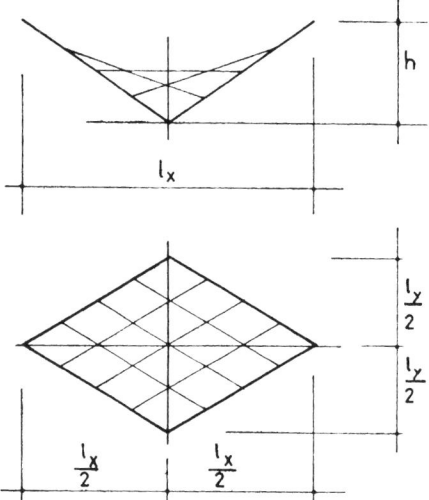

Die so geformte Schale sei durch eine in der Horizontalprojektion gleichmäßig verteilte vertikale Last beansprucht.

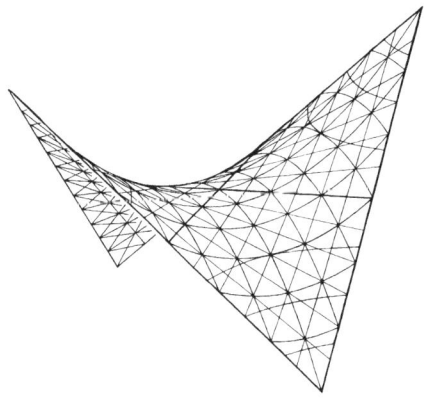

 Die Kräfte aus den Zug- und den Druckbogen vereinigen sich an den Schalenrändern zu Resultierenden in Richtung dieser Ränder. Sie sind je Längseinheit der Ränder gleich groß. (Näheres über die Verteilung dieser Kräfte in [66].)

Diese Randkräfte werden von einer Randverstärkung – dem Randglied – als Längskräfte zu den Auflagern abgetragen.

Diese Auflager liegen in der Regel an den Tiefpunkten. In den Randgliedern entsteht dann Druck.

Das bedeutet:

Die resultierenden Kräfte am Rand verlaufen in Richtung des Randes. Sie sind an jedem Punkt gleich groß.

Ist nun bekannt, dass die Lasten als Normalkräfte von den Randgliedern zu den Auflagern abgeleitet werden, lassen sich die Kräfte in Auflagern und Randgliedern von den Auflagern her ermitteln:

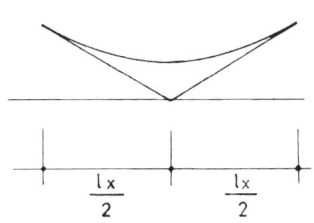

Die Gesamtlast der Schale ist:

$$Q = \frac{P \cdot l_x \cdot l_y}{2}$$

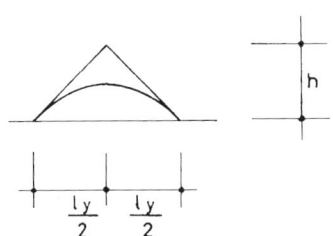

Wegen Symmetrie sind die Vertikalkräfte in den Auflagern A und B:

$$\boxed{A_V = B_V = \frac{p \cdot l_x \cdot l_y}{4} \quad (kN)}$$

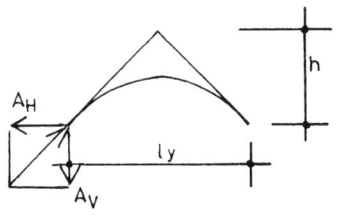

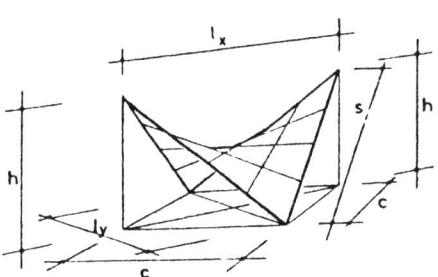

 Diese Kraft ist:

$$T = \frac{p \cdot l_x \cdot l_y}{8\,h} \quad (kN/m)$$

Bei Auflagerung an nur zwei Punkten wäre die Schale im labilen Gleichgewicht. Sie bedarf daher der Unterstützung an mindestens einem weiteren Punkt.

Auflager

Da alle Kräfte in der Schale und an den Rändern tangential zur Schalenfläche verlaufen, ist auch die Richtung der **Reaktionskräfte in den Auflagern tangential zur Schale**. Die Größe der Auflagerkräfte einer auf zwei Punkten gelagerten symmetrischen Schale ist leicht zu ermitteln: Je die Hälfte der vertikalen Gesamtlast entfällt als Vertikalkomponente auf ein Auflager.

Aus dieser Vertikalkraft und der Richtung des Auflagers – tangential zur Schale – ergibt sich die Auflagerkraft. Durch das – manchmal erhebliche – Eigengewicht der Widerlager wird sie nach unten abgelenkt.

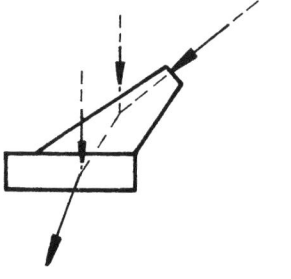

Die **Richtung der Kräfte** ist wichtig für die Ausbildung der Auflagerstützen und Fundamente. Die Richtung der Stützen – den Kraftrichtungen folgend – ist ein wesentliches Element der Gestaltung. Die Vertikal- und Horizontalkräfte in den Fundamenten sind so zu behandeln wie die von Rahmen (vgl. Abschnitt 10.3.3 »Gleichmäßig verteilte vertikale Last«).

13.4 Schalen

 Nicht symmetrische, geradlinig begrenzte Ausschnitte (aus: [66])

Wie in Kapitel 8 »Seile« und 9 »Bögen« dargelegt, ist die Horizontalkraft in einem parabolischen Zug- oder Druckbogen unter gleichmäßig verteilter Vertikallast an jedem Punkt des Bogens gleich.

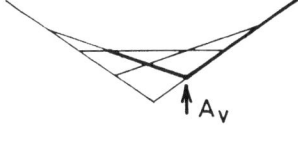

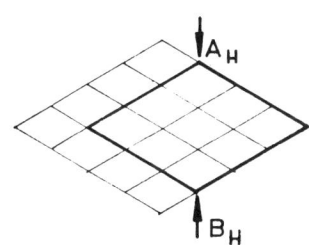

Die Horizontalkräfte, die im Abschnitt »**Der geradlinig begrenzte, doppelt symmetrische Sattelausschnitt**« für die Ränder des symmetrischen Sattelausschnitts ermittelt wurden, greifen also in gleicher Größe auch an jedem anderen Punkt der Schale an, folglich auch an jedem Punkt eines beliebigen Randes aus demselben hyperbolischen Paraboloid. Die zugehörigen Vertikalkräfte ergeben sich immer aus den Richtungen der Tangenten an die Schalenflächen.

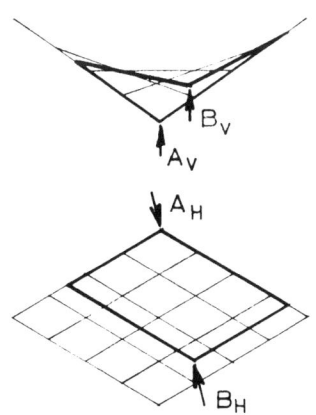

Daraus folgt, dass an jedem geraden Rand die Kräfte in derselben Weise als Längskräfte abgetragen werden wie an den Rändern eines symmetrischen Sattelausschnitts. Auch hier kann die Größe der Längskräfte am Rand aus den Vertikalkomponenten der Auflagerreaktionen in einfacher Weise ermittelt werden.

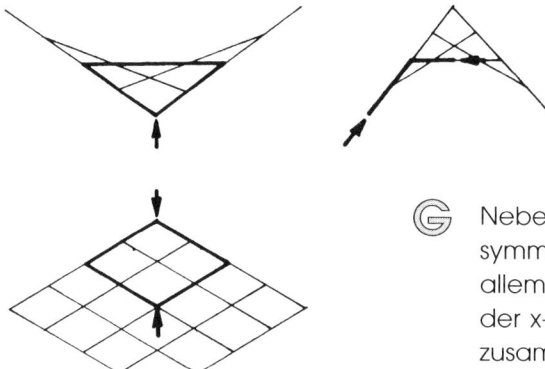

Ⓖ Neben dem geradlinig begrenzten, zweifach symmetrischen Sattelausschnitt kommt vor allem dem Ausschnitt mit zwei Rändern in der x-y-Ebene Bedeutung zu. Er findet bei zusammengesetzten Formen häufig Anwendung.

Zusammengesetzte Formen

Hyperbolisch-paraboloide Schalen eignen sich für zahlreiche Kombinationen.

①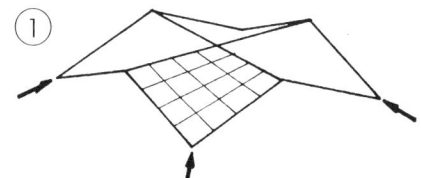

Hier laufen die Reaktionskräfte tangential an die Schale.

②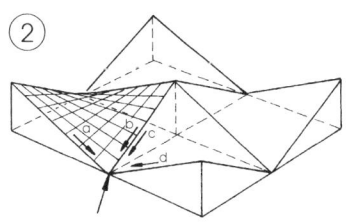

In diesen Verbindungen von zwei bzw. vier Schalen heben sich Horizontalkräfte der jeweils gegenüberliegenden Ränder – hier mit a und d bezeichnet – auf. Von ihnen wirken nur die vertikalen Kraftanteile auf die Auflager. Nur die gleich gerichteten Randkräfte – hier b und c – kommen voll zur Wirkung. Die Resultierende aller Randkräfte wird steiler als die inneren Ränder b und c.

③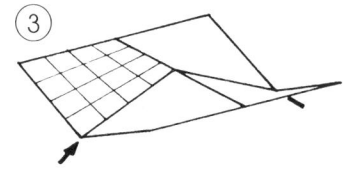

13.4 Schalen

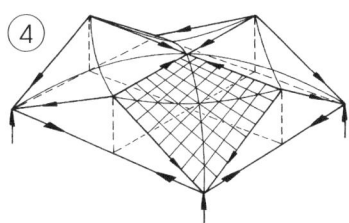

 Hier sind die Horizontalkräfte der Auflager gegeneinander verspannt. Sie heben sich auf, sodass nur Vertikalkräfte in Stützen und Fundamente fließen.

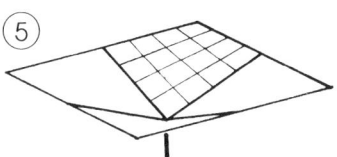

Auch hier heben sich alle Horizontalkräfte in den Rändern auf, in die Stützen fließen nur Vertikalkräfte. Diese Kombination bedarf einer Aussteifung gegen Kippen, z. B. durch Reihung solcher »Trichter«. Entsprechendes gilt auch für die Kombination nach Skizze 3.

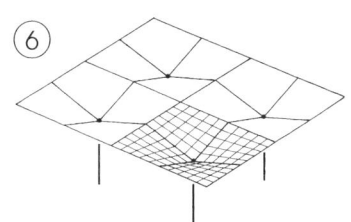

Gewicht der Randglieder

Das Gewicht der Randglieder kann entweder

a) von Randstützen aufgenommen werden

oder

b) von der Schale getragen werden, wenn keine Randstützen vorhanden sind.

Im Fall b) – Randlast von der Schale getragen – vergrößert die Randlast die Kräfte in den Zugbögen und verringert die Kräfte in den Druckbögen. Dies bedeutet eine Vorspannung in der Schale. (Näheres siehe [66] Abschnitt 3, Vorspannung.)

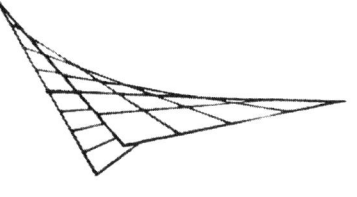

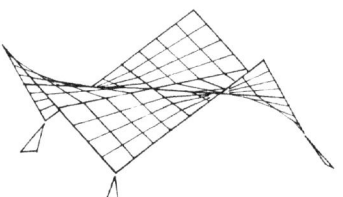

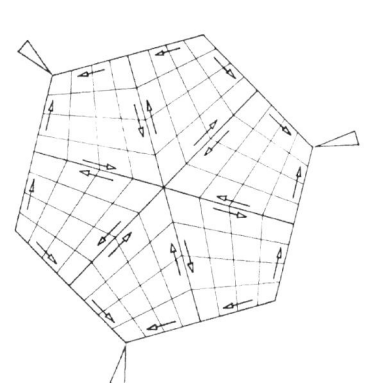

 Affensattel

Die hier skizzierte Fläche mit drei Hoch- und drei Tiefpunkten, gebildet aus sechs gleichen geradlinig begrenzten Ausschnitten eines hyperbolischen Paraboloids, wird »Affensattel« genannt. Jeweils zwei Ränder eines Ausschnitts liegen horizontal im Inneren der Fläche. Die beiden anderen Ränder dieses Ausschnitts bilden je eine Hälfte eines schräg abfallenden Außenrandes.

Nehmen wir an, die Schale werde aus sechs vorgefertigten Einzelteilen in Form solcher Ausschnitte zusammengesetzt. Jeder Rand eines solchen Einzelteils – innen wie außen – wird durch ein Randglied verstärkt. In jeweils zwei nebeneinanderliegenden inneren Randgliedern verlaufen die Kräfte als Längskräfte in entgegengesetzter Richtung. Werden diese Randglieder schubfest miteinander verbunden, heben sich diese Kräfte auf. Anders in den außen liegenden Rändern. In deren Randgliedern verlaufen die Längskräfte in Richtung dieser Ränder, das heißt schräg nach unten. Hier addieren sich die in gleicher Richtung wirkenden Kräfte aus den Randgliedern zweier Teilflächen.

An jedem der drei Tiefpunkte des Affensattels stoßen die äußeren Randglieder und damit die Kräfte aus zwei Richtungen zusammen. Die Resultierende dieser Randkräfte ist jeweils eine der drei Auflagerkräfte der Gesamtschale. Sie wirkt tangential zur Schalenfläche. Dieser Richtung sollte das Auflager folgen.

Wird die Schale nicht aus sechs Fertigteilen, sondern in einem Stück hergestellt, sind die inneren, horizontal liegenden Randglieder der Teilflächen nicht erforderlich. Die Kräfte heben sich dort innerhalb der Schalenfläche auf.

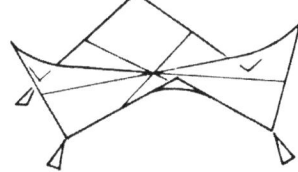

In derselben Weise, wie hier aus sechs gleichen Einzelflächen eine Schale mit drei Hoch- und drei Tiefpunkten gebildet wurde, lassen sich auch kontinuierliche Flächen mit vier, fünf oder mehr Hoch- und Tiefpunkten aus acht, zehn oder mehr hyperbolisch-paraboloiden Einzelteilen formen. Damit bietet sich die Möglichkeit, vorgefertigte gleiche Einzelteile größerer Schalen transportgerecht schmal auszubilden.

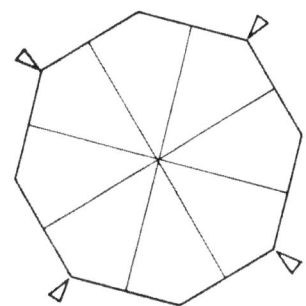

14 Optimierung von Tragwerken

  14.1 Allgemeines

14.1.1 Analogie

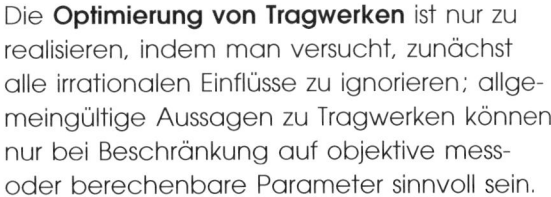

Die **Optimierung von Tragwerken** ist nur zu realisieren, indem man versucht, zunächst alle irrationalen Einflüsse zu ignorieren; allgemeingültige Aussagen zu Tragwerken können nur bei Beschränkung auf objektive mess- oder berechenbare Parameter sinnvoll sein.

Die Optimierung des Tragwerks muss als ein Glied einer ganzen Kette von Optimierungsschritten beim Entwerfen eines Gebäudes angesehen werden. Andere Glieder dieser Kette sind zum Beispiel:

– Standortwahl
– Bauvolumen
– Zuordnung von Teilnutzungen
– Nutzung über die Lebensdauer
– Nachhaltigkeit der Baustoffe
– Bauausführung
– Unterhaltung
– Abbruch des Bauwerks
– Lebenszykluskosten

Zu allen Zeiten haben sich Baumeister bemüht, ihre Bauwerke zu optimieren. Die Methoden der Optimierung sind abhängig von den technischen und mathematischen Kenntnissen, die Gewichtung der Ziele von den Wertvorstellungen des Architekten bzw. seiner Auftraggeber.

Dieses Kapitel ist die gekürzte und überarbeitete Fassung eines Kapitels aus dem Buch »Der Entwurf von Tragwerken«. Manche Herleitungen und Hintergründe können darin nachgelesen werden.

Wir sind auch heute weit davon entfernt, ein *Bauwerk als Ganzes*, die *hüllende Funktion*, die *tragende Funktion* sowie die *Nutzung über die Lebensdauer*, optimieren zu können.

Schon das Entwerfen von Tragwerken verlangt eine Vielzahl komplexer Entscheidungen, deren Auswirkungen ein Anfänger nicht überblicken kann; auch der Fachmann wird nur bei relativ einfachen Bauwerken sicher sein können, eine optimale Lösung zu finden.

Jeder Architekt kann aber, bei sinnvoller Anwendung seiner Kenntnisse der Mathematik, Statik und der Materialgesetze, zumindest zu qualitativen Beurteilungskriterien über Tragwerke gelangen, die größere Material- und Kostenersparnisse bringen als die ausgefeilteste statische Berechnung zu einem schlechten Tragwerksentwurf.

Den Zugang zum Problemkreis des Kapitels erleichtert möglicherweise die folgende **Analogie**:

14.1 Allgemeines

Tragwerke sind Transporteinrichtungen für Lasten.

Das Entwerfen eines Tragwerks verlangt daher ähnliche Überlegungen wie die Planung eines Transportvorgangs. Hier als Beispiel der Vergleich des Transportvorgangs *Umzug zu einem neuen Wohnort* mit dem Entwurf des Tragwerks einer *Holzbalkendecke*:

1. Man nimmt nur Umzugsgut mit, das wirklich noch benötigt wird.	1. Die Belastungen werden möglichst klein gehalten.
2. Man fährt den kürzestmöglichen Weg, keine Umwege.	2. Die Stützweiten werden auf das von der Nutzung her unbedingt erforderliche Maß beschränkt.
3. Bei kleinen Entfernungen transportiert man das Umzugsgut durch mehrmaliges Hin- und Herfahren mit dem Pkw oder einem Kleinbus.	3. Bei kleinem Abstand der Wände verwendet man eine größere Anzahl eng liegender Deckenbalken von Wand zu Wand (einlagiges Trägersystem).
4. Bei mittleren Entfernungen wird das Umzugsgut in Kisten verpackt und mit einem genügend großen Lkw transportiert.	4. Bei mittleren Stützweiten verwendet man einige wenige Unterzüge, auf denen die Deckenbalken aufliegen (zweilagiges System).
5. Bei großen Entfernungen mietet man Container und nimmt mehrmaliges Umladen, zum Beispiel Lkw – Bahn – Schiff – Lkw, in Kauf.	5. Bei großem Stützenabstand werden wenige Hauptunterzüge (eventuell Holzleimträger oder Fachwerkträger) angeordnet; auf ihnen liegen Zwischenunterzüge, die ihrerseits die Deckenbalken tragen (dreilagiges System).
Bei der Planung des Umzugs müssen Menge des Umzugsguts, Entfernung, Verkehrsnetz und die Transportfahrzeuge beachtet und aufeinander abgestimmt werden.	Bei der Planung des Deckentragwerks müssen die Belastung, Stützweiten, Trägeranordnung und die dafür geeigneten Trägertypen beachtet und aufeinander abgestimmt werden.

Es entstehen also Begriffspaare, die helfen können, das Entwerfen und auch das Optimieren von Tragwerken anschaulich werden zu lassen.

Menge	↔	Belastung
Entfernung	↔	Stützweite
Verkehrsnetz	↔	Trägeranordnung
Transportfahrzeug	↔	Trägertypen

14.1.2 Zum Begriff »Optimieren«

Das *Entwerfen von Tragwerken* geschieht normalerweise durch Erarbeiten von Alternativen; diese werden miteinander verglichen, eventuell verbessert und schließlich wird die günstigste ausgewählt.

Das *Optimieren von Tragwerken* unterscheidet sich nicht grundlegend vom Entwerfen, geht aber darüber hinaus: Mithilfe bestimmter Methoden wird der Entwurf so lange verändert, bis für einige vorher festgelegte Eigenschaften die beste Lösung gefunden ist.

Um feststellen zu können, welche Lösung die beste ist, muss das Ziel quantifizierbar sein. (Optimieren kann man nur, was sich in Gleichungssystemen und Zahlenwerten ausdrücken lässt.)

Diese notwendige mathematische Aufarbeitung erfordert eine Aufteilung in folgende Teilschritte:

1. Festlegung der vorgegebenen festen Größen, der Randbedingungen und der Variablen
2. Festlegung der (quantifizierbaren) Optimierungsziele
3. Gewichtung dieser Ziele
4. Verknüpfung der festen Größen, der Randbedingungen, der Variablen und der Zielfunktion zu einem mathematischen Modell
5. Anwendung einer ausgewählten Optimierungsmethode zur Berechnung der optimalen variablen Größen.

Diese Aufteilung soll an einem **Beispiel** verdeutlicht werden:

Gesucht wird der optimierte Binder für das Dachtragwerk einer Lagerhalle.

Das Optimierungsverfahren könnte wie folgt ablaufen:

Vorgabe fester Werte:

Spannweite; äußere Lasten; zulässige Spannungen, zulässige Durchbiegungen; Lohnkosten je Kubikmeter verarbeitetes Material für verschiedene Querschnittsformen und Materialien, zum Beispiel für Rechteckbalken, I-Profile und Fachwerke

Vorgabe von Randbedingungen:

Dachform; maximale Binderhöhe; minimaler Binderabstand

Variable:

Variabel sollen folgende Größen gehalten werden: Binderabstand, Binderhöhe, Binderform, Profilierung des Querschnitts.

Ziele:

Minimierung des Materialverbrauchs
Minimierung der Lohnkosten

Gewichtung der Ziele:

Die Einzelziele müssen zu einer gemeinsamen Zielfunktion verknüpft werden; es wird festgelegt, wie wichtig die Einzelziele im Vergleich zueinander sind – sie werden gewichtet.
So könnte zum Beispiel wegen eines schlechten Baugrundes die Material- und damit die Gewichtsersparnis doppelt so hoch bewertet werden wie die Verringerung des Lohnaufwandes. Ent-

14.1 Allgemeines

sprechend verteilt sind die gewichteten Anteile an der Zielfunktion 67:33%.

Verknüpfung:

Die Beziehungen geometrischer und statischer Art zwischen den festen Größen und den Variablen, die Randbedingungen und die Materialgesetze werden aufgestellt und – in Abhängigkeit vom gewählten Optimierungsverfahren – zu einer Zielfunktion oder dem Lösungsalgorithmus miteinander verknüpft.

Optimierungsmethode:

Die Extremwerte der Zielfunktion sind – wegen der Abhängigkeit von vielen Parametern – nur selten mit den üblichen Methoden der Mathematik zu ermitteln.

Bedingt durch den stärker werdenden Zwang zu ökonomischem Handeln wurde die Entwicklung von Optimierungsverfahren inzwischen zu einem eigenständigen Wissenschaftszweig.

Diese Verfahren sind oft so kompliziert und setzen so umfangreiche Kenntnisse der Mathematik und Übung im Umgang mit Rechnern voraus, dass sie im Rahmen der Architektenausbildung bisher kaum gelehrt werden können.

Zudem interessieren den Architekten nur selten die exakten optimalen Lösungen zu einzelnen Teilfunktionen, da die Zwänge aus anderen Bindungen des Entwurfs regelmäßig Abweichungen von den exakten Lösungen bedingen.

Besonders in der Entwurfsphase, in der Alternativen entwickelt, verworfen oder auch weiterentwickelt werden, stehen andere Dinge im Vordergrund; hier muss der Architekt vor allem wissen, welche Auswirkungen auf das Tragwerk bei Entscheidungen zu anderen Teilbereichen des Entwurfs zu erwarten sind und in welche Richtung – in Hinsicht auf die Verbesserung des Tragwerks – es lohnt, die Varianten zu verändern.

Auf den folgenden Seiten dieses Kapitels wird daher die Vielzahl der Parameter, die das Tragwerk beeinflussen, zu überschaubaren Gruppen geordnet und in diesen Gruppen analysiert. Für die einzelnen Gruppen werden die Möglichkeiten, aber auch die Grenzen der Optimierbarkeit dargestellt und erläutert.

Erst wenn die Entwurfsvariante »steht«, wenn sie also in die engere Wahl gezogen wird, entsteht Bedarf nach exakten Zahlenwerten, also nach optimalen Abmessungen, nach den geringstmöglichen Baustoffmengen und Herstellungskosten.

14.1.3 Optimierungsziele

Die optimierbaren Parameter der Tragwerke werden zur Erfüllung von zwei Bedingungen benötigt:

1. Das Tragwerk muss »halten«, also seine Lasten sicher an die Unterkonstruktion weiterleiten.

2. Es muss für die vorgesehene Nutzung brauchbar sein.

Im Gegensatz zur **Haltbarkeit** kann die **Gebrauchstauglichkeit** sehr Unterschiedliches beinhalten: Die Forderung, dass das Tragwerk eines Hochhauses genügend lange einem Feuer widerstehen können muss, ist ebenso eine Brauchbarkeitsbedingung wie die Forderung nach hoher Wärmedämmfähigkeit einer tragenden Außenwand. In die Optimierungsüberlegungen einbezogen wird hier nur eine für alle üblichen Tragwerke gültige Brauchbarkeitsbedingung: Das Tragwerk darf sich nicht übermäßig verformen (Durchbiegungsbeschränkung).

Doch erst bei noch weiter gehenden Einschränkungen auf die wichtigsten Parameter kann ein im Entwurfsprozess brauchbares Optimierungsverfahren entstehen.

Biegetragwerke »arbeiten« wesentlich materialaufwendiger als Normalkrafttragwerke; ihnen gilt daher besonderes Interesse.

Die häufigsten Beanspruchungsarten der Biegetragwerke sind **Biegemomente** und Querkräfte und die aus ihnen resultierenden Verformungen, eventuell noch Drillmomente und Normalkräfte.

Bei gleichzeitigem Auftreten von **Biegung und Längskraft** kann in der Regel durch geschickte konstruktive Maßnahmen (z. B. Verkleinerungen von Knicklängen) erreicht werden, dass der Längskraft-Anteil auf ein für die Vorbemessung unerhebliches Maß reduziert wird.
Wegen des höheren Materialverbrauchs bei Biegung kommt dort zudem der Vermeidung ungewollter Überbemessung größere Bedeutung zu. Aus diesen Gründen bleibt beim Auftreten von Biegung plus Längskraft der Normalkraft-Anteil im Folgenden unberücksichtigt.

Querkräfte führen zu Schubspannungen, die nur bei kurzen, hoch belasteten Trägern für die Bemessung maßgebend werden.

14.1 Allgemeines

  Durchbiegungen dürfen bestimmte von Nutzung und Material abhängige Grenzen nicht überschreiten.

Biegemomente sind im Allgemeinen die entscheidende Beanspruchungsart und daher Ausgangspunkt der Optimierungsberechnungen.

14.1.4 Einflussgrößen der Optimierung

Auch bei Ausschluss der für den Entwurf weniger wichtigen Parameter und bei Beschränkung auf nur ein Material und einen Querschnittstyp bleibt noch eine Vielzahl von Einflussgrößen, wie schon bei der einfachen Bemessung eines Dachbinders deutlich wird.

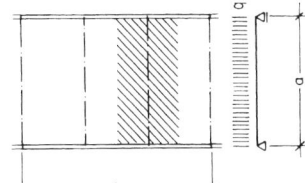

Gegeben:

Belastung	$\bar{q} \left[\dfrac{kN}{m^2}\right]$
Deckenfeldgröße	$A = a \cdot b \; [m^2]$
Anzahl der Träger =	n
Anzahl der Deckeneinzugsfelder	
Trägertyp	Rechteck-Einfeldbalken
Material	Brettschichtholz
Spannung	$\sigma_{Rd} \left[\dfrac{kN}{cm^2}\right]$
Durchbiegung	zul f [cm]

Gesucht:

Träger-Querschnitt

Lösung:

Für den Einzelbalken gilt:

Belastung: $\quad q = \bar{q} \cdot \dfrac{b}{n} \left[\dfrac{kN}{m}\right]$

Biegemoment: $\quad M_d = \bar{q}_d \cdot \dfrac{b}{n} \cdot \dfrac{a^2}{8}$

mit: $\quad \sigma_d = \dfrac{M_d}{W}$

und mit: $\quad f = \dfrac{5}{48} \cdot \dfrac{M \cdot a^2}{E \cdot I}$

wird: $\quad \text{erf } W = \dfrac{\bar{q} \cdot b \cdot a^2}{8 \cdot n \cdot \text{zul } \sigma}$

und: $\quad \text{erf } I = \dfrac{5}{48} \cdot \dfrac{\bar{q} \cdot b \cdot a^2}{8 \cdot n \cdot \text{zul } f}$

Bei Vorgabe des Höhen-/Seitenverhältnisses kann nun der erforderliche Mindestquerschnitt ermittelt werden.

Für den weiter gehenden Schritt, die Optimierung, wird es notwendig, die einzelnen Parameter zu Gruppen zu ordnen. Jede der Gruppen beschreibt einen Ausschnitt des Verhaltens bzw. der Eigenschaften von Tragwerken.
Mithilfe der folgenden Einteilung in fünf Parameter-Gruppen wird es möglich, Tragwerke als Ganzes zu beschreiben:

Kraftsystem

Tragsystem

Querschnittskenngrößen

Materialkenngrößen

Ausformung längs der Stabachse

14.2 Optimierung des Kraftsystems

Die Parameter des Kraftsystems sind: Größe und Verteilung der Last, Stützweite, Trägeranordnung und Stützenstellung.

14.2.1 Größe der Belastung

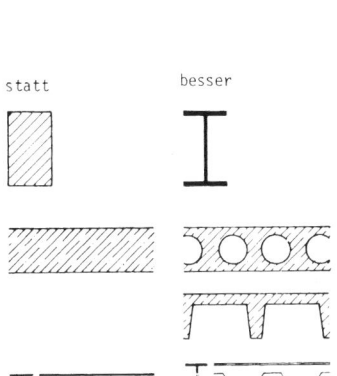

Die Beanspruchung eines Biegetragwerks wächst linear mit der Belastung. Daher sollten sowohl die ständigen Lasten als auch die Nutzlasten **möglichst klein gehalten** werden.

Die **ständigen Lasten (Eigengewicht)** lassen sich verringern durch:

- hohe und gleichmäßige Ausnutzung des Materials
- günstige Profilierung der Querschnitte
- Einbau von Hohlkörpern und Hohlräumen
- systematisch angeordnete Löcher in spannungsarmen Zonen
- geringeres spezifisches Gewicht bei gleicher Festigkeit
- höhere Festigkeit bei gleichem spezifischem Gewicht
- günstige Stellung der Auflager
- Durchlaufträger statt Einfeldträger

In allen Optimierungsstufen wird auf die **optimale Ausnutzung des Querschnitts** hingearbeitet. Jede dadurch bewirkte Verringerung des Materialverbrauchs bewirkt auch eine Verminderung der ständigen Lasten. Daher sind viele der oben beispielhaft angeführten Möglichkeiten an anderer Stelle wiederzufinden.

Die Höhe der **Nutzlast** ist in Abhängigkeit von der Nutzung in Normen festgelegt. Präzise Angaben zu den Nutzungen der einzelnen Gebäudeteile ermöglichen die genaue Festlegung dieser veränderlichen Last. Das Offenhalten späterer Nutzungsänderungen bedeutet in der Regel höhere Nutzlastannahmen; **Flexibilität erfordert somit Vorhaltung von Tragvermögen.**

Wind- und **Schneelasten** lassen sich durch geeignete Gestaltung der Baukörper begrenzen, zum Beispiel durch Vermeidung großer Dachüberstände oder das Verhindern der Möglichkeit von Schneesackbildung.

14.2.2 Verteilung der Belastung

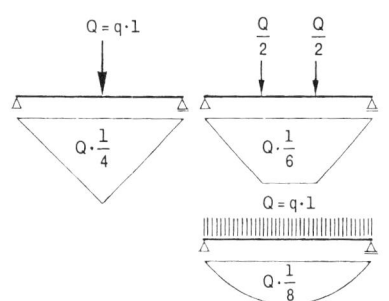

Jede Ungleichförmigkeit der Belastung führt zu höherer Beanspruchung eines Biegetragwerks. Die Last sollte daher möglichst **gleichmäßig verteilt** aufgebracht werden.

Die üblichen äußeren Belastungen eines Tragwerks (Schnee, Wind, Eigengewicht) fallen relativ gleichmäßig verteilt als Flächenlast an. Durch ein ungünstig gewähltes Balkensystem, das diese zu Einzellasten konzentriert, kann das Moment des Hauptträgers im Extremfall verdoppelt werden.

14.2.3 Stützweite

Wichtigste Einflussgröße für die Wirtschaftlichkeit eines Biegetragwerks ist die Stützweite.

Bei den üblichen Belastungen geht sie in quadratischer Form in die Beanspruchung ein. **Verdopplung der Stützweite erzeugt vierfaches Moment**. Die Stützweiten sollten daher **nicht größer** ausfallen **als** aufgrund der tatsächlich benötigten Freiräume **erforderlich**.

14.2 Optimierung des Kraftsystems

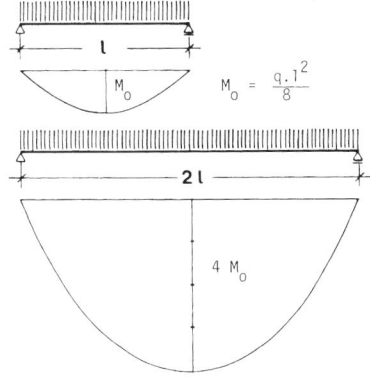

 Die oft gewünschte Flexibilität in der Anordnung von Wänden erscheint unter diesem Gesichtspunkt als eine sehr aufwendige Forderung. Die Möglichkeit, eine tragende Wand oder Stützenreihe herausnehmen zu können, verlangt die Vorhaltung von großem Biegetragvermögen, das teuer ist und vielleicht nie gebraucht wird. Sieht man hingegen eine spätere Aufstockung des Gebäudes vor, wird nur das mit wesentlich niedrigerem Aufwand erreichbare Vorhalten von Normalkrafttragvermögen notwendig.

Ähnlich aufwendig wie die Flexibilität kann sich ein Nutzungswechsel zwischen den Stockwerken von Gebäuden auswirken. Dann belasten zum Beispiel tragende Wände oder Stützen der Obergeschosse mit kleinen Abständen (Raumgrößen im Wohnungsbau) die Unterzüge im Erdgeschoss mit großer Stützweite (Geschäftsräume).

14.2.4 Trägeranordnung

Die Bedeutung des Einflusses der Trägeranordnung wird am Beispiel eines rechteckigen Deckenfeldes aufgezeigt.

Die Fläche zwischen parallelen Wänden oder Stützenreihen lässt sich durch verschiedene Deckenkonstruktionen überspannen.

Der Trägerabstand (e) der oberen Lage hängt hierbei nur von der zulässigen Spannweite der flächenbildenden Elemente ab und ist in den drei dargestellten Fällen gleich:

– Bei kleinem Abstand der Wände (l) bietet sich ein einlagiges Trägersystem an.

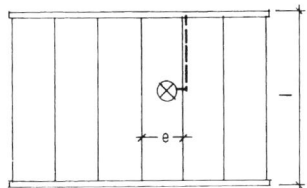

*Balkenanordnung
Lastabtragungsweg
(drei verschiedene Maßstäbe)*

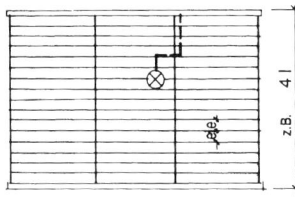

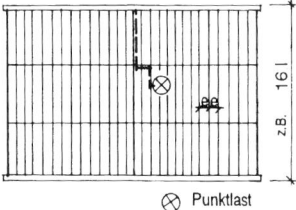

⊗ Punktlast

Fläche $A = a \cdot b \ [m^2]$
Flächenlast $\bar{q} \ [kN/m^2]$

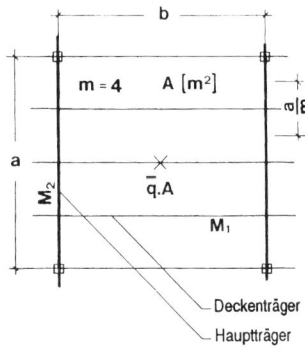

 – Mit größer werdendem Abstand der Wände (z. B. 4 l) wird diese Konstruktion unwirtschaftlich. Die große Stützweite zwischen den Wänden oder Stützenreihen wird durch einige wenige Hauptträger überspannt. Sie tragen die eng liegenden Querbalken (e), auf denen der Belag ruht.

– Bei weiterem Anwachsen der Grundrissfläche (z. B. 16 l) wird erst ein Tragwerk mit einem dreilagigen Balkensystem zu einer wirtschaftlichen Lösung führen.

Der Materialaufwand für die Träger hängt folglich nicht nur von der Belastung und der Fläche ab, sondern auch davon, wie die freie Fläche überspannt wird bzw. wie der Weg der Last zum Auflager hin verläuft.

14.2.5 Einfluss der Stützenstellung

Kommen anstelle von tragenden Wänden oder Stützenreihen nur Stützen mit größeren Abständen infrage, erfordert bereits ein einfaches System eine zweilagige Konstruktion, bestehend aus eng liegenden Deckenbalken und weit gespannten Hauptträgern.

Die Stützenstellung bestimmt dann die Form und Größe des Deckenfeldes sowie die Beanspruchung des Biegetragwerks.

Die günstigste Stützenstellung, allerdings nur bezogen auf das Tragsystem und unabhängig vom Material und den Trägerformen, kann man mit den Beziehungen aus nebenstehender Abbildung einfach ermitteln:

14.2 Optimierung des Kraftsystems

 Ist das Deckenfeld Teil einer größeren Decke, ergeben sich Momente im Deckenträger 1 und im Hauptträger 2:

$$M_1 = \overline{q} \cdot \frac{a}{m} \cdot \frac{b^2}{8}$$

$$M_2 = \overline{q} \cdot b \cdot \frac{a^2}{8}$$

Als Summe der Beanspruchung erhält man für dieses Deckenfeld:

$$(\sum M_1) + M_2 = \overline{q} \cdot \frac{a \cdot b}{8} \cdot (a+b)$$

Diese Summe wird für das Rechteck zum Minimum, wenn der Umfang $U = 2 \cdot (a+b)$ im Verhältnis zur umschlossenen Fläche $A = a \cdot b$ minimal ist, also beim Quadrat ($a = b$).

Bei dieser optimalen Stützenstellung werden die Momente in beiden Richtungen gleich groß:

$$M_2 = \sum M_1 = \overline{q} \cdot A \cdot \frac{a}{8}$$

Wird dagegen die Richtung der Deckenbalken schachbrettartig gewechselt, müssen in beiden Richtungen Hauptträger verlaufen, die allerdings jeweils nur noch die Hälfte der oben angegebenen Momentenbelastung erhalten:

$$M_2 = \overline{q} \cdot A \cdot \frac{a}{16}$$

Ob mit der minimalen Momentensumme bei quadratischer Stützenstellung auch ein Optimum beim Materialverbrauch erreicht wird, hängt wesentlich von der Wahl der Trägerquerschnitte ab.

Bei realistischen Trägerabmessungen ist die quadratische Stützenstellung oft ungünstig; denn es ist – bei gleicher Trägerhöhe – oft nicht möglich, den Hauptträger in m-facher Breite des Deckenträgers auszuführen.

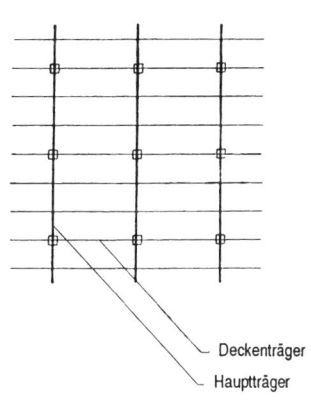
Deckenträger
Hauptträger

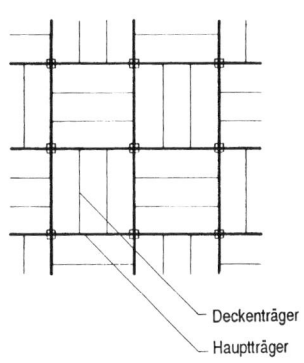
Deckenträger
Hauptträger

Biegung –·–·–·–
Druck – – – – –
Zug   + + + + + +

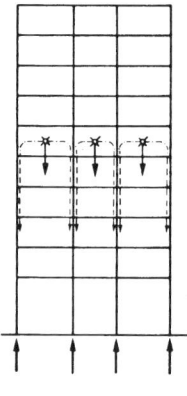

viele Stützen,
keine Abfangungen

Biegeweg: 1
Längskraftweg: 1

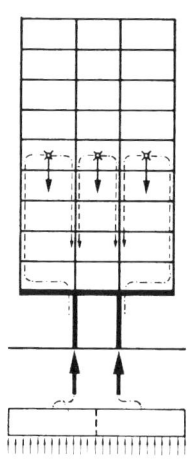

Abfangung
durch Kragbalken

Biegeweg: 3
Längskraftweg: 1

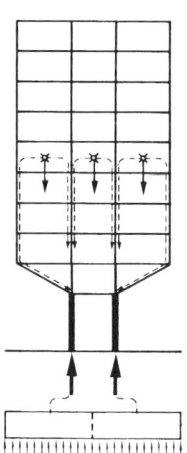

Abfangung durch Fachwerk oder Pyramidenstumpf

Biegeweg: 2
Längskraftweg: 1,5

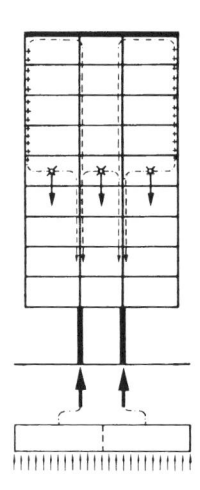

Hängestützen
Dachkragbalken

Biegeweg: 3
Längskraftweg: 3

 Zusammenfassung

Die Optimierungsmöglichkeiten des Kraftsystems liegen in der Variation der Belastungshöhe und -verteilung, der Stützweite und der Anordnung der Träger und Stützen.

Ein Tragwerk ist eine »Transporteinrichtung« für Lasten. Der Transport der Lasten kann in der Linie oder in der Fläche erfolgen. Es ist zu unterscheiden im Transport von Lasten:

– **in** Richtung der Lasten (Normalkraft, meist vertikal) und

– **quer** zu der Lastrichtung (Biegung, meist horizontal).

Für Letzteren gilt die Analogie in Kapitel 14.1.1; Ersterer gleicht mehr dem überwiegend vertikalen Transport von Lasten in einem Hochhaus.

Kleine Lasten und kurze Wege (Stützweiten) verringern den Aufwand des »Lastentransports«; aber auch die Art der »Transportwege« (Deckenbalken, Träger, Hauptträger) ist für den Aufwand von Bedeutung (Trägeranordnung).

Schließlich übt die Qualität der »Transportwege« (= Tragsystem) und der »Transportfahrzeuge« (= Querschnitt und Material) einen größeren Einfluss aus.

Als zusammenfassendes Beispiel werden die Kraftsysteme von mehreren Hochhäusern verglichen. Unter der Annahme, dass die Lasten in allen Fällen gleich sind (was nicht stimmt, denn die aufwendigeren Konstruktionen haben mehr Eigengewicht), kann der Aufwand durch die Länge der Lastwege für Biegung und Normalkraft verglichen werden.

14.2 Optimierung des Kraftsystems

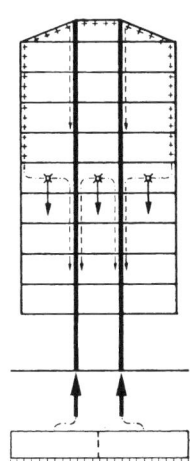

Hängestützen Dachfachwerk

Biegeweg: 2
Längskraftweg: 3,5

 Die gesamte Gebäudelast ist in drei Schwerpunkten zusammengefasst gedacht. Ihre Weiterleitung wird bis in die Fundamente verfolgt und die Länge der Lastwege getrennt für Biegung und Längskraft berechnet.

Die *Biegewege* setzen sich zusammen aus der Biegung der Decken und Balken, eventuell der Abfangkonstruktion für die äußeren Stützen und der Biegung der Bodenplatte.

Die Größe der Bodenplatte wird unter der Annahme gleicher Gesamtlast und gleicher zulässiger Bodenpressung bei allen Hochhäusern gleich gehalten.

Die *Längskraftwege* ergeben sich aus dem Weg, den die Lasten über die Druckstützen, dazu bei den Hängehäusern über die äußeren Zugstützen, und eventuell über die Abfangkonstruktion im Dach oder über dem Erdgeschoss des Gebäudes zurücklegen müssen.

14.3 Optimierung des Tragsystems

Ausgehend von der Einteilung der Tragsysteme in Kapitel 1, werden im Folgenden die linienförmigen Tragsysteme sowie als zweite Gruppe die Rahmen, Bögen und Sprengewerke auf Optimierungsmöglichkeiten untersucht.

Als brauchbares gemeinsames Beurteilungskriterium erweist sich der Tragsystemfaktor, der für Rahmen, Bögen und Sprengewerke mithilfe einer Untersuchung der Stützlinie gefunden wird. Anschließend werden die beiden wichtigen Parameter *Stützweite* und *Tragsystemfaktor* in dem Begriff der *ideellen Stützweite* zusammengeführt.

14.3.1 Linienförmige biegebeanspruchte Tragsysteme

Bei diesen Tragsystemen unterscheiden wir:

- frei aufliegende Einfeldträger
- Kragträger
- Einfeldträger mit einem oder zwei Kragarmen
- ein- oder beidseitig eingespannte Einfeldträger
- Durchlaufträger
- Gelenkträger

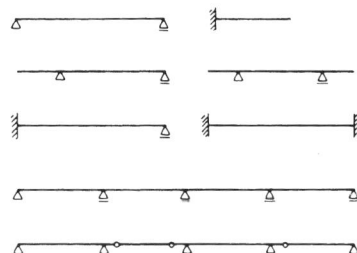

Diese Tragsysteme können einzeln als Unterzüge oder flächenbildend als Trägerlage vorkommen.

Zur Unterscheidung reichen folgende drei Merkmale aus:
Anzahl, Art und Ort der Auflager.

Anzahl:

Die Anzahl der Auflager bestimmt – in Verbindung mit ihrer Art – den Grad der (äußeren) statischen Bestimmtheit des Trag-

 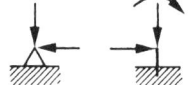

14.3 Optimierung des Tragsystems

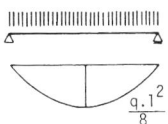

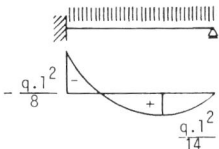

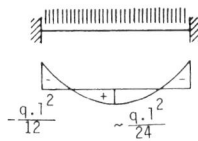

werks. Mit wachsender Anzahl wächst im Allgemeinen auch die Möglichkeit, durch geschickte Anordnung einen günstigen Momentenverlauf zu erzielen.

Art:

Es werden drei Arten von Auflagern unterschieden.
Entscheidend ist – neben den konstruktiven Merkmalen – die Anzahl der aufnehmbaren Kräfte:

- verschiebliche Auflager
  eine Kraftrichtung
- gelenkige Auflager
  zwei Kraftrichtungen
- einspannende Auflager
  zwei Kraftrichtungen plus Biegemoment.

Je starrer ein Auflager ausgebildet wird, desto größer wird in ihm der Anteil am Gesamtmoment und desto mehr wird das Feld entlastet.

Ort:

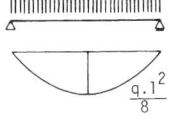

Durch die Wahl günstiger Verhältnisse benachbarter Stützweiten (Kragarm/Feldlänge, Feldlänge/Feldlänge, Abstand von Gelenkpunkten bei Gelenkträgern) lässt sich bei Voll-Last ein ausgeglichener Momentenverlauf mit gleich großen positiven und negativen Maximalwerten erreichen.

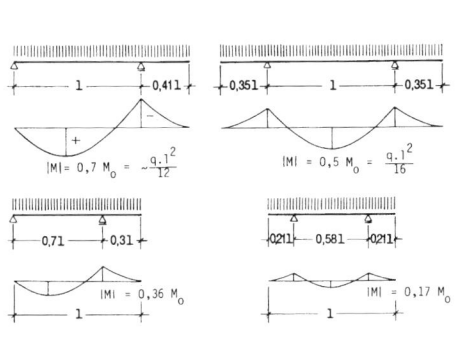

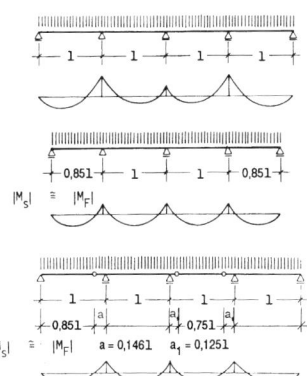

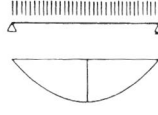

$$\max M = \frac{q \cdot l^2}{8}$$
$$TSF = \frac{1}{8}$$

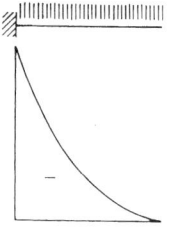

$$\min M = \frac{q \cdot l^2}{2}$$
$$TSF = \frac{1}{2}$$

 Diese drei Auflagermerkmale bestimmen gemeinsam die Größe des Tragsystemfaktors (TSF). In den üblichen Formeln zur Berechnung der Biegemomente erscheint der TSF als Zahlenwert, z. B. $\frac{1}{8}$ beim Einfeldträger mit gleichmäßig verteilter Last oder $\frac{1}{2}$ beim entsprechenden Kragträger.

Die Tragsystemfaktoren verschiedener Tragsysteme können natürlich nur bei gleicher Verteilung der Belastung direkt miteinander verglichen werden.

14.3.2 Rahmen, Bögen, Sprengewerke, Stützlinie

Weil die Belastungskräfte sowohl in Richtung der Tragwerksdimension als auch senkrecht dazuwirken, tritt Beanspruchung durch Biegemomente und Normalkräfte auf. Der die Bemessung stärker beeinflussende Anteil aus Biegung erhält das Hauptaugenmerk bei den folgenden Entwurfs- und Optimierungsüberlegungen.

Bögen und Sprengewerke sind in ihrem statischen Verhalten den Rahmen ähnlich. Die folgenden Überlegungen zu Rahmentragwerken lassen sich daher – wenn auch mit Einschränkungen – auf Bögen und Sprengewerke übertragen.

14.3 Optimierung des Tragsystems

 Über die Stützlinie, deren Konstruktion und Anwendung anschließend erläutert werden, kann man auf einfachem Wege zu günstigen Rahmenformen gelangen, denn mit ihrer Hilfe lassen sich – mit für die Vorbemessung genügender Genauigkeit – die Schnittgrößen und anschließend die Querschnittsabmessungen ermitteln.

Die Beziehungen zwischen Tragwerk und Seil- bzw. Stützlinie werden unter den drei Begriffen **Form** und **Verzerrung** der Stützlinie und **Abweichung** zwischen Tragwerk und Stützlinie erläutert und zusammengefasst. Diese Beziehungen werden dann für den Entwurf des Tragwerks benutzt. Im Folgenden sind die Begriffe *Seillinie* und *Stützlinie* gegeneinander austauschbar.

Form der Stützlinie

Die Form der Seil- oder Stützlinie ist allein von der Belastungsverteilung abhängig. Es führen:

- Einzellasten zu Knicken im Seil

- gleichmäßig verteilte Lasten, wie z. B. aus Eigengewicht, zu parabelähnlichen Kurven

- dreiecksförmige Belastungen zu Parabeln höherer Ordnung und

- vermischte Belastungen zu entsprechenden Seillinienformen.

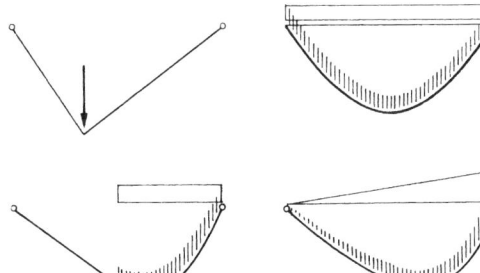

Seillinienformen

Verzerrung der Stützlinie

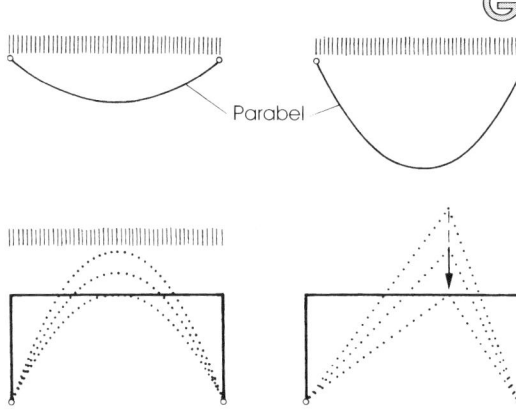

Änderung der Stützlinienlage durch Verzerrung der Stützlinienform

Bei einer Verlängerung des Seils wird die Seilform überhöht, bleibt aber ihrem Wesen nach erhalten.

Durch eine solche Verzerrung der Stützlinie lässt sich ihre Lage im Verhältnis zum Tragwerk ändern.

In den Gelenken von Tragwerken ist aus konstruktiven Gründen das Biegemoment $M = 0$; die Stützlinie muss also in diesen Gelenkpunkten die Tragwerksachse berühren oder schneiden. Durch die Anordnung der Lage der Gelenkpunkte lässt sich die Verzerrung der Stützlinie entscheidend beeinflussen.

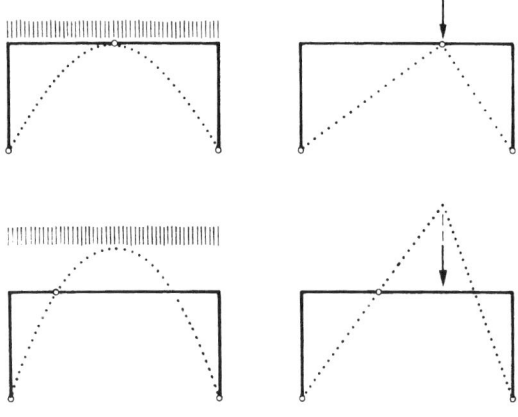

Einfluss der Riegelgelenklage auf die Stützlinie

Die infrage kommenden Kurven für die Stützlinie (z. B. Geraden, quadratische Parabeln) werden durch mindestens drei Punkte nach Lage und Größe eindeutig bestimmt. Durch sie wird somit die vertikale Verzerrung der Stützlinie, das heißt der **Stich**, eindeutig festgelegt.

Bei Dreigelenkrahmen wird somit die Stützlinie – deren Form durch die Belastung vorgegeben ist – durch die drei Gelenkpunkte auch in ihrer Lage festgelegt.

Hat ein Rahmentragwerk weniger als drei Gelenke, ist es also statisch unbestimmt, lässt sich die Verzerrung der Stützlinie allein durch die Lage der Gelenkpunkte nicht mehr bestimmen. Grenzwerte für die Verzerrung sowie Anhaltspunkte zur Konstruktion der Stützlinie für solche Rahmen sind im Folgenden unter den Stichwörtern *Zweigelenkrahmen* und *eingespannte Rahmen* zu finden.

14.3 Optimierung des Tragsystems

 Abweichung zwischen Stützlinie und Tragwerk

Während Tragwerke in Stützlinienform die Belastung ausschließlich durch Normalkräfte momentenfrei in die Auflager leiten, ist jede **Abweichung des Tragwerks von der Stützlinie Ursache für Momente.**

Je größer die Abweichung von der Stützlinie, desto größer wird das Biegemoment. Da die Richtung der Stützlinienkraft S an jeder Stelle gleich der Richtung der Stützlinie ist, lässt sich für jeden Punkt des Tragwerks dieses Moment berechnen, und zwar als Produkt aus der Kraft S in der Stützlinie und dem Abstand a der Stützlinie vom betrachteten Punkt: $M = S \cdot a$.

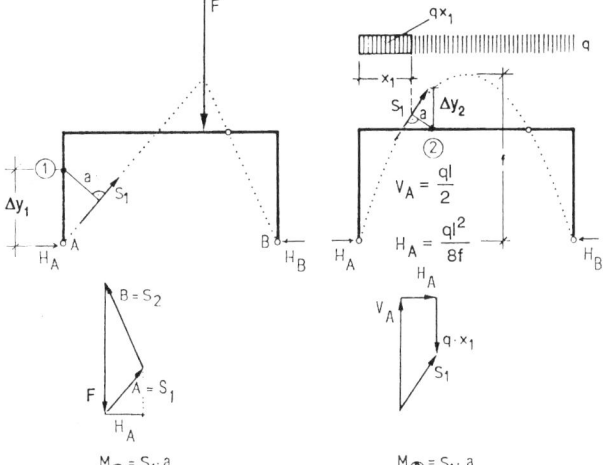

Einige der Möglichkeiten, mithilfe der Stützlinie ohne großen rechnerischen Aufwand günstige Rahmenformen zu finden und Schnittgrößen zu ermitteln, werden im Folgenden für drei Rahmen-Grundsysteme vorgestellt, nämlich für

– Dreigelenkrahmen,
– Zweigelenkrahmen,
– eingespannte Rahmen.

Um einprägsame Vergleiche möglich zu machen, erfolgt für alle Beispiele die Beschränkung auf nur eine Stützlinienform: die Parabel (aus gleichmäßig verteilter vertikaler Streckenlast auf dem Rahmenriegel).

Als Ausgangspunkt und Vergleichsmaßstab wird der Dreigelenkrahmen mit horizontalem Riegel und mittiger Gelenklage gewählt. Dessen Riegelmomentenfläche ist parabelförmig, die Stielmomente nehmen von der Rahmenecke zum Auflagerpunkt geradlinig ab.

Das Eckmoment beträgt $M = -\dfrac{q \cdot l^2}{8}$; bei horizontalem Riegel sind ungünstigere Gelenklagen und damit dem Betrag nach größere Momente nicht möglich.

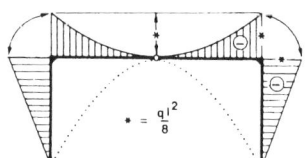

Das Momentenbild entspricht immer der Abweichung einer Parabelstützlinie von dem sie umhüllenden Rechteck; das heißt, auf Scheitelhöhe würde das Stielmoment immer gerade $M = -\dfrac{q \cdot l^2}{8}$ betragen. Dieser Wert ist in den folgenden Zeichnungen mit ∗ gekennzeichnet.

Stiel- und Riegelmomente sind an der Rahmenecke gleich groß; das Riegeleckmoment lässt sich also zeichnerisch durch »Umklappen« des Stieleckmoments darstellen.

Auch bei anderen Rahmenformen wird zur Konstruktion der Momentenflächen zunächst immer von der Stützlinienparabel und dem sie umhüllenden Rechteck ausgegangen.

Entwerfen von Rahmenformen

Das bisher Behandelte muss nun beim Entwurf eines geeigneten Rahmens angewandt werden. Dabei spielen ganz gewiss die **Funktion des Gebäudes**, seine **Baugestalt** und die **zweckmäßige Form im Hinblick auf seine Statik** eine große Rolle.

Um in statischer Hinsicht eine geeignete Rahmenform zu ermitteln, können grundsätzlich zwei Wege gegangen werden. Die Abweichung zwischen Stützlinie und Tragwerk kann verringert und auf das notwendige Maß vermindert werden,

1. indem das Tragwerk an die Stützlinie herangerückt wird, um so die Momente klein zu halten, und

2. indem bei einer schon festliegenden Tragwerksform die Stützlinie näher an das Tragwerk herangeführt wird.

Wird ausschließlich der erste Weg zur Optimierung gegangen, so wird die Rahmenform ganz erheblich beeinflusst. Das Rahmentragwerk nähert sich dann sehr stark dem Bogen an.

Beim zweiten Weg wird von der Möglichkeit der Verzerrung der Stützlinie Gebrauch gemacht, was vor allem von der Wahl der Riegelgelenklage abhängt.

Wenn das Riegelgelenk fehlt – wie beim Zweigelenkrahmen oder eingespannten Rahmen –, hängt die Höhe oder Verzerrung der Stützlinie vor allem von den Steifigkeitsverhältnissen zwischen Riegel und Stielen ab.

Zu einer weitgehenden Optimierung der Rahmenform bei gleichzeitiger gestalterischer Freiheit wird man beide Wege miteinander kombinieren müssen.

Dreigelenkrahmen

Zunächst wird der genannte zweite Weg am Dreigelenkrahmen geschildert. Die Zusammenhänge zwischen Stützlinie und Biegemoment durch den Einfluss der Riegelgelenklage werden an den Beispielen erläutert.

Die Lage des Riegelgelenks bestimmt die Verzerrung, den Stich der Stützlinie. Da die Stützlinie an jeder Stelle die dort wirkende Kraftrichtung angibt, sind mit der Gelenklage auch die Richtungen sowohl der Gelenkkraft als auch der Auflagerkraft bekannt. Es ist an der Zeichnung sofort ersichtlich:

Je höher der Scheitel f der Stützlinie, umso steiler die Richtung der Auflagerkraft Λ. Mit steiler werdendem A verkleinert sich die Horizontalkomponente H_A und damit auch das Stielmoment. Rechnerisch erhalten wir das gleiche Ergebnis:

$$H_A = H_B = \frac{q \cdot l^2}{8 \cdot f}$$

$$M_C = H_A \cdot h = \frac{q \cdot l^2}{8} \cdot \frac{h}{f}$$

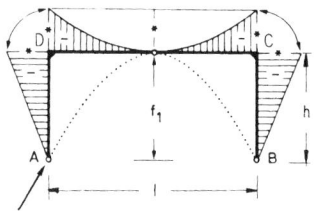

Stützlinie und Moment bei Dreigelenkrahmen

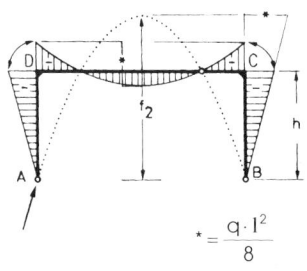

$$* = \frac{q \cdot l^2}{8}$$

14.3 Optimierung des Tragsystems

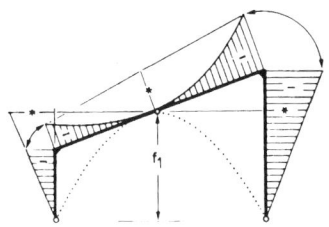

drei Zweigelenkrahmen

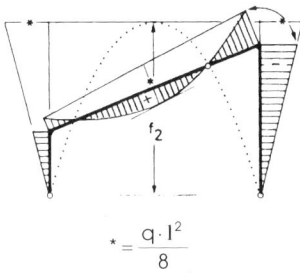

$$* = \frac{q \cdot l^2}{8}$$

Dreigelenkrahmen

 Wir beginnen auch beim Rahmen mit **geneigtem Riegel** die Konstruktion der Momentenfläche mit dem die Stützlinie umhüllenden Rechteck. Darüber finden wir die Eckmomente der Stiele, die dann in den Riegel umgeklappt werden können.

Mit dem Gelenkpunkt und dem Wert $M_0 = \frac{q \cdot l^2}{8}$ sind weitere Punkte der Riegelmomentenfläche bekannt, sodass das Zeichnen der Riegelmomentenparabel möglich ist.

Am oberen Rahmen sieht man den ungünstigen Einfluss des hohen Stiels bzw. den großen Abstand von der Stützlinie. Diese sehr großen Eckmomente lassen sich aber am unteren Rahmen (* =) durch Wahl der höheren Stützlinie und der damit zusammenhängenden Gelenklage deutlich verringern.

An den folgenden Beispielen sollen zusätzlich verschiedene Möglichkeiten des ersten Wegs, bei dem das Tragwerk dichter an die Stützlinie herangeführt wird, verdeutlicht werden. Dazu dienen z. B.:

– das »Abschneiden« der Rahmenecken und damit dichteres Heranführen der weit abliegenden Ecken an die Stützlinie

– das Anheben des damit geknickten Riegels

– das Neigen der Stiele

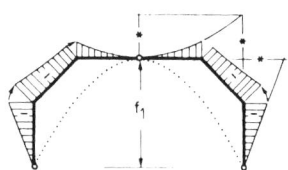

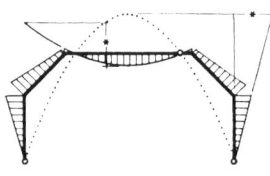

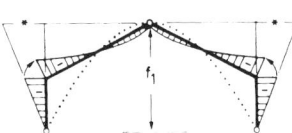

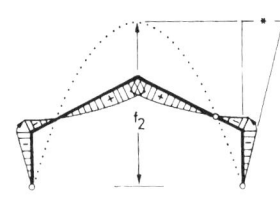

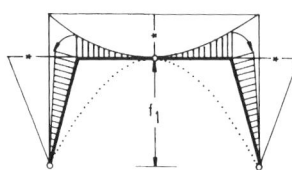

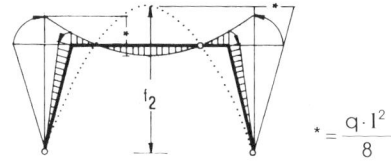

$* = \dfrac{q \cdot l^2}{8}$

Auch beim Rahmen mit **mehrfach geknickten Riegeln** sind die Momentenflächen der einzelnen Rahmenteile Bestandteile der Ausgangsmomentenfläche des die Stützlinie umhüllenden Rechteckrahmens und lassen sich auf die gleiche Art konstruieren. Allerdings müssen hier zwei Momente – nämlich im Riegel und im Stiel – in die Schräge geklappt werden.

Beim Rahmen mit **gleichzeitig geneigtem und geknicktem Riegel** (Satteldach) wird in der gleichen Weise von dem die Stützlinie umhüllenden Rechteck ausgegangen; die Eckmomente werden bestimmt, in den Riegel umgeklappt, und mithilfe der vorgegebenen Momentennullpunkte und dem M_0-Wert wird die Momentenlinie gezeichnet.

Beim Rahmen mit **geneigten Stielen** wird ebenfalls von dem die Stützlinie umhüllenden Rechteck ausgegangen, in dessen Ecken die Momente $M_0 = -\dfrac{q \cdot l^2}{8}$ auftreten.

In den Ecken des ausgeführten Rahmens treten dann der Parabel über dem Riegel entsprechend wesentlich kleinere Momente auf. Sie werden diesmal in den Stiel umgeklappt, sodass auch die Stielmomente gezeichnet werden können.

Wird bei dieser Rahmenform die Stützlinie nach oben verzerrt, muss die Konstruktion der Momentenfläche in mehreren Schritten erfolgen. Zunächst wird wieder von dem die Stützlinie umhüllenden Rechteck ausgegangen, von dem aber nichts als tatsächlicher Rahmen auch ausgeführt wird. Es werden daher die Momente auf einem gedachten vertikalen Stiel in der Höhe des ausgeführten Riegels ermittelt und diese in den verlängerten Riegel umgeklappt. Dann wird die Parabelmomentenfläche auf dem vorhandenen Riegel unter Zuhilfenahme der gegebenen Fixpunkte gezeichnet, und schließlich wird das tatsächlich vorhandene Riegeleckmoment in den schrägen Stiel umgeklappt.

Zweigelenkrahmen

Zweigelenkrahmen bieten mit den beiden Auflagergelenken nur noch zwei Bestimmungspunkte für Lage und Größe der Stützlinie, sie sind daher einfach statisch unbestimmt.

Die Grenzwerte der Stützlinienlage werden hierbei durch extreme Verhältnisse der Riegel- zu den Stielsteifigkeiten markiert:

Erste Grenze:

Die Stiele werden als unendlich steif angenommen; der Riegel ist in ihnen starr eingespannt.

Dann beträgt das Eckmoment:

$$M_D = -\frac{q \cdot l^2}{12}$$

und das Feldmoment:

$$M_F \approx \frac{q \cdot l^2}{8}$$

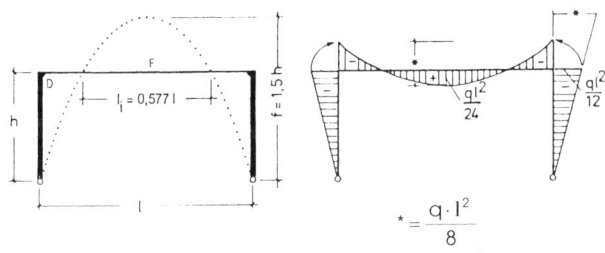

Bei horizontalem Riegel erhält die zugehörige Stützlinie eine Scheitelhöhe von f = 1,5 h; der Abstand der Momentennullstellen des Riegelmomentes wird mit $l_i = 0,557 \cdot l$ minimal.

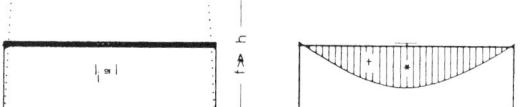

Zweite Grenze:

Der Riegel ist sehr steif, die Stiele sind weich.

Dann werden die Eckmomente sehr klein, das Verhältnis $\frac{f}{h}$ wird sehr groß, und die Momentennullstellen wandern nach außen ($l_i \approx l$).

Der Riegel verhält sich annähernd wie ein frei aufliegender Einfeldträger:

$$M_F \approx \frac{q \cdot l^2}{8}$$

Soll der Riegel konstante Profilhöhe haben (z. B. Walzprofil), ergibt sich die wirtschaftlichste Lösung, wenn Eckmomente und Riegelfeldmoment Werte von je $M = \left|\frac{q \cdot l^2}{16}\right|$ erreichen.

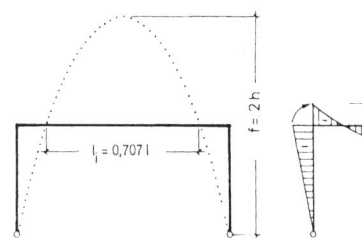 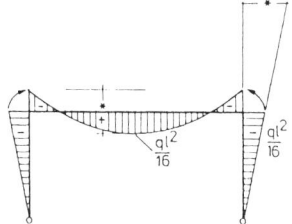 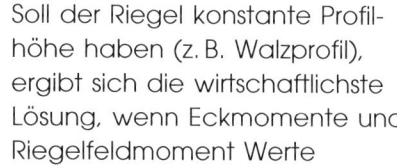

Dann wird $\frac{f}{h} = 2$ und der Abstand der Momentennullpunkte zu $l_i = 0,707 \cdot l$.

Ganz allgemein lautet der Zusammenhang zwischen Stielhöhe, Riegelstützweite, Momentennullpunkt-Abstand und der Stichhöhe der Stützlinie:

$$f = \frac{h}{1 - \frac{l_i^2}{l^2}}$$

14.3 Optimierung des Tragsystems

 Eingespannte Rahmen

Wird der Rahmen an den Fußpunkten nicht gelenkig gelagert, sondern in die Fundamente eingespannt, existieren keine festen Punkte mehr zur Bestimmung der Verzerrung der Stützlinie, die sich weitgehend nach dem Verhältnis der Riegel- zu den Stielsteifigkeiten richtet. Ihre Form ist aber nach wie vor allein von der Belastung abhängig und somit bekannt; es werden also nur zwei Punkte benötigt, die die Stützlinie fixieren.

Unter üblichen Belastungen und unabhängig von den Steifigkeitsverhältnissen verhält sich das Fußeinspannmoment zum Rahmeneckmoment wie $1:2 =$

$$\left(\frac{M_A}{M_D} = -\frac{1}{2} \right)$$

Daraus folgt, dass die Schnittpunkte der Stützlinie mit den Stielen (Momentennullpunkte) in einem Drittel der Stielhöhe liegen.

Oberhalb dieses Drittelpunktes ist die Stützlinie eine Parabel, unterhalb geht sie tangential weiter.

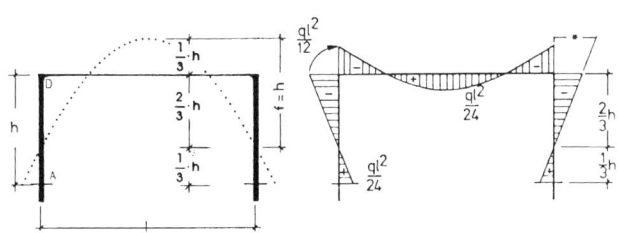

eingespannte Rahmen

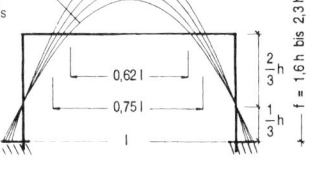

 Der Stich der Stützlinie richtet sich nach den Steifigkeitsverhältnissen von Riegel und Stiel.

Als realisierbare Steifigkeitsverhältnisse werden $\frac{I_R}{I_S} = 1$ bis 4 angesehen, die zu Abständen der Momentennullpunkte im Riegel von $l_i = 0{,}62 \cdot l$ bis $l_i = 0{,}75 \cdot l$ führen.

Damit lassen sich die dazugehörigen Stützlinien konstruieren und die Momentenlinien von eingespannten Rahmen, analog zu den vorher besprochenen Rahmenformen, ermitteln. Das gilt auch bei anderen Rahmenformen, die von der Rechteckform deutlich abweichen.

Fazit

Das dargestellte Stützlinienverfahren ist genau genug zum Entwurf und zur Vordimensionierung auch von Zweigelenk- und eingespannten Rahmen. Die so ermittelten Querschnittsabmessungen lassen sich ausführen und halten einem genauer zu erbringenden Nachweis in jedem Falle stand.

Es wurde bisher unberücksichtigt gelassen, wie die Steifigkeit von routenförmigen Stielen und Riegeln anzusetzen ist, da ja nicht an jeder Stelle längs der Achse der gleiche Querschnitt vorliegt.

Bei der Anpassung des Querschnitts an den Momentenverlauf durch solche routenförmigen Träger wird sich jedoch herausstellen, dass man mit den im Stützlinienverfahren überschläglich ermittelten Querschnittsabmessungen nicht nur auskommt, sondern immer auf der »sicheren Seite« liegt.

Das Stützlinienverfahren kann also unbedenklich zum Entwurf und auch zum genauen Nachweis der Rahmen herangezogen werden. Die Schnelligkeit in der Anwendung, aber auch die Anschaulichkeit und damit die Fehlersicherheit sprechen für seine häufige Benutzung.

14.3 Optimierung des Tragsystems

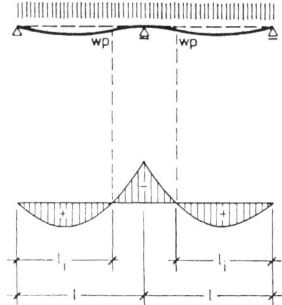

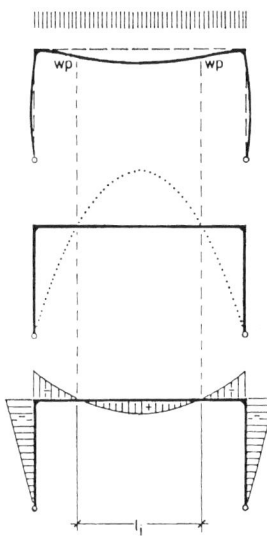

 ### 14.3.3 Ideelle Stützweite

Die beiden bei Biegetragwerken wichtigen Parameter *Tragsystemfaktor* und *Stützweite* lassen sich in vielen Fällen zu einem gemeinsamen Begriff zusammenfassen, **der ideellen Stützweite** l_i.

Die ideelle Stützweite l_i erhält man als:

1. den Bereich eines Tragwerks, in dem die Krümmung der Biegelinie gleiches Vorzeichen behält (Abstand der Wendepunkte);

2. den Abstand der Momentennullpunkte;

3. den Abstand der Durchdringungspunkte von Stützlinie und Tragwerk.

	Tragsystem-faktor	ideelle Stützweite l_i
Einfeldträger	1/8	$1 \cdot l$
Durchlaufträger		
Endfeld	1/12	$0{,}8 \cdot l = l_{iE}$
Innenfeld	1/16	$(0{,}6 - 0{,}7) \cdot l = l_{iJ}$
Gelenkträger	1/16	$(0{,}6 - 0{,}8) \cdot l$
Kragträger	1/2	$2 \cdot l$
Einfeldträger mit Kragarm	1/8 – 1/16	$(0{,}95 - 0{,}7) \cdot l$

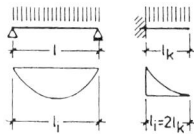
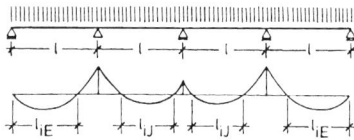
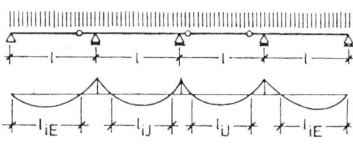
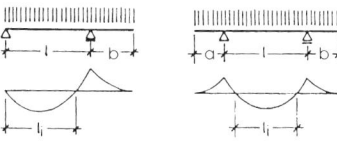

 Sind die ideellen Stützweiten bekannt, können für die positiven Momente die Maximalwerte leicht errechnet werden; bei Gleichlast wird z. B. immer mit

$$M_F = \frac{q \cdot l_i^2}{8}$$ gerechnet.

Bei Einfeldbalken mit Kragarmen können die l_i in sehr weiten Grenzen schwanken. Die ideelle Stützweite ist hier abhängig vom

Verhältnis $\dfrac{\text{Nutzlast}}{\text{ständige Last}}$ und von den

Verhältnissen $\dfrac{\text{Kragarmlänge}}{\text{Feldlänge}}$.

14.4 Optimierung des Querschnitts

Der Einfluss der Querschnittsform und -größe auf die Haltbarkeit und Brauchbarkeit eines Biegetragwerks kann anhand der Querschnittskennwerte beschrieben werden.

Die üblicherweise in Tabellenwerken angegebenen Querschnittskennwerte sind:

Trägerhöhe	h	cm
Querschnittsfläche	A	cm²
Widerstandsmoment	W	cm³
Trägheitsmoment	I	cm⁴
Trägheitsradius	i	cm

Die Kennwerte sind – wie an der Dimension unschwer erkennbar – nur von der Größe und Form des Querschnitts, nicht aber vom Material des Profils abhängig.

Hält man die Querschnittsfläche A konstant, wachsen die übrigen Werte (W, I, i) an, wenn die Trägerhöhe zunimmt oder wenn das Material weiter nach »außen«, also in die Nähe der Randfasern gerückt wird.

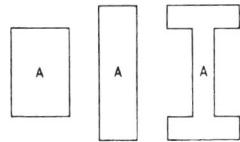

Die einzelnen Parameter sind voneinander abhängig; es existieren bestimmte Beziehungen zwischen ihnen, sie lassen sich ineinander umrechnen wie z. B. W und I über die Randabstände von der Schwerachse:

$$W_0 = \frac{I_y}{z_0}; \quad W_u = \frac{I_y}{z_u}.$$

Bei Symmetrie wird daraus:

$$W = \frac{2 \cdot I}{h}$$

bei Rechteckquerschnitten:

$$W = \frac{b \cdot h^2}{6}; \quad I = \frac{b \cdot h^3}{12} \Rightarrow I = W \cdot \frac{h}{2}$$

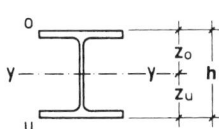

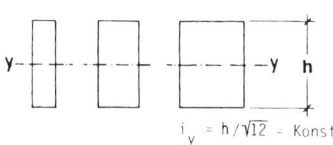

$i_y = h/\sqrt{12} =$ Konst.

 Bezieht man das Trägheitsmoment I auf die Fläche, durch die es erzeugt wird, erhält man mit $\frac{I}{A}$ das Trägheitsmoment pro cm² Fläche.

Die Wurzel $i = \sqrt{\frac{I}{A}}$ heißt **Trägheitsradius** und **ist ein Gütemaßstab** für die **Querschnittsform**, allerdings gleichzeitig auch noch von der Profilhöhe abhängig. (Beim Rechteck wird $i = \frac{h}{\sqrt{12}}$).

Erst wenn der Trägheitsradius i auf das Quadrat der Höhe des Profils bezogen wird, erhält man einen dimensionslosen (also auch von der Höhe unabhängigen) Kennwert für die Güte der Profilierung des Trägerquerschnitts, nämlich $\frac{I}{A \cdot h^2}$.

Wird $i = \sqrt{\frac{I}{A}}$ eingesetzt, wird daraus der

Profilierungsfaktor: $c' = \frac{i^2}{h^2}$.

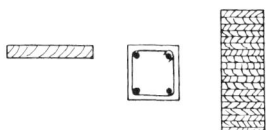

Rechteckquerschnitte mit c'= 0,08

Da der Profilierungsfaktor ein reiner Formkennwert ist, wird z. B. für die flach liegende Bohle, die quadratische Stahlbetonstütze und den hohen Leimholzbinder – alle sind rechteckigen Querschnitts:

$$c' = \frac{h^2}{12 \cdot h^2} = \frac{1}{12} = 0{,}08$$

Konzentriert man hingegen die Anteile der Querschnittsfläche A stärker in der Nähe der äußeren Randfasern (z. B. durch Bildung von I-Querschnitten), dann wächst c'.

Den theoretischen Grenzwert für Biegebalken erhält man, wenn der Steg materiallos wird:

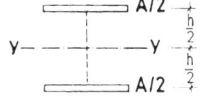

$$I = 2 \cdot \frac{A}{2} \cdot \left(\frac{h}{2}\right)^2 = A \cdot \frac{h^2}{4}$$

$$c' = \frac{i^2}{h^2} = \frac{I}{A \cdot h^2} = \frac{A \cdot h^2}{4 \cdot A \cdot h^2} = \frac{1}{4} = 0{,}25$$

14.4 Optimierung des Querschnitts

 Diesen Wert erreichen reale Biegeträger nicht; Bei den gut profilierbaren Walzprofilen liegen die Profilierungsfaktoren c' zwischen 0,17 und 0,2.

Nur bei Tragwerken, die die Last nicht mehr über Biegung abtragen und die den örtlichen Beanspruchungen optimal angepasst sind, sind höhere Werte erzielbar (bei Seiltragwerken bis c' = 1).

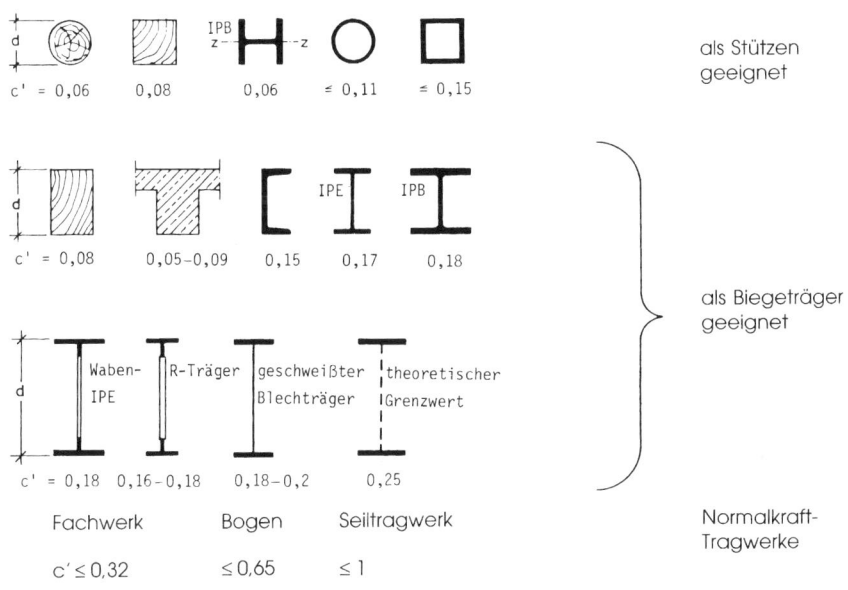

Profilierungsfaktoren c'

Schreibt man die für die Tragfähigkeit und Gebrauchstauglichkeit benötigten Kennwerte W und I unter Verwendung des Faktors c', erhält man:

$$I = A \cdot i^2 = A \cdot h^2 \cdot \frac{i^2}{h^2} = A \cdot h^2 \cdot c' \quad \text{und}$$

$$W = \frac{2 \cdot I}{h} = 2 \cdot A \cdot h \cdot c'$$

Die Zahl der für die reine Biegebemessung benötigten Querschnittsparameter lässt sich damit auf drei begrenzen:

- die Querschnittsfläche A
- die Profilhöhe h
- den Profilierungsfaktor c'

Querschnittsfläche und Profilierungsfaktor gehen in beide Gleichungen linear ein; der **Profilhöhe** kommt entscheidende Bedeutung zu.

In der Abbildung sind die Widerstandsmomente von Stahlträgern über der Querschnittsfläche aufgetragen.

Die c'-Werte der einzelnen Profile weichen nur wenig voneinander ab; Die verschiedenen W bei gleicher Querschnittsfläche kommen also vor allem aufgrund der unterschiedlichen Trägerhöhen zustande.

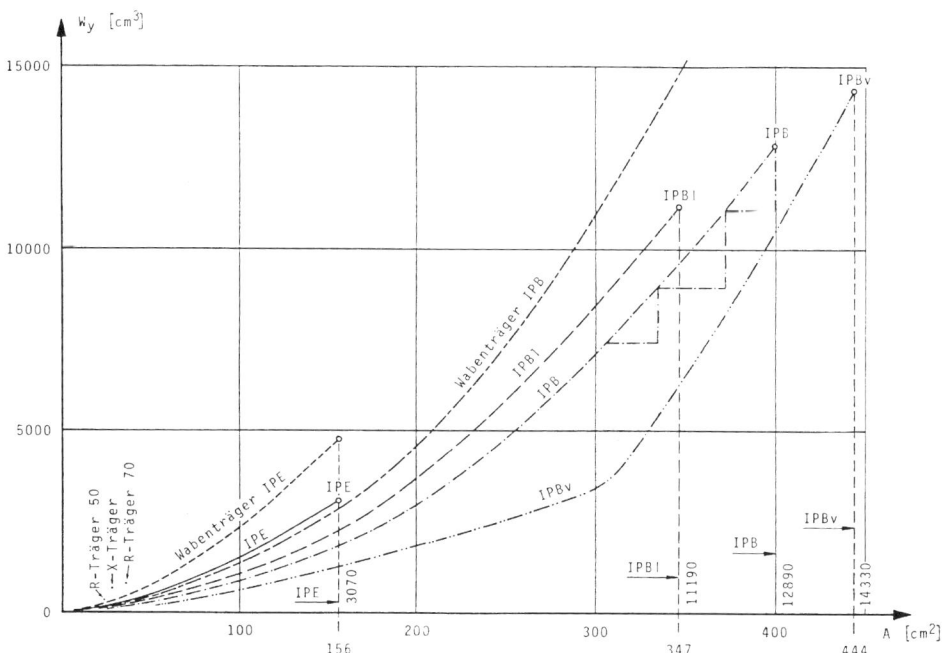

Widerstandsmomente genormter Träger, aufgetragen über ihrer Querschnittsfläche

14.5 Optimierung der Materialeigenschaften

Im Hinblick auf die maßgeblichen Optimierungsziele, die **Tragfähigkeits-** und **Gebrauchstauglichkeitsbedingungen,** darf das Tragwerk nicht brechen, sich nicht übermäßig verformen und aus der vorgegebenen Form und Lage nicht durch Instabilität ausweichen.

Die ersten beiden Bedingungen lauten in Gleichungsform:

$$\sigma_d < \sigma_{Rd}$$
$$f < zul\ f$$

Die beiden für diese Nachweise benötigten materialabhängigen Parameter sind der **Bemessungswiderstand** σ_{Rd} (zulässige Spannung) und der **Elastizitätsmodul** E.

Das Eigengewicht der Konstruktion, eine weitere wichtige materialabhängige Kenngröße, wird im Folgenden unter »Effektivität der Baustoffe« berücksichtigt.

Für die Bemessung eines Bauteils ist immer derjenige der beiden oben aufgeführten Parameter (zulässige Spannung, E-Modul über die Durchbiegung) maßgeblich, dessen Grenzwert zuerst greift.

Die Einhaltung der Durchbiegungsbegrenzung ist gewährleistet, wenn der Spannungsnachweis erbracht ist und der gewählte Querschnitt unterhalb der folgenden Grenzschlankheiten
$\frac{l}{h}$ bzw $\frac{l_i}{h} \left(\frac{\text{Stützweite}}{\text{Trägerhöhe}} \right)$ bleibt.

Werden bei Stahl- und Holzträgern unter Gleichlast die $\frac{l}{h}$-Werte überschritten, ist der Durchbiegungsnachweis zu führen.

zulässige Durch-biegungen	Holz und Brettschichtholz		Stahl		Stahlbeton
	C 24	C 30	S 235	S 355	Alle Sorten
zul f = $\frac{l}{300}$	16	12,3	24	16	$\frac{l}{d} = 35$
zul f = $\frac{l}{200}$	24	18,5	36	24	h = d + (2 ÷ 4 cm)

Grenzschlankheiten l/h

14.5 Optimierung der Materialeigenschaften

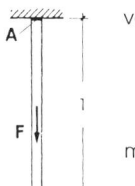

$\text{vorh } F = \rho \cdot A \cdot l$

$\text{zul } F = A \cdot \text{zul } \sigma$

$\max l = \dfrac{\text{zul } \sigma}{\rho} = R$

 Effektivität der Baustoffe

Steigen die Anforderungen an ein Tragwerk über ein bestimmtes Maß hinaus, wird also zum Beispiel die Stützweite eines Balkens erheblich vergrößert, ist das Tragwerk oft nur noch durch den Wechsel zu einem anderen Baustoff mit besseren Materialeigenschaften zu realisieren (z. B. Stahl statt Holz).

Stahl ist allerdings auch wesentlich schwerer als Holz; Vergleiche der Materialeigenschaften gewinnen daher an Aussagekraft, wenn sie auf das jeweilige spezifische Gewicht (ρ) bezogen werden.

Die Größen $\dfrac{\sigma}{\rho}$ und $\dfrac{E}{\rho}$ geben also an, was das Material im Verhältnis zu seinem Gewicht leistet, wie effektiv es ist.

Als Dimension des Wertes $\dfrac{\sigma}{\rho}$ erhält man die Längeneinheit [cm] bzw. [m]. Der Wert gibt an, wie lang ein frei hängender Stab von konstanter Dicke sein kann, der am Aufhängepunkt unter dem eigenen Gewicht gerade die Bruchspannung erreicht; er wird daher **Reißlänge R** genannt.

$$R\,[\text{cm}] = \dfrac{\sigma}{\rho} \dfrac{[\text{kN/cm}^2]}{[\text{kN/cm}^3]}$$

(In der Literatur wird statt der Bruchspannung σ oft die Bruchfestigkeit f als Bezugsgröße verwendet.)

Entsprechend wird als **Quetschlänge** die größtmögliche Höhe einer Stütze unter Eigengewicht bei Erreichen der Bruchfestigkeit am Stützenfuß definiert (Knicken ausgeschlossen).

Dieser wichtige Gütebegriff für die Materialeigenschaften, die Reiß- oder Quetschlänge R, ist unabhängig von Größe und Form des Stabquerschnitts.

Die Reißlänge gibt die **Grenzlänge für Normalkraft-beanspruchte Tragwerke** an, bei der sie nur noch gerade sich selbst tragen können.

Vor allem dann, wenn die wesentliche Belastung aus dem Eigengewicht der Konstruktion herrührt, sollte die Reißlänge als Vergleichsmaßstab herangezogen werden.

Die folgende Tabelle enthält Angaben zu den Materialeigenschaften einiger Baustoffe.

Baustoff	zul Spannung zul σ [kN/cm^2]	Dichte ρ [kN/m^3]	Reiß-, Quetschlänge $\frac{\sigma}{\rho} = R$ [km]
Baustahl S 235	21,8	78,5	2,8
Baustahl S 355	32,7	78,5	4,2
Stahldraht	75	78,5	9,6
Aluminium	5	27	1,8
Al-Legierungen	19	27	7
Nadelholz S 10	1,3	6	2,2
Laubholz	1,5	8	1,9
Mauerwerk	0,20	16	0,12
Beton C 30/37	1,42	23	0,62
Stahlbeton C 50/60 (Druck)	2,86	25	1,14
Seide Perlonfaden Baumwollfaden			8–14
Kunststoffe	1,4–7,2	12–18	0,8–6

14.5 Optimierung der Materialeigenschaften

 Die Angaben der Tabelle gelten für Zug- und für Druckstäbe, bei denen Knickgefahr ausgeschlossen ist.

Es wird deutlich, dass Fernsehtürme oder Hochhäuser ebenso wenig in den Himmel wachsen können wie Bäume oder der Turm zu Babel.

Ähnlich wie die Reißlänge bei Normalkraftbeanspruchung kann zur Beurteilung von **biegebeanspruchten Tragelementen** die **Grenzstützweite** l_G herangezogen werden.

Diese Grenzstützweite ist dann erreicht, wenn der Biegebalken gerade noch sein Eigengewicht tragen kann.

Bei gleichmäßig verteilter Last kann man für den Einfeldträger die Querschnittskennwerte mit

$$W = \frac{2 \cdot I}{h} \quad \text{und} \quad I = A \cdot i^2 = A \cdot h^2 \cdot c'$$

angeben.

$$M = \frac{(g+q) \cdot l^2}{8} = W \cdot \sigma_{Rd}$$
$$= 2 \cdot A \cdot h \cdot c' \cdot \sigma_{Rd}$$

Unter der günstigsten Annahme, dass die ständige Last vollständig aus dem Eigengewicht der Konstruktion herrührt, wird:

$$g = A \cdot \rho \left[\frac{kN}{m}\right]$$

Anderenfalls muss der statisch nicht wirksame Anteil der ständigen Last der Nutzlast zugeschlagen werden.

Damit folgt:

$$A \cdot \rho \cdot \left(1 + \frac{q}{g}\right) \cdot \frac{l^2}{8} = 2 \cdot A \cdot h \cdot c' \cdot \sigma_{Rd}$$

Aufgelöst nach der Stützweite wird daraus:

$$l = 2 \cdot \frac{\frac{1}{TSF} \cdot \frac{h}{l}}{1 + \frac{q}{g}} \cdot \frac{\sigma_{Rd}}{\rho} \cdot c'$$

Oder, etwas allgemeiner formuliert:

$$\max l = 2 \cdot \frac{\frac{1}{TSF} \cdot \frac{h}{l}}{1 + \frac{q}{g}} \cdot R \cdot c'$$

Die erreichbare Stützweite hängt also von folgenden Parametern ab:

Tragsystemfaktor (TSF)

Dieser Wert kann durch ein günstiges Tragsystem von $1/8$ auf $1/16$ verkleinert werden; weit gespannte Tragwerke werden daher nicht als Einfeldträger konstruiert.

Reißlänge $\left(R = \frac{\sigma_{Rd}}{\rho}\right)$

Kleine Stützweiten lassen sich in jedem Material, große nur in Materialien mit großen Reißlängen überwinden. Diese Tatsache wird vor allem im Großhallenbau und im Brückenbau deutlich.

Belastungsfaktor $\left(1 + \frac{q}{g}\right)$

Hohe Nutzlastanteile verkürzen die mögliche Spannweite. Bei großen Brücken sinkt der Anteil der Nutzlast bis auf 5% der Gesamtlast.

Schlankheit $\left(\frac{h}{l}\right)$

Das Verhältnis aus Querschnittshöhe und Stützweite $\frac{h}{l}$ sowie der

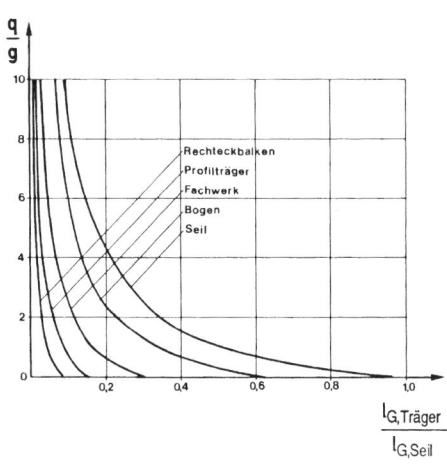

Grenzstützweitenverhältnisse in Abhängigkeit von Belastungsfaktor und Profilierung

Profilierungsfaktor (c')

$$c' = \left(\frac{i}{h}\right)^2$$

sind die Kennwerte für den Querschnitt.

Die Vergrößerung jedes dieser Werte führt zu einer Vergrößerung der zulässigen Spannweite.

Die **absolute Grenzstützweite** l_G wird dann erreicht, wenn der Träger gerade noch sein Eigengewicht tragen kann, der Nutzlastanteil also verschwindend klein wird.

Dann wird der Belastungsfaktor

$$\left(1+\frac{q}{g}\right) = 1$$

$$l_G = 2 \cdot \frac{1}{TSF} \cdot R \cdot \frac{h}{l} \cdot c'$$

Die bisherigen Überlegungen zu den Materialeigenschaften beschränken sich auf biegefeste (also zug-, druck- und schubfeste) Baustoffe.

Biegetragwerke lassen sich aber ebenso durch geschickte Kombination von nur zug- mit nur druckfesten Materialien konstruieren; das bekannteste Beispiel ist der Stahlbeton. Dem nicht zugfesten Beton werden die Druckkräfte zugewiesen; dünne Bewehrungsstäbe nehmen die Zugkräfte auf.

Die Kombination kann auf weitere Baustoffe ausgedehnt werden: Durch Einbau von Polystyrol-Kügelchen oder Blähton wird aus Schwerbeton Leichtbeton. Die Kombination kann aber auch so trickreich angewandt werden, dass negative Baustoffeigenschaften nicht mehr in Erscheinung treten – beim Spannbeton wird der Betonquerschnitt durch das Vorspannen so weit unter Druck gesetzt, dass, anders als beim schlaff bewehrten Stahlbeton, auch unter Last keine Risse mehr auftreten und das volle Trägheitsmoment wirksam bleibt.

Bei anderen Kombinationen erfolgt dann der Übergang zu aufgelösten Querschnitten, z. B. Verbundbau aus Stahlprofilträgern und Stahlbetonplatte, unterspannte Träger aus Holzbalken und Stahlseilen, Fachwerke mit Zugstäben aus Stahlseil bis hin zu den Seiltragwerken. Aufgelöste Querschnitte erlauben nicht nur die Kombination verschiedener Materialien, sondern auch die Ausnutzung der oft höheren Normalkraft-Tragfähigkeit.

Hier wird deutlich, dass optimierte Tragwerke nicht durch isolierte Betrachtung einzelner Tragwerksparameter, sondern nur bei sinnvoller Kombination von Optimierungsschritten in allen Optimierungsstufen erreicht werden können.

14.5 Optimierung der Materialeigenschaften

Materialvergleich zwischen Stahl, Holz, Beton und Stahlbeton

		Stahl	Holz	Beton	Stahlbeton
Materialeigenschaften	spezifisches Gewicht ρ [kN/m³]	78,5	6–8	23	25
	zulässige Spannung σ [kN/m²]	21,8–32,7 21,8–32,7	1,3–2,0 0,9–1,5	0,57–1,42 –	0,68–2,86 nur durch Stahleinlagen
	Reiß-/Quetschlänge σ/ρ [m] (Maß der Materialeffektivität)	2800–4200	1900–2200	600	270–1200
	Grenzstützweite [m] für Einfeldträger mit Gleichlast	5500 h/l (I-Profil)	1900 h/l (Rechteck)		500 h/l (Rechteck)
	Grenzhöhe [m]	5500 (h/l)²	1900 (h/l)²		500 (h/l)²
	Folgerungen	geringes Gewicht im Verhältnis zur Tragfähigkeit leichte Tragwerke; sehr große Spannweiten	geringes Gewicht leichte Tragwerke; mäßige Spannweiten	sehr großes Gewicht schwere Tragwerke; sehr kleine Spannweiten	großes Gewicht schwere Tragwerke; mäßige Spannweiten

	Beispiel: $q = 10$ [kN/m]
	a) l = 5 [m] Profil
	            g [kN/m]
	            (q + g)/q
	            g/q
	b) l = 20 [m] Profil
	            g [kN/m]
	            (q + g)/q
	            g/q
		IPE 220
		26,2
		1,026
		2,6 %
		IPE 220
		187
		1,187
		18,7 %
			22/30 (S 10)
			39,6
			1,0396
			3,9 %
			30/100
			200
			1,200
			20 %
				–
				
				–
				
					20/30 C 20/25
					150
					1,150
					15 %
					40/100 (C 20/25)
					1000
					2
					100 %

	mögliche Beanspruchung des Materials	Zug, Druck, Schub	Zug, Druck, Schub	Druck	Zug, Druck, Schub
	Richtungsabhängigkeit der Beanspruchung	jede Richtung	vor allem eine Richtung	jede Richtung	jede Richtung
	Herstellungsform des Rohmaterials	stabförmig	stabförmig	frei bestimmbar	frei bestimmbar
	Verarbeitung des Materials	schwierig, mit Maschinen	einfach, oft von Hand möglich	einfach	mittelschwer
Eigenschaften der Tragwerke	Gewicht des Tragwerks im Verhältnis zur Tragfähigkeit	leicht	leicht	sehr schwer	schwer
	Transport als Baustoff	leicht	leicht	leicht	leicht
	Transport als Fertigteil	einfach	einfach	–	schwierig
	Montage	einfach	einfach, von Hand möglich	schwierig	schwierig
	Installationsführung	leicht	schwierig	schwierig	schwierig
	Erweiterbarkeit des Tragwerks	gut (durch Schrauben und Schweißen in jede Richtung)	schwierig (im Allgemeinen nur in eine Richtung)	schwer, aber möglich	sehr schwer, fast unmöglich
	Demontierbarkeit (Abbruch)	gut	gut	schwer	schwer
	Korrosionsschutz	empfindlich	empfindlich	nicht empfindlich	wenig empfindlich

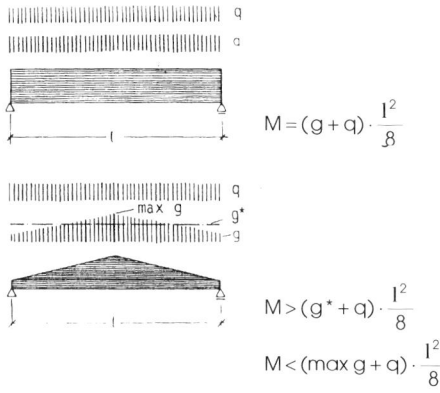

14.6 Optimierung längs der Stabachse

Die Beanspruchung eines Biegetragwerks (Biegemoment, Querkraft) ändert sich in der Regel entlang der Tragwerksachse. Die Anpassung des Querschnitts an diese Beanspruchung stellt einen weiteren Optimierungsschritt dar.

Schnittholz und Baustahl werden wegen der Säge- und Walzvorgänge zunächst stabförmig mit gleichbleibendem Querschnitt hergestellt; durch Verleimen, Verschrauben und Schweißen lassen sich die Querschnitte jedoch an jeder Stelle der Beanspruchung anpassen. Bei Auflösung des Querschnitts, z. B. im Fachwerk, kann die Form längs der Stabachse auch extremer Momentenänderung folgen.

Stahlbeton ist frei formbar; allerdings bestehen bedingt durch die Schalungskosten wirtschaftliche Begrenzungen der Anpassung.

Bei der Optimierung des Tragwerks längs der Stabachse muss grundsätzlich zwischen statisch bestimmten und statisch unbestimmten Systemen unterschieden werden.

Bei den **statisch bestimmten** Tragwerken ist der Momentenverlauf nur von der Belastung abhängig, dagegen unabhängig vom Verlauf des Querschnitts längs der Stabachse; die Querschnitte können also der Momentenlinie angepasst werden. Der Einfeldträger unter Gleichlast hat sein maximales Moment in Feldmitte, benötigt also auch dort den größten Querschnitt. Dieser größere Querschnitt erzeugt allerdings, und zwar an der ungünstigsten Stelle, ein größeres Eigengewicht, damit wird das Moment zwar größer als $(g + q) \cdot \dfrac{l^2}{8}$, jedoch kleiner, als

14.6 Optimierung längs der Stabachse

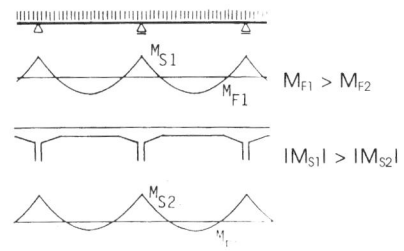

 wenn die Optimierung längs der Stabachse nicht vorgenommen worden wäre:

$$\left(M < [\max g + q] \cdot \frac{l^2}{8}\right)$$

Im Gegensatz dazu wachsen die Momente bei **statisch unbestimmten** Tragwerken mit der örtlichen Steifigkeit. Vergrößert man z. B. beim Stahlbeton-Durchlaufträger an den Stellen der größten Momente – über den Stützen – den Querschnitt durch die Anordnung von Vouten, kommt es zu einem weiteren Anwachsen der Stützmomente und zu einer Verringerung der positiven Feldmomente.

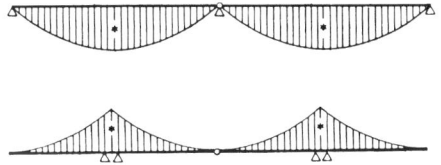

Die Querschnittsfläche und damit das Bauwerks-Eigengewicht kann also bei den statisch unbestimmten und manchen statisch bestimmten Tragwerken hauptsächlich über den Stützen konzentriert werden und wirkt dort kaum momentenbildend. Dieses Verhalten macht man sich gern bei Bauwerken mit hohen Eigengewichtsanteilen, also z. B. bei Brücken mit großen Spannweiten, zunutze.

Ein hervorragendes Beispiel dafür, wie bei einer Mehrfeld-Gelenkträgerbrücke durch Konzentration der ständigen Lasten über den Auflagern sehr große Spannweiten wirtschaftlich überbrückt werden, ist die alte Firth-of-Forth-Brücke in Schottland.

Die folgenden Beispiele zeigen einige häufig angewandte und für den jeweiligen Baustoff typische Anpassungen des Querschnitts an den Verlauf der Schnittgrößen längs der Tragwerksachse.

Holz

Im konventionellen Holzbau ist eine Anpassung in nennenswertem Umfang nur durch Auflösen des Querschnitts zu fachwerkartigen Konstruktionen sowie durch die Verdübelung von Balken möglich. Bei Brettschichtholz lassen sich die Querschnitte gut an die Beanspruchung anpassen.

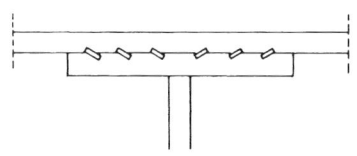

Verstärkung des Querschnitts eines Durchlaufträgers im Bereich der Stützmomente durch aufgedübelten Balken

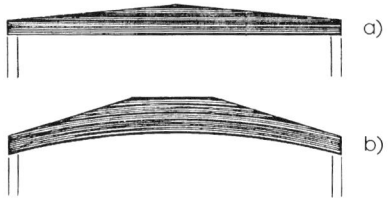

An Momenten- und Querkraftverlauf sowie die gewünschte Dachform angepasste Einfeldträger aus Brettschichtholz

a) mit geraden Lamellen
b) mit gekrümmten Lamellen

Durchlaufträger mit Vouten an den Stellen der größten Momente

Stahl

Die Möglichkeiten der Querschnittsanpassung an den Verlauf der Schnittgrößen wurden im Stahlbau schon sehr früh zur Verminderung der Eigengewichtsanteile genutzt.

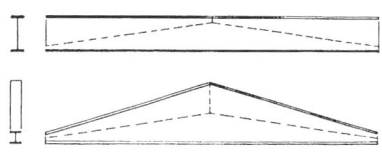

Dachförmiger Einfeldträger durch schräges Aufschneiden und umgekehrtes Zusammensetzen von üblichen Walzprofilen.

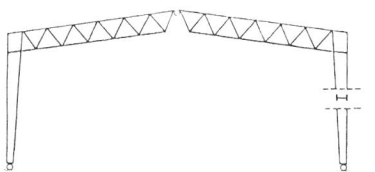

Der vor allem durch Biegung beanspruchte Rahmenriegel ist zu einem Fachwerkträger aufgelöst; der durch erhebliche Längskräfte zusätzlich belastete Stiel ist als Profilträger ausgebildet.

Stahlbeton

Bei Bauwerken aus Stahlbeton ist die besonders häufig angewandte Anpassung durch Abstufung (»Staffeln«) der Bewehrung nicht sichtbar.

Trapezförmiger Rechteckbalken als Einfeldträger

Durchlaufträger mit Vouten zur Aufnahme von hohen Stützmomenten

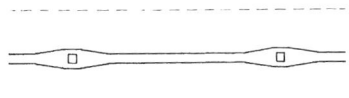

Vouten im Grundriss zur Aufnahme von hohen Schubkräften im Stützenbereich

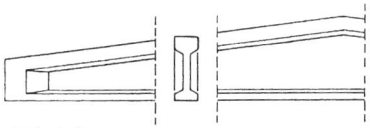

Spannbeton-Fertigteil mit Profilierung in Längs- und Querschnitt

- große Bauhöhe in Feldmitte zur Aufnahme des Biegemomentes
- breiter Steg im Auflagerbereich zur Aufnahme der Schubkräfte

14.7 Optimierung bei Normalkrafttragwerken

Es wurde bereits erwähnt, dass die Normalkrafttragwerke zur Weiterleitung von Kräften wesentlich weniger Material verbrauchen als die Biegetragwerke.

Deshalb sind die Stützen usw. für Optimierungen nicht so bedeutsam. Trotzdem sollen wenigstens einige Optimierungsüberlegungen zu den Normalkraft-beanspruchten Tragwerken angestellt werden. Die Einteilung der Parameter und die Optimierungsschritte bei Biegetragwerken werden auch hier verwandt:

- Kraftsystem
- Tragsystem
- Querschnitt
- Material
- Veränderungen längs der Stabachse

Beim Normalkrafttragwerk ist es ganz wichtig, in Druck- und Zugelemente zu unterscheiden.

14.7.1 Optimierung des Kraftsystems

Für zug- und druckbeanspruchte Tragglieder gilt ebenso wie bei dem Biegetragwerk der zusammenfassende Satz:

»Je kleiner die Last und je kürzer der Lastweg, desto geringer der Aufwand für das Tragwerk.«

14.7.2 Optimierung des Tragsystems

Zug:

Für Zugglieder, die biegeweich sein können, spielt die Art des Auflagers (einspannend oder gelenkig) und damit das statische System des Zugelements keine Rolle.

Druck:

Die Bedeutung der Parameter der knickgefährdeten Druckglieder lässt sich am besten in Analogie zu denen der Biegetragwerke erkennen.

Parameter:		Für den einfachen Biegeträger gilt:	Für einen Knickstab gilt mit der eulerschen Knickformel:
		$M = \dfrac{q \cdot l_i^2}{8}$	$N_k = \dfrac{\pi^2 \cdot E \cdot I}{s_k^2}$
		$\text{erf } W = \dfrac{q \cdot l_i^2}{8 \cdot \sigma_{Rd}}$	$\text{erf } I = \dfrac{N \cdot s_k^2}{\pi^2 \cdot E}$
		Widerstandsmoment W (oder Trägheitsmoment I bei Durchbiegung)	Trägheitsmoment I
Materialkennwert:		σ_{Rd}	Elastizitäts-Modul
Last:		q [kN/m]	N [kN]
Lastweg (quadratisch):		Stützweite l	Stablänge s
statisches System (TSF):		ideelle Stützweite $\dfrac{l_i}{l}$	Knicklänge $\dfrac{s_k}{s} = \beta$

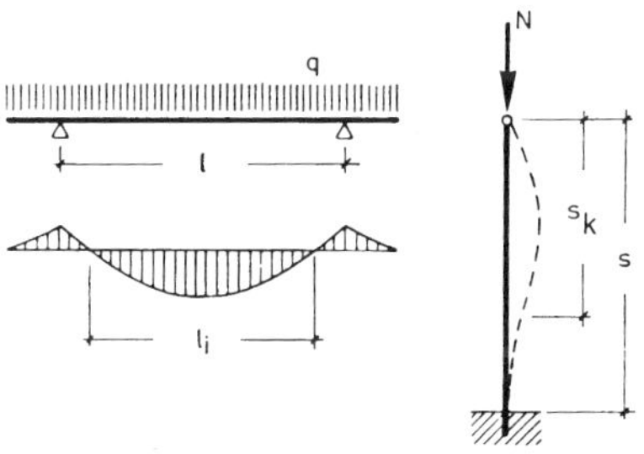

Wie bei den Biegetragwerken sind auch bei den knickgefährdeten Druckgliedern **Anzahl, Art und Ort der Auflager** von größter Bedeutung.

Sie bestimmen den Tragsystemfaktor (TSF), der sich als

$$\beta = \frac{\text{Knicklänge}}{\text{Stablänge}}$$ ausdrücken lässt.

Für einige **Stützen**beispiele zeigen die Euler-Fälle den Einfluss der Anzahl und der Art der Auflager.

Stützen

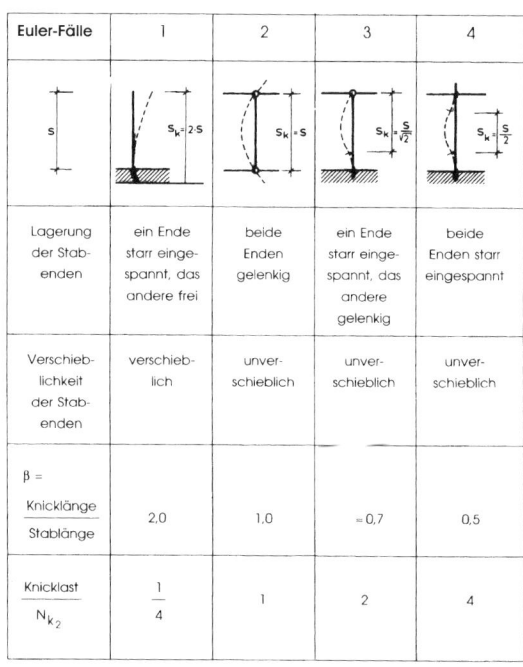

Euler-Fälle	1	2	3	4
	$s_k = 2 \cdot s$	$s_k = s$	$s_k = \frac{s}{\sqrt{2}}$	$s_k = \frac{s}{2}$
Lagerung der Stabenden	ein Ende starr eingespannt, das andere frei	beide Enden gelenkig	ein Ende starr eingespannt, das andere gelenkig	beide Enden starr eingespannt
Verschieblichkeit der Stabenden	verschieblich	unverschieblich	unverschieblich	unverschieblich
$\beta = \frac{\text{Knicklänge}}{\text{Stablänge}}$	2,0	1,0	≈ 0,7	0,5
Knicklast N_{k_2}	$\frac{1}{4}$	1	2	4

14.7 Optimierung bei Normalkrafttragwerken

Rahmen

andere Fälle (Rahmen)			
	beide Enden starr eingespannt, ein Ende jedoch verschieblich		
$\beta = \dfrac{\text{Knicklänge}}{\text{Stablänge}}$	1	2 ... 3,5	1 ... 2,5

Bei starrer Einspannung an Kopf und Fuß und Verschieblichkeit des Kopfes ist $\beta = 1$.

Bei allen frei stehenden **Rahmen** ist der Riegel verschieblich. Hier hängt die Knicklänge ab von:

- der Rahmenform (einfeldrig, mehrfeldrig, einstöckig, mehrstöckig) (Anzahl der Auflager);
- der Systemlänge der Stiele und Riegel;
- den Auflagerarten und der Steifigkeit der Stiele und Riegel und
- der Belastung.

Die Knicklänge der Rahmenstiele in **verschieblichen** Systemen kann bis zum 3,5-Fachen ihrer Systemlänge werden.

Der entwerfende Architekt oder Ingenieur sollte daher die **Aussteifung des Gebäudes** möglichst so wählen, dass jede Geschossdecke eine Scheibe ist und durch Scheiben- oder Kernstabilisierung horizontal unverschieblich und unverdrehbar gehalten wird.

So können die großen Knicklängen beim Euler-Fall 1 (eingespannte Stütze) oder bei frei stehenden Rahmen vermieden werden. Der Rahmen mit **unverschieblichem** Riegel hat dagegen Knicklänge gleich Stielhöhe. Muss die Aussteifung des Gebäudes durch eingespannte Stützen oder verschiebliche Rahmen erfolgen, so sind neben den großen Knicklängen beträchtliche Verformungen der Primärkonstruktion in Kauf zu nehmen.

14.7.3 Optimierung des Materials

Optimierungsüberlegungen lassen sich auch für die bei tragenden Konstruktionen üblichen Materialien anstellen.

Aus der genannten eulerschen Knickformel ergibt sich der E-Modul als Materialkenngröße. Obwohl die eulerschen Knickbedingungen – ideal gerade Stabachse, mittiger Kraftangriff, ideal elastischer Werkstoff – praktisch nie gegeben sind, ist doch der E-Modul vom Material her die entscheidende Kenngröße.

Die Grenze dafür liegt da, wo das hookesche Gesetz nicht mehr gilt, was auch bei folgender Überlegung deutlich wird:

$$\sigma_k = \frac{\pi^2 \cdot E \cdot I}{s_k^2 \cdot A} = \frac{\pi^2 \cdot E \cdot i^2}{s_k^2} = \frac{\pi^2 \cdot E}{\lambda^2}$$

Der Wert der Knickspannung σ_k geht für große Schlankheiten gegen null, bei sehr kleinen gegen ∞. Da das selbstverständlich nicht möglich ist, kann diese Formel im Bereich kleiner Schlankheiten nicht mehr gelten. Neben dem E-Modul geht in diesem Fall auch die Festigkeit und damit die zulässige Spannung zul σ in die Theorie ein, sodass sich für alle elastischen Materialien auch eine Abhängigkeit zwischen Schlankheit und Spannung ergibt.

14.7.4 Optimierung des Querschnitts

Zug:
Für alle Zugglieder ist die Querschnittsausbildung unbedeutend. Es zählt nur die Querschnittsfläche. Oft werden kompakte Querschnitte (z. B. Rundstähle, Seile) mit kleinen Außenabmessungen verwandt.

Druck:
Die Querschnitte von Druckgliedern sind dann optimal gestaltet, wenn die Knickgefahr – näherungsweise ausgedrückt durch die Schlankheit – für beide Querschnittsachsen **gleich** und **möglichst klein** ist.

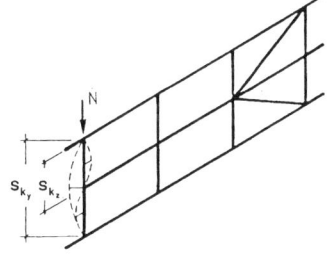

Die Trägheitsradien i sollten proportional zu den Knicklängen sein. Sind die Knicklängen in beiden Knickebenen gleich, sollte der Querschnitt auch in beiden Richtungen gleiches i haben (z. B. Quadrat-, Rohr-, Rundquerschnitte).

Ist in einer der beiden Knickebenen eine zusätzliche Aussteifung vorhanden, wodurch diese Knicklänge halbiert oder gedrittelt usw. wird (Fachwerkwände, Dachverbände), können auch die beiden Trägheitsradien entsprechend unterschiedlich sein (I-Profile).

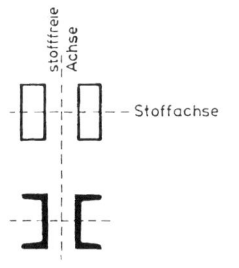

Die gleiche Knicksteifigkeit lässt sich auch mit zwei rechteckigen Profilen erreichen, indem für die sogenannte stofffreie Achse durch Spreizung der Profile das gleiche Trägheitsmoment wie für die Stoffachse entsteht. Beide Profile müssen mindestens in den Drittelpunkten – besser öfter – biegesteif miteinander verbunden werden.

Für die wesentlichen Druckglieder – Stützen, Rahmenstiele, Fachwerkstäbe – sind die sinnvollen Querschnitte, nach Materialien geordnet, aufgelistet.

Dabei wird auch in einteilige und mehrteilige Druckstäbe unterschieden. In manchen sehr eindeutigen Fällen wird die besondere Eignung – aus wirtschaftlichen oder konstruktiven Gesichtspunkten – hervorgehoben.

Stahl

	Querschnitte		Eignung (+ = gut)
einteilige Querschnitte	○ □	Rohr	+ Stütze sowie als Gurt und Strebe von Fachwerken, wenn $s_{ky} = s_{kz}$
	⦸	Rohr mit Betonfüllung	+ Stütze
	I	IPBl; IPB; IPBv	als Stütze, Fachwerkstrebe und Gurt verwandt
	I	IPE	+ Stütze in Fachwerkwänden, wenn $s_{ky} > s_{kz}$
	□	aus 4 ∐ geschweißt	Stütze und als Gurt und Strebe in doppelwandigen Fachwerken
	I I	aus ∐ geschweißt	wie IPE oder IPB
	⊢⊣	aus einer ganzen und zwei halbierten ITB	+ Stütze, wenn $s_{ky} = s_{kz}$
	⊞	aus IPB und 2 ∐	+ Stütze, wenn $s_{ky} = s_{kz}$
	⊥	halbierter I-Stahl T-Stahl	Gurte von einwandigen Fachwerken
	⊔	gewalzter [-Stahl	eventuell als Gurte bei Fachwerken
		gleichschenkliger L-Stahl	in Gittermasten als Gurt und Strebe, in Fachwerkbindern als Strebe
	⊓ ⊓	Leichtbau-Profile durch Abkanten von Bandstahl	Gurt und Streben von Fachwerken im Stahlleichtbau
	•	Rundstahl	+ nur als Strebe in R-Trägern verwandt
zweiteilige Querschnitte	][[]	2 [-Stähle, verschnallt	Stütze und Fachwerkstrebe
	II	aus 2 I-Stählen mit Vergitterung oder Verschnallung	als Baustütze
	]I[▨	2 [-Stähle, verschnallt mit Betonfüllung	Stütze
	⌐ ¬	4 L-Stähle mt Vergitterung an vier Seiten	Leichtbau, Leitungsmaste Stützen und Ausleger in Montagegeräten
	⌋⌊	2 L-Stähle	verwandt als Strebe und Gurt in genieteten Fachwerken
	⌐ᴸ	2 über Kreuz gesetzte gleichschenklige L-Stähle	Strebe

14.7 Optimierung bei Normalkrafttragwerken

Stahlbeton

	Form	Anwendung
▨	Quadrat	⁺übliche Geschossstütze
◯	Rundstütze	⁺übliche Geschossstütze
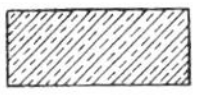 ▬	Rechteck	⁺Wandstütze mit Ausmauerung, Rahmenstiel

Holz

	Form	Anwendung
 ⊙ ▦	Quadrat	⁺gelenkig gelagerte Stütze (üblich)
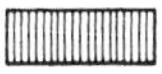 ▦	Rechteck	⁺Rahmenstiel, Wandstütze mit Ausmauerung o. Ä.
⊙	Rundholz	Baustütze
	1 ▯ und 2 ▯	verstärkte Fachwerkstrebe, Anschluss des Mittelholzes zwischen Zangen
	Zange und durchgehendes Füllholz	Stütze und verstärkte Fachwerkstrebe, Anschluss als Zange
	2 Rechtecke (Zangen)	Stütze durch mehrere Geschosse, Fachwerkstreben und Gurte
	4 Quadrate	Stütze durch mehrere Geschosse, Anschlüsse in zwei Richtungen

Zusammenfassend ergibt sich:

Frei stehende Stützen werden mit Quadrat- oder Kreisquerschnitt ausgeführt. Im Stahlbetonbau sind dies massive Querschnitte.

Im Stahlbau werden Quadrat- oder Rundrohre, eventuell die Walzprofile mit quadratischen Außenabmessungen, oder zwei- und mehrteilige Stützen verwandt.

Im Holzbau sind einteilige Querschnitte oder zweiteilige Zangenquerschnitte üblich.

Rahmenstiele werden im Querschnitt wegen des gleichzeitigen Biegemomentes immer deutlich »rechteckig« ausgebildet.

Bei **Fachwerkdruckstäben** (Gurte und Streben) sind neben dem Knickverhalten vor allem die Anschlussmöglichkeiten entscheidend.

14.7.5 Optimierung längs der Stabachse

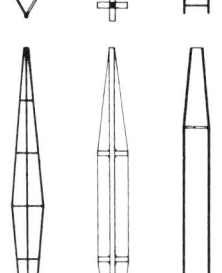

Die letzte Optimierungsmöglichkeit ist durch einen veränderlichen Querschnitt längs der Stabachse gegeben. Bei Momenten- und Normalkraftbeanspruchung lässt sich der Querschnitt an jeder Stelle weitgehend den dortigen Beanspruchungen anpassen (z. B. Rahmenstiele, Stützen mit Windbelastung).

Stützen, in die ausschließlich Normalkräfte am Stützenkopf eingeleitet werden, können zur Verringerung der Knickgefahr in der Mitte der Stützenlänge breiter und/oder massiver ausgebildet werden.

Diesen veränderlichen Querschnitt längs der Stabachse kann man auch mit Versteifungen durch Abspannung erreichen.

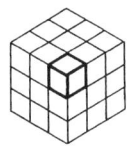

15 Modelle und Maßstäbe

Ein Floh springt – schätzen wir mal – das 100-Fache seiner Länge.

Ein Tiger kann das nicht. Er springt – wieder geschätzt – das 3-Fache seiner Länge.
Warum?

Ein Getreidehalm ist sehr schlank. Auch ein Baum ist schlank, aber bei Weitem nicht so wie der Halm.
Warum?

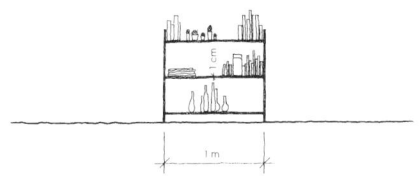
Ein Brett von 1 cm Dicke trägt über 1 m Spannweite nicht nur sein Eigengewicht, sondern auch noch kleine zusätzliche Lasten.

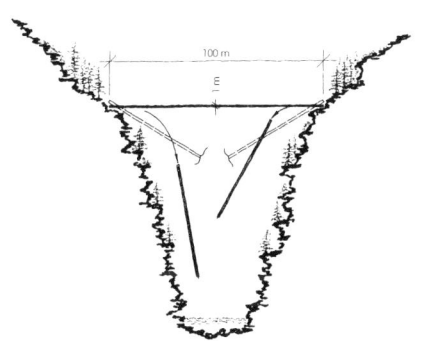
Das Gleiche, 100-fach vergrößert, also ein massiver Holzträger von 1 m Dicke und 100 m Spannweite, würde – von den Problemen der Herstellung und Montage und von der Materialverschwendung einmal abgesehen – bereits unter Eigengewicht zusammenbrechen.
Warum?

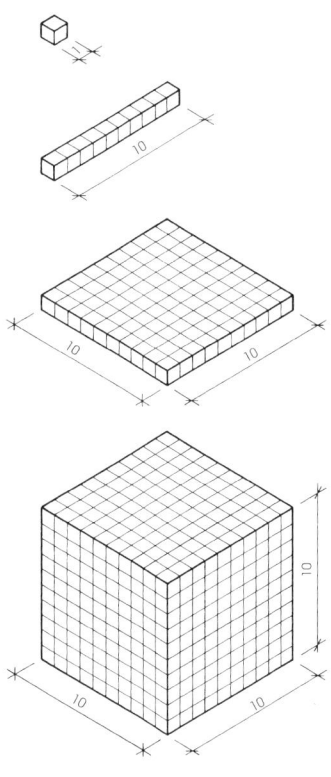

 Längen wachsen in der ersten, Flächen, das heißt auch Querschnitte, in der zweiten, Volumina und damit auch Eigengewichte in der dritten Dimension.
Vergrößert man den Floh auch nur auf das 10-Fache, wachsen zwar seine Muskel-Querschnitte auf das 100-Fache, sein Eigengewicht aber auf das 1000-Fache.
Er müsste anders proportioniert sein und könnte trotzdem nicht das 100-Fache seiner Länge springen.

Die sprichwörtliche Taille der Wespe könnte bei 10-facher Vergrößerung des Insekts nicht mehr so schlank sein.
Die andere Größe erfordert eine andere Form.

Ein Getreidehalm biegt sich elastisch im Wind und kehrt bei ruhiger Luft in seine senkrechte Form zurück.
Ein Schornstein, so gebogen, müsste unter seinem Eigengewicht zusammenbrechen.

Der Vergleich von Brett und Träger lässt sich – mit etwas Gespür fürs Bauen – erfühlen. Wer es genau wissen möchte, kann ja ein bisschen Rechnen üben, und er wird feststellen, dass das Brett unter Eigengewicht die zulässigen Spannungen bei Weitem nicht erreicht. (Die Breite kürzt sich heraus, deshalb blieb sie unerwähnt.)
Der 100-fach vergrößerte Träger hingegen überschreitet nicht nur die zulässigen, sondern auch die Bruchspannungen.

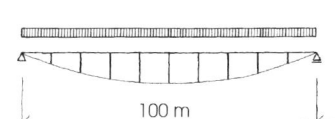

Selbst wenn der Träger, der die Schlucht überspannen soll, infolge eines besonders festen Holzes nicht bräche – Holz kann sehr fest sein –, wäre seine Durchbiegung von ca. 8 m nicht akzeptabel.
Die 100-fache Vergrößerung der Spannweite würde eine andere Form bzw. eine andere Konstruktion erfordern.

Festere Materialien können diese Einflüsse der Vergrößerung zum Teil ausgleichen. Doch dem sind Grenzen gesetzt.

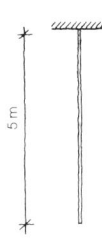

 Einen Stahlstab von 5 m Länge an einem Ende aufzuhängen ist ohne Weiteres möglich.

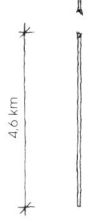

Ein solcher Stab in 1000-facher Vergrößerung – so seine Herstellung und Aufhängung in dieser Höhe denn möglich wäre – würde aus dem meist gebrauchten Baustahl S 235 bei 4,6 km Länge infolge seines Eigengewichts reißen. Das ist seine »Reißlänge«. Genau sind es für S 235
mit Eigengewicht g = 78,5 kN/m³
und Bruchspannung $f_{u,k}$ = 36 kN/cm²

$$l_{krit} = \frac{36\,kN/cm^2}{78,5\,kN/m^3} \cdot 100^2 = 4586\,m$$

(Vgl. Abschnitt 14.5 »Optimierung der Materialeigenschaften«.)

Der Querschnitt beeinflusst sowohl die Last als auch die Fläche, kürzt sich also heraus.

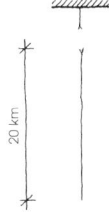

Ein Seil aus hochtestem Stahl mit einer Bruchspannung von $f_{u,k}$ = 157 kN/cm² bringt es auf eine Reißlänge von 20 km.

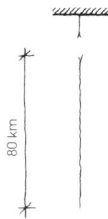

Die Reißlänge des Tragfadens aus einem Spinnennetz ist bis zu 4-mal so hoch:
70 bis 80 km.

15 Modelle und Maßstäbe   425

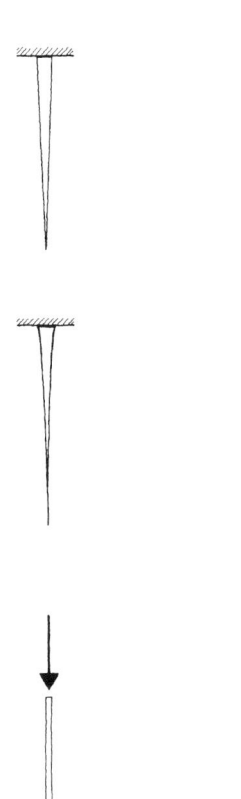

 Die gleichen Materialien, kegelförmig angeordnet, könnten jeweils 3-mal so lang hängen, denn das Volumen eines Kegels beträgt nur ein Drittel von dem eines Zylinders gleicher Grundfläche.

Noch günstiger wäre eine solche Form.

Stäbe über Höhen von mehreren Kilometern hängen zu lassen, ist als Bauaufgabe kaum zu erwarten. Dass aber Stützen, die ja nicht nur sich selbst, sondern ein Vielfaches ihres Eigengewichts als eigentlichen Zweck zu tragen haben, die Grenze ihrer Tragfähigkeit erreichen, ist die normale Aufgabe ihrer Bemessung.

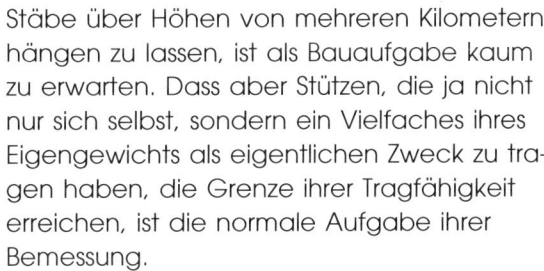

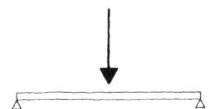

Entsprechendes gilt für Biegeträger etc.

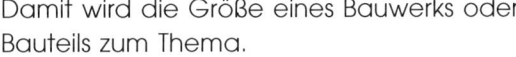

Damit wird die Größe eines Bauwerks oder Bauteils zum Thema.

Siegel führt hier den Begriff »absolute Größe« ein: »Jede ... Konstruktion hat eine bestimmte absolute Größe und bei bestimmtem Material eine ganz bestimmte richtige Form.« Zitiert aus seinem Buch »Strukturformen ...« [24], dem auch einige der hier aufgeführten Beispiele entnommen sind.

Botaniker sahen das Problem unterschiedlich: Rasdorsky erläuterte 1926 in einem Vortrag, dass natürliche Organismen und menschliche Bauten – vom Getreidehalm bis zum Industrieschornstein – denselben Gesetzen unterliegen und deshalb bei unterschiedlicher Größe unterschiedlich geformt sein müssen [37]. Er trat damit der früher z. B. von seinem Fachkollegen Schwendener vertretenen Meinung entgegen, natürliche Konstruktionen seien »viel feiner und vollendeter« als die Ergebnisse unserer Technik [38].

Am Institut für leichte Flächentragwerke der Universität Stuttgart wurden unter der Leitung von Frei Otto Untersuchungen durchgeführt, unter anderem »zur Widerlegung der These, dass Grashalme als konstruktives Vorbild für hohe schlanke Türme dienen könnten ...« Hier wurden auch Wind- und Erdbebenlasten einbezogen (vgl. [34]; Gaß, S., in Nr. 25, S. 5.36).

15 Modelle und Maßstäbe

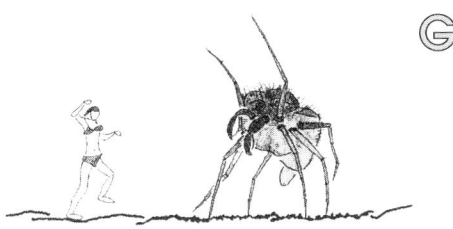

Ⓖ Nicht nur fantasievollen Filmregisseuren, die uns mit elefantengroßen Spinnen erschrecken, bleiben diese Zusammenhänge offensichtlich verschlossen, sondern leider auch manch namhaftem Meister der Baukunst.

Man kann eine Schuhschachtel schief stellen. Eine schief gestellte Mauer oder ein gekipptes Gebäude hingegen erfordert zusätzliche Maßnahmen, oft ziemlich krampfhafter Art.
Was als Möbelstück praktisch, als Skulptur beeindruckend oder auch als Nippes putzig sein mag, wird in 100- oder gar 1000-facher Vergrößerung zum Unsinn.

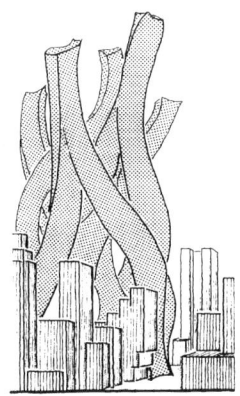

Zwar kann man auch manchen Unsinn statisch berechnen und mit Gewaltmaßnahmen irgendwie zum Halten bringen – ob es sich mit konstruktivem Denken vereinbaren lässt, sei aber dahingestellt.
Wirtschaftlich sind solche Unbilden wohl kaum, wobei »wirtschaftlich« nicht nur im monetären Sinne zu verstehen ist, sondern – weit wichtiger – im Sinne verantwortungsvollen Umgangs mit Energie und anderen Ressourcen.
Intelligente Konstruktionen sind meist auch wirtschaftlich.

Jeder Architekt kennt den Wert von Modellen. Zwar können sie heute zum Teil durch Computer-Simulationen ersetzt werden, doch in vieler Hinsicht behalten Modelle ihren Wert. Auch für Untersuchungen des Tragverhaltens können Modelle aufschlussreich sein.

Aber wieso denn, trotz der hier beschriebenen Zusammenhänge?

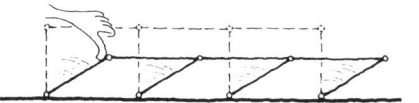

Das Eigengewicht eines Modells ist meist sehr gering. Deshalb gilt keinesfalls: »Es hält doch als Modell, also hält es auch als Bauwerk.« Die Lasten müssen immer von außen zusätzlich aufgebracht werden.
Da lässt schon ein vorsichtiger Druck mit der Hand oft die wechselseitige Beeinflussung der Bauteile erkennen.

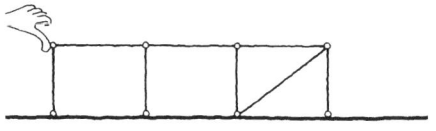

Ein Modell kann Aufschluss über die Stabilität des ganzen Systems geben und über vielleicht erforderliche zusätzliche Aussteifungen.

15 Modelle und Maßstäbe 429

 Sollen Spannungen oder Verformungen gemessen werden, sind Modellgesetze anzuwenden. Entsprechende Modellgesetze gibt es auch für andere Bereiche: Schwingungen, Akustik, Ermittlung von Windlasten etc.

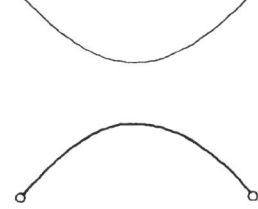

Modelle sind ein wichtiges Mittel für das Finden von Formen.
So bildet auch im Modell ein Seil die richtige Form für einen Bogen (vgl. Kapitel 8 »Seile« und 9 »Bogen«).

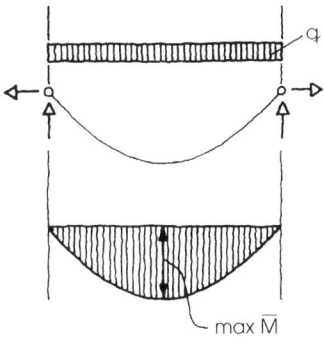

Seil-Versuche können auch über Momentenlinien Aufschluss geben und diese anschaulich darstellen [30].

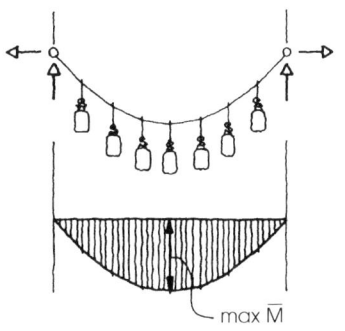

Formen und Momentenlinien bilden sich auch unter Bruchteilen der Last.

Bedenkt man diese Zusammenhänge, so sind Modell-Bau und Modell-Versuche ein hervorragendes Mittel, Räume und Konstruktionen zu verstehen, zu **begreifen**.

Vom Getreidehalm bis zum Fernsehturm, vom Ast bis zur Brücke – die Konstruktionen gehorchen denselben Gesetzen, und diese erfordern unterschiedliche Formen für unterschiedliche Größen.

Die Natur ist auch im Bauen unsere größte Lehrmeisterin – wenn wir ihren Gesetzen folgen.

»Was müsste denn … der Architekt aus seinem Studium der Tragwerkslehre für den Beruf mitnehmen? … Ein gesundes Gefühl für das Kräftespiel und die Stabilität von Tragwerken, nichts anderes also als die Einsicht in zwingende naturgesetzliche Gebote, die mit Anstand nicht zu verletzen sind.« (Curt Siegel, 1911–2004) [40]

Literaturverzeichnis

Allgemein

** [1] Krauss, F.; Führer, W.; Neukäter, H.-J.; Willems, C.-C.; Techen, H. — Grundlagen der Tragwerklehre 1. 11. Aufl. Köln: Verlagsgesellschaft Rudolf Müller, 2010

** [2] Krauss, F.; Führer, W.; Jürges, T. — Tabellen zur Tragwerklehre. 11. Aufl. Köln: Verlagsgesellschaft Rudolf Müller, 2010

** [3] Führer, W.; Ingendaaij, S.; Stein, F. — Der Entwurf von Tragwerken. 2. Aufl. Köln: Verlagsgesellschaft Rudolf Müller, 1995

[4] Ackermann, K. — Tragwerke in der konstruktiven Architektur. Stuttgart: DVA, 1988

* [5] Schunck, E.; Oster, H. J.; Barthel, R.; Kießl, K. — Dach Atlas. Geneigte Dächer. 4. Aufl. München: Institut für internationale Architektur – Dokumentation, 2002

[6] Büttner, O.; Hampe, E. — Bauwerk, Tragwerk, Tragstruktur. Bd. 1. Stuttgart: Hatje, 1977

[7] Domke, H. — Grundlagen konstruktiver Gestaltung. 2. Aufl. Wiesbaden/Berlin: Bauverlag, 1982

[8] Engel, H. — Tragsysteme. Stuttgart: DVA, 1980

[9] Faber, C. — Candela und seine Schalen. München: Callwey, 1965

*[10] Joedicke, J. — Schalenbau. Konstruktion und Gestaltung. Stuttgart: Krämer, 1962

[11] Drew, P. — Frei Otto – Form und Konstruktion. Stuttgart: Hatje, 1976

[12] Leonhardt, F. — Brücken – Bridges. Ästhetik und Gestaltung. 4. Aufl. Stuttgart: DVA, 1994

[13] Mann, W.   Vorlesungen über Statik und Festigkeitslehre.
Nachdruck der 2., überarbeiteten Aufl.
Kassel: Aardt, 2007

[14] Mann, W.   Tragwerkslehre in Anschauungsmodellen.
Stuttgart: Teubner, 1985

[15] Mund, H.   Die Ecke im Skelettbau.
Berlin/München: Ernst und Sohn, 1980

*[16] Otto, F.   Natürliche Konstruktionen.
Stuttgart: DVA, 1982

*[17] Otto, F.   Zugbeanspruchte Konstruktionen.
Bd. 1. Pneumatische Konstruktionen.
Bd. 2. Grundbegriffe und Übersicht der zugbeanspruchten Konstruktionen.
Frankfurt/Berlin: Ullstein, 1962/1965

[18] Minke, G.   Zur Effizienz von Tragwerken.
Stuttgart: Krämer, 1970

[19] Rickenstorf, G.   Tragwerke für Hochbauten. 3. Aufl.
Leipzig: Teubner, 1989

[20] Rühle, H.   Räumliche Dachtragwerke. Bd. 1 und 2.
Köln: Verlagsgesellschaft Rudolf Müller, 1969/1971

*[21] Salvadori, M.   Tragwerk und Architektur.
Braunschweig: Vieweg, 1977

*[22] Schmitt, H.; Heene, A.   Hochbaukonstruktion. 15. Aufl.
Braunschweig/Wiesbaden: Vieweg, 2001

[23] Seegy, R.   Beitrag zur Didaktik auf dem Gebiet der Tragwerkslehre für Architektur – Studenten.
Forschungsberichte 5.
Institut für Tragkonstruktionen und Konstruktives Entwerfen, Universität Stuttgart.
Stuttgart: Universität, 1977

*[24] Siegel, C.   Strukturformen der modernen Architektur.
(1. Aufl., 1960)
2. Aufl. München: Callwey, 1965

*[25] Torroja, E.; Metzger, G.   Logik der Form.
München: Callwey, 1961

*[26] Dierks, K.; Wormuth, R.   Baukonstruktion. 6. Aufl.
Neuwied: Werner, 2007

*[27] Hart, F.   Kunst und Technik der Wölbung.
München: Callwey, 1965

[28] Leicher, G. W.   Tragwerkslehre in Beispielen und Zeichnungen.
3. Aufl. Köln: Werner, 2010

[29] Herget, W.   Tragwerkslehre. Skelettbau und Wandbau.
Stuttgart: Teubner, 1993

[30] Gerhardt, R.   Experimentelle Momenten – Darstellung.
Aachen: RWTH Aachen Diss., 1989

[31] Gerhardt, R.   Anschauliche Tragwerklehre.
Aachen: Shaker, 2002

[32] Kuff, P.   Tragwerke als Elemente
der Gebäude- und Innenraumgestaltung.
Stuttgart/Berlin/Köln: Kohlhammer, 2001

*[33] Otto, F.   Das hängende Dach.
Stuttgart: DVA, 1990

*[34] Otto, F. u. a.   Mitteilungen des Instituts für leichte
Flächentragwerke, Universität Stuttgart.
Insbesondere:
Nr. 21: Form-Kraft-Masse 1: Grundlagen.
         Stuttgart: Universität, 1979
Nr. 22: Form-Kraft-Masse 2: Form.
         Stuttgart: Universität, 1988
Nr. 23: Form-Kraft-Masse 3: Konstruktion.
         Stuttgart: Universität, 1992
Nr. 24: Form-Kraft-Masse 4: Prinzip Leichtbau.
         Stuttgart: Universität, 1998
Nr. 25: Form-Kraft-Masse 5: Experimente.
         Stuttgart: Universität, 1990

[35] Schlaich, J.; Kraft, S.   Die Einheit von Form und Konstruktion.
Erschienen in:
Arch+, Heft Mai 2002. S, 26–33.
Aachen: Arch+, 2002

[36] Thompson, D'Arcy. W.   Über Wachstum und Form.
(On Growth and Form. 1917)
Frankfurt/M.: Eichborn, 2006

[37] Rasdorsky, W.   Über die Dimensionsproportionen
von Pflanzenachsen.
Erschienen in:
Berichte der Deutschen Botanischen
Gesellschaft.
Bd. 44, Heft 3, 1926, S. 175–200.
Stuttgart: Fischer, 1926

[38] Schwendener, S.   Das mechanische Princip im anatomischen
Bau der Monocotylen.
Leipzig: Engelmann, 1874

[39] Welzien, R.   Ist der Roggenhalm schlanker als unsere
modernen Schornsteine?
Erschienen in:
Kosmos. Handweiser für Naturfreunde,
Heft 2, 1927, S. 44–47.
Stuttgart: Franckh'sche Verlagsbuchhandlung, 1927

[40] Siegel, C.   Tragwerkslehre für Architekten,
Erschienen in:
Bauwelt, 1982, Heft 5, S. 177 ff.

Zur Statik

[41] Kleinlogel, A.; Haselbach, A.; Haselbach, W.   Rahmenformeln. 17. Aufl.
Berlin: Ernst und Sohn, 1993

[42] Wagner, W.; Erlhof, G.; Ramm, H.   Praktische Baustatik
Teil 1. 19. Aufl. 1994.
Teil 2. 15. Aufl. 1998.
Teil 3. 8. Aufl. 1997.
Stuttgart: Teubner, 1994/1997/1998

[43] Werner, E.   Tragwerkslehre. Baustatik für Architekten.
Teil 1. 4. Aufl. 1985.
Teil 2. 3. Aufl. 1983.
Düsseldorf: Werner, 1983/1985

Literaturverzeichnis

[44] Zellerer, E. — Durchlaufträger. Schnittgrößen für Gleichlasten. 4. Aufl. Berlin: Ernst und Sohn, 1978

*[45] Schneider, K. J.; Goris, A.; Heisel, P. — Bautabellen für Ingenieure. 19. Aufl. Düsseldorf: Werner, 2010

*[46] Schneider, K. J.; Goris, A.; Heisel, P. — Bautabellen für Architekten. 19. Aufl. Düsseldorf: Werner, 2010

[47] Wendehorst, R.; Wetzell, W. O.; Baumgartner, H. — Bautechnische Zahlentafeln. 32. Aufl. Stuttgart/Leipzig/Wiesbaden: Teubner, 2007

[48] Hahn, J. — Durchlaufträger, Rahmen, Platten und Balken auf elastischer Bettung. 14. Aufl. Düsseldorf: Werner, 1985

Zum Stahlbau

*[51] Schulitz, C.; Sobek, W.; Habermann, K. J. — Stahlbau Atlas. München: Institut für internationale Architektur-Dokumentation, 1999

[52] Mengeringhausen, H. — Raumfachwerke (MERO). Würzburg: Strukturforschungszentrum, 1975

[53] Kahlmeyer, E.; Hebestreit, K.; Vogt, W. — Stahlbau nach DIN 18800. 5. Aufl. Köln: Werner, 2008

*[54] Stahl-Informations-Zentrum — Merkblätter zu zahlreichen Themen im Stahlbau. Düsseldorf

*[55] Kuhlmann, U. — Stahlbau-Kalender 2011 Berlin: Ernst und Sohn, 2011

Zum Glasbau

*[56] Schittich, C.; Staib, G.; Balkow, D.; Schuler, M.; Sobek, W. — Glasbau Atlas. 2. Aufl. München: Institut für internationale Architektur-Dokumentation, 2006

*[57] Nicklisch, F.; Thieme, S.; Weimar, Th.; Weller, B. — Glasbau-Praxis. Berlin: Beuth, 2010

[58] Knaack, U. — Konstruktiver Glasbau. Köln: Verlagsgesellschaft Rudolf Müller, 1998

[59] Knaack, U.; Führer, W.; Wurm, J. — Konstruktiver Glasbau 2. Köln: Verlagsgesellschaft Rudolf Müller, 2000

Zum Holzbau

*[61] Natterer, J.; Herzog, T.; Volz, M. — Holzbau Atlas Zwei. 2. Aufl. München: Institut für internationale Architektur-Dokumentation, 1996

*[62] Natterer, J.; Winter, W.; Herzog, T.; Schweitzer, R.; Volz, M. — Holzbau Atlas. 4. Aufl. München: Institut für internationale Architektur-Dokumentation, 2003

*[63] Informationsdienst Holz — Schriftenreihe zu zahlreichen Themen im Holzbau. Bonn

[64] Werner, G.; Steck, G. — Holzbau. Teil 1. Grundlagen. 4. Aufl. 1991. Teil 2. Dach- und Hallentragwerke. 4. Aufl. 1993. Düsseldorf: Werner, 1991/1993

[65] Wienecke, N. — Hausdächer. 2. Aufl. Karlsruhe: Bruder, 1985

Zu Räumlichen Flächentragwerken

*[66] Krauss, F. — Hyperbolisch paraboloide Schalen aus Holz. Stuttgart: Krämer, 1969

weiterführende Literatur zu »Räumlichen Flächentragwerken« s. auch Teil: Allgemein

[67] s. [6] Büttner, O.; Hampe, E. — Bauwerk, Tragwerk, Tragstruktur. Bd. 1.
[68] s. [9] Faber, C. — Candela und seine Schalen.
*[69] s. [10] Joedicke, J. — Schalenbau. Konstruktion und Gestaltung.

Literaturverzeichnis

[70]	s. [11] Drew, P.	Frei Otto – Form und Konstruktion.
*[71]	s. [16] Otto, F.	Natürliche Konstruktionen.
*[72]	s. [17] Otto, F.	Zugbeanspruchte Konstruktionen.
[73]	s. [20] Rühle, H.	Räumliche Dachtragwerke. Bd. 1 und 2.
*[74]	s. [24] Siegel, C.	Strukturformen der modernen Architektur.
*[75]	s. [25] Torroja, E.; Metzger, G.	Logik der Form.
*[76]	s. [27] Hart, F.	Kunst und Technik der Wölbung.
*[77]	s. [33] Otto, F.	Das hängende Dach.
*[78]	s. [34] Otto, F. u. a.	Mitteilungen des Instituts für leichte Flächentragwerke, Universität Stuttgart.

Zum Mauerwerksbau

*[81]		Mauerwerkskalender. Berlin: Ernst und Sohn
*[82]	Pfeifer, G.; Ramcke, R.; Achtziger, J.; Zilch, K.	Mauerwerk Atlas. München: Institut für internationale Architektur-Dokumentation, 2001
*[83]	Reichert, H.	Konstruktiver Mauerwerksbau. 8. Aufl. Köln: Verlagsgesellschaft Rudolf Müller, 1999

Zum Stahlbetonbau

*[91]		Betonkalender. Berlin: Ernst und Sohn
[92]	Führer, W.	Überschlägliche Dimensionierung für das Entwerfen von Druckgliedern. Düsseldorf: Werner, 1980
*[93]	Kind-Barkauskas, F.; Kauhsen, B.; Polónyi, S.; Brandt, J.	Beton Atlas. 2. Aufl. (korrigierter Nachdruck 2009) München: Institut für internationale Architektur-Dokumentation, 2001/2009
[94]	Wommelsdorf, O.	Stahlbetonbau. 10. Aufl. Teil 1. Grundlagen, Biegebeanspruchte Bauteile. Düsseldorf: Werner, 2011

[95] Pieper; Martens	Durchlaufende vierseitig gestützte Platten im Hochbau.
Erschienen in:
Beton- und Stahlbetonbau 6 (1966) und 6 (1967)

Bestimmungen

[101] Gottsch, H.; Hasenjäger, S.	Technische Baubestimmungen.
Hochbau, Tiefbau, Bauordnung.
Loseblattausgabe.
Köln: Verlagsgesellschaft Rudolf Müller

* empfohlene Werke
** Grundlage für das Verständnis dieses Buches

Stichwortverzeichnis

A

Abfangkonstruktion   377
Abfangungen   326
absolute Grenzstützweite   405
Abspannseil   206 f.
Abspannung   420
Affensattel   360
affine Figur   196
allseitige Lagerung   132 f.
Anfangsdurchbiegung   72
Anker   159
antiklastisch   333, 343
antimetrische Last   201
Archetypen   20 f.
Art der Gründung   310
– des Bodens   307
– von Auflagern   379
aufgedübelter Balken   410
Auflager   50, 52, 79 f., 84, 87, 89, 115, 141, 192 f., 196, 206, 215, 217 f., 221, 230 f., 233 ff., 237, 242, 305, 327, 355 f., 360, 378, 409, 413 f.
Auflagerabsenkungen   222
Auflagerarten   415
Auflagerkraft   84, 89 ff., 121, 107, 113, 117, 157, 163, 165, 171, 174, 181, 190, 195, 216, 224 ff., 228, 234 ff., 238 f., 244, 258, 286, 386
Auflagerreaktion   83, 155, 157, 164 f., 176, 189, 196, 214, 223 ff., 227, 240, 357
–, verschiebliche   76, 379
Auflagerung   351
Auflagerverschiebungen   222
Auflösung des Querschnitts   408, 410
Aufschiebling   170 f.
Aufstockung   373
Auftrieb   308

Ausdehnung   76
Ausknicken   212
Auskragung   135
Auskreuzung   54, 59 f., 169, 289
Ausmitte   269, 276 f., 279, 283
Ausmittigkeit   277 f., 280, 315, 324
Außenstütze   43, 92, 105, 217
Außenwand   44
äußere Geometrie   28, 32 ff.
Aussteifung   34, 54, 169, 200, 219, 250, 252, 415, 417

B

Balken   31, 35, 39, 41 ff., 60, 64, 69, 73, 79, 81, 189, 196, 377
Balkenschale   348
Basisniveau   181
Basisniveauschnittgrößen   181, 184 f., 269, 285, 287, 295 f., 301, 304
Baugrund   307, 309, 311, 327
– höhe   411
– stahlmatten   137 f., 148, 309, 323
– tabellen von Schneider   135
Belastung   35, 365
Belastungsfaktor   404 f.
Bemessung   69, 75, 83, 90, 97, 109 ff., 118, 146, 148, 157, 182, 184 f., 244, 261, 280, 288, 297, 300, 302, 304, 400
Bemessungs-
– längskraft   261
– lasten   107, 113, 117, 146
– moment   111 f., 114, 118, 139, 147, 261, 291
– niveau   181
– schnittgrößen   107, 113, 117, 182, 184 f., 261, 263, 266, 269, 287, 297, 302, 304
– widerstand   399

Beton   66, 73 f., 261, 275, 280, 420
- dächer   199
- -Fertigteile   81, 119
- schwinden   65
- stahl   280
Bewegungen   61, 78, 169
bewehrtes Fundament   314
Bewehrung   58, 116, 131, 137, 139, 148, 275 f., 278, 280, 309
Biege-
- balken   276, 396, 403
- beanspruchung   281
- bemessung   398
- druck   99
- linie   82, 87 f., 201, 236, 239, 393
- moment   47, 54, 83, 116, 166, 202 f., 213, 218, 224, 228, 240, 253, 261, 314, 331, 368 f., 380, 383, 386, 408, 411
- spannung   282
- steifigkeit   129, 187, 189, 202, 204, 210 ff., 258
- träger   44 f., 397, 413, 425
- tragwerk   368, 371 f., 374, 393, 405, 408, 412, 414
- Tragwerke   31
- wege   377
biegefeste Baustoffe   405
biegesteife Bauteile   198, 200
- Bögen   254, 258
- Ecken   43
- Fahrbahn   212
- Verbindung   219
Biegung   31, 54, 67, 119, 125, 169, 245, 249 f., 261 ff., 268 f., 275, 278, 282, 315, 318, 368, 376 f., 380, 410
Blechformteil   162, 171 f.
Boden   308 f.
Bodenarten   66
Bodenfuge   307 f., 317 ff.
Bodenplatte   242, 309, 326, 377
Bodenpressung   307, 312, 318, 320, 322, 324, 327, 377

Bodenverhältnisse   77, 308, 310
Bögen   31, 209, 211, 217, 221, 254, 257 ff., 261, 378, 380
-, eingespannte   211, 213 f., 216, 254, 258
Bogen   33, 212 ff., 218 f., 254 f., 258, 330, 385
Bogenbrücke   217
Bogendicke   211
Bogenlinie   209
Breitenausdehnung   77
Brett   41, 421, 423
Brettschicht   211
- holz   73, 168, 400, 410
- träger   42, 81, 96
Bridge in London   204
Bruchspannung   401, 424
Brücke   80, 99, 200, 203, 212, 218, 409
Brückenträger   80
Bügel   115

C

Charakteristische Lasten   184 f., 266, 284, 293

D

Dächer   155, 159, 169, 176, 377
Dach-
- binder   369
- decke   45, 56, 284
- fläche   41, 49, 51, 58, 157, 169, 173
- latten   156
- neigung   158 f., 170
- scheibe   45, 49, 54 f., 59 f., 161, 173
Decken   44 f., 48, 51, 58, 78, 113, 116, 130, 132, 142, 145, 169, 242, 250, 327, 375, 377

Deckenbalken 170, 374 ff.
Deckendicke 106, 134 f., 143
Deckendurchbrüche 132
deckengleiche Träger 140, 142 f.
deckengleicher Unterzug 133, 136
Deckenplatte 41, 43
Deckenscheiben 45, 60
Deckenträger 375
Deformationsfaktor 72
Dehnung 61 f., 74, 101 f., 204, 222, 345
Deutscher Pavillon 344
Diagonalstäbe 51, 59
Dicke 145
- des Fundaments 312
- der Platten 133
- des Bogens 210 f.
Doppelbiegung 32
Drehmoment 55
Dreiecke 47, 59, 169 f., 203
Dreigelenkbogen 211, 213 f., 216, 254, 258
Dreigelenkrahmen 77, 170, 174 f., 219, 220, 222 f., 228 ff., 232, 240, 250, 256, 259, 293, 317, 382, 384, 386
dreiseitig 140
- gelagerte Platten 135
Drempel 160 f., 167, 169, 172 f., 177 f.
Drill-
- bewehrung 138
- momente 128 f., 135, 138, 140, 351, 368
Druck 88, 157 f., 249 f., 254, 263 f., 268 f., 307, 318, 405, 413, 417
Druckelemente 412
druckfeste Materialien 261 f., 268, 270 f., 273, 282 f., 318, 320
Druckfestigkeit 63
Druckglieder 413, 417
Druckkräfte 187, 209, 215, 257 f., 275, 288, 331, 405
Druckspannung 61, 119, 166, 263, 268, 273, 275, 282

Druckstäbe 51, 262, 403, 417
Druckzone 43
Dübel 97
Dübelkranz 300
Dübelring 297
Durchbiegung 65, 67 ff., 81 ff., 88, 90 f., 96, 118, 127, 163, 166, 182, 233, 236, 369, 400, 423
- Nachweis 69, 107
Durchbrüche 116
Durchhang 189 ff., 194 ff., 207 f.
Durchlauf-
- decke 106, 112
- platte 43, 146
- träger 41, 78 ff., 83 f., 89 f., 96, 99 f., 104, 106, 119 f., 123, 221, 240, 378, 393, 410 f.
- wirkung 81, 130, 132 f., 135, 145, 147, 168
Durchstanzgefahr 314

E

E-Modul 400, 416
ebene Seilbinder 198
Ecken 128, 221, 232 f., 236, 239, 241, 244, 247, 297, 388
-, abhebende 136
Eckmomente 225, 228 ff., 236, 238, 241 ff., 246, 248, 288 f., 384, 387 ff.
Eigengewicht 157, 159, 163, 179, 194, 372, 399, 402 f., 405, 408 ff., 421 ff., 424
eindimensionales Tragelement 28
Einfeld-
- balken mit Kragarmen 394
- pfetten 79
- platten 43
Einfeldträger 69, 73, 79 ff., 89 f., 93, 96, 119, 121, 231, 378, 380, 393, 403, 408
- mit Kragarm 88 f., 121, 393
- ohne Kragarme 121

Einspannmomente 85f., 101f., 138, 140, 207, 221, 241, 243, 245f., 315ff.
Einspannung 86, 130, 133, 237, 239ff., 245, 252, 415
-, teilweise 84, 92, 130
-, volle 84f., 87, 92, 130
Einzel-
- fundamente 311f., 322
- last 44, 68, 82, 116, 188, 197, 218, 323, 381
elastische Verformung 61, 65, 72
Elastizitätsgrenze 66
- modul 62, 67, 73, 399
elliptisches Paraboloid 334, 338
End-
- auflager 90
- durchbiegung 72f.
- felder 76, 86, 94, 97, 100, 104f., 123, 146
- pfeiler 217
Ersatzbalken 189, 191
erste Innenstütze 92, 100, 105
Euler-Fall 249, 252f., 266, 279, 289f., 414f.
Exzentrizität 211, 254f., 258, 269f., 272ff., 277, 279, 283, 315ff., 320

F

Fachwerk 33, 406
Fachwerkdruckstäbe 420
Fachwerkträger 42, 46, 51, 410
Faltung 34
Faserrichtung 63, 264
Feld 80
Feldlänge 90, 379
Feldmomente 82f., 85, 86, 88, 91ff., 97f., 101, 104f., 110, 119, 121, 123, 129f., 135f., 140, 144, 147f., 232, 241, 243, 389, 409

Fertig-
- teile 41, 48, 58
- teilplatten 51
- teilstützen 78
- teilträger 42
Feuchte 72
Feuchtigkeit 63, 65
First 163
Firstgelenke 250
Firstpfette 155, 160f., 163, 165, 167, 305
Firth-of-Forth-Brücke 409
Flachdecken 143, 144
Flächen 29, 30, 32f.
-, gekrümmte 33, 338
-, räumlich gekrümmte 205
Flächenlast 35, 347
Flächentragwerk 34, 329
Flexibilität 372f.
Fließgelenke 102
Fließgrenze 101ff.
Form 18, 22f., 28, 30, 32, 343, 381
Formänderung 198f., 343
Frei Otto 205, 344, 426
Frostgefahr 308
Fugen 58, 76ff., 309
Fundamente 54, 66, 78, 207, 242, 245f., 268, 307ff., 313ff., 321, 323ff., 356
Fundamentplatte 327
Fundamentsohle 315f., 318
Furnierschichtholz 98
Fußpfetten 160f., 165, 167, 169, 171, 178, 185

G

Gaß 426
Gauß'sches Krümmungsmaß 332
Gebäudeaussteifung 48
Gebrauchsfähigkeitsnachweis 68, 70, 118
Gebrauchslast 69, 103, 266, 279

Gebrauchstauglichkeit 69, 367, 397, 399
Gegenspannseile 198, 204, 206
Gelenk 46, 119 ff., 123, 187, 213 f., 216, 224, 228, 232, 235, 382, 385 ff.
Gelenkkette 119
Gelänkträger 81, 96, 119 f., 123, 168, 378 f., 393
Gelenkträgerbrücke 409
Gerber 119
Gerberpfetten 168
Gewölbe 34, 330
Gitterschalen 33
Gleichgewicht 56, 121, 217, 223, 319
Gleichgewichtsbedingungen 214, 222, 234
Gleitsicherheit 318
Grenzlänge 402
Grenzspannung 263 f., 282, 298
Grenzstützweite 403
Größe des Seildurchhangs 208
–, absolute 426
Gründungsart 311
Gründungstiefe 307
Grundwasser 308, 327
Gurtstreifen 143 f.

H

H. Jones 204
Halle 39 f., 45, 49, 51, 55 ff., 59 f., 75, 79 f., 284, 293
Hängebrücken 202
Hängeglieder 202, 204
Hauptspannrichtung 129, 139, 145 ff.
Hauptträger 374 ff.
Hauptunterzüge 365
Holz 40, 42, 61, 63, 69, 72 f., 75, 96 f., 101, 107, 119, 169 f., 182, 184, 211, 214, 246, 264, 266 f., 282, 293, 297, 400 f., 408, 410, 419, 423

Holzbalken 172
Holzbalkendecke 365
Holzkonstruktion 41
Holzträger 421
Holzwerkstoff 41, 66, 98
Hookesches Gesetz 61, 416
horizontale
– Auflagerkraft 172, 177, 189, 191 f., 208, 215, 239, 256, 259
– Auflagerreaktionen 178, 215, 221, 231, 234, 239, 242, 244, 249, 317
– Lasten 39, 44 f., 221, 247
– Träger 51, 164
Horizontalkraft 45, 47, 51, 75, 161, 165, 167, 170, 173 f., 177 f., 190, 192 f., 207, 216 f., 221, 230 f., 242, 256, 308, 317, 357
Hüllkurve 88, 91
Hyperbelfunktion 194
Hyperbeln 341
hyperbolisches Paraboloid 333 ff., 339, 340 f., 353, 357

I

I. W. Barry 204
ideelle
Indizes 264
Innenfeld 86, 91 f., 94, 97, 100, 104, 121, 123
Innenstütze 90 f., 92, 97, 99, 122
innere Geometrie 28 ff., 33 f.

J

Jawerth-Träger 204, 206

K

Kantenpressung 320
Kapillarwirkung 63

Kassettendecken 140
kd-Verfahren 110, 276, 278
Kegel 332, 335, 338
Kehlbalken 160, 175 ff.
Kehlbalkendach 155, 175, 178, 261
-, unverschiebliches 176
-, verschiebliches 176
Keilzinken 298
Keilzinkenverbindung 64, 297 f.
Kellerwand 327
Kenzo Tange 202
Kette 187
Kettenlinie 194
Kippen 54, 308, 318 f.
Kippmoment 308
Kippsicherheit 318, 322
klaffende Fuge 270 f., 273, 283, 320, 325
Knagge 162
Knickbeiwert 268, 274, 277, 283
Knicken 33, 249 ff., 263, 303, 305, 402
Knickformel 416
Knickgefahr 215, 249 f., 262, 265, 267, 273 f., 277 ff., 290, 298, 307, 403, 417, 420
Knicklänge 252 f., 266, 279, 288, 291, 368, 414 f., 417
Knickspannungslinie 288, 290
Knickstab 413
Knickverhalten 253
Knoten 247 f.
Konoid 335, 339
Konsole 78
Koordinatensystem 342
Kopfbänder 168 f.
Koppelpfette 43, 81, 97
Koppelträger 96 ff.
Körper 30, 32, 34
Kräfte 31, 35, 177, 215 f., 222, 240
-, abhebende 135
Krafteck 206, 224
Kraftrichtung 31 ff., 356

Kraftsystem 412
Kragarm 83, 87, 104 f., 119, 121, 123, 162 f., 229, 379
Kragkonstruktionen 326
Kraglänge 105, 122
Kragmomente 105, 121, 162
Kragplatten 314
Kragträger 378, 380, 393
Kragwirkung 163
Kreiskegel 338
Kreisquerschnitt 420
Kreiszylinder 338
Kreiszylinderschale 348 f.
kreuzweise
- bewehrte Platten 125, 137
- gespannte Rippendecken 140
- gespannte Platten 134, 141 ff.
- Platten 140
- Rippendecken 140
- übereck gelagerte Decken 140
Kriechen 61, 63, 65 f., 72
Krümmung 34, 205
Krümmungsmaß 336, 341
Krümmungsradien 332
Kugel 333, 336
Kugelform 352
Kugelkalotte 350
Kugelschale 338, 350
Kunststoffe 66
kuppelförmig 333, 336

L

Lagermatten 138
Längenänderung 75
Längenausdehnung 77
Längskraft 31, 175, 211, 249 f., 261 ff., 266, 269 f., 272, 274 ff, 282 f., 315 f., 318, 368, 377
Längskräfte 47, 75, 174, 244, 259, 274, 288, 410

Längskraftwege 377
Last 35, 157, 371
Lastanordnung 188, 196, 198
Lastfälle 82 ff., 88 f., 91, 108, 119, 121, 202 ff., 210, 317
Lastübertragung 44
Lastumlagerung 127
Lastverteilung 372
Leimholz 396
Leitkurve 334
Leitparabel 341
liegende Fachwerkträger 51, 59, 250
Linie 29, 32
linienförmige Tragsysteme 28, 378
Linienlasten 35
Listenmatten 137, 148
Luftfeuchtigkeit 64

M

Maillart 218
Markthalle Algeciras 352
maßgebendes Moment 99
Massivholz 81
Maßstäbe 421
Mast 206
Material 18 f., 22 ff., 261 f., 282, 412
Materialeigenschaften 401 f., 405
Materialkenngröße 416
Materialverbrauch 368, 371, 375
Matten 109, 113, 148
Mattenlage 106, 109
Mauer 48
Mauerlatte 170
Mauerscheiben 54
Mauerwerk 40, 66, 261, 268, 282 f.
Maximalmoment 79
Mehrfeldträger 90 f.
mehrstielige Rahmen 219, 247, 259
Meridiankräfte 350, 353
Mindestbetondeckung 106

Mindestbewehrung 275 f., 280
Mischkonstruktion 177
Mittelpfette 155, 160 f., 165, 167, 178
Modell 233, 421, 428 ff.
Modifikationsfaktor 72
Momente 75, 82, 84, 87 f., 90 f., 95, 97, 99 ff., 103 ff., 108, 113, 116, 118, 121 f., 129, 141, 144, 157, 163 ff., 169, 174, 177, 187, 189, 191, 196, 211, 215 f., 221 f., 225, 229, 231 f., 234 ff., 239 f., 243 ff., 254 ff., 259, 263, 266, 269, 274, 276 ff., 280, 286, 289, 316, 319, 321, 326, 372, 375, 383, 388, 394, 409 f., 420
Momentenermittlung 101
Momentenfläche 385, 388
Momentenlinie 88, 91, 109, 188 f., 191, 196, 201, 236, 254, 256 f., 388, 392, 408, 429
Momentennullpunkt 88, 119, 123, 134, 245, 388, 390 ff.
Momentenverlauf 379, 392, 408
Momentenspannungen 166
monolithisch 99

N

Nadelholz 302, 304
Neigungswinkel 156
Nervi 207, 352
Netze 205
nicht bewehrter Beton 268, 312 ff., 323
nicht ständige Last 90, 200
Normalkraft 31 f., 34, 251, 291, 298, 316, 318, 368, 376, 380, 383, 420
Normalkrafttragwerke 368, 397, 412
Nutzlast 371, 403, 405
Nutzung 18 f., 22 f.
Nutzungsänderungen 372

O

Obergurt 51
Olympiahalle 202
optimale Form 187
Optimierung 255, 363, 368 f., 371, 376, 380, 385, 408, 412
- bei Normalkrafttragwerken 412
- der Materialeigenschaften 399
- der Rahmenform 386
- des Kraftsystems 371, 412
- des Materials 416
- des Querschnitts 395, 417
- des Tragsystems 378, 413
- längs der Stabachse 408 f., 420
- von Tragwerken 363
Optimierungsmethode 367
- ziele 366 f., 399
Ortbeton 41 f., 48, 58, 80, 120
- -Bauteile 78
Ortbetondecken 60
Ortbetonschicht 58

P

Palazetto dello Sport 352
Papierfabrik in Mantua 200, 207
Parabel 86 ff., 188, 193 f., 197, 334, 341, 381 f., 384, 388, 391
Pendelstütze 54, 76, 161, 230
Pfahlgründungen 308, 311
Pfetten 69, 79 f., 155 f., 162, 166 f., 169, 178, 181, 185
Pfettendach 155, 160, 163, 174, 177 ff., 181, 184, 304 f.
Pfosten 160 f., 167, 169, 305
Pieper/Martens 128
Pilzdecke 143 f.
plastische Verformung 66
Platten 31, 33, 35, 39, 42 f., 48, 73, 79, 100, 106, 109, 112, 125, 129, 140 f., 145, 327

-, achteckige 136
-, allseitig gelagerte 125
-, auskragende 136
-, dreiseitig gelagerte 125
-, einachsig gespannte 125 f., 131 ff., 135, 142
-, zweiseitig übereck gelagerte 125, 136
- balken 43, 113, 141 f.
- dicke 106, 131, 134
- fundament 311, 327
-, vierseitig gelagerte 127 f., 132
Poleck 195
Polygonzug 188
Ponte dei Salti 217
Profilhöhe 396, 398
Profilierung 411
Profilierungsfaktor 396 ff., 405
Profilträger 410
punktförmige
- Tragsysteme 28
- Tragwerke 35
Punktlasten 35

Q

Q-Matten 137, 148
Quadratquerschnitt 420
Quadratrohr 420
Querbalken 374
Querkraft 84, 115 f., 244, 368, 408
Querschnitte 211, 216, 267, 272, 274, 408, 412, 417 f., 420, 422, 424
Querschnitt, zweiteiliger 418, 420
Querschnittsfläche 395 f., 398, 409, 417
Querschnittskennwerte 395, 403
Querschnittsverlauf 392
Querträger 43, 51, 53
Quetschlänge 402

R

R-Matten 148
Rahmen 33, 39, 43f., 46f., 53, 60, 75, 215, 219ff., 225, 230ff., 234, 240, 242ff., 248, 253ff., 259, 261, 284, 291, 297, 378, 380, 382, 387f., 392, 415
-, eingespannte 75, 219, 221, 245f., 252, 254, 256, 259, 317, 382, 384, 386, 391f.
- mit geneigtem Riegel 387
- mit geneigten Stielen 388
-, liegende 59
Rahmenebene 250ff., 289f.
Rahmenecke 65, 229, 254, 285, 290, 298, 300, 384, 387
Rahmenform 381, 384f., 388, 415
Rahmenformeln 220
Rahmen-Fundament 317
Rahmenriegel 410
Rahmenstiel 281, 291, 315, 317, 417, 420
Rand 331, 355
Randabstand 210, 258, 271, 273, 283, 300, 317, 319f.
Randfeld 91, 121f.
Randglied 351, 355, 359f.
Randkräfte 355
Randseil 343
Randträger 122
Rasdorsky 426
Raum 29f., 33f.
raumförmige Tragsysteme 28
räumliche Tragwerke 34, 330
Reaktionskraft 55, 57
Regelfläche 335, 338f., 341
Reibungsbeiwert 308, 321
Reißlänge 401ff., 424
Riegel 219, 221, 229, 231f., 235f., 239ff., 243ff., 249ff., 253, 259, 288, 384, 386ff., 392, 415
- geneigter 293
Riegeleckmoment 384, 388

Riegelfeldmoment 390
Riegelgelenk 386
Riegelmoment 384, 387, 390
Riegelstützweite 390
Ringanker 173
Ringkräfte 350, 352
Rippen 348
Rippendecke 140, 142
Risse 64
Röhrenbündel 63
Rotations-
- Ellipsoid 333, 338
- Hyperboloid 333, 335f., 338f.
- Paraboloid 333, 336, 338
- fläche 336, 338f., 353
Rund-
- rohr 420
- stahl 323

S

Sattelausschnitt 342, 354
sattelförmig 331, 333, 336, 341, 343
Sauberkeitsschicht 314
Schalen 34, 205, 329, 331, 347
Schalenrand 355
Schätzung 279
Scheiben 32f., 39, 45ff., 50ff., 58ff., 76, 169, 173, 176, 178, 219, 221, 250, 252, 259, 415
Scheibenkräfte 57
Scheibenwirkung 32f., 45
Schlankheit 73, 263, 277ff., 400, 404, 416f.
Schlusslinie 87, 195
Schnee 43, 157, 163, 180, 199, 372
Schneelast 158, 163, 372
Schotten 348
Schub 115f.
Schubfestigkeit 63, 170
Schubkraft 116, 144, 187, 216, 257, 411

Schubspannung 78, 115, 143, 216, 368
Schwerpunkt 270, 273, 320
Schwinden 61, 63, 65, 75, 169
Schwindmaß 65
Schwindspannungen 78
Schwingungen 198, 202
Seegy 57
Seil 187 ff., 194 ff., 202 ff., 207, 209 f., 215 f., 219, 257 ff., 424
Seileck 195
Seilkonstruktion 31, 207
Seilkraft 192, 195, 202, 206, 208
Seillinie 187 ff., 191, 193 f., 196 f., 202 ff., 209 f., 255, 257 f., 343, 381
Seilnetz 198, 205, 330 f, 343, 346
Seilsystem 198
Seiltragwerk 331, 397, 406
Seitenträger 204
Senkung 79
Setzen 61, 63, 66, 77, 309 ff.
Setzung 66, 77 f., 309, 326
Setzungsempfindlichkeit 307, 310
Shed-Dach 348
Sicherheitsbeiwert 68, 182, 268
Sicherheitsfaktor 103, 308
Siegel 218, 426, 430
simulierte Fläche 29 f.
Sog 157 ff.
Spannbeton 405
Spannrichtung 131, 145
Spannseil 204 f., 344
Spannungen 61, 74, 101 ff., 120, 182, 204, 262 ff., 274, 282, 307, 320, 325, 399 f., 416, 423, 429
Spannungs-
– diagramm 270
– verlauf 273
Spannweite 41, 43, 68, 71, 91, 125, 129, 133, 140, 142, 156, 164, 167 f., 175, 187, 189, 373, 405, 409, 421, 423
Spanplatten 41

Sparren 69, 73, 155 f., 160, 162 f., 166, 169 ff., 174 ff., 178, 180 ff., 184
Sparrenbalkendächer 261
Sparrendach 155, 170, 173, 175 ff., 301, 305
Sparrenpfetten 156
Spinnennetz 424
Sprengewerke 378, 380
Stäbe 47, 425
stabförmiges
– Element 32
– Tragwerk 28
Stabilisierung 39, 198 f., 212, 257
– von Bögen 210
Stabdübel 300
Stablänge 414
Stabstähle 109
Stabtragwerke 33 f.
Staffeln der Bewehrung 411
Stahl 40, 42, 61 f., 65 f., 69 f., 74 f., 80, 100 f., 107, 120, 211, 246, 263, 266 f., 275, 284, 400 f., 406, 408, 410, 418, 420, 424
Stahlträger 81, 101, 117
Stahltrapezblech 293
Stahl-Walzprofil 117
Stahlbeton 40, 42, 73 f., 80, 99, 101, 106 f., 172, 211, 214, 261, 275, 278, 282 f., 291, 312, 314, 323, 396, 400, 405 f., 408, 411, 419
Stahlbetonbalken 73, 112
Stahlbetondecke 171
Stahlbeton-Fertigdecke 60
Stahlbeton-Fertigteile 58, 284
Stahlbeton-Fundament 314
Stahlbetonplatte 41, 43, 48, 106
Stahlbetonstützen 275 f.
Stahlbetonträger 42, 113, 314
ständige Last 83 f., 199 f., 371, 403
Standsicherheit 54, 274, 308, 318
Steg 411
Steifigkeiten 240 f., 311, 389, 392, 409

- der Stiele und Riegel   415
- verhältnisse   130, 243, 253, 386, 392
Stich der Stützlinie   382, 386
Stiel   219, 221, 232 ff., 239 ff., 244 ff., 249, 251 ff., 259, 289 f., 387 ff., 392, 410
Stieleckmoment   384
Stielhöhe   390 f., 415
Stielmomente   384, 388
Stiel-Riegel-Verbindungen   247
Stockwerkrahmen   219, 248, 259
Streckenlasten   68
Streifenfundament   311, 322 f., 326
Struktur   18, 24, 28 ff.
Stützen   35, 43 ff., 53 f., 60, 77 f., 89, 99, 219, 259, 261, 266, 275 ff., 279 ff., 312, 314 ff., 327, 377, 397, 402, 412, 414, 417, 420, 425
–, eingespannte   54, 60, 415
Stützenmoment   83, 86 ff., 104 f., 109 f., 112, 116, 119, 121, 123, 138, 144, 147 f., 288
Stützenraster   142 ff.
Stützensenkung   120, 310
Stützenstellung   371, 374 f.
Stützlinie   209 ff., 215 f., 218, 254 ff., 258 f., 348, 350, 378, 380 ff., 387 ff.
– Abweichung   383
Stützlinienkraft   383
Stützlinienverfahren   392
Stützmomente   83, 409 ff.
Stützweite   93, 168, 365, 371 f., 376, 378 f., 393
Stützung   130
Symbole   21
Symmetrie   87, 189, 226
Synagoge   353
synklastisch   333
System Jawerth   204
Systemlinie   211, 254 f., 258

T

Tangenten   357
Teilsicherheitsfaktor   181
Temperatur   76
Temperaturänderung   74 f., 77, 120, 202, 222
Tiefpunkt   343
Tonnenschale   348 f.
Torroja   352
Torus   333, 339
Tower   204
Tragdimension   31
Tragelement   28, 32, 35
Träger   39, 41 ff., 53, 67 ff., 73, 79 ff., 87 f., 95, 99 ff., 109, 116, 119, 121, 142, 162, 219, 221, 259, 261, 327, 376, 423
–, eingespannte   85 ff., 103
–, schräge   164
Trägerabstand   41, 79, 373
Trägeranordnung   365, 371, 373, 376
Träger auf zwei Stützen   240
Trägerhöhe   395, 398
Träger mit Kragarm   91
Träger-Steifigkeit   97
Trägertypen   365
Tragfähigkeit   280, 397, 399
Tragfähigkeitsnachweis   70, 118
Trägheitsmoment   67, 71, 166, 241, 285, 291, 396, 406, 417
Trägheitsradius   279, 396, 417
Tragkonstruktion   39
Traglast   102 ff.
Traglastverfahren   101
Tragseil   204 ff., 344
Tragsystem   34, 378, 412
Tragsystemfaktor   378, 380, 393, 404, 414
Tragwerk   17, 28, 31
Tragwerksdimension   28, 31 f.
Tragwerkselemente   26, 35
Translationsfläche   334, 338 f., 341

Trapezbleche 41, 51, 58
Trennfugen 311
Trichter 359
trogartiger Träger 327

U

Überhöhung 73
Überschlag 298
überschlägliche Bemessung 276
Überschlags-
- berechnung 253
- wert 92 f., 121
Umkippen 50
ungünstige Verteilung 83
Untergurt 51
unterspannte Träger 406
Unterzüge 141 f., 378
Unverschieblichkeit 252

V

V-förmige Pfosten 168 f.
Variablen 366
veränderliche Last 83 f., 372
Verankerung 206 f.
Verbundbau 406
Verdrehung 84, 90
Verdübelung 410
Verformung 56, 61, 65, 72 ff., 77, 82, 101, 103, 199 f., 236, 309, 368, 415, 429
Vergrößerung 422 ff., 427
Verhältnis 389
- der Riegel- zu den Stielsteifigkeiten 391
- der Steifigkeiten 240 f.
Verlauf des Querschnitts längs der Stabachse 408
vermischte Belastungen 381

Versatz 170 f.
Verschieblichkeit 78, 415
Verschiebung 78, 247
Versteifung 420
Versteifungsträger 200 f.
Verteilungswinkel 312
vertikale
- Auflagerkräfte 234, 259
- Auflagerreaktion 244, 251
- Lasten 39, 41, 44, 196, 221, 247
Vertikal-
- komponente 193
- kräfte 193, 207, 317
- last 165, 319
Verträglichkeit 351
Verzerrung 381, 386
- der Stützlinie 382, 385 f., 391
Voll-Last 84, 87 ff., 121 f., 202, 379
Volleinspannmomente 148
Vollhölzer 96
Vordimensionierung 392
Vorholz 170 ff.
Vorspannen 351, 405
Vorspannung 198, 204, 257, 343 ff.
Vorzeichenregel 229, 234, 236, 288
Vouten 99, 409 ff.

W

Wabenträger 42
Wahrnehmung 19, 22
Walzprofil 42, 204, 397, 410, 420
Wand 44 ff., 57, 60, 78, 324, 327
Wandlast 325
Wandscheibe 45, 48, 52, 55 ff., 76
Wanne 327
Wärmedehnung 61, 74 f., 77
Wärmedehnzahl 74
Wendepunkt 88, 201, 233, 236
Widerstandsmoment 67, 71, 289, 398

Wind 44 f., 49 ff., 53 ff., 57, 60, 157 ff., 161, 163, 169, 178, 180, 198, 199, 202, 204, 237 f., 247 f., 303, 372, 420
Windaussteifung 39, 43, 45, 55, 60, 78, 169, 175, 221, 250, 253, 259
Winddruck 165, 180, 346
Windkraft 43 f., 45, 49 ff., 158, 244
Windlast 44, 54, 159 f., 180, 224, 304, 372
Windrispen 169, 175
Windsog 162, 165, 167, 180, 346
Windverband 51 f.
Wölbkräfte 349

Z

Zelt 198, 205, 331
Zielfunktion 366
Zug 88, 178, 236, 254, 263 f., 307, 318, 413, 417
Zugband 177, 217, 242, 317, 321
Zugelemente 412
zugfeste Materialien 262, 282
Zugfestigkeit 63, 268

Zugglieder 413, 417
Zugkräfte 187, 207, 209, 215, 257, 258, 275, 331, 405
Zugspannung 61, 67, 119, 137, 166, 236, 263, 268 ff., 275, 282
Zugstäbe 403
Zwängungen 75 ff., 213, 222, 310
Zwängungsspannungen 75
zweiachsig
- gespannte Durchlaufplatten 134
- gespannte Platten 125 f., 131, 133, 145
- gespannte Rippendecken 125 f.
Zweifeldträger 87, 89 f., 93, 96
Zweigelenk-
- bogen 213 f., 216, 254, 258
- rahmen 75, 77, 219, 232 f., 240, 244 f., 256, 259, 284, 291, 316, 317, 382, 384, 386, 389
Zwischen-
- seil 204
- unterzüge 365
Zylinder 332, 334 f., 338
Zylinderschale 338, 348

Drei wichtige Fachbücher zum Entwurf tragender Konstruktionen

Grundlagen der Tragwerklehre 1
Von Univ.-Prof. em. Dr.-Ing. Franz Krauss, Univ.-Prof. em. Dr.-Ing. Wilfried Führer, Prof. Dipl.-Ing. Architekt Hans Joachim Neukäter, Prof. Dr.-Ing. Holger Techen, Prof. Dipl.-Ing. Claus-Christian Willems, 11., überarbeitete Auflage 2010. 362 Seiten mit 540 Abbildungen und 20 Tabellen. Kartoniert. Format 17 x 24 cm.
ISBN: 978-3-481-02734-6
€ 40,–

Grundlagen der Tragwerklehre 2
Von Univ.-Prof. em. Dr.-Ing. Franz Krauss, Univ.-Prof. em. Dr.-Ing. Wilfried Führer, Prof. Dr.-Ing. Holger Techen, Prof. Dipl.-Ing. Claus-Christian Willems. 7., überarbeitete und erweiterte Auflage 2011. 451 Seiten mit über 800 Abbildungen und 40 Tabellen. Kartoniert. Format 17 x 24 cm.
ISBN: 978-3-481-02862-6
€ 46,–

Tabellen zur Tragwerklehre
Von Univ.-Prof. em. Dr.-Ing. Franz Krauss, Univ.-Prof. em. Dr.-Ing. Wilfried Führer, Prof. Dr.-Ing. Thomas Jürges. 11., überarbeitete Auflage 2010. 190 Seiten. Kartoniert. Format 17 x 24 cm.
ISBN: 978-3-481-02735-3
€ 34,–

Der Entwurf von tragenden Konstruktionen gehört zur Kerntätigkeit jedes Architekten und hat einen hohen Stellenwert im Studium und in der Praxis.

In Band 1 „Grundlagen der Tragwerklehre" erhalten Architekten und Studenten erforderliches Fachwissen für den Vorentwurf und die Zusammenarbeit mit Tragwerksplanern. Aufbauend auf Band 1 vermittelt Band 2 ergänzendes Fachwissen, wobei das Gebäude als Ganzes und die Tragwerksoptimierung im Vordergrund steht.

Die „Tabellen zur Tragwerkslehre" enthalten als Nachschlagwerk die am häufigsten benötigten Kenngrößen für die Bemessung. Wirtschaftliche Querschnitte können mit Hilfe von Bemessungsdiagrammen direkt abgelesen und vorbemessen werden.

baufachmedien.de
■ ■ ■ DER ONLINE-SHOP FÜR BAUPROFIS

Verlagsgesellschaft
Rudolf Müller GmbH & Co. KG
Postfach 410949 • 50869 Köln
Telefon 0221 5497-120
Fax 0221 5497-130
Service@rudolf-mueller.de
www.rudolf-mueller.de